河南省“十四五”普通高等教育规划教材

河 南 省 应 用 型 本 科 规 划 教 材

# 化工原理

## （下册）

主编 徐绍红 唐四叶 张 伟

郑州大学出版社

**图书在版编目(CIP)数据**

化工原理:全二册/徐绍红,唐四叶,张伟主编.—郑州 :郑州大学出版社,2022.8(2023.8 重印)

ISBN 978-7-5645-8433-7

Ⅰ.①化… Ⅱ.①徐… ②唐… ③张… Ⅲ.①化工原理-高等学校-教材 Ⅳ.①TQ02

中国版本图书馆 CIP 数据核字(2022)第 008590 号

**化工原理:全二册**

HUAGONG YUANLI:QUAN ER CE

| 策划编辑 | 祁小冬 | 封面设计 | 苏永生 |
|---|---|---|---|
| 责任编辑 | 刘永静 李 蕊 | 版式设计 | 凌 青 |
| 责任校对 | 王红燕 | 责任监制 | 李瑞卿 |

| 出版发行 | 郑州大学出版社 | 地 址 | 郑州市大学路 40 号(450052) |
|---|---|---|---|
| 出 版 人 | 孙保营 | 网 址 | http://www.zzup.cn |
| 经 销 | 全国新华书店 | 发行电话 | 0371-66966070 |
| 印 刷 | 河南龙华印务有限公司 | | |
| 开 本 | 787 mm×1 092 mm 1/16 | | |
| 总 印 张 | 43.75 | 总 字 数 | 1 090千字 |
| 版 次 | 2022 年 8 月第 1 版 | 印 次 | 2023 年 8 月第 2 次印刷 |

| 书 号 | ISBN 978-7-5645-8433-7 | 总 定 价 | 72.50 元(共 2 册) |
|---|---|---|---|

本书如有印装质量问题,请与本社联系调换。

## 编者名单


主　编　徐绍红　唐四叶　张　伟

副主编　王晓钰　李红玲

参　编　马国扬　王　攀　刘振锋
张　丽　张广瑞　张景迅
陈　垒　郎五可　胡利强
康　乐　曾　艳

# 前 言

根据新时代飞速发展的化学工业对应用型人才“知识、能力和综合素质”的要求，急需以应用型为办学定位的地方本科院校为社会经济和行业发展培养大批应用型人才。目前，应用型本科院校专业课教材普遍沿用传统教材，存在理论性较强等问题。本书是根据河南省应用技术类型本科院校“十四五”规划（示范）教材建设项目编写要求，面向应用型本科院校化工与制药类及相关专业（材料、冶金、食品等）的课程教材。

本教材以工程应用为背景，以基本化工单元操作为主线，以适应工作岗位要求的高技能和高素质应用型人才培养为目的，以学生自身发展为中心，以适应学生职业要求为导向，编入适量具有工程背景的实例、习题和思考题，紧贴生产、管理一线需求，突出实用性；融入企业新技术、新工艺、新操作方面的内容，力求拓宽知识和应用领域；植入二维码，丰富教材内容，渗透我国相关单元操作的发展历史和最新成就，激发学生的民族自豪感和爱国情怀，提高学生学习的兴趣和主动性，满足应用型人才培养目标要求，体现新工科教育特点。

本教材分上、下两册。上册主编新乡学院徐绍红、张伟，副主编新乡学院李红玲，参加编写工作的有新乡学院胡利强、刘振锋、洛阳师范学院张丽，内容包括绪论、流体流动、流体输送机械、非均相混合物的分离及固体流态化、传热、蒸发与结晶技术；下册主编洛阳师范学院唐四叶，副主编新乡学院王晓钰，参加编写工作的有新乡学院曾艳、郎五可、马国扬，黄淮学院张景迅，河南工程学院陈垒，内容包括气体吸收、蒸馏、气液传质设备、固体物料的干燥、液-液萃取、其他新型分离方法。本书的部分生产实例由河南心连心化学工业集团股份有限公司张广瑞、王攀，河南省中原大化集团有限责任公司康乐编写。

本教材在编写过程中，参考了国内许多优秀教材，得到了河南省应用型本科院校教材建设联盟、郑州大学出版社的大力支持，郑州大学、河南心连心化学工业集团、河南豫辰药业股份有限公司、新乡市常乐制药有限公司有关专家提出了不少宝贵意见和建议，在此表示衷心的感谢。

由于水平有限，在编写教材方面缺乏经验，书中不妥之处在所难免，敬请同仁和读者提出宝贵意见和建议，以便在本书修订时改进。

编　者

2022年6月

# 目 录


第六章　气体吸收 …… 353

第一节　概述 …… 353

第二节　传质机理 …… 366

第三节　吸收过程的气液相平衡关系 …… 384

第四节　吸收过程的速率关系 …… 394

第五节　低组成气体吸收的计算 …… 402

第六节　吸收系数 …… 432

第七节　其他吸收与解吸 …… 436

第七章　蒸馏 …… 449

第一节　概述 …… 449

第二节　双组分溶液的气液相平衡 …… 450

第三节　单级蒸馏过程 …… 461

第四节　精馏原理 …… 465

第五节　双组分连续精馏的计算 …… 471

第六节　全塔效率与单板效率 …… 508

第七节　间歇精馏 …… 511

第八节　特殊精馏 …… 516

第九节　多组分精馏概述(选学) …… 519

第八章　气液传质设备 …… 534

第一节　气液传质设备类型与基本要求 …… 534

第二节　板式塔 …… 535

第三节　填料塔 …… 560

第四节　设计示例 …… 572

第九章　固体物料的干燥 …… 579

第一节　概述 …… 579

第二节　湿空气的性质和湿度图 …… 581
第三节　连续干燥过程的物料衡算与热量衡算 …… 589
第四节　干燥过程的平衡关系和速率关系 …… 596
第五节　干燥器 …… 603
**第十章　液-液萃取 …… 617**
第一节　概述 …… 617
第二节　液-液相平衡 …… 619
第三节　萃取剂的选择 …… 625
第四节　萃取过程的计算 …… 628
第五节　液-液萃取设备 …… 642
**第十一章　其他新型分离方法 …… 652**
第一节　膜分离 …… 652
第二节　吸附 …… 661
第三节　分子蒸馏 …… 667
**参考文献 …… 673**
**附录 …… 675**

# 第六章 气体吸收

## 学习要求

1.掌握

相组成的表示方法及换算;费克定律及其在等摩尔反向扩散和单向扩散中的应用;扩散速率与传质速率;湍流中的对流传质和双膜理论;吸收的气液相平衡关系及其应用;总传质系数、总传质速率方程以及总传质阻力的概念;吸收的物料衡算、操作线方程和传质推动力及其图示方法;吸收剂最小用量和适宜用量的确定;填料塔直径和填料层高度的计算;传质单元数的计算(吸收因数法和对数平均推动力法);吸收塔的设计型计算;吸收塔的操作型计算与调节;解吸的特点、计算和对吸收的影响。

2.理解

吸收剂的选择;各种形式的传质速率方程、传质系数和传质推动力的对应关系;各种传质系数之间的关系;气液界面浓度的确定和传质单元数图解积分方法;理论塔板数的计算。

3.了解

分子扩散系数的估算及影响因素;传质系数的计算;高浓度气体吸收和化学吸收。

## 第一节 概 述

化工生产过程以化学反应为核心,然而反应前后往往需要预处理和后处理过程,如反应前的原料净化和反应后产物的提纯。其分离方法视物系的性质和要求而定,如对于某些非均相物系,可利用物系内部相界面两侧物质性质的不同,采用机械方法(如沉降、过滤等)进行分离;而对于均相物系(单一相),由于内部不存在相界面,各处的物理性质又完全相同,这时可利用物系中不同组分的物理性质或化学性质的差异,通过引入第二相、外加能量造成两相或引入第二相与外加能量并举的手段,使其中某一组分或某些组分从一相转移到另一相,即进行相际传质,以达到分离的目的,这一过程称为传质分离过程。

### 一、传质分离简介

依据分离原理的不同,传质与分离过程可分为平衡分离和速率分离两大类。

(一)平衡分离

平衡分离过程系借助分离媒介(如热能、溶剂、吸附剂等)使均相混合物变为两相体系,再以混合物中各组分在处于平衡的两相中分配关系的差异为依据而实现分离。人为造成的两相体系,利用混合物中各组分在某种性质上的差异,通过相际传质实现各组分在各相中的分别浓集,最后以相分开的方式完成各组分(在一定程度上)的分离。两相体系的形成,可以是在原混合物的基础上产生新相,也可以是从外界引入与原混合物不完全互溶的另一相。两相接触时,体系会凭借相际传质向相平衡状态过渡。以上两种传质分离过程的依据是平衡时各组分在两相中的分配有差异,都属平衡分离。

1.产生新相的平衡分离操作

当混合物中各组分挥发性(或易冷凝性)差异很大时,采用一次部分汽化或一次部分冷凝就可以实现有效分离。例如,对氢、氮与氨的混合气,利用氨比其他两组分更易冷凝的特点,通过制冷实现混合气的部分冷凝,获得液氨,最后以相分离完成液氨与氢、氮的分离。对于各组分挥发性差异很大的液相混合物,可以向其提供热量,或者使其流过阀门时减压,液体部分汽化,挥发性大的组分将浓集于气相,实现与挥发性小的组分的分离。

如果混合物中各组分的挥发性相差不是很大(如乙苯和苯乙烯),采用一次部分汽化或一次部分冷凝则无法实现它们的有效分离而获得高纯度的产品。但是,既然每次部分汽化和部分冷凝都可使挥发性有差异的组分在气、液相中分别浓集一次,则多次部分汽化将使挥发性大的组分充分浓集于气相,获得高纯度的产品;多次部分冷凝将使挥发性小的组分充分浓集于液相,从气相和液相可获得高纯度的产品。精馏就是在精馏塔内实现多次部分汽化和多次部分冷凝的单元操作。

有时,工业生产要提供的产品是某组分的固体颗粒,这往往是通过结晶操作实现的。从本质上讲,结晶也是通过相际传质实现混合物分离的过程。在结晶操作之前,晶体成分要么溶解于溶剂中,要么与其他组分以熔融状态共存。通过加热使溶剂挥发或冷却降温,使液相具有一定的过饱和度,晶体析出,之后的晶体长大过程,实际上是晶体成分在固、液两相之间的相际传质过程。

2.引入他相的平衡分离操作

有时,混合物中的各物质挥发性差异很小,或者不宜汽化(热敏性物质)或冷凝(各组分的沸点都很低,实现部分冷凝需要的温度很低、压强很高,经济上不合理)。这时,如果各组分在某种液态溶剂中的溶解度有较大差异,则可将该溶剂引向待分离的混合物,通过相际传质,溶解度大的组分溶解于溶剂相,实现与溶解度小的组分的分离。在工业生产中,将此原理用于分离气相混合物时,即为吸收操作;用于分离液相混合物时,即为萃取操作;用于分离固相混合物时,即为浸取操作。当然,要获得高纯度的产品,需要溶剂相与混合物多次充分接触。如果上述液态溶剂用比表面积很大的固体物取代,且待分离的气相或液相混合物中各组分在其上的平衡浓度有一定的差别,则也可以实现各组分的分离,这就是吸附操作。

当液、固混合物含液量不很高,或者液、固之间存在一定的结合力时,用离心、过滤等机械分离技术无法实现液体的有效去除。此时,可用高温气体(或其他手段)向液-固混合物供热，使湿分汽化，产生的蒸汽由气体带走，实现固体物中湿分的较彻底去除，此即为干燥操作。干燥过程涉及湿分蒸汽由固体表面向高温气相的迁移，仍属传质分离。

上述平衡分离操作，都通过产生新相或引入他相为相际传质提供必要条件，使混合物得以分离。在原混合物的基础上产生新相，虽然能直接获取产品，但能耗很高；引入他相虽然不需要提供或取走大量的相变焓，但操作之后引入他相变成了另一个混合物，即采用引入他相的传质分离操作并没有彻底解决混合物的分离，只是使原混合物中的某一种或某几种组分转移到了引入相中，往往还需要进一步的分离操作才能获得目标产品，并实现引入相的循环使用。物质的混合是一个伴随着熵增的、能自发进行的过程。其逆过程，即混合物的分离，则是非自发的、需要消耗能量的过程。如何降低能耗，始终是分离技术发展中的核心问题。在可完成分离任务（混合物的处理量和分离效率）的前提下，能耗是评价和选择一项分离技术的首要指标。

同时应当注意的是，相际传质过程的进行是以其达到相平衡为极限的，两相平衡的建立往往需要经过相当长的接触时间。在实际操作中，相际的接触时间一般是有限的，某组分由一相迁移到另一相的量是由传质速率所决定的。因此，在研究传质过程时，一般都要涉及两个主要问题：其一是相平衡，决定物质传递过程进行的极限，并为选择合适的分离方法提供依据；其二是传递速率，决定在一定接触时间内传递物质的量，并为传质设备的设计提供依据。只有将相际平衡与传递速率统一考虑才能获得最佳工程效益。

（二）速率分离

速率分离过程是指借助某种推动力（如压力差、温度差、电位差等）的作用，利用各组分扩散速率的差异而实现混合物分离的单元操作过程。这类过程的特点是所处理的物料和产品通常属于同一相态，仅有组成的差别。速率分离过程主要分为以下两类。

1.膜分离

膜分离是利用固体半透膜或液膜对混合物（气体或液体）中各组分的渗透性差异来分离混合物的过程。当原料混合物在特定的半透膜中运动时，由于混合物中各组分在膜内的迁移速率不同，经半透膜的选择性渗透作用，改变混合物的组成，实现组分间的分离。膜分离过程的推动力是待分离组分在膜两侧的化学位，具体表现为压力差、浓度差或电位差等。其中，以压力差为推动力的膜分离过程是目前应用最广、历史最悠久的膜分离过程，包括微滤、超滤、纳滤和反渗透等；以浓度差为推动力的膜分离过程包括渗析、气体分离和渗透蒸发等；以电位差为推动力的膜分离过程称为电渗析，它用于溶液中带电粒子的分离。膜分离技术广泛应用于化工、冶金、能源、环保、生物医药、轻工食品、海水淡化等领域，已成为当今分离科学中最重要的手段之一。

2.场分离

场分离是指在外场（如电场、磁场等）作用下，利用各组分扩散速度的差异而实现混合物分离的单元操作过程，它主要包括电泳、热扩散、高梯度磁场分离等。

膜分离和场分离是一类新型的分离操作，由于其具有节约能耗、不破坏物料、不污染产品和环境等突出优点，在稀溶液、生化产品及其他热敏性物料分离方面，有着广阔的应用前景。

### (三)分离方法的选择

对于一种均相混合物,有时可采用不同的方法进行分离,选择分离方法时应考虑以下主要因素:

1.被分离物系的相态

通常,不同的分离方法适用于不同相态(气态、液态和固态)混合物的分离。例如,吸收方法用于气体混合物的分离,萃取方法用于液体混合物的分离等,故选择分离方法时应考虑被分离物系的相态。

2.被分离物系的特性

被分离物系的特性通常是指热敏性、流动性、可燃性、挥发性及毒性等,这些特性对分离方法的选择往往具有决定性的作用。例如,对热敏性(物料受热易分解、聚合或氧化等)物系的分离,不宜采用蒸馏方法等。

3.产品的质量要求

大多数化工产品都是经过分离过程获得的,产品的质量(包括纯度、外观等)通常与采用的分离方法密切相关。例如,对某些沸点差较小而熔点差较大的物系,若采用精馏方法分离,一般很难获得高纯度的产品,而采用结晶方法分离,则可获得高纯度的产品。

4.经济程度

分离过程的经济程度主要取决于设备投资及操作费用等,选择分离方法时应予以充分考虑。例如,对某些液体混合物的分离,采用精馏方法通常能耗高,操作费用较高。

应予指出,选择分离方法除考虑上述的主要因素外,还应考虑场地和环境条件、环境保护的要求,可变因素(如原料组成、温度等)的影响。应根据具体条件,选择技术上先进、经济上合理、有利于可持续发展的最佳方案,以便充分调动有利因素,因地制宜,取得最大的经济效益和社会效益。

## 二、吸收过程与流程

吸收是分离气体混合物的单元操作,是一种平衡分离过程。根据气体混合物中各组分在某种溶剂中溶解度的不同而进行分离。

1.吸收在化工生产中的应用

气体吸收在化工生产中应用非常广泛,大致有以下几种。

(1)制取某种气体的液态产品　如用水吸收氯化氢气体制取盐酸,用水吸收二氧化氮制取硝酸,用水吸收三氧化硫气体制取硫酸等。

(2)回收混合气体中所需的某种组分　如用洗油处理焦炉气以回收其中的芳烃,用液态烃处理石油裂解气以回收其中的乙烯和丙烯,用硫酸处理焦炉气以回收其中的氨等。

(3)净化或精制气体　如合成氨生产工艺中,采用碳酸丙烯酯脱除合成气中的二氧化碳,采用碳酸钾脱除合成气中的硫化氢等,实际过程往往同时兼有回收与净化双重目的。

(4)工业废气的治理　在工业生产所排放的废气中常含有少量的$SO_2$、$NO$、$NO_2$、$HF$等有害气体成分,若直接排入大气,则对环境造成污染。因此,在排放之前必须加以治理,工业生产中通常选用碱性吸收剂,经过吸收过程除去这些有害的酸性气体。

在气体吸收操作中所用的溶剂称为吸收剂，用 S 表示；气体中能溶于溶剂的组分称为溶质（或吸收质），用 A 表示；基本上不溶于溶剂的组分统称为惰性气体，用 B 表示。惰性气体可以是一种或多种组分。如用水吸收空气-氨混合气体时，水为吸收剂，氨为溶质，空气为惰性气体。

化工生产中有时还需将溶质从吸收后的溶液中分离出来，这种使溶质与吸收剂分离的操作称为解吸（或称脱吸）。解吸是吸收操作的逆过程。通过解吸可使溶质气体得到回收，并使吸收剂得以再生循环使用。

2.吸收的常见流程

（1）单塔吸收常见流程

吸收过程通常在吸收塔中进行。根据气、液两相的流动方向，分为逆流操作和并流操作两类，工业生产中以逆流操作为主。在吸收过程中，混合气中的溶质溶解于吸收剂中而得到一种溶液，但就溶质的存在形态而言，仍然是一种混合物，并没有得到纯度较高的气体溶质。在工业生产中，除以制取溶液产品为目的产物外，大都要将吸收液进行解吸，以使溶质从吸收液中释放出来，得到纯净的溶质或使吸收剂再生后循环使用。因此，工业上的吸收操作流程通常包括吸收和解吸两部分。图 6-1 以合成氨生产中 $CO_2$ 气体的净化为例，说明吸收与解吸联合操作的流程。

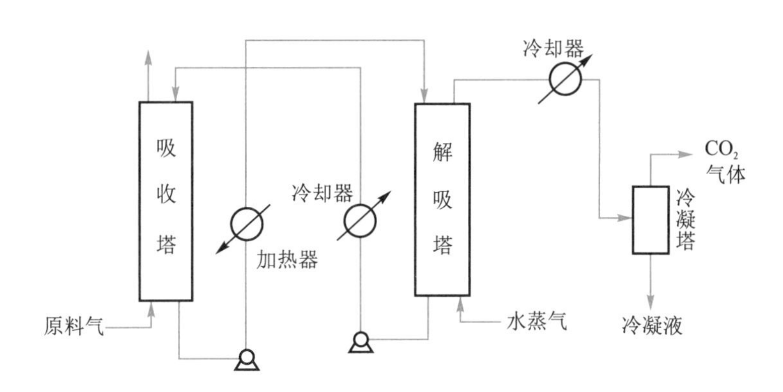


图 6-1　吸收与解吸联合操作流程

合成氨原料气（含 $CO_2$ 30%左右）从底部进入吸收塔，塔顶喷入乙醇胺溶液。气、液逆流接触传质，乙醇胺吸收了 $CO_2$ 后从塔底排出，从塔顶排出的气体中 $CO_2$ 含量可降至 0.5%以下。将吸收塔底排出的含 $CO_2$ 的乙醇胺溶液用泵送至加热器，加热至130 ℃左右后从解吸塔顶喷淋下来，与塔底送入的水蒸气逆流接触，$CO_2$ 在高温、低压下自溶液中解吸出来。从解吸塔顶排出的气体经冷却、冷凝后得到可用的 $CO_2$。解吸塔底排出的含有少量 $CO_2$ 的乙醇胺溶液经冷却降温至 50 ℃左右，经加压后仍可作为吸收剂送入吸收塔循环使用。通过解吸过程得到较高纯度的 $CO_2$，供合成尿素、联碱法制碱等过程使用。由此可知，常用的吸收操作是通过一种具有选择性的吸收剂将气体混合物中的溶质溶解，然后通过解吸操作使溶质从吸收剂中脱吸出来，实现气体混合物中各组分的分离。

（2）双塔吸收常见流程

在工业生产中，根据生产任务设计计算的吸收传质面积较大，如果在单一吸收塔内完成,则吸收塔设备尺寸庞大,并且气液两相接触也不易均一,因而常常会将几个吸收塔互相连接起来,进行串联或并联操作,以降低操作费用。图 6-2 所示为两个吸收塔串联操作的流程。对于多塔串联,可根据工艺要求采用相应的操作方式。如气体和液体皆串联的逆流操作流程(图 6-2)和气体串联、液体并联的操作流程(图 6-3)等。两种流程相比,前者吸收剂用量小,溶液浓度大,后者相反,但后者气体中的可溶组分能较完全地被吸收剂吸收,提高吸收程度。高硫煤气的脱硫多采用后者。图 6-4 和图 6-5 所示的多塔操作,常用于提高处理量的流程中,同时图 6-5 所示的操作吸收剂利用率较高。

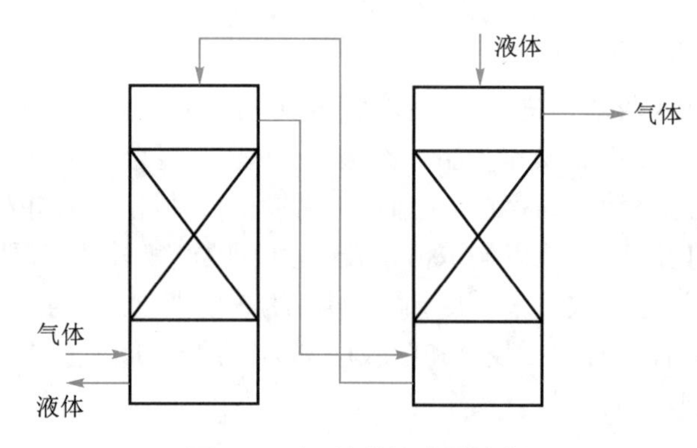

图 6-2　气、液逆流串联流程

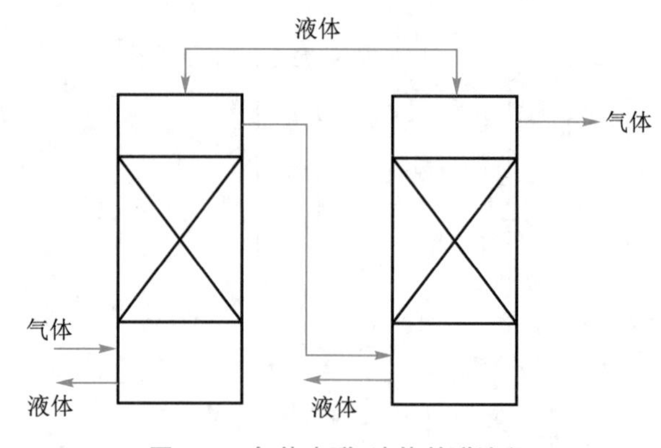

图 6-3　气体串联、液体并联流程

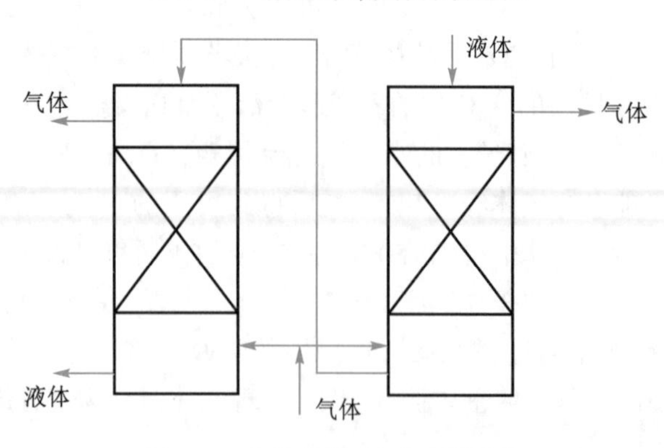

图 6-4　气体并联、液体串联流程

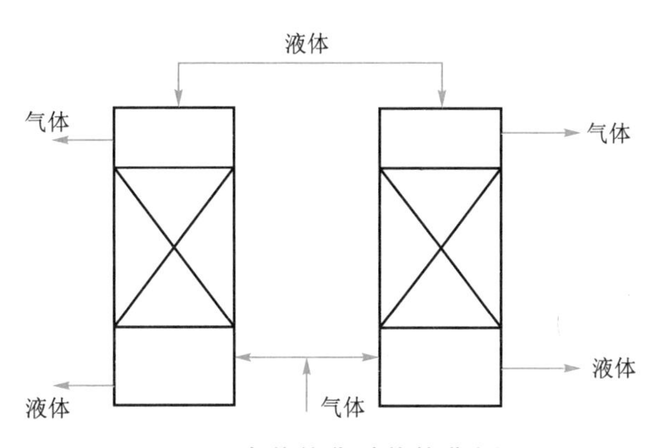

图 6-5 气体并联、液体并联流程

在吸收操作流程选择上，有时候还要考虑是否需要吸收剂再循环的问题，主要从排去吸收热和控制喷淋密度的需要出发。当吸收剂的喷淋密度较小，填料表面不能被吸收剂充分润湿，就会造成气液两相接触面积减少，使吸收操作不能正常进行；或者在吸收过程中由于产生吸收热等原因，吸收塔内需要排出的热量很大，必须将吸收剂从塔中抽出至塔外冷却器进行冷却时，就需要采用部分吸收剂再循环的操作，如图 6-6 所示。例如，在制取 98%浓硫酸、37%甲醛水溶液等过程中通常会采用这种吸收剂再循环的吸收流程。

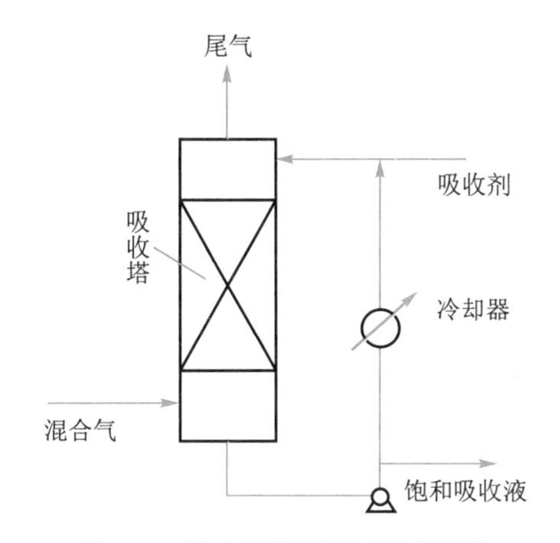

图 6-6 吸收剂再循环的吸收流程

为了使分离气体混合物的吸收过程可以高效率、低成本地实现，一般必须解决以下三个方面的问题：

① 选择合适的吸收剂。

② 提供适当的气液传质设备，使气液两相充分接触，使溶质从气相转移至液相。

③ 吸收剂的再生和循环使用。

一个完整的吸收过程一般包括吸收和解吸两个部分。显然，若吸收溶质后的溶液是过程产品的可直接排离，吸收剂无须再生，也就不需要解吸操作了。

## 三、吸收操作的分类

吸收操作通常有以下几种分类。

### 1.物理吸收与化学吸收

吸收过程按溶质与吸收剂之间是否发生化学反应可分为物理吸收和化学吸收。在吸收过程中,溶质与吸收剂之间不发生显著的化学反应,可以把吸收过程看作气体溶质单纯地溶解于液相吸收剂的物理过程,称为物理吸收,例如用洗油回收煤气中的粗苯,用水吸收二氧化碳等过程。物理吸收主要考虑在操作压力和温度条件下,溶质在吸收剂中的溶解度,吸收速率主要取决于气相或液相与界面上溶质的浓度差,以及溶质从气相向液相传递的扩散速率。物理吸收是可逆过程,并且热效应较小。

若在吸收过程中气体溶质与吸收剂(或其中的活泼组分)发生显著的化学反应,则称为化学吸收,例如用碱液吸收二氧化碳等。化学吸收平衡主要取决于操作温度和压力下吸收反应的气液平衡与化学平衡,吸收速率则取决于溶质的扩散速率及化学反应速率,所以选择操作压力和温度时,应有利于气体组分在吸收剂中的溶解,并与吸收剂中的活性组分发生化学反应。由于温度提高,化学速率增加,所以化学吸收可在较高压力和较高温度下操作,例如,热钾碱法脱除二氧化碳通常在90~110 ℃下操作。化学吸收伴有较大的热效应,因此在操作中有时需要及时移去反应热,以避免操作条件的恶化。

### 2.单组分吸收与多组分吸收

吸收过程按被吸收的组分数目分类,可分为单组分吸收和多组分吸收。若在吸收过程中,混合气体中只有一个组分(溶质)进入液相(如用碱液吸收合成氨原料气中的二氧化碳),其他组分的溶解度极小,可视为单组分吸收;如果吸收时混合气体中有多个组分进入液相,如石油化工中用烃类油吸收分离裂解气,裂解气中的乙烷、乙烯、丙烷、丙烯等各组分均溶解于烃类油吸收剂中,而将裂解气中的甲烷和氢分离出来,这样的吸收称为多组分吸收。

### 3.等温吸收与非等温吸收

气体溶质溶解于液体时,常由于溶解热或化学反应热而产生热效应,热效应使液相的温度逐渐升高,这种吸收称为非等温吸收,如用水吸收氯化氢气体制取盐酸等;当吸收过程的热效应较小、溶质在混合气体中浓度较低或溶剂用量较大时,或虽然热效应较大,但吸收设备的散热效果很好,能及时移除吸收过程所产生的热量时,此时液相的温度变化并不显著,这种吸收称为等温吸收。

### 4.低组成吸收与高组成吸收(或称低浓度吸收和高浓度吸收)

在吸收过程中,若溶质在气液两相中的摩尔分数均较低(通常不超过0.1),这种吸收称为低组成吸收;反之,则称为高组成吸收。

### 5.常规吸收与膜基吸收

在常规气体吸收中,吸收液以滴状或膜状与气体接触,在操作过程中,气液相流速受到一定的限制,否则将会发生液泛、雾沫夹带等现象。若在气液相间置以疏水膜,膜不易被水溶液所润湿,当液相侧的压力略大于气相侧,而液、气两侧压差不大于某临界压力时,则液相不可能透过疏水膜膜孔,气、液相界面固定在疏水膜孔的液相侧,气体中的溶质组分通过该相界面进入液相,只要气相侧的压力不大于液相侧,气体就不可能鼓泡进入液相侧,该过程称为膜基吸收。显然,膜基吸收不易引起液泛、液沫夹带等现象。

此外,按吸收过程的操作压强分类,可以分为常压吸收与加压吸收。当操作压强增大时，溶质在吸收剂中的溶解度将随之增加。

## 四、吸收剂的选择

通常同一种溶质可溶解于不同的吸收剂中，吸收剂性能的优劣，往往成为决定吸收效果是否良好的关键，吸收剂选择的依据主要是吸收剂与气体混合物各组分之间的相平衡关系，一般可从以下几个方面考虑。

### 1.溶解度

吸收剂对于溶质组分应具有较大的溶解度，或者说，在一定的温度与浓度下，溶质组分的气相平衡分压要低。这样，从平衡的角度讲，处理一定量的混合气体所需的吸收剂数量较少，吸收后气体中溶质的极限残余浓度亦可降低；就传质速率而言，溶解度大，溶质的平衡分压低，过程的传质推动力就大，传质速率快，所需设备的尺寸就小。

### 2.选择性

吸收剂对溶质组分要有良好的吸收能力，对混合气体中除溶质外的其他组分不吸收或者吸收甚微，即吸收剂要具有较高的选择性。如果选择性不高，它将同时吸收混合气体中的其他组分，这样的吸收操作只能实现组分间某种程度的增浓而不能实现较为完全的分离，不能达到有效的分离的目的。

### 3.挥发性

在吸收过程中，吸收尾气往往被吸收剂蒸气所饱和，故在操作温度下，吸收剂的蒸气压要低，即挥发度要小，以减小吸收剂的损失量。

### 4.黏度

吸收剂在操作温度下的黏度越低，其在塔内的流动阻力越小，扩散系数越大，这样可以改善吸收塔内的流动状况，从而提高吸收速率，这有助于传质速率的提高，同时有助于降低输送能耗，减小吸收和解吸过程中吸收剂加热或冷却设备的热阻。

### 5.再生

吸收剂要易于再生。例如，吸收剂在低温(或高压)下溶解度大，随着温度升高(或压强降低)溶解度迅速下降，这样，被吸收的气体可在升温(或降压)程度不大的条件下解吸，即比较容易再生。

### 6.其他

所选用的吸收剂应尽可能满足无毒性、无腐蚀性、不易燃易爆、不发泡、冰点低、价廉易得以及化学性质稳定等要求。

满足上述全部条件的吸收剂是很难找到的。选择吸收剂时应当兼顾吸收与吸收剂的再生，不仅要宜于吸收，而且要便于从吸收液中分离出来。实际工作中要对可供选择的吸收剂进行全面的评价，以做出经济合理的选择。

## 五、吸收过程中气、液两相的接触方式

在图 6-7(a)所示的板式吸收塔中，气体与液体为逐级逆流接触。气体自下而上通过板上小孔逐板上升，在每一板上与溶剂接触，其中可溶组分被部分地溶解。气体每上升一块塔板，其可溶组分的浓度阶跃式地降低；溶剂逐板下降，其可溶组分的浓度则阶跃

式地升高。但是,在逐级接触过程中所进行的吸收过程不随时间而变,为定态连续过程。

在图 6-7(b)所示设备中,液体呈膜状沿壁流下,此为湿壁塔或降膜塔。更常见的是在塔内充以填料,液体自塔顶均匀淋下并沿填料表面流下,气体通过填料间的空隙上升与液体做连续的逆流接触。气体中的可溶组分不断地被吸收,其浓度自下而上连续地降低;液体浓度则由上而下连续地增高,此设备即是微分接触吸收设备。

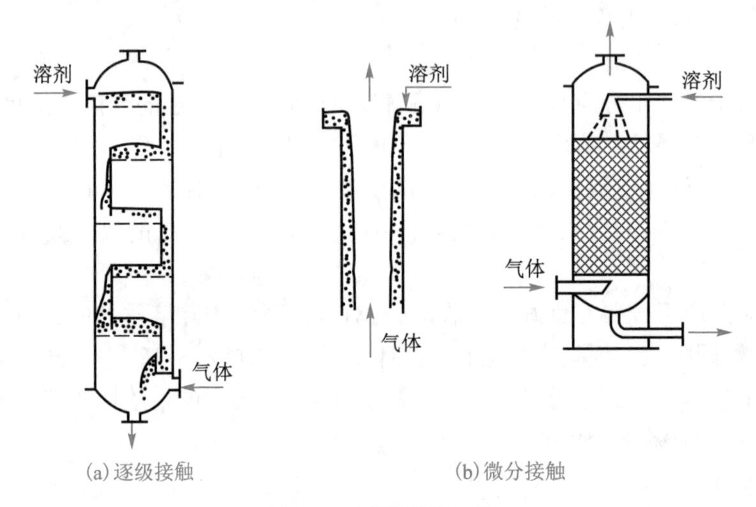


图 6-7　两类吸收设备

逐级接触与微分接触两类吸收设备不仅用于气体吸收,同样也用于精馏、萃取等其他传质单元操作。两类吸收设备采用完全不同的计算方法。

工业生产中的吸收过程以低组成吸收为主,本章以填料塔为例,着重讨论单组分、等温、常压下的低组成物理吸收过程。在讨论过程中,有以下假设:

(1)气体混合物中只有一种组分溶于溶剂,其余组分在溶剂中的溶解度极低,可忽略不计,因而将其视为一种惰性组分,即吸收过程为单组分吸收;

(2)溶剂的蒸气压很低,忽略气体中的溶剂蒸气,同时忽略其挥发损失。

这样,气相可以看作一个溶质组分与惰性气体组成,液相中只有溶质组分与溶剂,并且气液相均看作双组分均相混合物。

## 六、相组成的表示方法

对于各种传质过程,相组成是表达相平衡和传质速率的重要参数,为了分析问题与设计计算的方便,通常采用不同的组成表示方法,常用的有以下几种。

### (一)质量分数和摩尔分数(或称质量分率和摩尔分率)

1.质量分数

质量分数是指混合物中某组分的质量占总质量的分数。若均相混合物中有组分 A, B,…,N,则有

$$w_A=\frac{m_A}{m},w_B=\frac{m_B}{m},\cdots,w_N=\frac{m_N}{m}$$

式中　$w_A, w_B, \cdots, w_N$——组分 A,B,…,N 的质量分数;

$m_A, m_B, \cdots, m_N$——组分 A,B,…,N 的质量,kg;

$m$——混合物的总质量,kg。

由于

$$m = m_A + m_B + \cdots + m_N = \sum m_i$$

将上式两边除以 $m$,得

$$w_A + w_B + \cdots + w_N = \sum w_i = 1 \tag{6-1}$$

即各组分质量分数之和等于 1。

对于双组分物系,有 $w_A + w_B = 1$,若令 A 组分的质量分数为 $w$,则 B 组分的质量分数为 $1-w$,于是下标 A、B 可以略去。

2.摩尔分数

摩尔分数是指混合物中某组分的千摩尔数占总千摩尔数的分率。在传质过程计算中用得较多,其表示式为

$$x_A = \frac{n_A}{n}, x_B = \frac{n_B}{n}, \cdots, x_N = \frac{n_N}{n}$$

式中　$x_A, x_B, \cdots, x_N$——组分 A,B,…,N 的摩尔分数;

$n_A, n_B, \cdots, n_N$——组分 A,B,…,N 的千摩尔数,kmol;

$n$——混合物的总千摩尔数,kmol。

$$n = n_A + n_B + \cdots + n_N = \sum n_i$$

则有

$$x_A + x_B + \cdots + x_N = \sum x_i = 1 \tag{6-2}$$

传质计算中通常用 $x$ 表示液相中组分的摩尔分数,用 $y$ 表示气相中组分的摩尔分数。

3.质量分数与摩尔分数的换算

对于 $i$ 组分,有

$$n_i = \frac{m_i}{M_i} = \frac{mw_i}{M_i}$$

式中　$M_i$——$i$ 组分的千摩尔质量(数值上等于其相对分子质量),kg/kmol。

由于 $n = \sum n_i = \frac{mw_A}{M_A} + \frac{mw_B}{M_B} + \cdots + \frac{mw_N}{M_N} = m\sum \frac{w_i}{M_i}$

可得

$$x_i = \frac{n_i}{n} = \frac{mw_i/M_i}{m\sum w_i/M_i} = \frac{w_i/M_i}{\sum w_i/M_i} \tag{6-3}$$

同样,可以推得 $m_i = n_iM_i = nx_iM_i$

$$m = \sum m_i = n\sum x_iM_i$$

$$w_i = \frac{m_i}{m} = \frac{x_iM_i}{\sum x_iM_i} \tag{6-4}$$

### (二)质量浓度和物质的量浓度

质量浓度是指单位体积混合物内所含物质的质量,对于 $i$ 组分,有

$$\rho_i=\frac{m_i}{V}$$

式中 $\rho_i$——混合物中 $i$ 组分的质量浓度,$kg/m^3$;

$V$——混合物的总体积,$m^3$。

物质的量浓度是指单位体积混合物内所含的物质的量(用千摩尔数表示)。对于 $i$ 组分,有

$$c_i=\frac{n_i}{V}$$

式中 $c_i$——混合物中 $i$ 组分的物质的量浓度,$kmol/m^3$。

1.质量浓度与质量分数的关系

由定义知,混合物的密度 $\rho$ 即为各组分质量浓度的总和,即

$$\rho=\frac{m}{V}=\frac{\sum m_i}{V}=\sum \rho_i$$

故

$$\rho_i=\frac{m_i}{V}=\frac{mw_i}{V}=w_i\rho \tag{6-5}$$

2.物质的量浓度与摩尔分数的关系

$$c_i=\frac{n_i}{V}=\frac{nx_i}{V}=x_ic \tag{6-6}$$

式中 $c$——混合物的总物质的量浓度,$kmol/m^3$。

显然

$$c=\frac{n}{V}=\frac{\sum n_i}{V}=\sum c_i$$

3.质量浓度与物质的量浓度的关系

$$\rho_i=\frac{m_i}{V}=\frac{n_iM_i}{V}=c_iM_i \tag{6-7}$$

### (三)质量比和摩尔比

在某些传质单元操作过程(如吸收、萃取等)中,混合物的总质量(或总物质的量)是变化的。此时,使用质量分数或摩尔分数表示气液组成,计算会很不方便。如以某一组分为基准来表示混合物中其他组分的组成会给计算带来方便,为此引入以惰性组分为基准的质量比或摩尔比来表示气液相的组成。

对于双组分(A+B)物系,以 B 为基准,A 组分的组成可以表示为

质量比

$$W=\frac{m_A}{m_B}$$

摩尔比

$$X=\frac{n_A}{n_B}$$

于是有以下几种关系:

1.质量比与质量分数的关系

$$W=\frac{m_A}{m_B}=\frac{mw_A}{mw_B}=\frac{w_A}{w_B}=\frac{w}{1-w} \tag{6-8}$$

同样有

$$w=\frac{W}{1+W} \tag{6-8a}$$

2.摩尔比与摩尔分数的关系

$$X=\frac{n_A}{n_B}=\frac{nx_A}{nx_B}=\frac{x_A}{x_B}=\frac{x}{1-x} \tag{6-9}$$

$$x=\frac{X}{1+X} \tag{6-9a}$$

3.质量比与摩尔比的关系

$$W=\frac{m_A}{m_B}=\frac{n_A M_A}{n_B M_B}=X\frac{M_A}{M_B} \tag{6-10}$$

**(四)理想气体混合物中组成的表示方法**

对于气体混合物,在压强不太高、温度不太低的情况下,可视为理想气体,则对于A组分,有

摩尔分数

$$y_A=\frac{p_A}{p} \tag{6-11}$$

物质的量浓度

$$c_A=\frac{n_A}{V}=\frac{p_A}{RT} \tag{6-12}$$

摩尔比

$$Y=\frac{n_A}{n_B}=\frac{p_A}{p_B} \tag{6-13}$$

式中 $p_A$,$p_B$——气体混合物中组分A、B的分压,kPa;

$p$——混合气体的总压,kPa。

【例6-1】在一吸收塔内,吸收操作在常压、25 ℃条件下进行,已知进塔混合气体中含$CO_2$ 29%(体积分数),其余组分为$N_2$、$H_2$和CO(可看作惰性组分),经吸收操作后,出塔气体中$CO_2$的含量为1%(体积分数),试计算进塔混合气和出塔气体中$CO_2$摩尔分数、摩尔比和物质的量浓度。

解:系统可视为由溶质$CO_2$和惰性组分构成的双组分系统。以下标1、2分别表示进、出塔的气体状态。

①进塔混合气

摩尔分数:理想气体的体积分数等于摩尔分数,所以$y_1=0.29$。

物质的量浓度:由分压定律知

$$p_{A1}=py_1=101.3\times0.29=29.38\ \text{kPa}$$

所以

$$c_{A1}=\frac{p_{A1}}{RT}=\frac{29.38}{8.314\times298}=0.011\ 9\ \text{kmol/m}^3$$

摩尔比:由式(6-9)知

$$Y_1=\frac{y_1}{1-y_1}=\frac{0.29}{1-0.29}=0.408$$

②出塔气体组成

$$y_2=0.01$$

$$c_{A2}=\frac{p_{A2}}{RT}=\frac{101.3\times0.01}{8.314\times298}=4.09\times10^{-4}\ \mathrm{kmol/m^3}$$

$$Y_2=\frac{y_2}{1-y_2}=\frac{0.01}{1-0.01}=0.010\ 1$$

【例 6-2】在总压101.3 kPa 及 20 ℃下,实验测得 100 g 水中含氨 1 g,液面上氨的平衡分压为 800 Pa。试计算气液两相的组成皆以物质的量浓度表示时的相平衡关系。

解:氨在气相中的浓度 $c_{AG}$按式(6-12)计算

$$c_{AG}=\frac{p_A}{RT}=\frac{800}{8\ 314\times293}=0.000\ 328\ \mathrm{kmol/m^3}$$

氨在液相中的浓度 $c_{AL}$计算如下:

100 g 水含氨 1 g,共 101 g 湿氨水;因氨水很稀,可设其密度与水相同,即 $\rho=1\ 000\ \mathrm{kg/m^3}$;其体积为 101/1 000=0.101 m$^3$,所以

$$c_{AL}=\frac{1/17}{0.101}=0.582\ \mathrm{kmol/m^3}$$

结果表明,该物系的相平衡关系中,液相的浓度比气相大1 000倍。

## 第二节 传质机理

传质过程是吸收等单元操作的基本过程,分析其传质过程需要解决传质过程的速率问题,本节将讨论吸收过程的速率。

吸收过程涉及两相间的物质传递,它包括三个步骤:

(1)溶质由气相主体传递到气液两相界面,即气相内的物质传递;

(2)溶质在相界面上的溶解,由气相转入液相,即界面上发生的溶解过程;

(3)溶质自气液界面被传递至液相主体,即液相内的物质传递。

其中(1)(3)为相内传质,(2)为相际传质。通常,上述第二步即相界面上发生的溶解过程,很易进行,其阻力极小。因此,通常都认为界面上气、液两相的溶质浓度满足相平衡关系,这样,总过程速率主要由两个单相即气相与液相内的传质速率所决定。

与热量传递中的导热和对流传热相似,不论气相或液相,物质质量传递的方式有分子传质(分子扩散)和涡流传质(涡流扩散)两种。

(1)分子扩散是分子微观运动的宏观统计结果。混合物中存在的温度梯度、压强梯度及浓度梯度都会产生分子扩散,本章仅讨论吸收及常见传质过程中因浓度差而造成的

分子扩散速率。

(2)在湍流流体中,由于存在大大小小的漩涡运动,从而引起各部位流体间的剧烈混合。在有浓度差存在的条件下,物质便朝着浓度降低的方向进行传递。这种凭借流体质点的湍动和漩涡来传递物质的现象,称为涡流扩散。

工业吸收过程大多为定态过程,本节将讨论定态条件下双组分物系的分子扩散和对流传质。

## 一、相内传质

### (一)分子传质(扩散)

分子扩散,其实质是分子传质,它是由于分子的无规则热运动而形成的物质传递现象。分子传质是微观分子热运动的宏观结果,在固体、液体和气体中均能发生。扩散现象在日常生活中是经常遇到的,如在密闭的室内,酒瓶盖被打开后,在其附近很快就可以闻到酒味。如图 6-8(a)所示,用一块隔板将容器分为左右两室,两室中分别盛装有压强和温度相等的 $N_2$ 和 $O_2$。将隔板打开后,如图 6-8(b)所示,左端的 $N_2$ 将向右端扩散,右端的 $O_2$ 也会向左端扩散。左右两室交换的分子数虽然相等,但因左端 $N_2$ 的浓度高于右端,故在同一时间内 $N_2$ 进入右端较多而返回左端较少。同理,右端的 $O_2$ 进入左端较多而返回右端较少,其净结果必然是 $N_2$ 自左向右传递,而 $O_2$ 自右向左传递,即两种分子各自沿浓度降低的方向传递,直到完全混合均匀、各处浓度都相等为止。如果对这个系统加以搅拌,则完全混合的时间比不搅拌时缩短,搅拌愈激烈,则所需的时间愈短。

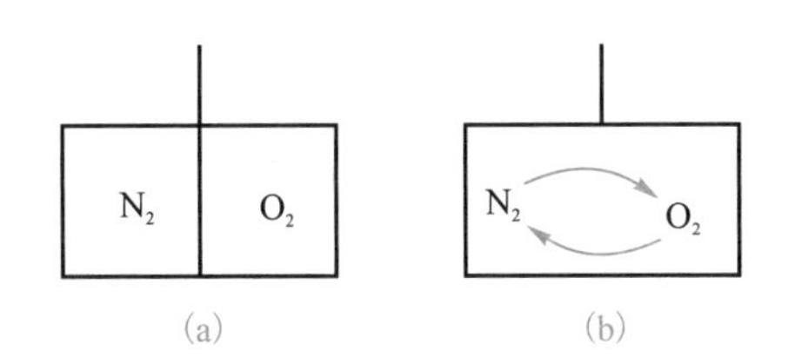


图 6-8　扩散现象

由上述例子可以得出以下结论:

①当相内各处浓度不等时,组分总要由浓度高处自动地向低处转移,这种现象称为扩散。扩散过程要进行到各处浓度相等为止,此时扩散达到动平衡态(类似于一个物体内部有温度差时,热量将由高温部分向低温部分传递,直至各部分温度相等为止)。所以,浓度差在扩散中的地位相当于温度差在传热中的地位,浓度差是相内传质过程的推动力。

②如果没有流体质点宏观的不规则运动(即湍流流动),则扩散仅依靠微观的分子热运动来进行,这种扩散称为分子扩散。在图 6-8(b)中,在没有搅拌和其他扰动的情况下,就属于这种情况。分子扩散与传热中的热传导有着类似的规律,分子扩散一般进行得很慢。

③当流体有宏观运动时,依靠流体质点的不规则运动即湍动来进行的扩散称为湍流扩散或涡流扩散。例如在激烈搅拌下进行的扩散。湍流扩散比分子扩散要快得多。

④在实际传质过程中,流体是运动的,而分子热运动与流体总体是否运动无关,所以在实际传质操作中分子扩散与涡流扩散常常同时存在。通常把分子扩散与涡流扩散的总和称为对流扩散或对流传质。流体的某一部分(如湍流主体)湍动程度很大时,该部分分子扩散的影响常可忽略不计。

由于连续的工业过程一般为定态过程,因此下面分别讨论定态条件下双组分物系的分子扩散和对流传质问题。

#### 1.费克定律

设均相混合物由 A、B 两个组分组成,由于各处浓度不等而发生分子扩散。扩散过程进行的快慢可用单位时间内通过垂直于扩散方向的单位面积传递的物质的量来度量,称为扩散通量或扩散速率。

在恒定的温度和压强下,且两组分物质的量浓度之和为常数时,均相混合物中的分子扩散通量服从下述的费克定律,即在二元混合物的分子扩散中,某组分的扩散通量与其浓度梯度成正比,其数学表达式为

$$J_A = -D_{AB}\frac{dc_A}{dZ} \tag{6-14}$$

式中 $J_A$——组分 A 在 $Z$ 方向上的扩散速率,kmol/(m$^2$·s);

$\frac{dc_A}{dZ}$——组分 A 在扩散方向 $Z$ 上的浓度梯度,kmol/m$^4$;

$D_{AB}$——组分 A 在组分 B 中扩散时的扩散系数,m$^2$/s。

式中负号表示扩散沿着组分 A 浓度降低的方向进行,与浓度梯度方向相反。

费克定律是一个实验定律,它表明只要混合物中存在着浓度梯度,就必然会产生物质的分子扩散流。

费克定律在形式上与牛顿黏性定律、傅里叶定律类似,这也说明在动量、热量、质量传递这三种过程之间有着广泛的类似性。在静止流体中或流体在与传递方向相垂直的方向上做层流流动时,这种传递都是分子热运动的结果。但是由于分子不断发生碰撞,实际分子扩散速率远小于分子热运动速率。

对于双组分混合物,若相内总浓度处处相等,即

$$c = c_A + c_B = 常数$$

因为$\frac{dc}{dZ}=0$,于是

$$\frac{dc_A}{dZ} = -\frac{dc_B}{dZ}$$

由于系统的总浓度不变,故产生物质 A 的扩散流 $J_A$ 的同时必然伴有方向相反、大小相等的物质 B 的扩散流 $J_B$,由费克定律知

$$J_B = -D_{BA}\frac{dc_B}{dZ} = -J_A$$

将上式与式(6-14)比较可知

$$D_{AB} = D_{BA} = D$$

即对于双组分扩散系统，A 在 B 中的扩散系数与 B 在 A 中的扩散系数相等，故下标可以省略。

对于理想气体，温度、总压恒定则总浓度恒定，费克定律可表示为

$$J_{A}=-\frac{D\mathrm{d}p_{A}}{RT\mathrm{d}Z} \tag{6-15}$$

2.定态分子扩散的分类及传质速率的计算

阅读材料
费克简介

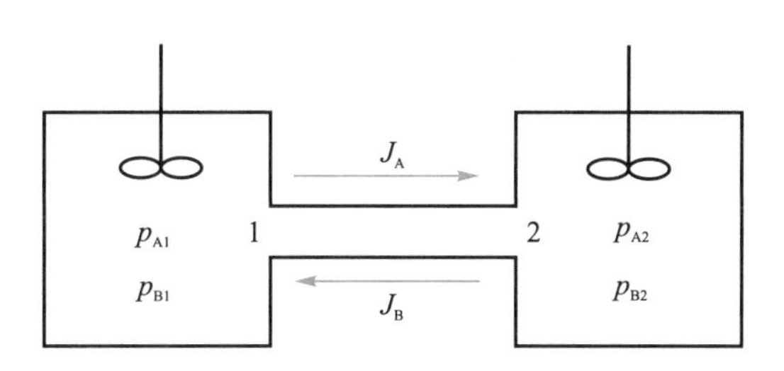


图 6-9　定态扩散过程

（1）等摩尔反向扩散

如图 6-9 所示，设想用一段均匀细直管将两个很大的容器连通。两容器中分别充有浓度不同的 A、B 混合气体，其温度和总压都相等，已知 $p_{A1}>p_{A2}$，$p_{B1}<p_{B2}$。两容器内均装有搅拌器，用以保持各自浓度均匀。显然，由于两容器存在浓度差异，连通管中将发生分子扩散现象，组分 A 向右传递而组分 B 向左传递。由于容器很大而连通管较细，故在有限的时间内扩散作用不会使两容器中的气体浓度发生明显的变化，可以认为 1、2 两截面上的 A、B 分压都维持不变，连通管中发生的分子扩散过程是定态的。

由于两容器的温度和总压相同，连通管内任一截面上单位时间、单位面积上向右传递的 A 的物质的量与向左传递的 B 的物质的量必定相等。这种情况称为定态的等摩尔反向扩散。

若以 A 的传递方向（$Z$）为正方向，由费克定律知，$J_A=-J_B$，或 $J_A+J_B=0$。因此，等摩尔反向扩散的特点是通过扩散截面的净物质的量为零（或净传质速率为零）。某些蒸馏过程可以认为属于等摩尔反向扩散过程。

在任一固定的空间位置上，单位时间内通过垂直于传递方向的单位面积传递的物质的量，称为传质速率或传质通量。在等摩尔反向扩散中，组分 A 的传质速率等于其扩散速率。

$$N_{A}=J_{A}=-\frac{D\mathrm{d}c_{A}}{\mathrm{d}Z}$$

如图 6-10 所示，在扩散方向 $Z$ 上相距 $\delta$ 取两个平面，组分 A 在两平面处的浓度分别为 $c_{A1}$ 和 $c_{A2}$。因为是定态扩散，组分 A 通过扩散方向上任一垂直平面的传质速率为一常数，故上式积分可得

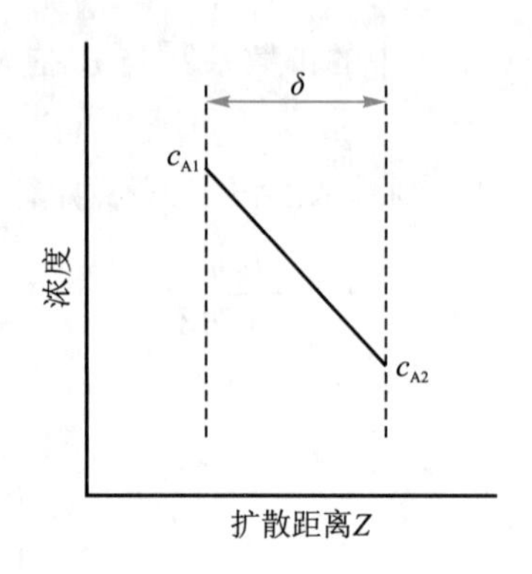


图 6-10　等摩尔反向扩散

$$N_A=\frac{D(c_{A1}-c_{A2})}{\delta} \tag{6-16}$$

此式对气相和液相均适用,它表明在扩散方向上组分 A 的浓度分布为一直线。对于理想气体,式(6-16)可以写为

$$N_A=\frac{D(p_{A1}-p_{A2})}{RT\delta} \tag{6-16a}$$

式中　$p_{A1}$,$p_{A2}$——组分 A 在上述两平面处的分压。

对于 B 组分,显然 $N_A=-N_B$。

【例 6-3】在 0 ℃、101.3 kPa 下,$Cl_2$ 在空气中进行稳态分子扩散。若已知相距 50 mm 的两截面上 $Cl_2$ 的分压分别为26.66 kPa 和6.666 kPa,试计算 $Cl_2$ 与空气做等分子反向扩散时,$Cl_2$ 通过单位截面积传递的传质速率。已知101.3 kPa、0 ℃时,$Cl_2$ 在空气中的扩散系数为0.124 $cm^2/s$。

解:$N_A=\frac{D}{RT\delta}(p_{A1}-p_{A2})$

$=\frac{0.124\times10^{-4}}{8.314\times273\times0.05}\times(26.66-6.666)$

$=2.19\times10^{-6}$ kmol/($m^2$ · s)

(2)一组分通过另一停滞组分的扩散(单向扩散)

一组分通过另一停滞组分扩散的情况通常在吸收操作中遇到。若在图 6-9 所示系统中的截面 2 位置上,有一层只允许 A 分子通过但不允许 B 分子通过的膜(此处假设的膜,实际上相当于单组分气体吸收过程中气、液两相间的接触界面,在此界面上仅有溶质 A 通过,而没有惰性气体组分 B 和溶剂分子 S 通过),则传质的结果是组分 A 不断通过截面 2 进入右侧空间,但截面 2 不能使组分 B 反向通过,因而不能保持等摩尔反向扩散。在定态条件下,连通管中的组分 B 不可能有净的传递,表观上看 B 处于"停滞"状态,所以这样的过程称为一组分通过另一停滞组分的单方向扩散。

对此情况可作进一步分析,由于 1、2 截面间浓度的差异,组分 A 的分子将不断地向右扩散。在定态条件下,系统中各处的总浓度相等,即组分 A 存在浓度差的同时,也必然形成了组分 B 的反向浓度差,即连通管中组分 B 的分子也必有自右向左的分子扩散运动,且 $J_A=-J_B$。这样,尽管截面 2 不能反向通过组分 B,但在截面 2 左侧组分 B 的反向分子扩散仍然存在。

组分 A 通过截面 2 的膜进入右侧空间和组分 B 从截面 2 的左侧向截面 1 的反向扩散,都导致截面 2 左侧气体总压的降低。于是,连通管中各截面上混合气体便会自动地向截面 2 依次递补过来,以维持系统的总压(总物质的量浓度 $c$)处处相等。这种流动是一种附加的主体流动,简称为主体流动(图 6-11)。

主体流动是宏观流动,同时携带组分 A 和 B 流过膜左方的各个截面。设主体流动速率为 $N$ kmol/(m$^2$·s),因总体流动对 A、B 两组分产生的传质速率分别为 $N\dfrac{c_A}{c}$和 $N\dfrac{c_B}{c}$。

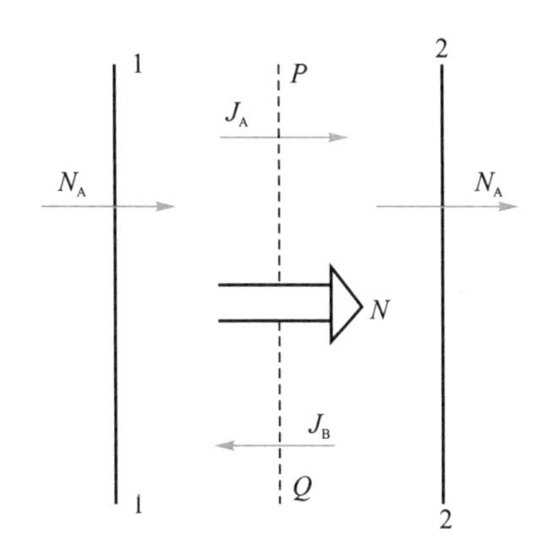


图 6-11　主体流动与扩散流动

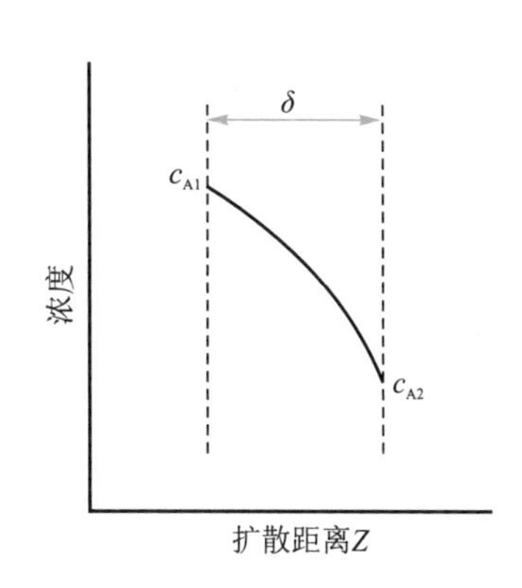


图 6-12　定态单向分子扩散

由于主体流动的存在,组分的传质速率为扩散速率和主体流动所产生的传质速率之和。

对 A 组分　　$N_A=J_A+N\dfrac{c_A}{c}$

对 B 组分　　$N_B=J_B+N\dfrac{c_B}{c}=0$

将上述两式相加,得　　$N_A=N$

整理可得

$$N_A=-D\frac{dc_A}{dZ}+N_A\frac{c_A}{c} \tag{6-17}$$

在图 6-12 所示的定态单向扩散中,积分上式可得

$$N_A=\frac{Dc(c_{A1}-c_{A2})}{\delta c_{Bm}} \tag{6-18}$$

式中，$c_{Bm}=\dfrac{c_{B2}-c_{B1}}{\ln\dfrac{c_{B2}}{c_{B1}}}$，在间距为 $\delta$ 的两截面上组分 B 的物质的量浓度的对数平均值。

式(6-18)对气相或液相均适用。对理想气体中的单向扩散，因为 $p=cRT$，该式可写为

$$N_A=\frac{D}{RT\delta}\times\frac{p}{p_{Bm}}(p_{A1}-p_{A2}) \tag{6-18a}$$

式中，$p_{Bm}=\dfrac{p_{B2}-p_{B1}}{\ln\dfrac{p_{B2}}{p_{B1}}}$。

比较式(6-18)和式(6-16)、式(6-18a)和式(6-16a)，可知单向扩散时 A 组分的传质速率比等摩尔反向扩散时多了一个因子：$\dfrac{c}{c_{Bm}}$(或$\dfrac{p}{p_{Bm}}$)。由于总浓度 $c$ 总是大于任一组分的浓度，即 $c>c_{Bm}$(或 $p>p_{Bm}$)，故 $\dfrac{c}{c_{Bm}}>1$($\dfrac{p}{p_{Bm}}>1$)。这是由于出现了与扩散方向一致的主体流动，而使得组分 A 的传递速率较之单纯的分子扩散要大一些。如同顺水行舟，水流使船速加大，故$\dfrac{c}{c_{Bm}}$(或$\dfrac{p}{p_{Bm}}$)称为漂流因子，其值反映了主体流动对组分 A 传质速率的影响。当混合气体中组分 A 的浓度很低时，$p_{Bm}\approx p_{总}$，因而 $p_{总}/p_{Bm}\approx1$，式(6-18a)可简化为式(6-16a)。

一组分通过另一停滞组分扩散是液体扩散中最主要的方式，在吸收和萃取操作中都会遇到。

【例 6-4】在 25 ℃和 100 kPa 总压条件下，用水吸收空气中的氨。气相主体含氨 20%，因水中氨的浓度很低，其平衡分压可取为 0。若氨在气相中的扩散阻力相当于2 mm 厚的停滞气层，扩散系数 $D=0.232\ \text{cm}^2/\text{s}$，求吸收的传质速率 $N_A$。若气相主体中含氨为 2.0%(均为摩尔分数)，试重新计算。

解：(1)本题属于单向扩散，已知 $Z=0.002$ m，$D=0.232\times10^{-4}\ \text{m}^2/\text{s}$，$T=298$ K，$p=100$ kPa，$p_{A1}=20$ kPa，$p_{A2}=0$，$p_{B1}=100-20=80$ kPa，$p_{B2}=100$ kPa，$p_{Bm}=(100+80)/2=90$ kPa，

$$N_A=\frac{0.232\times10^{-4}}{8.314\times298\times0.02}\times\frac{100}{90}\times(20-0)=4.68\times10^{-6}\times1.111\times20=1.04\times10^{-4}\ \text{kmol/(m}^2\cdot\text{s)}$$

(2)若空气中原含氨为 2%，则 $p_{A1}=2.0$ kPa，$p_{B1}=98$ kPa，$p_{Bm}=(100+98)/2=99$ kPa

$$N_A'=4.68\times10^{-6}\times\frac{100}{90}\times(2-0)=10.4\times10^{-6}\ \text{kmol/(m}^2\cdot\text{s)}$$

本例说明：气相浓度高时，即 $p_{A1}/p=0.2$，漂流因子 $p/p_{Bm}$ 应予考虑；浓度很低时，$p/p_{Bm}$ 很接近于 1，其影响可忽略，即单向扩散与等摩尔扩散的差别可忽略。此外，当 $p/p_{Bm}\leqslant2$ 时，可用算术平均值代替对数平均值进行计算。

3.扩散系数

由费克定律可知，扩散系数 $D$ 代表单位浓度梯度下某组分的扩散速率，是物质的一种传递性质，类似于传热中的导热系数。扩散系数的数值不但受到温度、压强和混合物中组分浓度的影响，而且同一组分在不同的介质中的扩散系数也不一样。通常扩散系数由实验测定。常见物质的扩散系数可在手册中查到，在缺乏数据时可用某些经验的或半经验的公式进行估算。

(1)组分在气体中的扩散系数

一般来说，气体中的扩散系数与温度、压力、浓度和各个组分的性质有关。对于双组分气体混合物，组分的扩散系数在低压下与浓度无关，只是温度及压力的函数。表 6-1 中列出了常见物系的气体扩散系数，可供参考选用。由表可见，气体扩散系数的数量级约为 $10^{-5}\sim10^{-4}\ \mathrm{m^2/s}$。

气体扩散系数通常是在特定条件下测定的，目前已发表的实验数据数量有限，在许多情况下，要通过估算求得所需的扩散系数。组分在气体中的扩散系数的估算，一般是依据分子运动论导出方程的基本形式，再根据实验数据确定其中参数的计算方法或数值。这样的半经验公式很多，下面介绍比较简单的一个。

$$D=\frac{4.36\times10^{-5}T^{3/2}\left(\frac{1}{M_A}+\frac{1}{M_B}\right)^{1/2}}{p\left(V_A^{1/3}+V_B^{1/3}\right)^2}\tag{6-19}$$

式中　$D$——扩散系数，$\mathrm{m^2/s}$；

$p$——总压强，kPa；

$T$——热力学温度，K；

$M_A$，$M_B$——A、B 物质的千摩尔质量，kg/kmol；

$V_A$，$V_B$——A、B 物质的摩尔体积，$\mathrm{cm^3/mol}$。

【例 6-5】利用气体扩散经验公式，试求 298 K 和101.3 kPa 条件下，乙酸在空气中的扩散系数，并和表 6-1 中实验数据对比。

解：①用 A 代表乙酸，B 代表空气

$M_A=60\ \mathrm{kg/kmol}$，$M_B=29\ \mathrm{kg/kmol}$，$V_A=68.4\ \mathrm{cm^3/mol}$，$V_B=29.9\ \mathrm{cm^3/mol}$

由式(6-19)得

$$D=\frac{4.36\times10^{-5}\times298^{3/2}\times\left(\frac{1}{60}+\frac{1}{29}\right)^{1/2}}{101.3\times\left(68.4^{1/3}+29.9^{1/3}\right)^2}=9.68\times10^{-6}\ \mathrm{m^2/s}$$

②为了和表 6-1 中实验数据比较，计算 273 K 下的扩散系数。由于压强不变，所以

$$D=D_0\left(\frac{T}{T_0}\right)^{\frac{3}{2}}=9.68\times10^{-6}\times\left(\frac{273}{298}\right)^{3/2}=8.49\times10^{-6}\ \mathrm{m^2/s}$$

查表 6-1，知 $D=1.06\times10^{-5}\ \mathrm{m^2/s}$，相对误差为19.9%。

表 6-1　在101.3 kPa 压强下气体的扩散系数

| 物系 | 温度 | | $D/(cm^2/s)$ | 物系 | 温度 | | $D/(cm^2/s)$ |
|---|---|---|---|---|---|---|---|
| | /℃ | /K | | | /℃ | /K | |
| 空气-氨 | 0 | 273 | 0.198 | 空气-甲苯 | 25.9 | 298.9 | 0.087 |
| | 25 | 298 | 0.229 | 空气-乙酸 | 0 | 273 | 0.106 |
| 空气-水 | 0 | 273 | 0.22 | 空气-正己烷 | 21 | 294 | 0.080 |
| | 25 | 298 | 0.26 | 空气-正丁烷 | 0 | 273 | 0.070 3 |
| | 42 | 315 | 0.288 | 空气-氢 | 0 | 273 | 0.611 |
| 空气-$CO_2$ | 0 | 273 | 0.136 | $CO_2$-$N_2$ | 25 | 298 | 0.158 |
| | 3 | 276 | 0.142 | $CO_2$-$H_2O$ | 25 | 298 | 0.154 |
| | 25 | 298 | 0.164 | | 34.3 | 307.3 | 0.202 |
| | 44 | 317 | 0.177 | $H_2$-$NH_3$ | 20 | 293 | 0.849 |
| 空气-甲醇 | 25 | 298 | 0.162 | $H_2$-苯 | 0 | 273 | 0.317 |
| 空气-乙醇 | 25 | 298 | 0.135 | $H_2$-苯 | 38.1 | 311.1 | 0.404 |
| | 42 | 315 | 0.145 | $H_2$-$N_2$ | 15 | 288 | 0.743 |
| 空气-苯胺 | 25 | 298 | 0.072 6 | | 25 | 298 | 0.784 |
| 空气-苯 | 25 | 298 | 0.096 2 | | 85 | 358 | 1.052 |
| 空气-溴 | 20 | 293 | 0.091 | $N_2$-$NH_3$ | 20 | 293 | 0.241 |
| 空气-$CS_2$ | 0 | 273 | 0.088 3 | $N_2$-CO | 15 | 288 | 0.192 |
| 空气-氟 | 0 | 273 | 0.124 | | 100 | 373 | 0.318 |
| 空气-联苯 | 218 | 491 | 0.160 | $N_2$-乙烯 | 25 | 298 | 0.163 |
| 空气-乙酸乙酯 | 0 | 273 | 0.070 9 | $N_2$-碘 | 0 | 273 | 0.070 |
| 空气-乙醚 | 20 | 293 | 0.089 6 | $N_2$-正丁烷 | 25 | 298 | 0.096 0 |
| 空气-碘 | 25 | 298 | 0.083 4 | $N_2$-$O_2$ | 0 | 273 | 0.181 |
| 空气-水银 | 341 | 614 | 0.473 | CO-$H_2$ | 0 | 273 | 0.651 |
| 空气-萘 | 25 | 298 | 0.061 1 | CO-$O_2$ | 0 | 273 | 0.185 |
| 空气-硝基苯 | 25 | 298 | 0.060 2 | $CS_2$-$CO_2$ | 45 | 318 | 0.071 5 |
| 空气-氧 | 0 | 273 | 0.175 | 乙醇-$CO_2$ | 0 | 273 | 0.069 3 |
| 空气-正辛烷 | 25 | 298 | 0.060 2 | 甲醇-$CO_2$ | 25.6 | 298.6 | 0.105 |
| 空气-乙酸丙酯 | 42 | 315 | 0.092 | 乙醚-$CO_2$ | 0 | 273 | 0.054 1 |
| 空气-$SO_2$ | 0 | 273 | 0.122 | 乙酸乙酯-$CO_2$ | 46 | 319 | 0.066 6 |
| 空气-甲苯 | 25 | 298 | 0.084 4 | 丙烷-$CO_2$ | 25 | 298 | 0.086 3 |

摩尔体积 $V$ 是 1 mol 物质在正常沸点下呈液态时的体积,$cm^3$。它表征分子本身所占

据空间的大小,表 6-2 列出某些简单物质分子的摩尔体积。

表 6-2　简单物质分子的摩尔体积　　单位:$cm^3/mol$

| 物质 | 分子的摩尔体积 | 物质 | 分子的摩尔体积 | 物质 | 分子的摩尔体积 | 物质 | 分子的摩尔体积 |
|---|---|---|---|---|---|---|---|
| $H_2$ | 14.3 | $Br_2$ | 53.2 | CO | 30.7 | $NH_3$ | 25.8 |
| $O_2$ | 25.6 | $I_2$ | 71.5 | $SO_2$ | 44.8 | $H_2O$ | 18.9 |
| $N_2$ | 31.2 | 空气 | 29.9 | $N_2O$ | 36.4 | $H_2S$ | 32.9 |
| $Cl_2$ | 48.4 | $CO_2$ | 34.0 | NO | 23.6 | COS | 51.5 |

在没有摩尔体积的数据时,可按表 6-3 所列的原子摩尔体积加和而得。例如,乙酸($CH_3COOH$)的分子摩尔体积可按表中查得的 C、H 及 O 的原子摩尔体积加和,如下:

$$V_{乙酸}=14.8\times2+3.7\times4+12.0\times2=68.4\ cm^3/mol$$

但对于某些种类的化合物,经上述加和计算后,还需要校正(见表 6-3 的附注)。例如,对苯($C_6H_6$)

$$V_{苯}=14.8\times6+3.7\times6-15=96\ cm^3/mol$$

由式(6-19)可知,气体扩散系数与温度、压强的关系为

$$D=D_0\left(\frac{T}{T_0}\right)^{3/2}\left(\frac{p_0}{p}\right) \tag{6-20}$$

式中　$D_0$——$T_0$、$p_0$状态下的扩散系数,$m^2/s$;

$D$——$T$、$p$ 状态下的扩散系数,$m^2/s$。

表 6-3　原子的摩尔体积　　单位:$cm^3/mol$

| 物质 | 原子摩尔体积 | 物质 | 原子摩尔体积 | 附注 |
|---|---|---|---|---|
| C | 14.8 | N(在伯胺类中) | 10.5 | 用本表中的原子摩尔体积加和求分子摩尔体积时,在下列情况需作校正:<br>(1)对三元环(如环氧乙烷)减去6.0;<br>(2)对四元环(如环丁烷)减去8.5;<br>(3)对五元环(如呋喃、酚)减去11.5;<br>(4)对六元环(如苯、吡啶)减去 15;<br>(5)对萘环减去 30;<br>(6)对蒽环减去 15 |
| H | 3.7 | N(在仲胺类中) | 12.0 | |
| Cl | 24.6 | N(在其他化合物中) | 15.6 | |
| Br | 27 | O(在甲醚和甲酯中) | 9.1 | |
| I | 37 | O(在乙醚和乙酯中) | 9.9 | |
| S | 25.6 | O(在高级醚和高级酯中) | 11.0 | |
| F | 8.7 | O(在酸中) | 12.0 | |
| | | O(与 S、P、N 结合) | 8.3 | |
| | | O(在其他化合物中) | 7.4 | |

(2)组分在液体中的扩散系数

液体中的扩散系数与混合物各组分的性质、温度以及溶质的浓度有关,只有对稀溶

液才能视为与浓度无关。表 6-4 列出了常见组分在某些稀溶液中的扩散系数。由表中数据知,液体扩散系数的数量级约为 $10^{-9}\ m^2/s$。

表 6-4　组分在稀溶液中的扩散系数　　单位:$m^2/s$

| 溶质 | 溶剂 | 温度 | | $D/(\times10^{-9}\ m^2/s)$ | 溶质 | 溶剂 | 温度 | | $D/(\times10^{-9}\ m^2/s)$ |
|---|---|---|---|---|---|---|---|---|---|
| | | /℃ | /K | | | | /℃ | /K | |
| 氨 | 水 | 12 | 285 | 1.64 | 乙酸 | 水 | 25 | 298 | 1.26 |
| | | 15 | 288 | 1.77 | 丙酸 | 水 | 25 | 298 | 1.01 |
| 氧 | 水 | 18 | 291 | 1.98 | 盐酸 (9 mol/L) | 水 | 10 | 283 | 3.3 |
| | | 25 | 298 | 2.41 | 盐酸 (25 mol/L) | 水 | 10 | 283 | 2.5 |
| $CO_2$ | 水 | 25 | 298 | 2.00 | 苯甲酸 | 水 | 25 | 298 | 1.21 |
| 氢 | 水 | 25 | 298 | 4.80 | 丙酮 | 水 | 25 | 298 | 1.28 |
| 甲醇 | 水 | 15 | 288 | 1.26 | 乙酸 | 苯 | 25 | 298 | 2.09 |
| 乙醇 | 水 | 10 | 283 | 0.84 | 尿素 | 乙醇 | 12 | 285 | 0.54 |
| 乙醇 | 水 | 25 | 298 | 1.24 | 水 | 乙醇 | 25 | 298 | 1.13 |
| 正丙醇 | 水 | 15 | 288 | 0.87 | KCl | 水 | 25 | 298 | 1.870 |
| 甲酸 | 水 | 25 | 298 | 1.52 | KCl | 丁二酸 | 25 | 298 | 0.119 |
| 乙酸 | 水 | 9.7 | 282.7 | 0.769 | | | | | |

由于液体的扩散理论及实验均不及气体完善,故计算液体扩散系数的公式也不及气体可靠。对于很稀的非电解质溶液,可用下式估算:

$$D_{AB}=7.4\times10^{-8}\times\frac{(\alpha M_B)^{1/2}T}{\mu V_A^{0.6}} \tag{6-21}$$

式中　$D_{AB}$——组分 A 在液体 B 中的扩散系数,$cm^2/s$;

$T$——溶液的热力学温度,K;

$\mu$——稀溶液的黏度,mPa · s(或 cP);

$M_B$——溶剂 B 的相对分子质量;

$V_A$——组分 A 的摩尔体积,$cm^3/mol$;

$\alpha$——溶剂的缔合因子。

某些溶剂的缔合因子:水,$\alpha=2.6$;甲醇,$\alpha=1.9$;乙醇,$\alpha=1.5$;苯、乙醚等非缔合溶剂,$\alpha=1.0$。

式(6-21)的平均偏差对水溶液为 10%~15%,非水溶液约为 25%,建议使用范围为 278~313 K,$V_A<500\ cm^3/mol$。

电解质(如 KCl)在水溶液中将离解为离子,其扩散自然比分子扩散快(参见表 6-4)。

由式(6-21)知,液体扩散系数与温度、黏度的关系为

$$D=D_0\frac{T\mu_0}{T_0\mu} \tag{6-22}$$

【例 6-6】某一以水为溶剂的乙醇稀溶液在 10 ℃时的黏度为1.45 mPa·s(cP)，求乙醇在水中的扩散系数。

解：乙醇 $C_2H_5OH$，按表 6-3 计算的分子摩尔体积为

$$V_A=2\times14.8+6\times3.7+7.4=59.2\ \text{cm}^3/\text{mol}$$

缔合因子 $\alpha=2.6$(水)，$M_B=18$，$T=283$ K，$\mu=1.45$ mPa·s

由式(6-21)知

$$D_{AB}=\frac{7.4\times10^{-8}\times(2.6\times18)^{1/2}\times283}{1.45\times59.2^{0.6}}=8.5\times10^{-6}\ \text{cm}^2/\text{s}=0.85\times10^{-9}\ \text{m}^2/\text{s}$$

与表 6-4 中所列实验值$0.84\times10^{-9}$ $\text{m}^2/\text{s}$ 十分接近。

4.相内传质系数与传质阻力

前面已经求出定态分子扩散的传质速率。对于定态的等摩尔反向扩散，有

$$N_A=\frac{D}{\delta}(c_{A1}-c_{A2})$$

对于定态的单向扩散

$$N_A=\frac{D}{\delta}\frac{c}{c_{Bm}}(c_{A1}-c_{A2})$$

若将方程统一写为

$$N_A=k_c(c_{A1}-c_{A2}) \tag{6-23}$$

显然，对于定态的等摩尔反向扩散

$$k_c=\frac{D}{\delta} \tag{6-24}$$

对于定态的单向扩散

$$k_c=\frac{D}{\delta}\frac{c}{c_{Bm}} \tag{6-25}$$

式(6-23)称为相内传质速率方程式，$k_c$ 为相内传质系数，且下标 $c$ 表示浓度差用 $\Delta c$ 表示，其单位为 kmol/($\text{m}^2$·s·$\Delta c$)。若为气相，称为气相传质分系数；若为液相，称为液相传质分系数。式(6-23)可改写为

$$N_A=\frac{c_{A1}-c_{A2}}{1/k_c}=\frac{\text{传质推动力 }\Delta c}{\text{传质阻力 }R} \tag{6-23a}$$

式(6-23a)表明，浓度差为相内传质推动力，相内传质系数的倒数即为相内传质的阻力。例如，在等摩尔反向扩散中，若 $D$ 愈大，传质距离 $\delta$ 愈小，则 $k_c$ 愈大，传质阻力愈小，在相同的传质推动力下，传质速率 $N_A$ 愈大。在单向扩散中，传质阻力还与漂流因子$\frac{c}{c_{Bm}}$有关，主体流动使 $k_c$ 增大，传质阻力减小。由例 6-4 知，流体中 A 组分浓度愈大，漂流因子$\frac{c}{c_{Bm}}$的影响也愈大。

## (二)对流传质(扩散)

1.涡流传质(扩散)

分子扩散只有在固体、静止或层流流动的流体内才会单独发生。在湍流流体中，由

于存在大大小小的漩涡运动,从而引起各部位流体间的剧烈混合,在有浓度差存在的条件下,物质便朝着浓度低的方向进行传递。这种凭借流体质点的湍动和漩涡来传递物质的现象,称为涡流扩散。

由于涡流扩散是一个复杂的物理过程,影响因素较多,目前仍难以对该现象进行严格的理论分析,为了简单起见,一般是将其传递规律表达为费克定律的形式,然后通过实验方法进行研究:

$$J_A = -D_e \frac{dc_A}{dZ} \tag{6-14a}$$

式中 $J_A$——涡流扩散速率,kmol/(m$^2$ · s);

$D_e$——涡流扩散系数,m$^2$/s。

需要注意的是,涡流扩散表达的是流体质点脉动和涡流的混合造成的质量传递,因此涡流扩散系数不仅与体系中物质的物性有关,而且还与流动状态有关,不是物性常数。

应予指出,在湍流流体中,虽然有强烈的涡流扩散,但只要有浓度梯度,分子扩散必然是时刻存在的。涡流扩散的通量远大于分子扩散的通量,一般可忽略分子扩散的影响。

2.对流传质机理

对于生产中常遇到分子扩散与涡流扩散同时存在的传递现象,称为对流传质。与对流传热类似,对流传质通常是指流体与某一界面(如气液相界面)之间的传质。具体地说,对流传质通常指运动流体与固体壁面之间,或两个有限互溶的运动流体之间的质量传递,它是相际间传质的基础。

研究对流传质问题需首先弄清对流传质的机理。现以流体湍流流过固体壁面时的传质过程为例,探讨对流传质的机理。对于有固定相界面的相际间的传质,其传质机理与之相似。

当流体以湍流流过固体壁面时,在与壁面垂直的方向上,分为层流内层、缓冲层和湍流中心三部分,如图 6-13 所示。在层流内层中,流体沿壁面平行流动,在与流向相垂直的方向上,只有分子的无规则热运动,故壁面与流体之间的传质是以分子扩散形式进行的。在缓冲层中,流体既有沿壁面方向的层流流动,又有一些漩涡运动,故该层内的传质既有分子扩散,也有涡流扩散,必须同时考虑它们的影响。在湍流中心,发生强烈的漩涡运动,故该层内的传质主要为涡流扩散。

由此可知,当湍流流体与固体壁面进行传质时,在各层内的传质机理是不同的。在层流内层,由于仅依靠分子扩散传质,故其中的浓度梯度很大,浓度分布曲线很陡,为一直线;在湍流中心,由于漩涡进行强烈的混合,其中浓度梯度必然很小,浓度分布曲线较为平坦;而在缓冲层内,既有分子扩散,又有涡流扩散,其浓度梯度介于层流内层与湍流中心之间,浓度分布曲线也介于二者之间。典型的浓度分布曲线如图 6-13 所示,在描述对流传质的过程中,浓度的变化由壁面处流体的浓度 $c_{Ai}$ 连续变化为湍流中心的浓度 $c_{Af}$。由于湍流中心的浓度是变化的,不便进行计算,为使问题简化,常采用流体的主体平均浓度 $c_{Ab}$ 代替湍流中心浓度 $c_{Af}$。此时,可认为传质的全部阻力集中在壁面附近厚度为 $\delta$ 的膜层中,该膜层称为虚拟的传质膜层厚度。

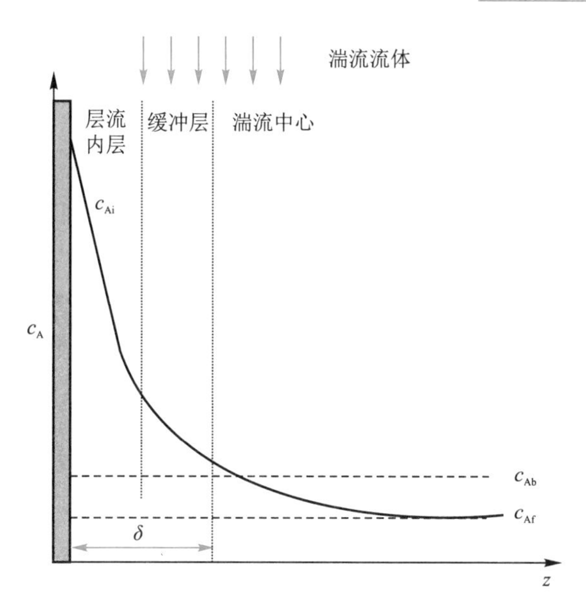


图 6-13　流体与壁面之间的浓度分布

3. 对流传质的扩散速率

对流传质的扩散速率可仿照分子扩散的公式写出：

$$J_{AT}=-(D+D_e)\frac{\mathrm{d}c_A}{\mathrm{d}Z} \tag{6-26}$$

式中　$J_{AT}$——对流传质的扩散速率，kmol/($m^2$·s)；

$D$——分子扩散系数，$m^2$/s；

$D_e$——涡流扩散系数，$m^2$/s。

此式在形式上和费克定律类似。由于流体中不同部位的湍动程度不同，因而涡流扩散系数 $D_e$ 的数值随传质方向上的位置（如与相界面的距离）不同而不同，并且两种扩散的相对重要性也和位置有关。在湍流主体中，由于质点间的剧烈碰撞和混合，涡流扩散起主要作用（$D_e \gg D$），分子扩散的作用可以忽略；在界面附近的层流底层中，$D_e \approx 0$，主要由分子扩散起作用；在过渡区中，$D_e$ 与 $D$ 的数量级相当，两种扩散共同起作用。由上述分析知：①流动流体中，由于涡流扩散的作用，表观扩散系数（$D_e+D$）大于分子扩散系数（$D$），或者说，流动强化了传质过程；②由于湍流运动的复杂性，如何求出 $D_e$ 及其分布的问题从理论上还没有解决，所以不能由式（6-26）积分求解。因此，实际应用的仍然是类似于式（6-23）的传质速率方程式。

4.对流传质的传质速率

现考虑由一相主体至此相与另一相界面间的传质。仿照分子扩散时相内传质速率方程可写出：

$$N_A=k_c(c_A-c_i) \tag{6-27}$$

或

$$N_A=k_c(c_i-c_A) \tag{6-27a}$$

式中　$c_A$——相主体中 A 组分的物质的量浓度，kmol/$m^3$；

$c_i$——相界面处该相侧 A 组分的物质的量浓度，kmol/$m^3$；

$k_c$——相内传质系数,kmol/($m^2 \cdot s \cdot \Delta c$)。

式(6-27)用于主体浓度大于界面浓度的情况,式(6-27a)用于界面浓度大于主体浓度的情况。

式(6-27)保持了式(6-23)的简单形式,是将一相主体浓度与界面浓度之差作为对流传质的推动力,而将其他所有影响对流传质的因素均包括在相内传质系数中,式(6-27)中的 $k_c$ 与分子扩散系数 $D$、涡流扩散系数 $D_e$(此值与设备状况、流动条件等有关)、传质距离 $\delta$ 和漂流因子 $\frac{c}{c_{Bm}}$ 有关,需要通过实验测定。表 6-5 列出了相内传质速率方程式的基本形式。

表 6-5 相内传质速率方程式的基本形式

| 相内传质速率方程式的基本形式(以 $c_A>c_i$ 为例) | $N_A=k_c(c_A-c_i)=\frac{c_A-c_i}{1/k_c}$ |
|---|---|
| 相内传质推动力 | $c_A-c_i$ |
| 相内传质阻力 | $1/k_c$ |
| 相内传质系数 $k_c$/[kmol/($m^2 \cdot s \cdot \Delta c$)] | (1)$k_c$ 是推动力以 $\Delta c$ 表示时的相内传质系数;<br>(2)$k_c$ 与设备情况、操作条件、扩散系数、传质距离等许多因素有关;<br>(3)解决 $k_c$ 的问题需依靠实验研究 |

## 二、相际传质

研究相际传质需要解决以下几个问题:

①相际传质的物理模型:即相际传质是如何进行的;

②传质方向:即当两相互相接触时,组分究竟由哪一相转移到哪一相;

③相际传质推动力:在单相传质过程中,传质推动力为浓度差,在相际传质中是否也是两相的浓度差;

④传质过程的限度:当一个组分由一相转移至另一相时,能否无限制地进行;

⑤相际传质速率:组分在由一相到另一相的转移中能以多大的速率进行传递,其表达形式如何。

这些问题的解决都与相平衡关系有关,将在以后两节中结合吸收过程的气液相平衡关系进行介绍。下面先介绍常用的一种相际传质模型——双膜模型,以及在此基础上提出的双膜理论。

### (一)双膜理论

1.双膜理论的基本假设

(1)不管两相湍动如何激烈,相互接触的两相之间总是存在稳定的相界面,界面两侧各有一层很薄的虚拟膜层,传质组分仅以分子扩散的方式连续通过这两层虚拟膜层。

(2)每一相的传质阻力都集中在虚拟膜层内。即假设虚拟膜层以外流体充分湍动,传质组分的浓度是均匀的，两相主体中的浓度梯度皆为零。用于克服传质阻力的浓度差（相内传质推动力）也集中于虚拟膜内。

（3）相界面上没有传质阻力，即认为两流体中传质组分的浓度在相界面上达到相平衡状态。所以，两流体间传质的总阻力即为两虚拟膜层的阻力之和。

双膜模型示意图如图 6-14 所示，设气、液相内虚拟膜层厚度为 $\delta_g$、$\delta_l$，根据式（6-18）和式（6-18a），可以得到气膜膜层和液膜膜层的扩散系数。组分 A 通过气膜和液膜的扩散通量方程分别由式（6-18）和式（6-18a）写出，即

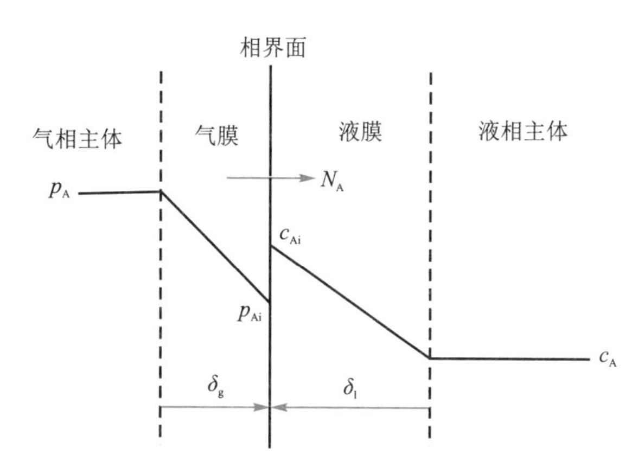


图 6-14　双膜理论模型示意图

$$N_A=\frac{D_l c}{\delta_l c_{Bm}}(c_{Ai}-c_A)$$

$$N_A=\frac{D_g}{RT}\frac{p}{\delta_g p_{Bm}}(p_A-p_{Ai})$$

对流传质速率方程可表示为

$$N_A=k_g(p_A-p_{Ai}) \tag{6-28}$$

$$N_A=k_l(c_{Ai}-c_A) \tag{6-29}$$

比较得到

$$k_g=\frac{D_g p}{RT\,\delta_g p_{Bm}} \tag{6-30}$$

$$k_l=\frac{D_l c}{\delta_l c_{Bm}} \tag{6-31}$$

因此，相内传质系数也称为传质膜系数，在气相中（如 $k_g$、$k_x$、$k_y$）称为气膜传质系数，在液相中（如 $k_l$、$k_x$、$k_y$）称为液膜传质系数。

2.对双膜理论的几点讨论

（1）由双膜理论给出了传质膜系数的简单表达式，但由于虚拟膜厚无法直接测出，所以实际上相内传质系数 $k_g$、$k_l$ 的确定仍然依赖于实验。双膜理论的主要观点是相互接触的气液两相存在一稳定的相界面，界面的两侧各有一层静止的膜层，在该膜层内组分以分子扩散的形式传质；气液两相传质的阻力都集中在该膜层，膜层以外流体充分湍动，浓

度梯度为零;相界面上没有传质阻力。

根据双膜理论,在定态的等摩尔反向扩散中:

$$k_g = \frac{D_g}{RT\delta_g}$$

在定态的单向扩散中:

$$k_g = \frac{D_g p}{RT\delta_g p_{Bm}}$$

从以上两式可以看出 $k_g \propto D_g$,流体在吸收过程中多为湍流流动,而此情况下,实验证明 $k_g \propto D_g$ 的关系不符合实验结果;另外气液稳定的相界面是否存在也有人提出质疑;同时相界面处气液能否达到相平衡也值得进一步研究。尽管如此,双膜理论仍应用至今,它的意义在于:

①双膜理论将复杂的吸收过程简化,给出了两相内传质系数的表达式,便于用实验测定。

②双膜理论认为传质阻力集中在两个有效膜内,这样,可以将整个吸收过程的传质阻力看成是两相传质阻力的加和,此即串联阻力的概念。尽管人们对稳定相界面和界面阻力忽略有疑问,但串联阻力的概念对控制吸收过程和强化吸收过程有非常大的指导意义。

(2)现有的相内传质系数的数据多是按照双侧阻力概念分别整理的。无论双膜理论是否正确,传质速率方程式 $N_A = k_c \Delta c$ 及其他等价的表示形式总是成立的,$k_c$ 的值通过实验测定。所以吸收速率计算中将按串联双阻力的概念来进行计算吸收速率。

(3)为了计算的方便,流体的主体浓度常常用截面上的平均浓度来代替。

从双膜模型可以看出,该理论的设想是把相际传质作为稳态过程来看待,因而它只能适用于建立浓度梯度所需的时间远远小于整个传质过程时间的场合。在大多数传质设备里,互相接触的气液两相流动复杂且高度湍动,如果认为不稳定的相界面处会存在着稳定的停滞膜层,显然不切实际,双膜模型对传质机理假定过于简单,因此对许多传质设备(如填料塔等),此模型并不能反映出传质的真实情况。

双膜理论是描述相际传质机理的首次认真尝试,为传质模型奠定了初步的基础,尽管它不能准确描述大多数实际设备里发生的传质状况,但依据这一理论实验数据所得出的诸多表达式,却还能适应传质过程设备计算与设计的需要。按此模型所确定的传质速率关系,至今仍是传质设备设计的主要依据。因此,双膜理论至今仍被广泛沿用。

### (二)溶质渗透模型

溶质渗透模型由希格比(Higbie)于1935年提出,该模型将两流体间的对流传质描述成图 6-15 所示的模式,其基本要点如下:

(1)液面是由无数微小的流体单元所构成的,当气液两相处于湍流状态相互接触时,液相主体中的某些流体单元运动至界面便停滞下来。在气液未接触前($\theta \leqslant 0$),流体单元中溶质的浓度和液相主体的浓度相等($c_A = c_{A0}$)。气流接触开始后($\theta > 0$),相界面处($z = 0$)立即达到与气相的平衡状态($c_A = c_{Ai}$)。

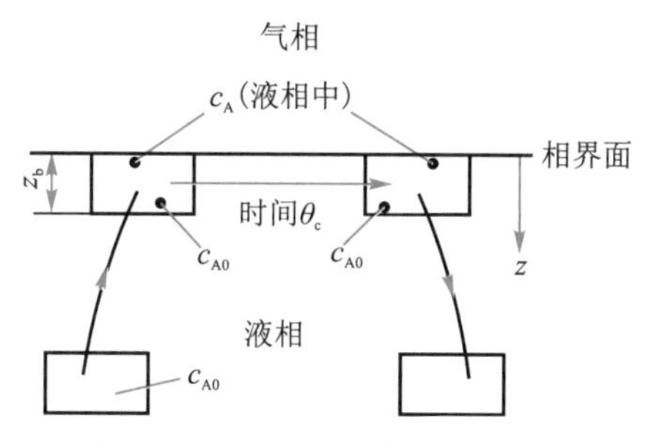


图 6-15　溶质渗透模型示意图

(2)随着接触时间的延长,溶质 A 以不定态扩散方式不断地向流体单元中渗透,时间越长,渗透越深。

(3)流体单元在界面处暴露的时间是有限的,经过 $\theta_c$ 时间后,旧的流体单元即被新的流体单元所置换而回到液相主体中去。流体单元不断进行交换,每批流体单元在界面暴露的时间 $\theta_c$ 都是一样的。

根据溶质渗透模型,可导出组分 A 的传质通量为

$$N_A = \sqrt{\frac{4D'_{AB}}{\pi\theta_c}}(c_{Ai}-c_{A0}) \tag{6-32}$$

对流传质速率方程可表示为

$$N_A = k_1(c_{Ai}-c_{A0}) \tag{6-33}$$

比较可得

$$k_1 = \sqrt{\frac{4D'_{AB}}{\pi\theta_c}} \tag{6-34}$$

式(6-34)即为用溶质渗透模型导出的对流传质系数计算式。由该式可以看出,对流传质系数 $k_1$ 可通过分子扩散系数 $D'_{AB}$ 和暴露时间 $\theta_c$ 计算,暴露时间 $\theta_c$ 即为模型参数。

应予指出,溶质渗透模型更能准确地描述气液间的对流传质过程,但该模型的模型参数求算较为困难,使其应用受到一定的限制。

### (三)表面更新模型

表面更新模型由丹克沃茨(Danckwerts)于1951年提出,该模型对溶质渗透模型进行了修正,故又称为渗透-表面更新模型。

该模型同样认为溶质向液相内部的传质为非定态分子扩散过程,但它否定表面上的流体单元有相同的暴露时间,而认为液体表面是由具有不同暴露时间(或称“年龄”)的液面单元所构成。为此丹克沃茨提出了年龄分布的概念,即界面上各种不同年龄的液面单元都存在,只是年龄越大者,占据的比例越小。同时,丹克沃茨还假定,不论界面上液面单元暴露时间多长,被置换的概率是均等的。单位时间内表面被置换的分率称为表面更新率,用符号 $S$ 表示。

根据表面更新模型,可导出组分 A 的传质通量为

$$N_A = \sqrt{SD'_{AB}}(c_{Ai}-c_{A0}) \tag{6-35}$$

与式(6-33)比较得

$$k_1=\sqrt{SD'_{AB}} \tag{6-36}$$

式(6-36)即为用表面更新模型导出的对流传质系数计算式。由该式可见,对流传质系数 $k_1$ 可通过分子扩散系数 $D'_{AB}$ 和表面更新率 $S$ 计算,表面更新率 $S$ 即为模型参数。显然,由表面更新模型得出的传质系数与扩散系数之间的关系与溶质渗透模型是一致的,即 $k_1\propto(D'_{AB})^{\frac{1}{2}}$。

应予指出,表面更新模型比溶质渗透模型前进了一步,首先是没有规定固定不变的停留时间,另外渗透模型中的模型参数 $\theta_c$ 难以测定,而表面更新模型参数 $S$ 可通过一定的方法测得,它与流体动力学条件及系统的几何形状有关。

【例6-7】在填料吸收塔中,以水为吸收剂吸收 $NH_3$,操作条件为101.3 kPa、298 K。假设填料表面处液体暴露于气体的有效暴露时间为0.01 s,试应用溶质渗透模型求对流传质系数。若在填料吸收塔的某横截面处,液相主体中氨的浓度为0.75 kmol/m$^3$,气液相界面的液相一侧氨的浓度为1.56 kmol/m$^3$,计算该截面处氨的传质通量。已知操作条件下,氨在水中的扩散系数为1.77 × 10$^{-9}$m$^2$/s。

解:依溶质渗透模型,有

$$k_1=\sqrt{\frac{4D'_{AB}}{\pi\theta_c}}=\sqrt{\frac{4\times1.77\times10^{-9}}{3.14\times0.01}}=4.75\times10^{-4}\ \text{m/s}$$

$$N_A=k_1(c_{A1}-c_{A0})=4.75\times10^{-4}\times(1.56-0.75)=3.85\times10^{-4}\ \text{kmol/(m}^2\cdot\text{s)}$$

双膜理论、溶质渗透理论和表面更新理论都是用于解释对流传质机理的理论,每种理论都对相际传质的机理提出了更符合实际的观点。但由于传质现象的复杂性,至今还没有一个完整的、成熟的机理模型。各种新的传质理论仍在不断地研究和发展。这些新理论在实践中虽具有一定的启发和指导意义,但目前仍不便进行各种传质设备的设计计算。所以,本章此后关于吸收速率的讨论,仍以双膜理论为基础。

## 第三节 吸收过程的气液相平衡关系

气体吸收过程是气液两相间的物质传递过程,是一种典型的相际间的传质过程,气液相平衡关系是研究气体吸收过程的基础,气液相平衡关系不仅指明传质过程能否进行及进行的方向,而且指明了过程的热力学极限等,该关系通常用气体在液体中的溶解度及亨利定律表示。

### 一、气体在液体中的溶解度

#### (一)溶解度曲线

在一定的温度与压力下,使一定量的吸收剂与混合气体接触,气相中的溶质便向液相溶剂中转移,直至液相中溶质达到饱和为止。此时,仍有溶质分子继续进入液相,只是在任何时刻进入液相的溶质分子数量与从液相中逸出的溶质分子数量恰好相等,这种状态称为相际动态平衡，简称相平衡。相平衡状态下气相中的溶质分压称为平衡分压或饱和分压，液相中溶质的浓度称为平衡浓度或平衡溶解度（简称溶解度）。

将平衡时溶质在气、液两相间组成关系在坐标图上用曲线表示，则此曲线即为溶解度曲线。溶解度曲线一般通过实验测定。

图 6-16 所示为低压下，不同温度下氨在水中的溶解度曲线，气相组成用氨在气体中的分压表示，液相组成用氨在液体中的摩尔分数表示。

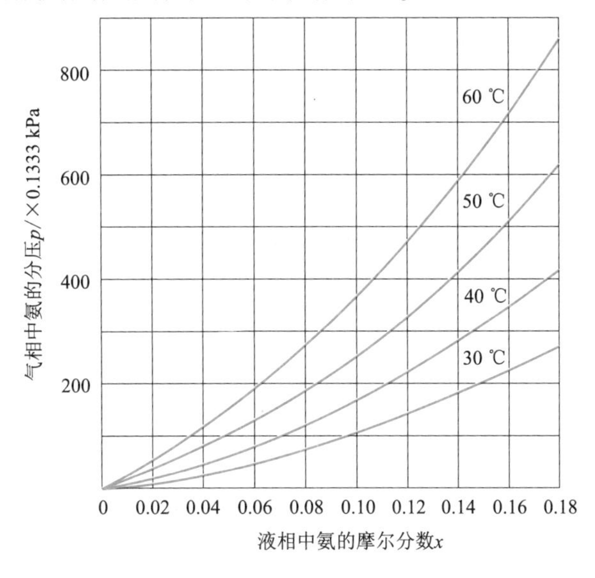


图 6-16　不同温度下氨在水中的溶解度曲线

图 6-17 所示为 $SO_2$ 在常压下的溶解度曲线，图中气、液两相的组成分别用 $y$、$x$（摩尔分数）表示。

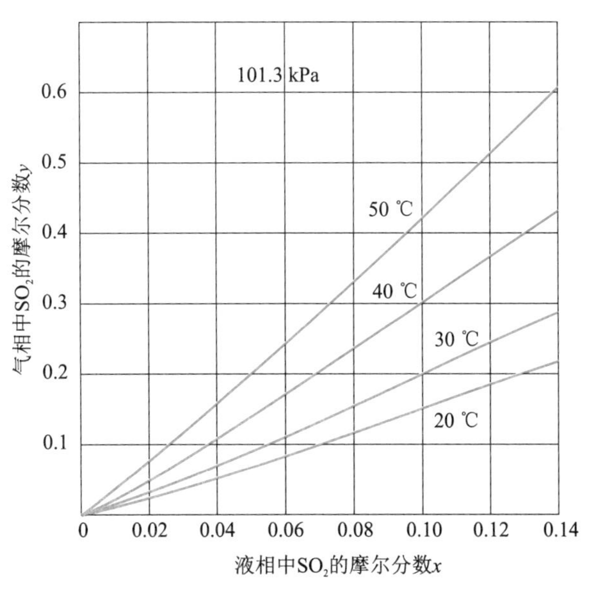


图 6-17　101.3 kPa 下 $SO_2$ 在水中的溶解度曲线

图 6-18 为氧在水中的溶解度曲线,气相组成用氧在气体中的分压表示,而液相组成则用氧在液体中的质量比表示。

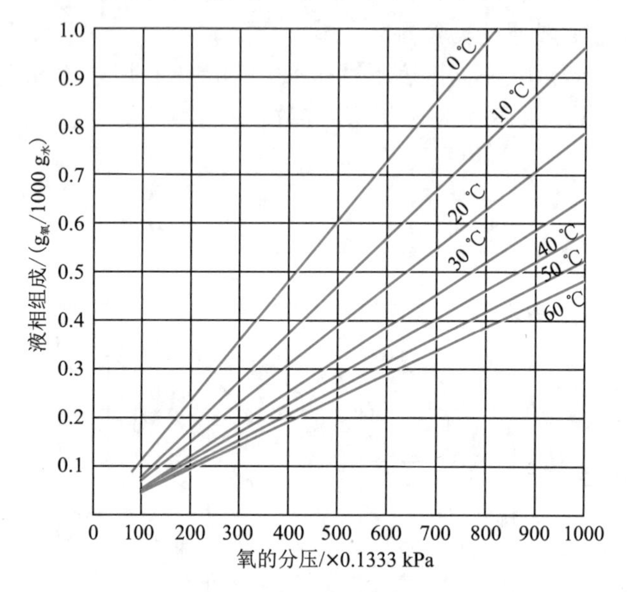


图 6-18　氧在水中的溶解度曲线

图 6-16~图 6-18 上的每一根线,分别给出了在一定温度和总压下,单组分溶质的气相组成与液相组成的相平衡关系,只是气液相组成的表示方式有所不同,这些线也可统称为平衡线。图上的任何一点,都可代表某种一定的气相和液相组成在相应的温度和压力下构成的体系,可称为状态点。只有状态点落在平衡线上,才说明该体系达到了平衡。

在相平衡的条件下,任何一个气相浓度必对应于一个与之平衡的确定的液相浓度;例如,在一定温度下,若需使一种气体在溶液里达到某一特定的组成,必须在溶液上方维持该气体一定的平衡分压。显然,从上述三个图中看出,对于同样组成的溶液,易溶气体溶液上方的分压小,而难溶气体溶液上方的分压大。一般地,难溶气体溶解度曲线为直线,易溶和中等溶解度的气体为曲线。因此,难溶气体的溶解度曲线可用直线方程表达,如亨利定律。

### (二)影响平衡关系的主要因素

#### 1.吸收剂性质的影响

吸收剂对溶质的溶解度有非常大的影响。例如,在 25 ℃、分压为101.3 kPa 环境下,乙炔在水中溶解度用摩尔分数表示为0.000 75;而同样条件下在含水 4%(质量分数)的二甲基甲酰胺中溶解度用摩尔分数表示为0.074 7,后者几乎是前者的 100 倍。所以,选择合适的吸收剂,对吸收操作过程有重要的意义。

不同的气体在同一种溶剂中的溶解度也会有很大的差异。表 6-6 列出 30 ℃情况下几种气体在水中的溶解度。对于获得同等浓度的溶液,易溶气体在溶液上方的气相平衡分压就低,而难溶气体在溶液上方的气相平衡分压就高;也就是说,要得到一定浓度的溶液,易溶气体所需的分压较低,而难溶气体所需的分压较高。正是由于各种气体在同一种溶剂中溶解度存在着差异(即吸收剂对气体的选择性),才有可能利用吸收操作将气体混合物分离。

表 6-6　30 ℃时几种气体在水中的溶解度

| 气相分压/×0.133 3 kPa | | 10 | 50 | 100 | 200 | 500 |
|---|---|---|---|---|---|---|
| 不同溶质的平衡溶解度/(gA/1 000 g 水) | $NH_3$ | 11 | 50 | 93 | 180 | 315 |
| | $SO_2$ | 1.9 | 5.8 | 12 | 24.4 | 56 |
| | $O_2$ | | | 0.08 | 0.73 | 0.38 |

2.总压强的影响

对于接近理想气体的低压混合气体,如果其中惰性气体物质的量增多一些,其分压与总压都会相应增大,而溶质的分压不会改变,所以不会改变溶质在吸收剂中的溶解度。在这种情况下,总压对溶解度没有影响,溶解度只取决于溶质在气相中的分压。

如果溶质气体物质的量与惰性气体物质的量按原有的摩尔比都增多一些,它们的分压及总压都会增大。由于溶质分压增大,溶质在吸收剂中的溶解度会增大,在这种情况下,溶质的摩尔分数没有改变。换言之,在溶质的摩尔分数没有改变的情况下,总压增大,会使溶质的分压增大,则溶质在吸收剂中的溶解度会增大。因此,在溶解度曲线图中,当气、液相组成以摩尔分数 $y$、$x$ 表示时,溶解度与总压有关,需要注明总压的数值。

实验结果表明,当总压不太高(视物系而异,一般约小于 500 kPa ),气体混合物可视为理想气体时,总压的变化并不改变分压与溶解度之间的对应关系。如图 6-16 和图 6-17 所示的溶解度曲线,在总压不大于 500 kPa 的条件下,基本上不受总压变化的影响。

图 6-19 给出 20 ℃、不同总压下 $SO_2$ 在水中的溶解度曲线。此时,气相浓度以摩尔组成表示时,总压会有很大的影响。若保持气相中溶质的摩尔分数 $y$ 为定值,总压不同意味着溶质的分压不同($p_A = py$)。因此,不同总压下 $y$-$x$ 溶解度曲线的位置不同。由图可知,当总压增大时,由于气相中摩尔分数不变而使分压增大,相对应的液相平衡摩尔分数增大。也就是说,在总压增大时,$y$-$x$ 曲线向横轴移动。

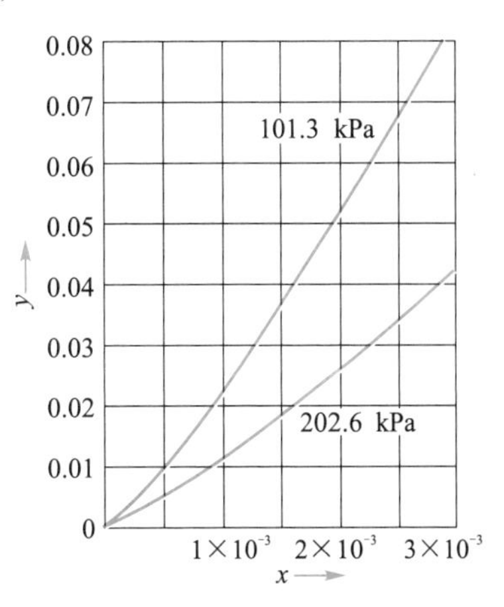


图 6-19　20 ℃下 $SO_2$ 在水中的溶解度曲线

3.温度的影响

对于一定的物系,在一定的总压下,一般的规律是温度越高平衡曲线越陡,即溶解度越小。例如,在图 6-16 中可查知,当氨的气相分压为26.7 kPa 时,与之平衡的水溶液中氨的摩尔分数在30 ℃时为0.147,在 60 ℃时为0.06,即溶解度为 30 ℃的 41%。

由溶解度曲线分析可知,对同一溶质,在相同的气相分压下,溶解度随温度的升高而减小;对同一溶质,在相同的温度下,溶解度随气相分压的升高而增大。采用溶解度大、选择性好的吸收剂,提高操作压强和降低操作温度对吸收操作有利。反之,减压和升温则有利于解吸操作。但是,在选择吸收剂和决定操作条件时,需要从工艺要求和综合的经济核算来考虑,对于吸收、解吸联合操作系统,还需考虑到吸收剂的再生问题。

## 二、亨利定律

亨利定律于1803年提出,用来描述稀溶液(或难溶气体)在一定温度下,当总压不高(通常不超过 500 kPa)时,互成平衡的气液相组成的关系。由于气液两相组成可以采用不同的表示方法,因此,亨利定律也有不同的表达形式。

### (一)亨利定律的表达式

1.$p_A^*$ 与 $x$ 的关系

当总压强不高时,在一定的温度下,稀溶液上方溶质的平衡分压与其在液相中的摩尔分数成正比;反过来,也可以说,溶质在稀溶液中的平衡摩尔分数与溶液上方气相中溶质的分压成正比。其数学表达式为

$$p_A^* = Ex \tag{6-37}$$

或

$$x^* = p_A/E \tag{6-37a}$$

式中 $p_A^*$——溶质 A 在气相中的平衡分压,kPa;

$x$——溶质在液相中的摩尔分数;

$E$——亨利系数 ,kPa;

$x^*$——溶质在液相中的平衡摩尔分数;

$p_A$——溶质在气相中的分压,kPa。

由式(6-37)可知,$E$ 值小,说明一定的气相平衡分压下液相中的摩尔分数大,即溶质的溶解度大,吸收就易进行。故易溶气体的 $E$ 值小,难溶气体的 $E$ 值大。反过来,由式(6-37a)知,对于一定的液相平衡摩尔分数,$E$ 值大则对应的气相分压大,不利于吸收但有利于解吸。

亨利系数 $E$ 的值随物系而变化。对于一定的气体溶质和溶剂,亨利系数 $E$ 随系统的温度而变化。通常,温度升高,$E$ 值增大,即气体的溶解度随温度升高而减小。亨利系数由实验测定,几种常见气体水溶液的亨利系数值见表 6-7。

2.$p_A^*$ 与 $c_A$ 的关系

当气相组成用分压、液相组成用物质的量浓度表示时,亨利定律可表示为

$$p_A^* = c_A/H \tag{6-38}$$

或

$$c_A^* = H p_A \tag{6-38a}$$

与式(6-37)比较可知

$$H = \frac{c}{E} \tag{6-39}$$

式中 $H$——溶解度系数,$kmol/(m^3 \cdot kPa)$;

$c$——溶液中溶质 A 总物质的量浓度,$kmol/m^3$;

$c_A^*$——与气相中溶质分压相平衡的液相溶质物质的量浓度,$kmol/m^3$。

溶解度系数 $H$ 可视为在一定温度下溶质气体分压为 1 kPa 时液相的平衡物质的量浓度, $H$ 值愈大说明溶解度愈大。溶解度系数 $H$ 也是温度的函数,对于一定的溶质和溶剂,溶解度系数 $H$ 的值随温度的升高而减小。易溶气体的溶解度系数 $H$ 很大,而难溶气体的溶解度系数 $H$ 值很小。

表6-7 常见气体水溶液的亨利系数 $E$

单位:MPa

| 气体<br>温度/℃ | 氢 | 氮 | 空气 | 一氧化碳 | 氧 | 甲烷 | 一氧化氮 | 乙烷 | 乙烯 | 氧化亚氮 | 二氧化碳 | 乙炔 | 氯 | 硫化氢 | 溴 |
|---|---|---|---|---|---|---|---|---|---|---|---|---|---|---|---|
| 0 | 5 870 | 5 360 | 4 240 | 3 560 | 2 570 | 2 270 | 1 710 | 1 270 | 559 | 98.6 | 73.7 | 73.3 | 27.2 | 27.0 | 2.16 |
| 5 | 6 160 | 6 050 | 4 950 | 4 000 | 2 940 | 2 630 | 1 950 | 1 570 | 662 | 119 | 89 | 85.3 | 33.4 | 31.9 | 2.79 |
| 10 | 6 450 | 6 770 | 5 560 | 448D | 3 320 | 3 010 | 2 200 | 1 920 | 779 | 143 | 106 | 97.4 | 39.6 | 37.0 | 3.71 |
| 15 | 6 700. | 7 480 | 6 150 | 4 960 | 3 700 | 3 410 | 2 450 | 2 290 | 907 | 168 | 124 | 109 | 46.1 | 42.8 | 4.72 |
| 20 | 6 930 | 8 150 | 6 720 | 5 430 | 4 050 | 3 800 | 2 680 | 2 670 | 1 030 | 200 | 144 | 123 | 53.9 | 49.0 | 6.02 |
| 25 | 7 160 | 8 760 | 7 300 | 5 870 | 4 440 | 4 180 | 2 910 | 3 070 | 1 160 | 228 | 165 | 135 | 60.5 | 55.2 | 7.47 |
| 30 | 7 390 | 9 360 | 7 820 | 6 280 | 4 810 | 4 550 | 3 140 | 3 470 | 1 280 | 259 | 188 | 148 | 67.0 | 61.7 | 9.20 |
| 35 | 7 520 | 9 980 | 8 340 | 6 680 | 5 130 | 4 930 | 3 360 | 3 880 | — | 301 | 212 | — | 73.8 | 68.5 | 11.1 |
| 40 | 7 610 | 10 600 | 8 810 | 7 050 | 5 560 | 5 270 | 3 580 | 4 300 | — | — | 236 | — | 80.0 | 75.5 | 13.5 |
| 45 | 7 700 | 1 110 | 9 230 | 7 390 | 5 710 | 5 570 | 3 780 | 4 700 | — | — | 260 | — | 85.5 | 83.5 | 16.0 |
| 50 | 7 750 | 11 500 | 9 590 | 7 700 | 5 960 | 5 860 | 3 950 | 5 050 | — | — | 287 | — | 93.0 | 89.6 | 19.4 |
| 60 | 7 750 | 12 100 | 10 200 | 8 340 | 6 380 | 6 350 | 4 240 | 5 720 | — | — | 345 | — | 97.5 | 104 | 25.5 |
| 70 | 7 710 | 12 600 | 10 600 | 8 560 | 6 720 | 6 750 | 4 430 | 6 380 | — | — | — | — | 99.4 | 121 | 32.5 |
| 80 | 7 650 | 12 800 | 10 900 | 8 570 | 6 950 | 6 910 | 4 530 | 6 700 | — | — | — | — | 97.3 | 137 | 41.0 |
| 90 | 7 610 | 128 001 | 1 000 | 8 570 | 7 080 | 7 020 | 4 570 | 6 950 | — | — | — | — | 96.3 | 145 | — |
| 100 | 7 550 | 12 700 | 10 900 | 8 570 | 7 100 | 7 100 | 4 600 | 7 020 | — | — | — | — | — | 149 | — |

3.$y$ 与 $x$ 的关系

当气、液两相组成都用摩尔分数表示时,亨利定律可表示为:

$$y^{*}=mx \tag{6-40}$$

或

$$x^{*}=\frac{y}{m} \tag{6-40a}$$

式中 $m$——相平衡常数,无因次。

由理想气体分压定律知,$p_{A}^{*}=py^{*}$,代入式(6-37)得

$$p_{A}^{*}=py^{*}=Ex$$

即

$$y^{*}=\frac{E}{p}x$$

所以

$$m=\frac{E}{p} \tag{6-41}$$

式(6-41)说明,对于一定的物系,相平衡常数是温度和总压的函数。当总压 $p$ 一定时,温度升高,$E$ 增大,$m$ 值也随之增大,平衡线的斜率增大;当温度一定时,总压 $p$ 增大,则 $E$ 值不变,而 $m$ 值减小;平衡线的斜率减小。温度降低,总压升高,都使 $m$ 减小,在相同的气相摩尔分数下,液相中的摩尔分数增大。前已指出,这种情况对吸收有利,反之,升温和减压则不利于吸收,而有利于解吸。

4.$Y^{*}$ 与 $X$ 的关系

当气、液两相组成均用摩尔比表示时,对于单组分吸收的气液平衡系统,用摩尔比表示时计算比较方便。

由于

$$x=\frac{X}{1+X},y=\frac{Y}{1+Y}$$

将上述关系式代入式(6-40 )中,整理可得

$$Y^{*}=\frac{mX}{1+(1-m)X}=MX \tag{6-42}$$

式中 $Y^{*}$——与 $X$ 相平衡时气相中溶质的摩尔比。

由式(6 - 42)知,对于一定的物系,在一定的温度、总压下,$m$ 为常数,但 $M$ 却不是常数,它随液相中溶质的摩尔比变化。

在 $m=1$ 或 $X=0$ 这两种情况下,$M=m$;如果由于 $m$ 很接近于 1 或者 $X$ 很小(即溶液很稀),使得$(1-m)X\ll 1$ 时,$M\approx m$。此时,可把亨利定律近似地写为

$$y^{*}=mX \tag{6-43}$$

阅读材料
亨利简介

(二)$E$、$H$、$m$ 的意义及影响因素

$$E=f(t)$$
$$H=f(t)$$
$$m=f(t\cdot p)$$

$E$ 为亨利系数,常见气体水溶液的亨利系数见表 6-7。当 $t$ 升高时,$E$、$m$ 增大,$H$ 减小。

当 $p$ 增大时,$E$、$H$ 不变,$m$ 减小。一般地,$E$、$m$ 越大,$H$ 越小,表示气体的溶解度越小。

【例 6-8】在压强为101.3 kPa、温度为 20 ℃条件下，测得 100 g 水中含氨2.1 g，此时溶液上方氨的平衡分压为1.60 kPa。试求 $E$、$m$、$H$。

解：100 g 水为基准，含氨为2.1 g，已知氨的相对分子质量 $M_A=17$，水的相对分子质量 $M_S=18$，所以

$$x=\frac{\frac{2.1}{17}}{\frac{2.1}{17}+\frac{100}{18}}=0.021\ 8$$

由 $p_A^*=Ex$，可得

$$E=p_A^*/x=1.6/0.021\ 8=73.39\ \text{kPa}$$

$$m=E/p=73.39/101.3=0.725$$

溶液的总浓度 $c$ 可用 1 $m^3$溶液为基准进行计算，即

$$c=\rho/M_m$$

式中　$M_m$——溶液平均相对分子质量或千摩尔质量，kg/kmol。

$$M_m=M_Ax+M_S(1-x)=17\times0.021\ 8+18\times(1-0.021\ 8)=17.98\ \text{kg/kmol}$$

若能查得溶液的密度就可求出溶液的总浓度 $c$。对于稀溶液，由于 $x$ 很小，可近似按溶剂的密度 $\rho_S$ 等于溶液的密度进行计算。

所以

$$c=\frac{\rho}{M_m}\approx\frac{\rho_S}{M_m}=\frac{1\ 000}{17.998}=55.62\ \text{kmol/m}^3$$

$$H=\frac{c}{E}=\frac{55.62}{73.39}=0.758\ \text{kmol/(m}^3\cdot\text{kPa)}$$

由计算可知，在溶液很稀时，$M_m\approx M_S$，所以对于稀溶液的总浓度也可按下式近似计算

$$c\approx\frac{\rho_S}{M_S}$$

【例 6-9】以例 6-8 中的氨水溶液为例，若在101.3 kPa 下将温度由 20 ℃升高至 50 ℃，测得此时氨水上方氨的分压为5.94 kPa，求此时的 $E$、$m$、$H$。

解：由题意知溶液中氨的浓度没有变化，而在新的温度下重新达到了平衡。

$$E=p_A^*/x=5.94/0.021\ 8=272.47\ \text{kPa}$$

$$m=E/p=272.47/101.3=2.69$$

$$H=\frac{c}{E}\approx\frac{\rho_S}{EM_S}=\frac{1\ 000}{272.47\times18}=0.204\ \text{kmol/(m}^3\cdot\text{kPa)}$$

可见，$E$、$m$ 均随温度升高而增大，$H$ 随温度升高而下降。

【例 6-10】对例 6-8 中的氨水溶液平衡系统，若用加入惰性气体的方式使系统总压增至212.4 kPa，但系统的温度仍为 20 ℃，求此时的 $E$、$m$、$H$。

解：由于总压的升高是加入惰性气体造成的，气相中氨的分压数值并无变化，由公式 $E=p_A^*/x$ 和 $H=c/E$ 可知，$E$ 和 $H$ 仅是温度的函数，与总压无关，$E$ 和 $H$ 都不变化。

但是，由于惰性气体的加入，总压发生了变化，总压的变化对 $m$ 有影响：

$$m = E/p = 73.39/212.4 = 0.346$$

可见,总压升高,$m$ 变小,这是气相中的平衡摩尔分数减小的缘故。

## 三、相平衡关系在吸收过程中的应用

相平衡关系描述的是在吸收过程中气液两相接触传质的极限状态,而实际气液接触过程中,由于在吸收塔中气液两相的接触时间有限,很难达到平衡状态。在吸收过程中,根据气液两相的实际组成与相应条件下平衡组成的比较,可以判断传质进行的方向和确定传质推动力的大小,并可指明传质过程所能达到的极限。

### (一)溶质的传质方向与传质推动力

#### 1.溶质传质方向的判断

对于一切未达到相平衡的系统,宏观上组分都是由一相向另一相传递,其结果是使系统趋于相平衡,所以,传质的方向是系统趋向达到平衡的方向变化。例如,溶质分压为 $p_A$ 的气相与溶液浓度为 $c_A$(或 $x$)的液相接触,溶质组分 A 是由液相向气相转移还是由气相向液相转移,可利用相平衡关系来判断。由 $c_A$(或 $x$)计算出与其相平衡的 $p_A$ 值,若

$p_A > p_A^*$,溶质 A 由气相向液相传递,发生吸收现象;

$p_A = p_A^*$,系统处于相平衡状态,宏观上不发生物质传递;

$p_A < p_A^*$,溶质 A 由液相向气相传递,发生解吸现象。

也可由气相分压 $p_A$ 计算出与其相平衡的 $c_A^*$(或 $x^*$)的值,并做出判断:

若$c_A < c_A^*$(或$x < x^*$),发生吸收;

$c_A = c_A^*$(或$x = x^*$),宏观上不发生传质现象;

$c_A > c_A^*$(或$x > x^*$),发生解吸现象。

反映在图 6-20 上,则是在平衡线 $OE$ 以上的区域中的各状态点($c_A$,$p_A$)发生吸收,在平衡线以下的区域中的各状态点发生解吸;位于平衡线上的点则处于平衡状态。如图 6-20(a)中,点 $A$($c_A$,$p_A$)代表两相的实际组成,平衡线上的点代表互成平衡时的气、液组成,显然,由于$p_A > p_A^*$($c_A < c_A^*$),故发生吸收。相反,图 6-20(b)中 $B$ 点所示$p_A < p_A^*$($c_A > c_A^*$),则发生解吸。

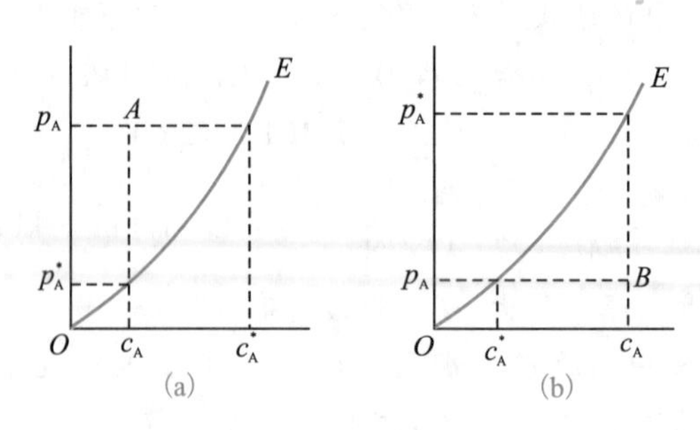


图 6-20 传质方向

#### 2.总传质推动力的确定

相际传质过程的推动力是指气相或液相的实际组成与其平衡组成的偏离程度。当

其他条件一定,系统越是远离平衡,过程进行得越快。传热是这样,传质也是这样。所以,相际传质的推动力(图 6-21)必然取决于两相偏离平衡的程度。在吸收过程中,通常以气相或液相的实际浓度与平衡浓度的偏离数值来表示吸收过程的传质推动力大小。

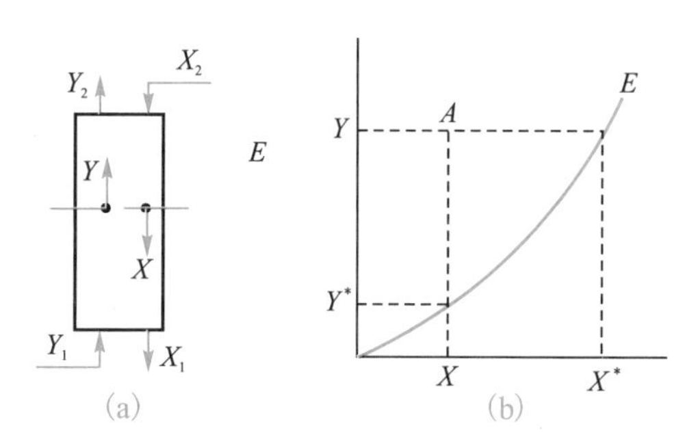


图 6-21　相际传质推动力

图 6-21(a)中 $m-n$ 为吸收塔的某一截面,该截面上气液相互接触,气相中溶质 A 的摩尔比为 $Y$(对应的平衡液相的摩尔比为 $Y^*$),液相中溶质的摩尔比为 $X$(对应的平衡气相摩尔比为 $X^*$)。在 $Y-X$ 平衡曲线图[图 6-21(b)]上,该截面的两相实际状态如点 $A$ 所示。此时,($Y-Y^*$)或者($X^*-X$)表征着该体系远离平衡的程度,也表示了吸收过程的相际传质推动力。($Y-Y^*$)称为以气相浓度差(此处为摩尔比差)表示的吸收推动力;($X^*-X$)称为以液相浓度差(此处为摩尔比差)表示的吸收推动力。

由此可知,相际传质推动力在本质上仍为浓度差,但绝不是气相浓度与液相浓度直接相减(如 $Y-X$)。因为溶质组分 A 在气、液两相中所处的环境根本不同,气相浓度和液相浓度并不是同一基准的物理量,不能互相直接比较,必须利用平衡关系把其中一相的浓度折算为另一相的平衡浓度后才能在同一基准上相减。在平衡关系服从亨利定律时,可用亨利定律进行计算。

### (二)吸收塔吸收液和尾气的极限浓度

平衡状态是传质过程进行的极限。以图 6-21(a)所示的逆流吸收塔,来说明相际传质的极限。

#### 1.吸收液的最大组成 $X_{1max}$

一定量的混合气(组成为 $Y_1$)从塔底进入吸收塔,当塔高增高、吸收剂用量减少(即液气比减小)时,吸收液的组成 $X_1$ 将增大。但即使塔很高、吸收剂用量很小,$X_1$ 也不会无限增大。其最大组成 $X_{1max}$ 为与塔底混合气入口组成 $Y_1$ 呈平衡的液相组成 $X_1^*$,即 $X_{1max}=X_1^*$。

#### 2.吸收尾气的最小组成 $Y_{2min}$

当吸收剂用量很大,且塔无限高时,塔顶尾气中溶质的组成 $Y_2$ 也不会无限降低,其最小组成 $Y_{2min}$ 为与吸收剂入口组成 $X_2$ 呈平衡的气相组成 $Y_2^*$,即 $Y_{2min}=Y_2^*$。

【例 6-11】在总压1 200 kPa、温度 303 K 下,含 $CO_2$ 5%(体积分数)的气体与含 $CO_2$ 1.0 g/L 的水溶液相遇,已知 $CO_2$ 水溶液 303 K 时的亨利系数 $E=188\times10^3$ kPa。问:会发生吸收还是脱吸?以分压差表示的推动力有多大?若要改变其传质方向,可采取哪些措施?

解:为判断是吸收或脱吸,可将溶液中溶质的平衡分压与气相中的分压相比较。根

据题意,$CO_2$ 的实际气相分压

$$p_{CO_2}=py=1\ 200\times0.05=60\ \text{kPa}$$

查得 303 K 时水的密度 $\rho_S=996\ \text{kg/m}^3$,与含 $CO_2$ 1.0 g/L 的水溶液接触后达到相平衡时 $CO_2$ 的气相分压

$$p_{CO_2}^*=Ex=188\times10^3\times\frac{\frac{1}{44}}{\frac{996}{18}}=77.22\ \text{kPa}$$

$p_{CO_2}^*>p_{CO_2}$,发生的是脱吸过程。可采取的措施有:提高操作压力,以提高气相中 $CO_2$ 的分压 $p_{CO_2}$;降低操作温度,以降低与液相平衡的 $CO_2$ 分压 $p_{CO_2}^*$。

说明:因总压较大,可能使平衡分压的计算存在偏差,但不至于影响过程进行的方向。

# 第四节 吸收过程的速率关系

与吸收过程的平衡关系一样,吸收过程的速率关系也是研究气体吸收过程的基础。所谓吸收速率,指单位相际传质面积上在单位时间内所吸收溶质的量。描述吸收速率与吸收推动力之间关系的数学表达式称为吸收速率方程。与传热等其他传递过程一样,吸收过程的速率关系也遵循“过程速率=过程推动力/过程阻力”的一般关系式,其中的推动力是指组成差,吸收阻力的倒数称为吸收系数。因此,吸收速率关系又可表示成“吸收速率=推动力×吸收系数”的形式。

## 一、以分推动力表示的吸收速率方程(膜吸收速率方程)

依双膜模型,吸收过程为溶质通过相界面两侧的气膜和液膜的定态传质过程,在吸收设备内的任一部位上,气、液膜层中的传质速率应是相等的。因此,其中任何一侧停滞膜中的传质速率都能代表该部位上的吸收速率。单独根据气膜或液膜的推动力及阻力写出的速率关系式称为膜吸收速率方程,相应的吸收系数称为膜系数或分系数。

### 1.气膜吸收速率方程

由于组分的相组成可以用各种形式表示,传质推动力和相应的传质系数也可以有多种表示方法。对于不同的情况,常采用不同的表达方式。

相内传质推动力的基本形式是采用物质的量浓度差表示,其他常用的有摩尔分数差、摩尔比差。对于理想气体混合物,也常用分压差表示。在吸收过程中,气相主体浓度大于界面气相侧浓度,而界面液相侧浓度大于液相主体浓度,因此,气相滞流膜层内的吸收速率方程可参照气膜对流传质速率方程得到以下几种形式的气膜传质速率方程。

(1)气相以分压差表示

$$N_A=k_g(p_A-p_i) \tag{6-44}$$

式中 $p_A, p_i$——气相主体和相界面处气相侧组分 A 的分压,kPa;

$k_g$——以分压差为推动力的气相传质分系数，kmol/(m$^2$·s·kPa)。

式(6-44)也可以写成如下的形式，即

$$N_A=\frac{p_A-p_i}{\dfrac{1}{k_g}}$$

气膜吸收系数的倒数 $1/k_g$ 称为气膜阻力，其表达形式与气膜推动力$(p_A-p_i)$相对应。

(2)气相以摩尔分数差表示

$$N_A=k_y(y-y_i) \tag{6-45}$$

式中　$y,y_i$——气相主体和相界面处气相侧 A 组分的摩尔分数；

$k_y$——以摩尔分数差为推动力的气相传质分系数，kmol/(m$^2$·s·$\Delta y$)。

同理，气膜吸收系数的倒数 $1/k_y$ 也称为气膜阻力，其表达形式与气膜推动力$(y-y_i)$相对应。

(3)气相以摩尔比差表示

$$N_A=k_Y(Y-Y_i) \tag{6-46}$$

式中　$Y,Y_i$——气相主体和相界面处气相侧 A 组分的摩尔比；

$k_Y$——以摩尔比差为推动力的液相和气相传质分系数，kmol/(m$^2$·s·$\Delta Y$)。

同理，气膜吸收系数的倒数 $1/k_Y$ 也称为气膜阻力，其表达形式与气膜推动力$(Y-Y_i)$相对应。

由上可知：

①对于定态的传质过程，使用任何一个传质速率方程式描述都是等价的，以使用方便为准。

②要特别注意传质分系数与推动力之间的匹配关系，传质系数的单位可统一写为：kmol/(m$^2$·s·[推动力])。

③ 各种传质分系数之间的关系可以相互导出

例如：

$$N_A=k_g(p_A-p_i)=k_y(y-y_i)$$

因为 $p_A=py$，$p_i=py_i$，代入上式得

$$N_A=k_g(py-py_i)=k_gp(y-y_i)=k_y(y-y_i)$$

所以

$$k_y=k_gp \tag{6-47}$$

又如：

$$N_A=k_g(p_A-p_i)=k_Y(Y-Y_i)$$

因为

$$p_A=py=p\times\frac{Y}{1+Y}，p_1=py_i=p\times\frac{Y_i}{1+Y_i}$$

所以

$$N_A=k_g\left(p\frac{Y}{1+Y}-p\frac{Y_i}{1+Y_i}\right)=\frac{k_gp}{(1+Y)(1+Y_i)}(Y-Y_i)=k_Y(Y-Y_i)$$

于是

$$k_Y=\frac{k_gp}{(1+Y)(1+Y_i)}=\frac{k_y}{(1+Y)(1+Y_i)} \tag{6-48}$$

2.液膜吸收速率方程

同样，可参照液膜对流传质速率方程得到以下几种形式的液膜吸收速率方程。

(1)液相以物质的量浓度差表示

$$N_A = k_l(c_i - c_A) \tag{6-49}$$

式中　$c_A, c_i$——液相主体和相界面处液相侧组分 A 的浓度,kmol/m³;

$k_l$——以物质的量浓度差为推动力的液相传质膜系数,和式(6-27a)中的 $k_c$ 相同,kmol/(m² · s · kmol/m³)或 m/s。

式(6-49)也可以写成如下的形式,即

$$N_A = \frac{c_i - c_A}{\dfrac{1}{k_l}}$$

液膜吸收系数的倒数 $1/k_l$ 称为液膜阻力,其表达形式与液膜推动力($c_i - c_A$)相对应。

(2)液相以摩尔分数差表示

$$N_A = k_x(x_i - x) \tag{6-50}$$

式中　$x, x_i$——液相主体和相界面处液相侧组分 A 的摩尔分数;

$k_x$——以摩尔分数差为推动力的液相传质膜系数,kmol/(m² · s · Δx)。

同理,液膜吸收系数的倒数 $1/k_x$ 也称为液膜阻力,其表达形式与液膜推动力($x_i - x$)相对应。

(3)液相以摩尔比差表示

$$N_A = k_X(X_i - X) \tag{6-51}$$

式中　$X, X_i$——液相主体和相界面处液相侧组分 A 的摩尔比;

$k_X$——以摩尔比差为推动力的液相传质膜系数,kmol/(m² · s · ΔX)。

同理,液膜吸收系数的倒数 $1/k_X$ 也称为液膜阻力,其表达形式与液膜推动力($X_i - X$)相对应。

根据式(6-49)和式(6-50),在液相中常用的换算关系有

$$k_x = k_l c \tag{6-52}$$

$$k_X = \frac{k_l c}{(1+X)(1+X_i)} = \frac{k_x}{(1+X)(1+X_i)} \tag{6-53}$$

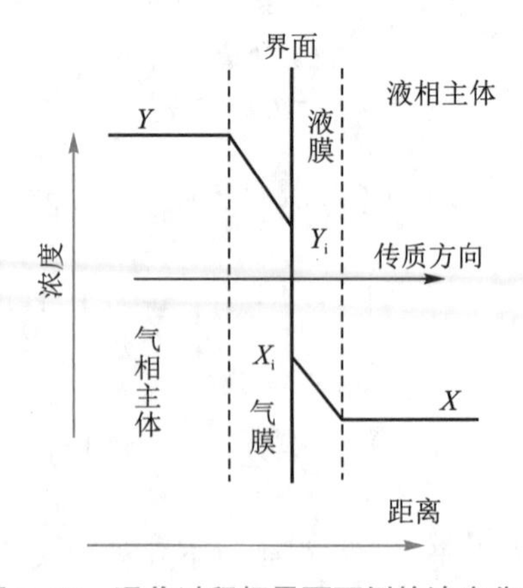


图 6-22　吸收过程相界面两侧的浓度分布

## 二、以总推动力表示的吸收速率方程(总吸收速率方程)

图 6-22 为按照双膜理论描述的相界面两侧的浓度分布。图中 $Y$、$Y_i$ 代表定态吸收过程中某一塔截面上气相主体及相界面上气相侧溶质组分 A 的摩尔比；而 $X_i$、$X$ 代表该截面的相界面上液相侧及液相主体溶质组分 A 的摩尔比；$Y>Y_i$，$X_i>X$。这种情况下，相内传质速率方程式为：

气相：　$N_A=k_Y(Y-Y_i)$

液相：　$N_A=k_X(X_i-X)$

相界面上：　$Y_i=f(X_i)$

由于界面状态参数很难测定，在求相际传质速率时最好能设法消去以简化计算。

### 1.以 $Y-Y^*$ 为推动力的总传质速率方程

对于定态吸收过程，式(6-46)和式(6-51)可以改写为

$$N_A=\frac{Y-Y_i}{\dfrac{1}{k_Y}}=\frac{X_i-X}{\dfrac{1}{k_X}} \tag{6-54}$$

对于稀溶液，相平衡方程可取为：$Y_i=mX_i$。为了消除界面浓度项，将上式最右端分子、分母乘以 $m$，然后将右边两项的分子、分母分别加和，得

$$N_A=\frac{Y-Y_i+(X_i-X)m}{\dfrac{1}{k_Y}+\dfrac{m}{k_X}}=\frac{Y-Y^*}{\dfrac{1}{k_Y}+\dfrac{m}{k_X}} \tag{6-55}$$

其中 $Y^*=mX$，是与液相中溶质浓度 $X$ 平衡的气相组成，摩尔比。

令

$$\frac{1}{K_Y}=\frac{1}{k_Y}+\frac{m}{k_X} \tag{6-56}$$

得到以 $Y-Y^*$ 为推动力的总传质速率方程式：

$$N_A=K_Y(Y-Y^*) \tag{6-57}$$

其中，$K_Y$ 是以气相摩尔比差 $Y-Y^*$ 为推动力的气相总传质系数，$\text{kmol}/(\text{m}^2\cdot\text{s}\cdot\Delta Y)$。

式(6-56)表明，相际传质总阻力 $1/K_Y$ 是气膜阻力 $1/k_Y$ 和液膜阻力 $m/k_X$ 之和。需要特别注意的是，$k_Y$和 $k_X$ 对应的相态不同，单位也不同，$m/k_X$ 和 $k_Y$、$K_Y$ 的单位一致，并都以气相为基准。

### 2.以 $X^*-X$ 为推动力的液相总传质速率方程

类似地，对于稀溶液，也可将式(6-54)中间一项的分子、分母除以 $m$，然后将右边两项的分子、分母分别加和，得

$$N_A=K_X(X^*-X) \tag{6-58}$$

$$\frac{1}{K_X}=\frac{1}{k_X}+\frac{1}{mk_Y} \tag{6-59}$$

式中，$X^*=Y/m$，$X^*$ 是与气相中溶质浓度 $Y$ 平衡的液相组成，摩尔比。

式(6-58)为以 $X^*-X$ 为推动力的液相总传质速率方程，其中 $K_X$ 是以液相摩尔比差 $X^*-X$ 为推动力的液相总传质系数，$\text{kmol}/(\text{m}^2\cdot\text{s}\cdot\Delta X)$。式(6-59)对应的相际传质总

阻力为 $1/K_X$,气膜阻力为 $1/(mk_Y)$,液膜阻力为 $1/k_X$。

在使用式(6-57)和式(6-58)计算相际传质速率时,要注意传质系数与传质推动力之间的关系。不同的总传质速率方程,气膜阻力和液膜阻力的表达形式与数值均不相同,气相总传质系数与液相总传质系数也不相同。但是,无论选用式(6-57)还是式(6-58),计算得到的相际传质速率是相同的。

比较式(6-56)和式(6-59)可知,两种总传质系数之间有如下关系:

$$mK_Y = K_X \tag{6-60}$$

方程式(6-57)和式(6-58)除应用于物系服从亨利定律的情况外,也可以应用于在计算范围内平衡线可以近似看作直线的情况,参见表 6-8。

表 6-8　吸收中各种形式的传质速率方程式

| 相平衡方程 | | $p_A^* = c_A/H + b$ | $y^* = mx + b$ | $Y^* = mX + b$ |
| --- | --- | --- | --- | --- |
| 相内传质 | 气相 | $N_A = k_g(p_A - p_i)$ | $N_A = k_y(y - y_i)$<br>$k_y = pk_g$ | $N_A = k_Y(Y - Y_i)$<br>$k_Y = \dfrac{pk_g}{(1+Y)(1+Y_i)}$ |
| | 液相 | $N_A = k_l(c_i - c_A)$ | $N_A = k_x(x_i - x)$<br>$k_x = ck_l$ | $N_A = k_X(X_i - X)$<br>$k_X = \dfrac{ck_l}{(1+X)(1+X_i)}$ |
| 相际传质 | 用气相组成表示 | $N_A = K_g(p_A - p_A^*)$ | $N_A = K_y(y - y^*)$ | $N_A = K_Y(Y - Y^*)$ |
| | | $\dfrac{1}{K_g} = \dfrac{1}{k_g} + \dfrac{1}{Hk_l}$ | $\dfrac{1}{K_y} = \dfrac{1}{k_y} + \dfrac{m}{k_x}$<br>$K_y = pK_g$ | $\dfrac{1}{K_Y} = \dfrac{1}{k_Y} + \dfrac{m}{k_X}$<br>$K_Y = \dfrac{pK_g}{(1+Y)(1+Y^*)}$ |
| | | 气膜控制时<br>$K_g \approx k_g$ | 气膜控制时<br>$K_y \approx k_y$ | 气膜控制时<br>$K_Y \approx k_Y$ |
| | 用液相组成表示 | $N_A = K_l(c_A^* - c_A)$ | $N_A = K_x(x^* - x)$ | $N_A = K_X(X^* - X)$ |
| | | $\dfrac{1}{K_l} = \dfrac{H}{k_g} + \dfrac{1}{k_l}$ | $\dfrac{1}{K_x} = \dfrac{1}{mk_y} + \dfrac{1}{k_x}$<br>$K_x = cK_l$ | $\dfrac{1}{K_X} = \dfrac{1}{mk_Y} + \dfrac{1}{k_X}$<br>$K_X = \dfrac{cK_l}{(1+X)(1+X^*)}$ |
| | | 液膜控制时<br>$K_l \approx k_l$ | 液膜控制时<br>$K_x \approx k_x$ | 液膜控制时<br>$K_X \approx k_X$ |
| | 相互关系 | $K_g = HK_l$ | $K_x = mK_y$ | $K_X = mK_Y$ |

注:1.表中相内传质的各种关系以及气膜控制或液膜控制的情况,对相平衡关系为直线或曲线均适用。

2.当相平衡方程中的常数 $b=0$ 时,表明溶液满足亨利定律(稀溶液)。

## 三、相界面浓度的求取

若气-液平衡线为曲线，即平衡线的斜率随浓度的改变而变化，前面推导的有关总传质系数的计算公式不再适用。一般情况下只能通过式(6-46)或式(6-51)计算相际传质速率，此时必须求出相界面处的组成。

将式(6-46)和式(6-51)相除，得

$$\frac{Y-Y_i}{X_i-X}=\frac{k_X}{k_Y} \tag{6-61}$$

由式(6-61)可知，代表相界面组成的状态点 $B(Y_i, X_i)$ 落在通过状态点 $A(Y, X)$、斜率为 $-\frac{k_X}{k_Y}$ 的直线上，因此，如图 6-23 所示，从气液两相实际组成点 $A$ 出发以 $-\frac{k_X}{k_Y}$ 为斜率作一直线，此直线与平衡线的交点 $B$ 的坐标即为所求的相界面组成。

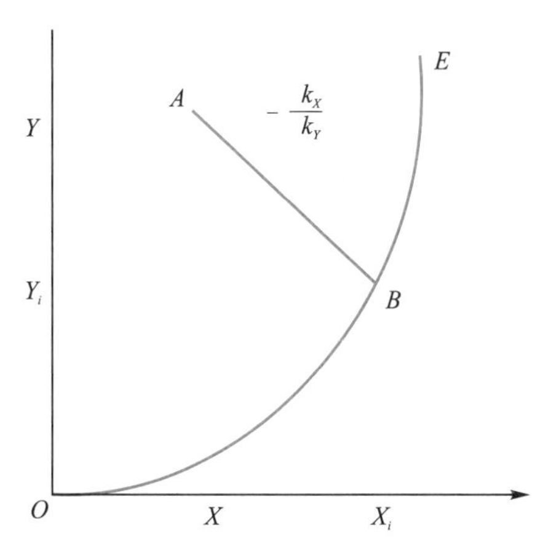


图 6-23　相界面浓度的求取

## 四、传质阻力分析

当平衡线为直线时，由式(6-56)知，如果 $\frac{1}{k_Y} \gg \frac{m}{k_X}$，则

$$K_Y \approx k_Y \tag{6-62}$$

此时气膜阻力远大于液膜阻力，即传质阻力集中于气相，称为气膜控制或者气相阻力控制。

同样，由式(6-59)知，如果 $\frac{1}{mk_Y} \ll \frac{1}{k_X}$，则

$$K_X \approx k_X \tag{6-63}$$

此时传质阻力集中于液相，称为液膜控制或者液相阻力控制。

对于平衡线为曲线的情况，如果根据物性特征能够判断出过程属于气膜控制或者液膜控制，吸收过程的计算可以得到极大的简化。

①当溶质的溶解度很大,即相平衡常数 $m$ 很小时,其吸收过程通常为气膜控制。例如,水吸收 $NH_3$、HCl 等;此时要提高总传质系数 $K_Y$,应设法加大气相湍动程度以增大 $K_Y$。

②当溶质的溶解度很小,即相平衡常数 $m$ 很大时,其吸收过程通常为液膜控制。例如,水吸收 $O_2$、$CO_2$ 等;此时要提高总传质系数 $K_X$,应设法加大液相湍动程度以增大 $K_X$。

③对于具有中等溶解度的气体吸收过程,如水吸收 $SO_2$,此时气膜阻力和液膜阻力均不可忽略。要提高总传质系数,必须设法同时降低气、液两相的传质阻力,方能收到满意的效果。

传质过程中两相阻力分配的情况同传热过程极为相似,不同的是气液相平衡对阻力分配有很大影响。判断何种阻力为控制步骤,必须知道相平衡常数,并按照相应的方程进行计算做出判断。

## 五、吸收速率方程小结

表 6-8 列出了各种形式的传质速率方程。由表 6-8 可见,传质速率方程式的形式要比传热速率方程式更为多样,使用时要注意以下几点:

(1)传质系数与推动力表示方式之间必须对应。传质分系数 $k$ 要和相内传质推动力对应;总传质系数 $K$ 要和相际传质的总推动力对应。例如,$k_1$应和$(c_i-c_A)$对应,$K_Y$ 应和$(Y-Y^*)$对应。

(2)弄清各传质系数的单位和对应的基准。传质系数=传质速率/传质推动力,其单位为 kmol/($m^2$·s· [推动力])。当推动力以无因次的摩尔比(或摩尔分数)表示时,传质系数的单位与传质速率相同,计算时比较方便。但必须注意:①$K_Y \neq K_y$,其换算关系见表 6-8;②$K_X \neq K_x$,因为它们对应的推动力与基准并不相同。因此,初学时也可在传质系数的单位中注明推动力表达式以免混淆,如$K_Y$,kmol/($m^2$·s·$\Delta Y$);$K_X$,kmol/($m^2$·s·$\Delta x$)等。

(3)传质阻力的表达形式也须与推动力的表达形式对应。例如,用$(Y-Y^*)$表示总推动力时,相际传质总阻力为 $1/K_Y$,气膜阻力为$1/k_Y$,液膜阻力为 $m/k_X$。当以 $(X^*-X)$表示总推动力时,气膜阻力为$1/mk_Y$,液膜阻力为 $1/k_X$。对于一定的传质过程,当总推动力的表达形式不同时,气膜阻力或液膜阻力的数值是不同的,但气膜阻力与液膜阻力的比值是不变的。

(4)传质速率方程一般表达式为

$$传质速率=传质系数\times传质推动力=\frac{传质总推动力}{传质分阻力}=\frac{传质分推动力}{传质分阻力}$$

应用吸收传质速率方程不仅要注意传质系数、传质阻力与推动力及单位的对应关系,相互之间的关系和单位要保持一致,同时还要注意传质速率方程的选择原则。吸收传质速率方程如此多,应根据使用方便的原则选择适当的方程。例如,为避免界面浓度,应选择总传质速率方程。但要注意,吸收过程若为定态操作,且操作条件一定时,通常认为 $k_Y$ 和 $k_X$ 为常数,在整个吸收过程中气相和液相组成沿吸收塔内填料层不同位置而变化,平衡关系符合亨利定律或为直线,总传质系数 $K_Y$ 和 $K_1$ 才为常数。当总传质系数沿填料层不同位置随组成变化时,不宜采用总传质速率方程,但对于易溶气体(气膜控制的吸收过程,$K_Y \approx k_Y$)或难溶气体(液膜控制的吸收过程,$K_X \sim k_X$),也可采用相应的总传质速率方程。对于中等溶解度的气体，且平衡关系为非直线的体系，不宜采用总传质速率方程。

以上介绍的所有的传质速率方程式，都是以传质方向上气、液两相浓度及其分布不随时间而变为前提的，仅适用于描述定态操作的吸收塔内某一横截面上的传质速率关系。

【例 6-12】一常压吸收塔某截面上气相主体中溶质 A 的分压 $p_A=17.05$ kPa，液相水溶液中 $c_A=3.75\times10^{-3}$ kmol/m$^3$，$k_g=5.0\times10^{-6}$ kmol/(m$^2$·s·kPa)，$k_l=1.5\times10^{-4}$ kmol/[m$^2$·s·(kmol/m$^3$)]，相平衡关系为 $p_A^*=c_A/H$。当 $H=0.5\,86$ kmol/(m$^3$·kPa)时，求此条件下的 $K_g$、$K_l$ 和 $N_A$。

解：若按气相总传质系数计算

$$\frac{1}{K_g}=\frac{1}{k_g}+\frac{1}{Hk_l}=\frac{1}{5\times10^{-6}}+\frac{1}{0.586\times1.5\times10^{-4}}=2\times10^5+1.138\times10^4=2.114\times10^5$$

$$K_g=4.73\times10^{-6}\ \text{kmol/(m}^2\cdot\text{s}\cdot\text{kPa)}$$

气膜阻力 $1/k_g$ 占总阻力 $1/K_g$ 的比例为：

$$\frac{1}{k_g}\Big/\frac{1}{K_g}=\frac{2\times10^5}{2.114\times10^5}=0.946$$

$$p_A^*=c_A/H=\frac{3.75\times10^{-3}}{0.586}=6.40\times10^{-3}\ \text{kPa}$$

$$N_A=K_g(p_A-p_A^*)=4.73\times10^{-6}(17.05-6.4\times10^{-3})=8.06\times10^{-5}\ \text{kmol/(m}^2\cdot\text{s)}$$

若按液相总传质系数计算

$$\frac{1}{K_l}=\frac{H}{k_g}+\frac{1}{k_l}=\frac{0.586}{5\times10^{-6}}+\frac{1}{1.5\times10^{-4}}=1.17\times10^5+0.667\times10^4=1.24\times10^5$$

$$K_l=8.06\times10^{-6}\ \text{kmol/[m}^2\cdot\text{s}\cdot\text{(kmol/m}^3\text{)]}$$

气膜阻力 $H/k_g$ 占总阻力 $1/K_l$ 的比例为

$$\frac{H}{k_g}\Big/\frac{1}{K_l}=\frac{1.17\times10^5}{1.24\times10^5}=0.944$$

$$c_A^*=Hp_A=0.586\times17.05=9.99\ \text{kmol/m}^3$$

$$N_A=K_l(c_A^*-c_A)=8.06\times10^{-6}\times(9.99-3.75\times10^{-3})=8.05\times10^{-5}\ \text{kmol/(m}^2\cdot\text{s)}$$

上述计算表明：①对于一定的传质过程，无论用哪个传质速率方程计算，传质速率都是相同的；②当传质速率方程不同时，气膜阻力(或液膜阻力)的形式也不同，但气(或液)膜阻力与总传质阻力之比是不变的；③本例属于气膜控制。

【例 6-13】一常压吸收塔某截面上气相主体中溶质 A 的分压 $p_A=10.13$ kPa，液相水溶液中 $c_A=2.78\times10^{-3}$ kmol/m$^3$，$k_g=5.0\times10^{-6}$ kmol/(m$^2$·s·kPa)，$k_l=1.5\times10^{-4}$ kmol/[m$^2$·s·(kmol/m$^3$)]，相平衡关系为 $p_A^*=c_A/H$。当 $H=0.667$ kmol/(m$^3$·kPa)时，求该系统条件下的 $K_Y$、$K_X$ 和 $N_A$。

解：

$$Y=\frac{p_A}{p-p_A}=\frac{10.13}{101.3-10.13}=0.111\ \text{kmol A/kmol B}$$

对于稀水溶液，总浓度可近似取纯水的浓度，$c=55.6$ kmol/m$^3$。

$$x=c_A/c=2.78\times10^{-3}/55.6=5.0\times10^{-5}\ \text{mol A/kmol(A+S)}$$

$$X=\frac{x}{1-x}=\frac{5\times10^{-5}}{1-5\times10^{-5}}\approx5.0\times10^{-5}\ \text{kmol A/kmol S}$$

当 $H=0.667\ \text{kmol/(m}^3\cdot\text{kPa)}$ 时

由于
$$E=mp=\frac{c}{H}$$

所以
$$m=\frac{c}{Hp}=\frac{55.6}{0.667\times101.3}=0.823$$

$$M=\frac{m}{1+(1-m)X}=\frac{0.823}{1+(1-0.823)\times5\times10^{-5}}\approx0.823$$

即可以认为 $M\approx m$，平衡关系式可写为 $Y^*=0.823X$

所以
$$Y^*=0.823X=0.823\times5\times10^{-5}=4.12\times10^{-5}$$

$$Y-Y^*=0.111-4.12\times10^{-5}\approx0.111$$

$$\frac{1}{K_g}=\frac{1}{k_g}+\frac{1}{Hk_l},K_g=4.76\times10^{-6}$$

$$K_Y=\frac{pK_g}{(1+Y)(1+Y^*)}=\frac{101.3\times4.76\times10^{-6}}{(1+0.111)\times(1+4.12\times10^{-5})}=4.34\times10^{-4}\ \text{kmol/(m}^2\cdot\text{s}\cdot\Delta Y)$$

由式(6-60)知$K_X=mK_Y=0.823\times4.34\times10^{-4}=3.57\times10^{-4}\ \text{kmol/(m}^2\cdot\text{s}\cdot\Delta X)$

$$N_A=K_Y(Y-Y^*)=4.34\times10^{-4}\times0.111=4.82\times10^{-5}\ \text{kmol/(m}^2\cdot\text{s)}$$

由计算结果可知，对于稀溶液，$X\approx x$，$M\approx m$。

## 第五节 低组成气体吸收的计算

工业上为使气液充分接触以实现传质过程，既可以采用板式塔，也可以采用填料塔。板式塔内气液逐级接触，填料塔内气液连续接触，本章中对于吸收操作的分析和讨论将主要结合连续接触方式进行。

填料塔内装填某种特定形状的固体物-填料，以构成填料层，填料层是塔内实现气液接触的有效部位。填料层的空隙体积所占比例颇大，气体在填料间隙所形成的曲折通道中流过，提高了湍动程度；单位体积填料层内有大量固体表面，液体分布于填料表面呈膜状流下，增大了气液相之间的接触面积。

填料塔内的气液两相流动方式，原则上可为逆流也可为并流。一般情况下塔内液体作为分散相，总是靠重力作用自上而下地流动；气体靠压强差的作用流经全塔，逆流时气体自塔底进入而自塔顶排出，并流时则相反。在对等的条件下，逆流方式可获得较大的平均推动力，因而能有效地提高过程速率。从另一方面来讲，逆流时，降至塔底的液体恰与刚刚进塔的混合气体接触，有利于提高出塔吸收液的浓度，从而减小吸收剂的耗用量；升至塔顶的气体恰与刚刚进塔的吸收剂相接触，有利于降低出塔气体的浓度，从而提高溶质的吸收率。所以，吸收塔通常都采用逆流操作。

吸收塔的工艺计算，首先是在选定吸收剂的基础上确定吸收剂用量，继而计算塔的主要工艺尺寸，包括塔径和塔的有效段高度。塔的有效段高度，对填料塔是指填料层高度，对板式塔则是指板间距与实际板层数的乘积。

## 一、物料衡算和操作线方程

### (一) 逆流定态吸收过程的物料衡算和操作线方程

1.全塔物料衡算

在单组分气体吸收过程中，通过吸收塔的惰性气体量和吸收剂量可认为不变，因而在进行吸收物料衡算时，气、液两相组成用摩尔比表示就十分方便。

图 6-24 所示是定态操作状态下、单组分吸收逆流接触的填料吸收塔。图中各量符号如下：

$V_B$——通过吸收塔的惰性气体量，kmolB/s；

$L_S$——通过吸收塔的吸收剂量，kmolS/s；

$Y_1, Y_2$——进塔、出塔气体中溶质 A 的摩尔比，kmolA/kmolB；

$X_1, X_2$——出塔、进塔溶液中溶质 A 的摩尔比，kmolA/kmolB。

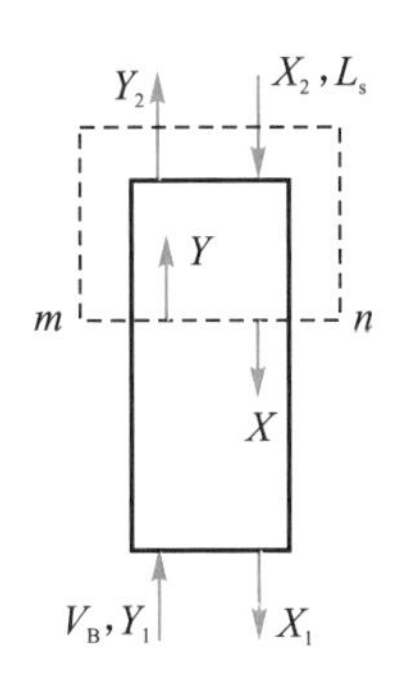


图 6-24　逆流吸收塔的物料衡算

从塔底入塔的气体中溶质的含量最高（$Y_1$），沿塔高上升中不断减小，在塔顶出塔时含量降至 $Y_2$；溶液在塔顶入塔时溶质含量最低（$X_2$），沿塔下降过程中不断增大，在塔底出塔时含量为 $X_1$。因而，对逆流吸收塔，塔底截面的状态点为（$X_1, Y_1$），而塔顶截面的状态点为（$X_2, Y_2$）。对单位时间内进塔、出塔的溶质量作全塔物料衡算，可得

$$V_B Y_1 + L_S X_2 = V_B Y_2 + L_S X_1$$

整理得

$$V_B(Y_1 - Y_2) = L_S(X_1 - X_2) \tag{6-64}$$

在设计型计算中，进入塔中的混合气体的组成和流量是已知的。根据吸收任务所规定的溶质回收率 $\eta$（单位时间内溶质被吸收的量与入塔混合气体中溶质量之比）

$$\eta = \frac{Y_1 - Y_2}{Y_1} \tag{6-65}$$

可以求出气体出塔时溶质的组成 $Y_2$；反之，若规定 $Y_2$，也可求出吸收率 $\eta$。若选定吸收剂的用量及其进塔组成 $X_2$，则可由式（6-64）计算出塔液体的组成 $X_1$（或规定 $X_1$，计算吸收剂的用量 $L_S$）。

2.操作线方程与操作线

在逆流操作的填料塔内,气体自下而上,其浓度由 $Y_1$ 逐渐变至 $Y_2$;液体自上而下,其浓度由 $X_2$ 逐渐变至 $X_1$,那么,在稳定状态下,填料层中各个横截面上的气、液浓度 $Y$ 与 $X$ 之间的变化关系如何?要解决这个问题,需在填料层中的任一横截面与塔的任何一个端面之间作溶质的衡算。

在图 6-24 所示的塔内任取 $m-n$ 截面与塔顶(图示虚线范围)作溶质的物料衡算,得

$$V_B Y+L_S X_2=V_B Y_2+L_S X$$

整理得

$$Y=\frac{L_S}{V_B}X+\left(Y_2-\frac{L_S}{V_B}X_2\right) \tag{6-66}$$

式中 $Y$——$m-n$ 截面上气相中溶质的摩尔比,kmolA/kmolB;

$X$——$m-n$ 截面上液相中溶质的摩尔比,kmolA/kmolS。

若在 $m-n$ 截面与塔底之间作溶质的物料衡算,可得

$$Y=\frac{L_S}{V_B}X+\left(Y_1-\frac{L_S}{V_B}X_1\right) \tag{6-66a}$$

式(6-66)和式(6-66a)是等价的,皆可称为逆流吸收的操作线方程式。它表明通过塔内任一截面上升气相组成 $Y$ 与下降液相组成 $X$ 之间成直线关系,直线的斜率为 $\frac{L_S}{V_B}$,且此直线必通过 $A(X_2,Y_2)$ 和 $B(X_1,Y_1)$ 两状态点。标绘在图 6-25 中的 $AB$ 线称为操作线,图中 $OE$ 曲线是平衡线。

吸收塔内任一截面上气、液两相间的传质推动力是由操作线和平衡线的相对位置决定的。操作线上任一点的坐标代表塔内某一截面上气、液两相的组成状态,该点与平衡线之间的垂直距离即为该截面上以气相摩尔比表示的吸收总推动力($Y-Y^*$);与平衡线之间的水平距离则表示该截面上以液相摩尔比表示的吸收总推动力($X^*-X$)。在操作线上 $A$ 点至 $B$ 点范围内,由操作线与平衡线之间垂直距离(或水平距离)的变化情况,可以看出整个吸收过程中推动力的变化。显然,操作线与平衡线之间的距离越远,则传质推动力越大。操作线上任何一点代表塔内某截面的液气浓度 $X$、$Y$,端点 $B$ 代表填料层底部端面,即塔底的情况,端点 $A$ 代表填料层顶部端面,即塔顶的情况。在逆流吸收塔中,截面 1 处具有最大的气液浓度,故称之为"浓端",截面 2 处具有最小的气液浓度,故称之为"稀端"。

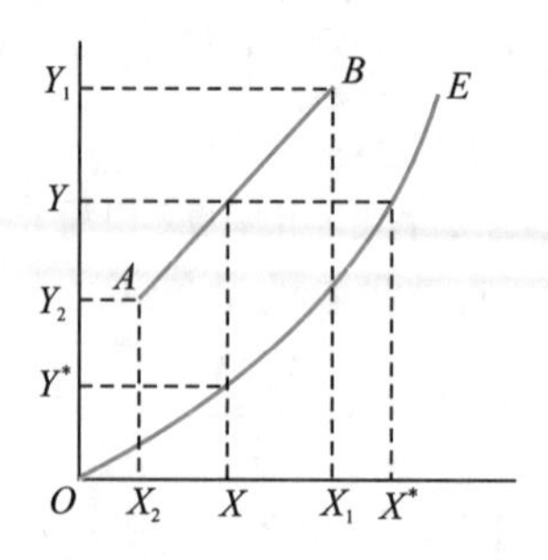


图 6-25 逆流吸收的操作线及推动力的变化

### （二）并流定态吸收的物料衡算与操作线方程

填料塔内的气液两相呈并流流动时，如图6-26所示，气液两相进、出填料塔的组成表示符号不变，则填料塔全塔物料衡算式与逆流操作时的衡算式相同，即

$$V_B(Y_1-Y_2)=L_S(X_1-X_2)$$

在填料塔内的任一截面与塔顶入口截面对溶质进行物料衡算，得

$$Y=-\frac{L_S}{V_B}X+(Y_1+\frac{L_S}{V_B}X_2) \tag{6-67}$$

式(6-67)为并流吸收的操作线方程式。如图6-27中$AB$线所示，操作线的斜率为$-\frac{L_S}{V_B}$。

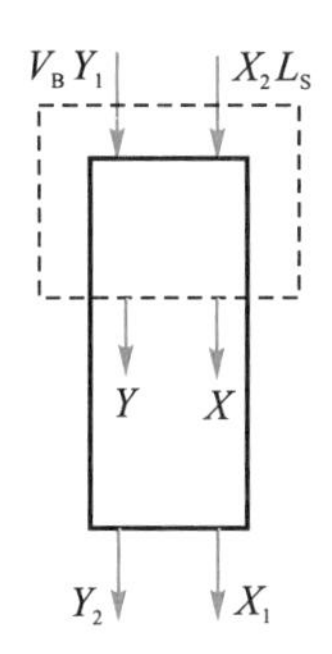


图6-26　并流吸收塔的物料衡算

在气、液两相进口、出口组成（$Y_1$、$X_2$，$X_1$、$Y_2$）相同的条件下，将逆流吸收的操作线也标绘于图6-27中，如线$CD$所示，对逆流操作和并流操作进行比较。由图6-27可见，逆流吸收操作时，各截面上的传质推动力相对比较均匀；而并流吸收操作时塔顶一端传质推动力较大，塔底一端传质推动力较小。与传热单元操作类似，在相同操作条件下，逆流操作的平均推动力大于并流操作，所以可以减少吸收传质面积或减少吸收剂用量。同时，逆流操作时，塔底出口处液体与刚进塔的气体相接触，有可能提高出塔液体的浓度；塔顶出口处的气体则与刚进塔的新鲜吸收剂接触，有可能降低出塔气体的浓度，提高吸

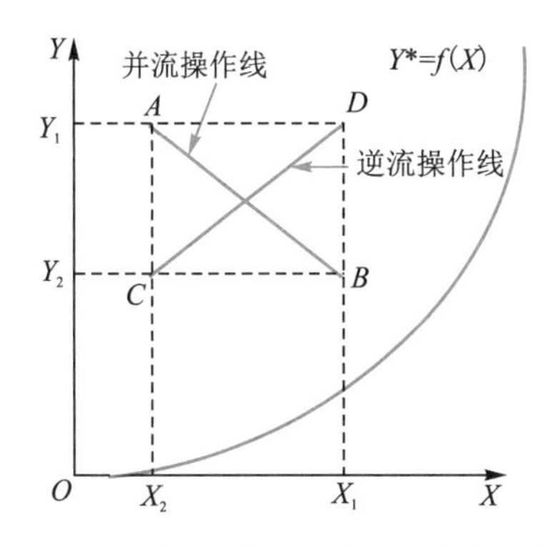


图6-27　并流、逆流吸收操作线的比较

收率,而并流操作时出口气体最低浓度只可能是与出口液体达到相平衡状态的平衡浓度。此外,逆流操作时向下流动的液体与上升气流存在作用力,即曳力,这种曳力过大时会阻碍液体的顺利下降,进而限制了吸收塔操作允许的液相和气相流量(又称为通过能力),不过,逆流操作的这一缺点一般不是主要因素,所以吸收塔操作大多采用逆流操作,而并流吸收操作只用于某些吸收剂用量大、热效应较高的易溶气体或有选择性反应的快速吸收过程,比如,用水吸收氨制取浓氨水。

还需指出的是:

(1)无论逆流或并流操作的吸收塔,其操作线方程式及操作线都是由物料衡算得来的,仅取决于气液两相的流量 $L_S$、$V_B$ 和组成($Y_1,Y_2,X_1,X_2$),而与系统的平衡关系、操作条件以及设备结构形式均无任何直接关系。

(2)当进行吸收操作时,在塔内任一横截面上,溶质在气相中的实际分压总是高于与其接触的液相平衡分压,即气相中溶质浓度 $Y$ 总是大于与液相中溶质浓度相平衡的气相浓度 $Y^*$;或者说液相浓度 $X$ 必小于与气相浓度相平衡的液相浓度 $X^*$,故吸收操作线上各状态点(包括端点)总是在平衡线之上。反之,如果操作线位于平衡线之下,则必为解吸过程。

(3)传质过程的极限是气液两相间达到平衡,即使气液两相间有无限长的接触时间或无限大的接触面积,也不能超越这个极限。换句话说,操作线的两端点最多只能落在平衡线上,而不可能跨越平衡线,即一个在平衡线上方,另一个在平衡线下方。

## 二、吸收剂用量的确定

吸收塔的设计计算首先依据物系特点和工艺需要选择合适的吸收剂,然后确定吸收剂的用量,在此基础上计算吸收塔的主要结构尺寸。因此,吸收剂用量的确定至关重要。本节讨论逆流吸收塔吸收剂用量的计算方法。

### (一)最小液气比

由逆流吸收塔的物料衡算可知

$$\frac{L_S}{V_B}=\frac{Y_1-Y_2}{X_1-X_2}$$

在$V_B$、$Y_1$、$Y_2$、$X_2$已知的情况下,吸收塔操作线的一个端点 $A(X_2,Y_2)$已经固定,另一个端点 $B$ 则在 $Y=Y_1$的水平线上移动,点 $B$ 的横坐标取决于操作线的斜率$L_S/V_B$。

操作线的斜率$L_S/V_B$称为液气比,是吸收剂与惰性气体摩尔流量的比率,它反映了单位气体处理量的吸收剂耗用量。液气比对吸收设备尺寸和操作费用有决定性的影响。

当吸收剂用量增大,即操作线的斜率 $L_S/V_B$ 增大,则操作线向远离平衡线方向偏移,如图 6-28(a)中 $AC$ 线所示,此时操作线与平衡线间的距离增大,即各截面上吸收推动力($Y-Y^*$)增大。若在单位时间内吸收同样数量的溶质时,设备尺寸可以减小,设备费用降低;但是,吸收剂耗用量增加,出塔液体中溶质含量降低,吸收剂再生所需的设备费用和操作费用均增大。

若减少吸收剂用量,$L_S/V_B$ 减小,操作线向平衡线靠近,传质推动力($Y-Y^*$)必然减小,所需吸收设备尺寸增大,设备费用增大。当吸收剂用量减小到使操作线的一个端点与平衡线相交[图6-28(a)中$AD$线]或在某点相切[图6-28(b)中$AD$线],在交点(或切点)处相遇的气液两相组成已相互平衡,此时传质过程的推动力为零,因而达到此平衡组成所需的传质面积为无限大(塔无限高)。

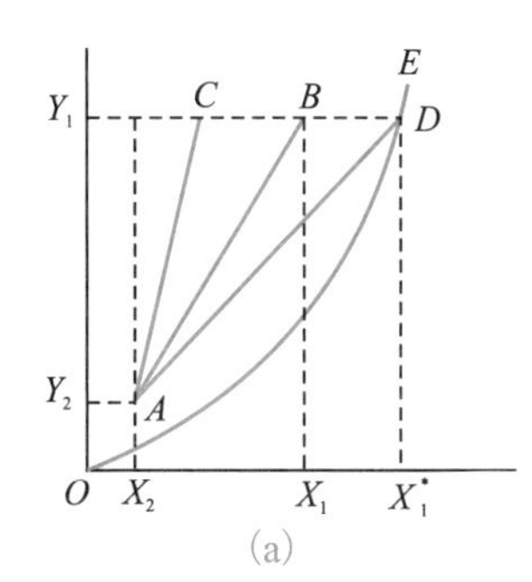


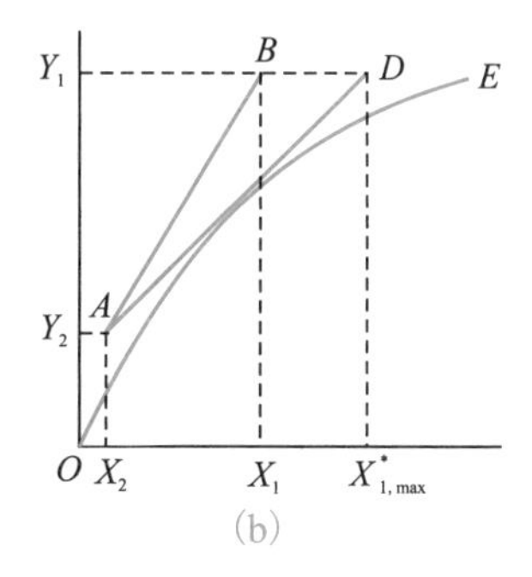


图6-28　吸收塔的最小液气比

这种极限情况下的吸收剂用量称为最小吸收剂用量,用$L_{S,min}$表示,相应的液气比称为最小液气比,用$\left(\frac{L_S}{V_B}\right)_{min}$表示。显然,对于一定的吸收任务,吸收剂的用量存在着一个最低极限,若$\frac{L_S}{V_B} \leqslant \left(\frac{L_S}{V_B}\right)_{min}$,便不能达到设计规定的分离要求。

最小液气比可用图解法或计算法求出。

①一般情况下,平衡线如图6-28(a)所示,则由图读出与$Y_1$相平衡的$X_1^*$的数值后,用下式计算最小液气比:

$$\left(\frac{L_S}{V_B}\right)_{min}=\frac{Y_1-Y_2}{X_1^*-X_2} \tag{6-68}$$

②如果平衡线呈图6-28(b)所示的形状,则应读出$D$点的横坐标$X_{1,max}$的数值,然后按下式计算:

$$\left(\frac{L_S}{V_B}\right)_{min}=\frac{Y_1-Y_2}{X_{1,max}-X_2} \tag{6-69}$$

③若平衡线为直线并可表示为$Y^*=mX$时,式(6-68)可写为

$$\left(\frac{L_S}{V_B}\right)_{min}=\frac{Y_1-Y_2}{\frac{Y_1}{m}-X_2} \tag{6-68a}$$

和逆流吸收一样,并流吸收操作线也是通过物料衡算获得的。与逆流吸收操作线相同,并流吸收操作线也为通过以塔顶和塔底浓度为端点的直线,同样在平衡线之上,影响因素也相同(包括操作液气比和混合气体进口组成及吸收剂进口浓度)。不同之处如图6-27所示,在进出口气液两相浓度相同的情况下,逆流吸收的平均推动力大于并流吸收平均推动力。但要注意,当平衡线斜率很小时,即相平衡常数很小时,并流吸收的平均推动力与逆流吸收的平均推动力相差较小。当逆流与并流的操作条件相同时,并且完成相同的分离任务,并流操作的最小吸收剂用量为

$$L_{S,\min并}=V_B\left(\frac{Y_1-Y_2}{\frac{Y_2}{m}-X_2}\right)$$

而逆流操作的最小吸收剂用量为

$$L_{S,\min逆}=V_B\left(\frac{Y_1-Y_2}{\frac{Y_1}{m}-X_2}\right)$$

因 $Y_1>Y_2$,故并流操作的最小液气比大于逆流吸收操作的最小液气比。

### (二)适宜液气比

在吸收任务一定的情况下,增大吸收剂用量,吸收过程的推动力增大,所需的填料层高度及塔高降低,设备费用减少,但溶剂的消耗、输送及回收等操作费用增加。因此,吸收剂用量的大小应从设备费用与操作费用两方面综合考虑,选择适宜的液气比,使两种费用之和最小。根据生产实践经验,一般情况下取操作液气比为最小液气比的1.1~2.0倍较为适宜。即

$$\frac{L_S}{V_B}=(1.1\sim2.0)\left(\frac{L_S}{V_B}\right)_{\min} \tag{6-70}$$

或

$$L_S=(1.1\sim2.0)L_{S,\min} \tag{6-70a}$$

选择适宜的操作液气比应从液气比的极限及液气比对操作费用和设备费用的影响等方面全面考虑。理论上存在一个最小液气比,当物系和操作条件一定时,对于规定的吸收任务(吸收率 $\eta$ 或 $Y_2$),在最小液气比下操作,塔高无限。实际操作液气比应大于最小液气比。液气比增加,一方面塔高降低了,设备费降低;另一方面,由于吸收是以分离为目的的,吸收过程的完整流程包括吸收与解吸过程,所以,液气比增加,吸收剂用量增加,不仅吸收的操作费用增加,解吸的设备和操作费用也增加。这是因为吸收剂用量的增加会带来解吸塔解吸负荷的增加和难度。为保证吸收剂进口组成不变,通常采用提高解吸温度或解吸气量的办法,这样解吸的设备和操作费用就要增加。除此之外,通过计算发现,吸收操作液气比的增加,塔高下降,但其值下降到一定程度后随液气比的减少,其下降幅度逐渐变小,即采用增加液气比降低塔高这一措施不总是有效的。综上所述,吸收操作液气比有一个最经济值,是最小液气比的一个倍数,具体的倍数应依据总费用最低的原则而定。

需要注意的是,在填料吸收塔中,适宜操作液气比必须保证在操作条件下,填料表面能被液体充分润湿,即保证单位塔截面上单位时间内流下的液体量不得小于某一最低允许值(称为最小喷淋密度),以提供充分的气液接触面积,实现传质过程的进行,这是一种操作极限。若按式(6-70)算出的吸收剂用量不能满足充分润湿填料的要求,则宜采用较高的吸收剂用量或者使部分液体循环使用,以获得较大的液气比。

【例 6-14】在一填料吸收塔中,用洗油为吸收剂,逆流操作吸收混合气体中的苯。已知混合气体的流量为1 350 $m^3/h$,进塔混合气体中含苯0.05(摩尔分数,下同),在操作温度为 25 ℃、操作压强为101.3 kPa 下,相平衡关系为 $Y^*=26X$,操作液气比要求为最小液气比的1.4倍,吸收过程的吸收率为93%。试求下列两种情况下的吸收剂用量及出塔液体

洗油中苯的含量：(1)洗油进塔浓度 $x_2=0.001$；(2)洗油进塔浓度 $x_2=0$。

解：先根据题意条件进行组成换算

$$y_1=0.05,Y_1=\frac{y_1}{1-y_1}=\frac{0.05}{1-0.05}=0.0526$$

因

$$\eta=\frac{Y_1-Y_2}{Y_1}$$

$$Y_2=Y_1(1-\eta)=0.0526\times(1-0.93)=0.00368$$

$$x_2=0.001,X_2=\frac{x_2}{1-x_2}=\frac{0.001}{1-0.001}=0.001$$

混合气体中惰性气体量为

$$V_B=\frac{1350}{22.4}\times\frac{273}{273+25}\times(1-0.05)=52.45\ \text{kmol/h}$$

$$(1)\left(\frac{L_S}{V_B}\right)_{\min}=\frac{Y_1-Y_2}{\dfrac{Y_1}{m}-X_2}=\frac{0.0526-0.00368}{\dfrac{0.0526}{26}-0.001}=47.82$$

实际液气比为

$$\frac{L_S}{V_B}=1.4\times\left(\frac{L_S}{V_B}\right)_{\min}=1.4\times47.82=66.95$$

$$L_S=66.95V_B=66.95\times52.45=3.51\times10^3\ \text{kmol/h}$$

出塔洗油中苯的含量为

$$X_1=\frac{V_B(Y_1-Y_2)}{L_S}+X_2=\frac{52.45\times(0.0526-0.00368)}{3.51\times10^3}+0.001=1.73\times10^{-3}$$

(2)当 $x_2=0$ 时，$X_2=0$

$$\left(\frac{L_S}{V_B}\right)_{\min}=\frac{Y_1-Y_2}{\dfrac{Y_1}{m}}=m\eta=26\times0.93=24.18$$

$$\frac{L_S}{V_B}=1.4m\eta=1.4\times24.18=33.85$$

$$L_S=33.85V_B=33.85\times52.45=1.78\times10^3\ \text{kmol/h}$$

$$X_1=\frac{V_B(Y_1-Y_2)}{L_S}+X_2=\frac{Y_1-Y_2}{L_S/V_B}=\frac{Y_1\eta}{1.4m\eta}=\frac{Y_1}{1.4m}=\frac{0.0526}{1.4\times26}=1.45\times10^{-3}$$

由计算结果知：① 在吸收率相同的条件下，吸收剂入塔时溶质含量越低，最小液气比减小，吸收剂的用量也越少；② 当入塔吸收剂不含溶质时，最小液气比 $\left(\frac{L_S}{V_B}\right)_{\min}=m\eta$，可直接和吸收率关联起来，会给解吸带来方便；③ 混合气体量与惰性气体量不同，应注意其换算方法。

【例 6-15】图 6-29(a)为某工厂的吸收过程流程图。该过程气相溶质浓度很低，且气液平衡关系为 $Y^*=mX$，试粗略绘出该吸收流程对应的平衡线和操作线位置，并用图中所给的符号标明各操作线端点(状态点)的坐标。若只有 $Y_{2b}$ 未知,试由作图法得出 $Y_{2b}$ 的值。

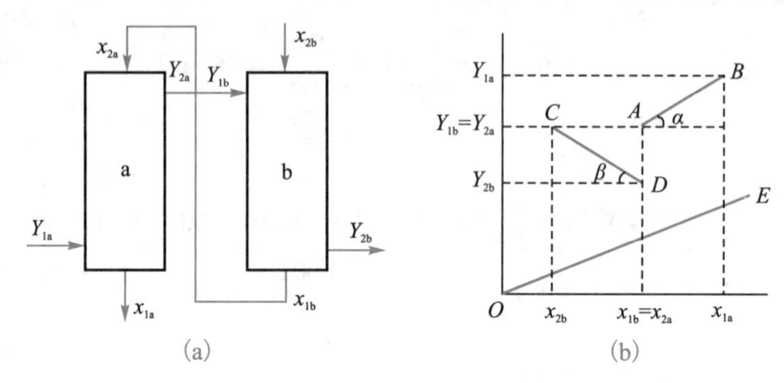


图 6-29 例 6-15 附图

**解**:本题中塔 a 为逆流操作,塔 b 为并流操作,两塔中操作液气比 $L_S/V_B$ 相同。在 $Y$-$X$ 图上平衡线 $Y^*=mX$ 为过原点的直线 $OE$。

a 塔操作线:依塔底气液组成定出点 $B(X_{1a},Y_{1a})$,依塔顶气液相组成定出点 $A(X_{2a},Y_{2a})$,连接 $AB$ 即为 a 塔的操作线。

b 塔操作线:依塔顶气液相组成定出点 $C(X_{2b},Y_{1b})$,注意 $Y_{1b}=Y_{2a}$,故 $C$ 点与 $A$ 点必在同一水平线上;由于 a、b 两塔操作液气比 $L_S/V_B$ 相同,但逆流操作线斜率为正值,而并流操作线斜率为负值,于是过 $C$ 点作斜率 $=-L_S/V_B$ 的线[图 6-29(b)中 $\angle\alpha=\angle\beta$]与 $X=X_{1b}=X_{2a}$ 线相交得 $D$ 点,对应的纵坐标值即为 $Y_{2b}$。

对于并流吸收塔的最小液气比可仿照逆流的方法进行处理,读者可自行推导其计算公式。

应当注意,任何吸收过程都必受到物料衡算的制约,但是,对于物料衡算的结果,有时需考察它们是否在物理上或技术上能够实现。例如,吸收塔出口浓度受到相平衡的制约,逆流吸收时,若要求 $Y_2<Y_2^*=mX_2$,就是物理上不可能实现的;在一个填料塔内,采用过高的气液流量在工程上也不可能实现时,这时必须适当调整物料衡算的有关变量。

## 三、塔径的计算

吸收塔通常是圆柱形,因此吸收塔的直径可按照圆形管道内流量公式计算,即

$$V=\frac{\pi}{4}D^2u \tag{6-71}$$

式中 $V$——操作条件下进塔混合气体的体积流量,$m^3/s$;

$u$——空塔气速,m/s;

$D$——吸收塔的内径,m。

在吸收操作中,由于溶质不断地被吸收,混合气体从进塔至出塔,其体积流量逐渐减小。在计算塔径时,一般以进塔气量为依据以保证有一定的余量。

由式(6-71)可知,计算塔径的关键在于确定适宜的空塔气速 $u$。适宜的空塔气速 $u$ 的确定方法将在后面讨论。按照式(6-71)计算出的塔径,还应根据我国压力容器公称直径的标准进行圆整,工业上常用的标准塔径为 400 mm、500 mm、600 mm、700 mm、800 mm、

1 000 mm、1 200 mm、1 400 mm、1 600 mm、1 800 mm、2 000 mm 等。

## 四、吸收塔有效高度的计算

低浓度气体吸收通常是指所处理的混合气体中溶质含量不高(一般认为摩尔分数小于 10%)的情况。在填料吸收塔中,气、液传质过程是在填料层内进行的,故吸收塔的有效高度是指填料层的高度。

对于单组分低浓度定态物理吸收,可做如下假设而不致引入显著的误差:

(1)由于吸收量小,由溶解热引起的液体温度升高并不显著,故一般可认为吸收过程在等温下进行。这样,低浓度气体吸收过程往往可以不作热量衡算。

(2)由于气、液两相在塔内的流量变化不大,故可认为全塔各截面上气液两相流动状态基本不变,传质分系数 $K_g$、$K_l$ 在全塔可视为常数。

(3)由于气、液两相中溶质浓度都很低,进一步可认为 $K_X$ 和 $K_Y$ 在全塔近似为常数,或取平均值处理,即忽略浓度变化对 $K_X$ 和 $K_Y$ 的影响。

(4)若操作线所涉及的浓度范围内平衡线为直线,或系统属于气膜控制或液膜控制,则全塔的 $k_X$ 和 $k_Y$ 也可视为常数。

以上假设条件使低浓度气体吸收的计算大为简化。

### (一)填料层高度计算

填料塔是连续接触式设备,气、液两相中溶质的浓度沿填料层高度连续地变化,塔内各截面上传质推动力均不相同,传质速率也不相同。因此,通常是先在填料塔内任意截取一段微元高度的填料层来研究,然后通过积分确定完成指定分离任务所需的填料层高度。

如图 6-30 所示,在填料层中某一截面 $m-n$ 处取一微元高度 $\mathrm{d}Z$。在 $m-n$ 截面上气、液两相中溶质的浓度为 $Y$ 和 $X$,经过 $\mathrm{d}Z$ 高度传质后,溶质在气液两相的浓度为 $Y+\mathrm{d}Y$ 和 $X+\mathrm{d}X$。对该段作溶质的微分物料衡算:单位时间内经过填料层 $\mathrm{d}Z$,气相中溶质的减少量为 $V_B\mathrm{d}Y$,液相中溶质的增加量为 $L_S\mathrm{d}X$。在定态吸收中,必有 $\mathrm{d}G=V_B\mathrm{d}Y=L_S\mathrm{d}X$,$\mathrm{d}G$ 也是单位时间内该层中由气相传入液相的溶质量。

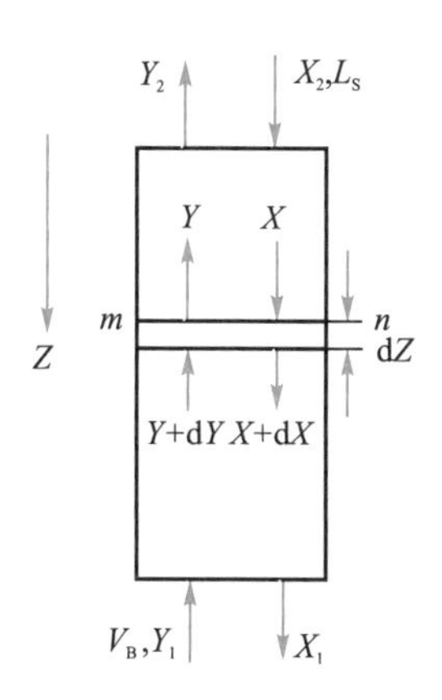


图 6-30　流经微元塔段的两相浓度变化

在 dZ 段填料层中气、液两相中溶质的浓度变化均很小,可以认为该层中的传质推动力与传质速率 $N_A$ 不变,故 $dG=N_A dA$。

由于传质面积 $A$ 难以测定,常用的处理方法是假定传质面积 $A$ 与填料层的体积成正比。所以

$$dG=N_A dA=N_A(a\Omega dZ)$$

式中 $a$——1 $m^3$ 填料的有效气液传质面积,$m^2/m^3$;

$\Omega$——塔的横截面积,$\Omega=\frac{\pi}{4}D^2$,$m^2$。

若选用定态相内传质速率方程

$$N_A=k_Y(Y-Y_i)=k_X(X_i-X)$$

可得
$$dG=V_B dY=k_Y(Y-Y_i)a\Omega dZ$$

或
$$dG=L_S dX=k_X(X_i-X)a\Omega dZ$$

将以上两式从塔顶至塔底积分,得

$$Z=\int_{Y_2}^{Y_1}\frac{V_B dY}{K_Y a\Omega(Y-Y_i)}$$

$$Z=\int_{X_2}^{X_1}\frac{L_S dX}{K_X a\Omega(X_i-X)}$$

式中 $a$——单位体积填料层内气液两相有效接触面积,其值不仅与填料尺寸、形状、填充方式有关,还与流体的物性和流动状况有关,仍难直接测定。

工程计算中常将 $a$ 与传质系数的乘积视为一体,称为体积传质系数。例如,$k_Y a$ 称为气相体积传质分系数,其单位为 $kmol/(m^3\cdot s\cdot \Delta Y)$。体积传质系数的值可由实验测定,对于低浓度气体吸收,在全塔中亦可视为常数。于是,以上两式可写为

$$Z=\frac{V_B}{K_Y a\Omega}\int_{Y_2}^{Y_1}\frac{dY}{Y-Y_i}=H_g N_g \tag{6-72}$$

$$Z=\frac{L_S}{K_X a\Omega}\int_{X_2}^{X_1}\frac{dX}{X_i-X}=H_l N_l \tag{6-72a}$$

式中 $H_g=\frac{V_B}{k_Y a\Omega}$—— 气相传质单元高度,m;

$N_g=\int_{Y_2}^{Y_1}\frac{dY}{Y-Y_i}$ ——气相传质单元数,量纲为 1;

$H_l=\frac{L_S}{k_X a\Omega}$ —— 液相传质单元高度,m;

$N_l=\int_{X_2}^{X_1}\frac{dY}{X_i-X}$—— 液相传质单元数,量纲为 1。

式(6-72)和式(6-72a)是低浓度定态吸收时填料高度计算的基本方程式。

由于界面浓度难以测定,当总传质系数 $K_Y$ 和 $K_X$ 存在并能视为常数时,常用总传质速率方程式进行计算。对于定态过程

$$N_A=K_Y(Y-Y^*)=K_X(X^*-X)$$

用前面同样的方法推导可得

$$Z = \frac{V_B}{K_Y a\Omega}\int_{Y_2}^{Y_1}\frac{dY}{Y - Y^*} = H_{OG}N_{OG} \tag{6-73}$$

$$Z = \frac{L_S}{K_X a\Omega}\int_{X_2}^{X_1}\frac{dX}{X^* - X} = H_{OL}N_{OL} \tag{6-73a}$$

式(6-73)和式(6-73a)是常用的低浓度吸收填料高度计算式。

式中　$H_{OG} = \frac{V_B}{K_Y a\Omega}$——气相总传质单元高度,m;

$N_{OG} = \int_{Y_2}^{Y_1}\frac{dY}{Y - Y^*}$——气相总传质单元数,量纲为1;

$H_{OL} = \frac{L_S}{K_X a\Omega}$——液相总传质单元高度,m;

$N_{OL} = \int_{X_2}^{X_1}\frac{dX}{X^* - X}$——液相总传质单元数,量纲为1。

所以,填料层高度计算式可写成通式:

填料层高度=传质单元高度×传质单元数

### (二)传质单元高度和传质单元数

(1)传质单元数代表所需填料层高度相当于气相或液相总传质单元高度的倍数,其值大小反映吸收过程进行的难易程度,它与吸收塔的结构因素以及气液流动状况无关。生产任务所要求的气体组成变化越大,吸收过程的平均推动力越小,则意味着过程的难度越大,此时所需的传质单元数也就越大。例如,$N_{OG}$中所含变量$Y_1$、$Y_2$为气体的进塔、出塔浓度,反映了吸收的分离要求;$(Y-Y^*)$为传质推动力。根据积分中值定理应有

$$N_{OG} = \int_{Y_2}^{Y_1}\frac{dY}{Y - Y^*} = \frac{Y_1 - Y_2}{(Y - Y^*)_m} \tag{6-74}$$

式中　$(Y-Y^*)_m$——以气相摩尔比差表示的吸收总推动力的某种平均值。

由式(6-74)知,当分离要求提高或平均推动力减小时,均会使$N_{OG}$增大,相应的填料层高度也将增加。在填料塔设计计算中,可用改变吸收剂的种类、降低操作温度或提高操作压强、增大吸收剂用量、减少吸收剂入口浓度等方法,以增大吸收过程的传质推动力,从而达到减小$N_{OG}$的目的。

另外,由式(6-70)还可看出:当$(Y_1-Y_2)=(Y-Y^*)_m$时,$N_{OG}=1$,这意味着气体流过一个气相总传质单元的浓度变化等于这个单元中的平均气相总推动力。更广义地说,流体经过一个传质单元的浓度变化等于此单元内对应的平均推动力。

对传质单元数的其他表示方法,如$N_{OL}$、$N_g$、$N_l$也可作出类似的分析。例如,对于液相总传质单元数

$$N_{OL} = \int_{X_2}^{X_1}\frac{dX}{X^* - X} = \frac{X_1 - X_2}{(X^* - X)_m} \tag{6-75}$$

式中,$(X_1-X_2)$也反映吸收要求,$(X^*-X)_m$为以液相摩尔比差表示的平均总推动力。

(2)传质单元高度可理解为一个传质单元所需要的填料层高度,反映了传质阻力的大小、填料性能的优劣以及润湿情况的好坏,是吸收设备效能高低的反映。以 $H_{OG}$ 为例,$V_B$ 表示惰性气体处理量,体积总传质系数 $K_Ya$ 值的大小就反映了总传质阻力、填料性能及操作时填料润湿情况等。故 $H_{OG}$ 与设备结构、气液流动情况和物系物性有关。体积传质系数与传质单元高度同样反映了设备分离效能,但传质单元高度的单位与填料层高度单位相同,避免了传质系数单位的复杂换算;另外体积传质系数随流体流量的变化较大,一般 $K_Ya \propto V_B^{0.7\sim0.8}$,而传质单元高度受流体流量变化的影响很小,$H_{OG}=\dfrac{V_B}{K_Ya\Omega} \propto V_B^{0.2\sim0.3}$,所以用传质单元高度反映吸收设备分离效能更为客观。通常 $H_{OG}$ 的变化在0.15~1.5 m 范围内,具体数值通过实验测定。

在设计计算中,选用分离能力强的高效填料及适宜的操作条件以降低传质阻力(提高传质系数),增加有效气液接触面积,可使 $H_{OG}$ 减小。显然,传质单元高度越小,在相同条件下达到同样吸收要求所需的填料层高度也就越低,即传质效果越好。

(3)当平衡线为直线且斜率为 $m$ 时,由总传质系数和传质分系数之间的关系,可以导出总传质单元高度和传质单元高度之间的关系。例如,由式(6-56)

$$\frac{1}{K_Y}=\frac{1}{k_Y}+\frac{m}{k_X}$$

将各项乘以 $V_B/a\Omega$,并适当整理得

$$\frac{V_B}{K_Ya\Omega}=\frac{V_B}{k_Ya\Omega}+\frac{L_S}{k_Xa\Omega}\times\frac{mV_B}{L_S}$$

即

$$H_{OG}=H_g+H_lS \tag{6-76}$$

式中 $S$——脱吸因数或解吸因数,$S=\dfrac{mV_B}{L_S}$。

同理,由式(6-59)可推出

$$H_{OL}=AH_g+H_l \tag{6-77}$$

式中 $A$——吸收因数,$A=\dfrac{1}{S}=\dfrac{L_S}{mV_B}$。

比较式(6-76)和式(6-77),可得

$$H_{OG}=SH_{OL} \tag{6-78}$$

由于

$$Z=H_{OG}N_{OG}=H_{OL}N_{OL}$$

所以有

$$N_{OG}=AN_{OL} \tag{6-79}$$

(4)和传质系数相比,传质单元高度用于填料高度计算有明显的优点:

①单位与填料高度相同,较为简单而直观。

②在吸收塔中,它的数值随气液流动条件变化不像传质系数那么大,可以视为常数而不致引起大的误差。例如,当气体流量增大,在气膜控制条件下,$K_Ya$ 约与气体流量的0.7次方成正比,而 $H_{OG}=\dfrac{V_B}{K_Ya\Omega}$ 的值只与气量的0.3次方成正比。

在使用传质单元数与传质单元高度计算填料高度时,同样要注意匹配问题,即

$$Z=H_gN_g=H_lN_l=H_{OG}N_{OG}=H_{OL}N_{OL}$$

当组成和推动力不用摩尔比，而用摩尔分数、物质的量浓度或分压表示时，更应注意其相互的对应关系和匹配关系。

### (三)传质单元数的计算

要计算填料层高度，必须首先研究传质单元数的计算方法。由于传质单元数并不涉及填料塔的具体结构，故可根据分离要求、气液浓度和相平衡关系直接计算。根据相平衡关系的不同，可按不同的方法计算传质单元数。

#### 1.脱吸因数法

当气、液两相浓度较低，相平衡关系服从亨利定律，即 $Y^*=mX$ 时，可用脱吸因数法求解总传质单元数。以气相总传质单元数 $N_{OG}$ 为例：

相平衡方程：
$$Y^*=mX$$

逆流操作线方程：
$$X=\frac{V_B}{L_S}(Y-Y_2)+X_2$$

$$N_{OG}=\int_{Y_2}^{Y_1}\frac{\mathrm{d}Y}{Y-Y^*}=\int_{Y_2}^{Y_1}\frac{\mathrm{d}Y}{Y-mX}=\int_{Y_2}^{Y_1}\frac{\mathrm{d}Y}{Y-m\left[\frac{V_B}{L_S}(Y-Y_2)+X_2\right]}$$

$$=\int_{Y_2}^{Y_1}\frac{\mathrm{d}Y}{Y-m\frac{V_B}{L_S}Y+m\frac{V_B}{L_S}Y_2-mX_2}=\int_{Y_2}^{Y_1}\frac{\mathrm{d}Y}{(1-S)Y+SY_2-mX_2}$$

积分可得

$$N_{OG}=\frac{1}{1-S}\ln\frac{(1-S)Y_1+SY_2-mX_2}{(1-S)Y_2+SY_2-mX_2}$$

将上式对数项中的分子中加入（$mSX_2-mSX_2$），整理得

$$N_{OG}=\frac{1}{1-S}\ln\frac{(1-S)(Y_1-mX_2)+S(Y_2-mX_2)}{Y_2-mX_2}$$

所以

$$N_{OG}=\frac{1}{1-S}\ln\left[(1-S)\frac{Y_1-mX_2}{Y_2-mX_2}+S\right]\tag{6-80}$$

式(6-80)为所给条件下气相总传质单元数的计算式。由该式知，气相总传质单元数 $N_{OG}$ 是脱吸因数 $S$ 和 $\frac{Y_1-mX_2}{Y_2-mX_2}$ 的函数，已将其绘制成图以方便计算(见图 6-31)。

脱吸因数 $S=\frac{mV_B}{L_S}$ 可写为 $\frac{m}{L_S/V_B}$，是 $Y-X$ 图上平衡线斜率与操作线斜率之比，反映了吸收过程推动力的大小。$S$ 越大，平衡线和操作线越靠近，即传质过程的平均推动力越小，完成同样吸收任务，即对于相同的 $\left(\frac{Y_1-mX_2}{Y_2-mX_2}\right)$，所需的传质单元数越多。$S$ 值增大对吸收不利而对解吸有利，故称之为脱吸因数。相反，吸收因数 $A=\frac{1}{S}$ 越大，对吸收越有利。但在相平衡常数 $m$ 一定时，减小 $S$ 就意味着增大液气比，会使操作费用增大。一般认为，

选取 $S=0.5\sim0.8$ 时,在经济上是合理的。

图 6-31 中横坐标$\frac{Y_1-mX_2}{Y_2-mX_2}$值的大小反映了溶质吸收率的高低。对于一定的 $S$ 值,若要求的吸收率越高,$Y_2$ 越小,相应的$Y_1-mX_2$ 越大,则 $N_{OG}$值越大。

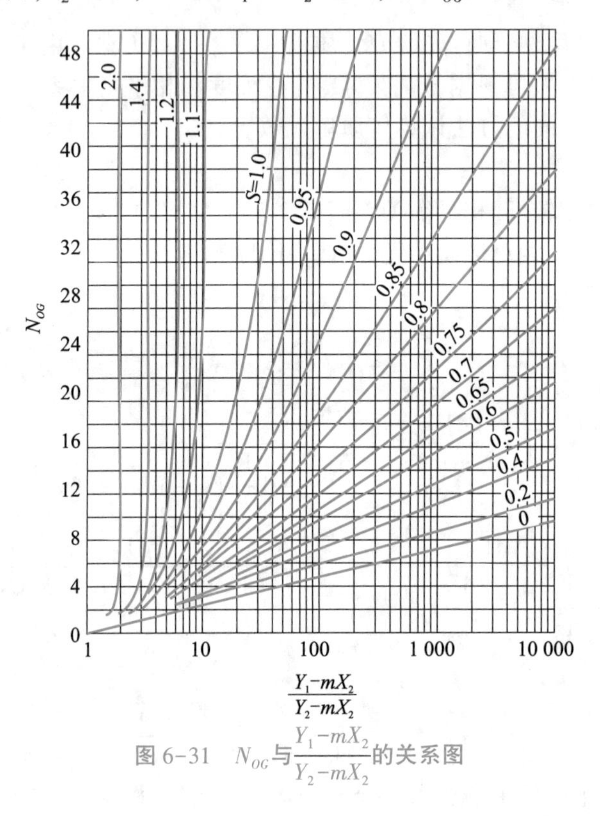


图 6-31　$N_{OG}$与$\frac{Y_1-mX_2}{Y_2-mX_2}$的关系图

总之,吸收要求越高(即$\frac{Y_1-mX_2}{Y_2-mX_2}$越大)、吸收条件越不利(脱吸因数 $S$ 越大),吸收必然越困难($N_{OG}$越高)。

应指出的是,图 6-31 只有在$\frac{Y_1-mX_2}{Y_2-mX_2}>20$ 及 $S<0.75$ 的范围内使用,读数较为准确,否则误差较大。需要时可直接按式(6-80)计算。

由式(6-79)知$N_{OG}=AN_{OL}$,也即 $N_{OL}=SN_{OG}$。故求解 $N_{OL}$时,仍可用图 6-31,只要在查得 $N_{OG}$后再乘以 $S$ 即可。

2.对数平均推动力法

在吸收操作所涉及的组成范围内,若相平衡关系为直线方程 $Y^*=mX+b$ ,则可通过塔顶和塔底两个端面上的传质推动力求出整个塔内传质推动力的平均值,计算总传质单元数。

如图 6-32 所示,由于在操作组成范围内,操作线和平衡线均为直线,则任意截面上的推动力 $\Delta Y=(Y-Y^*)$与 $Y$ 也必成直线关系(读者可与传热章中对数平均温差概念的推导进行对比)。

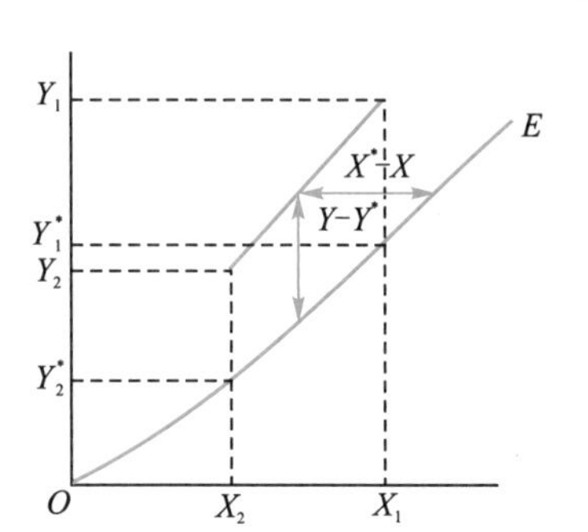


图 6-32　总推动力示意图

塔底推动力　　　　　　$\Delta Y_1 = Y_1 - Y_1^*$

塔顶推动力　　　　　　$\Delta Y_2 = Y_2 - Y_2^*$

任意截面上　　　　　　$\Delta Y = Y - Y^*$

$\Delta Y$ 与 $Y$ 既为直线关系，必有

$$\frac{d(\Delta Y)}{dY} = \frac{\Delta Y_1 - \Delta Y_2}{Y_1 - Y_2}$$

于是有

$$dY = \frac{d(\Delta Y)}{(\Delta Y_1 - \Delta Y_2)/(Y_1 - Y_2)}$$

所以

$$N_{OG} = \int_{Y_2}^{Y_1} \frac{dY}{Y - Y^*} = \int_{\Delta Y_2}^{\Delta Y_1} \frac{d(\Delta Y)}{\dfrac{\Delta Y_1 - \Delta Y_2}{Y_1 - Y_2}\Delta Y} = \frac{Y_1 - Y_2}{\Delta Y_1 - \Delta Y_2}\int_{\Delta Y_2}^{\Delta Y_1} \frac{d(\Delta Y)}{\Delta Y} = \frac{Y_1 - Y_2}{\Delta Y_1 - \Delta Y_2}\ln\frac{\Delta Y_1}{\Delta Y_2}$$

令

$$\Delta Y_m = \frac{\Delta Y_1 - \Delta Y_2}{\ln\dfrac{\Delta Y_1}{\Delta Y_2}} = \frac{(Y_1 - Y_1^*) - (Y_2 - Y_2^*)}{\ln\dfrac{Y_1 - Y_1^*}{Y_2 - Y_2^*}} \tag{6-81}$$

则

$$N_{OG} = \frac{Y_1 - Y_2}{\Delta Y_m} \tag{6-82}$$

式中　$\Delta Y_m$——气相对数平均总推动力。

在平衡线和操作线均为直线时，式(6-74)中的$(Y-Y^*)_m = \Delta Y_m$。

显然，在同样条件下，$\Delta X = (X^* - X)$ 与 $X$ 之间也为直线关系。用同样的推导方法，可以得出液相总传质单元数 $N_{OL}$的计算式：

$$N_{OL} = \int_{X_2}^{X_1} \frac{dX}{X^* - X} = \frac{X_1 - X_2}{\Delta X_m} \tag{6 - 83}$$

$$\Delta X_m = \frac{\Delta X_1 - \Delta X_2}{\ln\dfrac{\Delta X_1}{\Delta X_2}} = \frac{(X_1^* - X_1) - (X_2^* - X_2)}{\ln\dfrac{X_1^* - X_1}{X_2^* - X_2}} \tag{6-84}$$

在式(6-82)和式(6-83)的推导中虽然以逆流吸收为例，但是只要平衡线在吸收塔操作范围内为直线,两式对于并流同样适用。

脱吸因数法与对数平均推动力法求传质单元数同样要求平衡线和吸收操作线为直线,两种方法本质相同,只是形式不同。对数平均推动力法计算传质单元数逆流和并流均适用,以气相总传质单元数为例

$$N_{OG}=\int_{\Delta Y_2}^{Y_1}\frac{\mathrm{d}Y}{Y-Y^*}=\frac{Y_1-Y_2}{\Delta Y_{\mathrm{m}}}$$

其中

$$\Delta Y_{\mathrm{m}}=\frac{\Delta Y_1-\Delta Y_2}{\ln\dfrac{\Delta Y_1}{\Delta Y_2}}$$

而脱吸因数法计算逆流和并流各有其传质单元数公式。

逆流吸收

$$N_{OG}=\frac{1}{1-S}\ln\left[(1-S)\frac{Y_1-mX_2}{Y_2-mX_2}+S\right]$$

式中 $Y_1,Y_2$——气相进、出口组成;

$X_2,X_1$——液相进、出口组成;

$Y^*$——与实际液相组成相平衡的气相组成。

并流吸收

$$N_{OG}=\frac{1}{1+S}\ln\frac{Y_1-mX_2}{Y_2-mX_1}$$

式中 $Y_1,Y_2$——气相进、出口组成;

$X_2,X_1$——液相进、出口组成。

但当已知吸收塔气液相进、出口 $Y_1$、$Y_2$、$X_2$ 三个浓度时,使用脱吸因数法更为方便。脱吸因数法常用于操作计算或操作分析,如分析吸收率、液气比及操作温度等参数对传质单元数影响时,采用脱吸因数法,特别是利用脱吸因数图更为直观。

当平衡线与吸收操作线平行时,表示塔的各截面的总推动力相等,即,不能用式(6-82)计算 $\Delta Y_{\mathrm{m}}$,$\Delta Y_{\mathrm{m}}=\Delta Y_1=\Delta Y_2$

传质单元数可用下式计算:

$$N_{OG}=\frac{Y_1-Y_2}{\Delta Y_1}=\frac{Y_1-Y_2}{\Delta Y_2} \tag{6-85}$$

【例 6-16】在填料塔内用清水吸收空气中所含的丙酮蒸气,丙酮初含量为 3%(摩尔分数),在塔中需要吸收 98%。混合气入塔单位塔截面的流量为 $G=0.02\ \mathrm{kmol/(m^2\cdot s)}$,操作压力 $p=101.3\ \mathrm{kPa}$,温度 $T=293\ \mathrm{K}$。此时相平衡关系可用 $Y^*=1.75X$ 表示,以 $\Delta y$ 为推动力的体积总传质系数 $K_Ya=0.016\ \mathrm{kmol/(s\cdot m^3)}$,若出塔水溶液中的丙酮浓度为饱和浓度的 70%,求所需水量和填料层高度。

解:塔底、塔顶的气液相组成为

$$Y_1=0.03,Y_2=(1-0.98)Y_1=6\times10^{-4}$$

$$X_2=0,X_1=0.7X_1^*=0.7\times(Y_1/1.75)=0.012$$

将以上数据代入物料衡算式,得

$$\frac{V_B}{\Omega}\times(Y_1-Y_2)=\frac{L_{\mathrm{S}}}{\Omega}\times(X_1-X_2)$$

$$0.02\times(0.03-6\times10^{-4})=\frac{L_S}{\Omega}\times(0.012-0)$$

$$\frac{L_S}{\Omega}=0.049\ \text{kmol}/(\text{s}\cdot\text{m}^2)$$

用不同方法计算填料层高度:

解法1:对数平均推动力法

塔顶　$\Delta Y_2=Y_2-mX_2=Y_2=6\times10^{-4}$

塔底　$\Delta Y_1=Y_1-mX_1=0.03-1.75\times0.012=9\times10^{-3}$

$$\Delta Y_m=\frac{9\times10^{-3}-6\times10^{-4}}{\ln\frac{90}{6}}=3.1\times10^{-3}$$

$$N_{OG}=\frac{Y_1-Y_2}{\Delta Y_m}=\frac{0.03-6\times10^{-4}}{3.1\times10^{-3}}=9.48$$

填料层高度　$Z=N_{OG}\dfrac{V_B}{\Omega\times(K_Ya)}=9.48\times\dfrac{0.02}{0.016}=11.85\ \text{m}$

解法2:脱吸因数法

液气比　$\dfrac{L_S/\Omega}{V_B/\Omega}=\dfrac{L_S}{V_B}=\dfrac{Y_1-Y_2}{X_1-X_2}=\dfrac{0.03-6\times10^{-4}}{0.012}=2.45$

解吸因数　$S=mV_B/L_S=1.75\times0.02/0.049=0.714$

$$N_{OG}=\frac{1}{1-S}\ln\left[(1-S)\frac{Y_1-mX_2}{Y_2-mX_2}+S\right]=\frac{1}{1-0.714}\ln[(1-0.714)\times50+0.714]=9.47$$

填料层高度　$Z=N_{OG}\dfrac{V_B}{\Omega\times(K_Ya)}=9.47\times\dfrac{0.02}{0.016}=11.84\ \text{m}$

两种算法计算结果差别很小,基本相同。

也可查图求 $N_{OG}$,但读数时易造成较大误差。

3.图解积分法和数值积分法

当平衡线 $Y^*=f(X)$ 为一曲线时,此时对数平均推动力已不能反映塔内推动力的实际平均值,且平衡线斜率处处不等,总传质系数 $K_Y$、$K_X$ 不再存在。原则上,吸收塔填料高度应按式(6-72)或式(6-72a)进行计算,即应求出操作线上各点所对应的界面浓度,然后用图解(或数值)积分法计算传质单元数 $N_g$ 或 $N_l$。但是,在气膜控制或液膜控制条件下可以简化。

(1)对于低浓度易溶气体吸收,即气膜控制系统,平衡线的斜率很小,故 $K_Y\approx k_Y\approx k_gp$,或取其塔内平均值作为常数,则式(6-73)仍可用来计算填料高度,但其中 $N_{OG}$ 需要图解(或数值)积分。

(2)对于难溶气体吸收,平衡线斜率很大,即液膜控制系统,$K_X\approx k_X\approx ck_l$,也可取其平均值作为常数,并用式(6-73a)计算填料高度,$N_{OL}$ 需要图解(或数值)积分。

以气膜控制情况为例,由定积分的几何意义知,$N_{OG}=\int_{Y_2}^{Y_1}\dfrac{\mathrm{d}Y}{Y-Y^*}$ 在数值上等于在纵

轴为 $1/(Y-Y^*)$、横轴为 $Y$ 的直角坐标系上，由 $f(Y)=1/(Y-Y^*)$ 曲线、$Y$ 轴及 $Y=Y_1$ 和 $Y=Y_2$ 两垂线所围出的面积。据此，可进行图解积分，步骤如下：

①在 $Y-X$ 坐标图上绘出平衡曲线 $Y^*=f(X)$ 和操作线 $AB$，见图 6-33(a)；

②在 $Y_1$ 和 $Y_2$ 之间的操作线上选出若干个点，每一点代表塔内某截面上气液两相的组成，分别从各点作垂线与平衡线相交，计算各点的气相传质总推动力 $(Y-Y^*)$ 和相应的 $f(Y)=1/(Y-Y^*)$；

③作 $f(Y)$ 对 $Y$ 的曲线，如图 6-33(b)所示，图中 $Y_1$ 至 $Y_2$ 间曲线下的面积即 $N_{OG}$ 值。

图解积分结果不易准确，如果平衡线 $Y^*=f(X)$ 的函数形式可知，可用数值积分法计算。下面介绍常用的数值积分方法——Simpson 法。

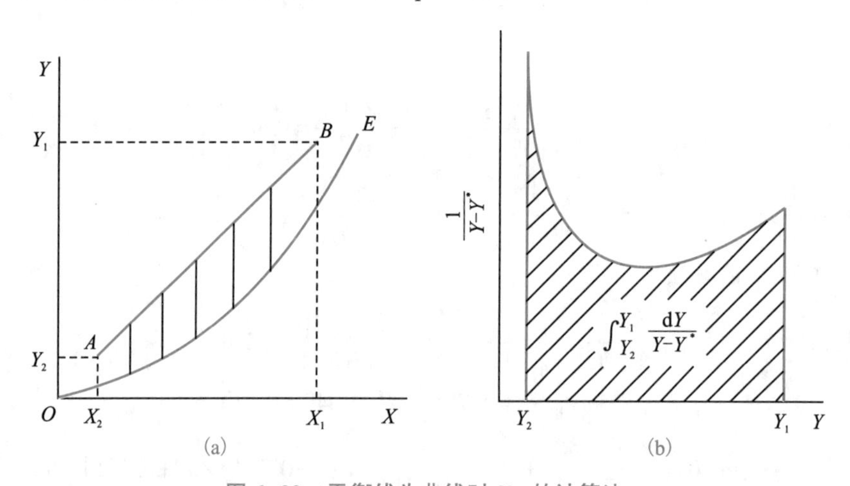


图 6-33　平衡线为曲线时 $N_{OG}$ 的计算法

在 $Y_2$ 和 $Y_1$ 间取偶数等分[见图 6-33(a)]，对于每一个 $Y$ 值算出对应的 $f(Y)=1/(Y-Y^*)$。用 $Y_0$ 代替出塔浓度($Y_2$)，$Y_n$ 代替入塔浓度($Y_1$)，令 $F_i=f(Y_i)$ 然后按下式

$$\int_{Y_0}^{Y_n} f(Y)\,\mathrm{d}Y=\frac{\varepsilon}{3}(F_0+4F_1+2F_2+4F_3+2F_4+\cdots+2F_{n-2}+4F_{n-1}+F_n)\quad(6-86)$$

求积，式中 $\varepsilon$ 称为步长

$$\varepsilon=\frac{Y_n-Y_0}{n}$$

$$Y_{i+1}=Y_i+\varepsilon$$

式中，$n$ 可取任一偶数，$n$ 值越大，计算越准确。

利用计算机可以方便地进行数值积分。此外，在平衡线为曲线时，若能根据平衡线的形状适当选点分段，使得每一段都近似地可视为直线，那么对每一段均可采用对数平均推动力法计算出该段的传质单元数 $N_{OG,i}$，然后相加，则传质单元数 $N_{OG}=\sum N_{OG,i}$ 为各段之和。这种方法称为分段计算法，只要分段适当，该法简单易行，实际工作量要小于图解积分法。

【例 6-17】在常压下，用清水吸收混合气体中的氨。在吸收塔中，氨的入塔浓度 $Y_1=0.03$，吸收率为 90%。离开吸收塔时溶液中氨的浓度 $X_1=0.02$，由于移去了溶解热，操作

温度保持常数，平衡关系如表 6-9 所示。求传质单元数 $N_{OG}$。

表 6-9　$X$ 与 $Y^*$ 平衡关系

| $X$ | 0 | 0.005 | 0.010 | 0.012 5 | 0.015 | 0.020 | 0.023 |
|---|---|---|---|---|---|---|---|
| $Y^*$ | 0 | 0.004 5 | 0.010 2 | 0.013 8 | 0.018 3 | 0.027 3 | 0.032 7 |

解：

解法 1　图解积分法

用相平衡数据标绘平衡线在 $Y-X$ 坐标图[图 6-34(a) $OE$ 线]上，知其为曲线。但氨水在水中溶解度很大，系统为气膜控制，所以可用图解法计算 $N_{OG}$。

$$Y_1=0.03,Y_2=Y_1(1-\eta)=0.03\times(1-0.9)=0.003$$

$$X_1=0.02,X_2=0$$

根据操作线的两个端点 $(X_1,Y_1)$ 和 $(X_2,Y_2)$，得操作线方程为

$$\frac{Y-0.003}{X-0}=\frac{0.03-0.003}{0.02-0}$$

整理得

$$Y=1.35X+0.003$$

在 $Y-X$ 坐标图中绘出操作线，如图 6-34(a) $AB$ 线所示。

将计算结果列于表 6-10 中。

表 6-10　例 6-17 计算结果

| 图解积分法 | | | | | | 分段计算法 | |
|---|---|---|---|---|---|---|---|
| 序号 | $X$ | $Y$ | $Y^*$ | $Y-Y^*$ | $\frac{1}{Y-Y^*}$ | $\Delta Y_{\min}$ | $N_{OG,i}$ |
| 0 | 0 | 0.003 | 0 | 0.003 | 333.33 | 0.004 02 | 1.68 |
| 1 | 0.005 | 0.009 75 | 0.004 5 | 0.005 25 | 190.48 | | |
| 2 | 0.01 | 0.016 5 | 0.010 2 | 0.006 3 | 158.73 | 0.005 76 | 1.17 |
| 3 | 0.012 5 | 0.019 9 | 0.013 8 | 0.006 1 | 163.93 | 0.006 20 | 0.548 |
| 4 | 0.015 | 0.023 3 | 0.018 3 | 0.005 0 | 200.0 | 0.005 53 | 0.616 |
| 5 | 0.02 | 0.03 | 0.027 3 | 0.002 7 | 370.37 | 0.003 72 | 1.80 |

作 $1/(Y-Y^*)$ 对 $Y$ 的曲线，如图 6-34(b) 所示。图中 $Y_2$ 至 $Y_1$ 间曲线下的面积可用若干个小梯形近似计算，或在方格纸上计算，但应注意坐标分度的单位。由计算可得

$$N_{OG}=5.83$$

解法 2　分段计算法

由图 6-34(a) 可见，如插入中间点将平衡线分为 5 段（本题中各点都与附表上平衡数据对应），则计算结果见表 6-10 右侧部分。表中

$$\Delta Y_{m,i}=\frac{(Y_i-Y_i^*)-(Y_{i-1}-Y_{i-1}^*)}{\ln\frac{Y_i-Y_i^*}{Y_{i-1}-Y_{i-1}^*}}$$

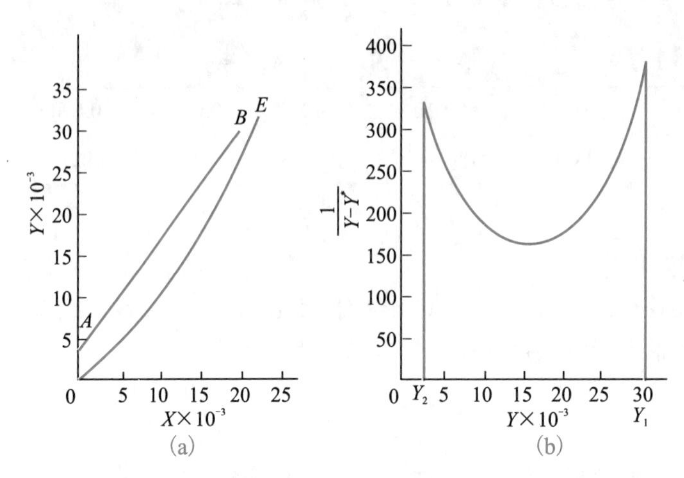


图 6-34　例 6-17 附图

$$N_{OG,i}=\frac{Y_i-Y_{i-1}^*}{\Delta Y_{m,i}}$$

例如
$$\Delta Y_{m,3}=\frac{0.006\ 1-0.006\ 3}{\ln\frac{0.006\ 1}{0.006\ 3}}=0.006\ 2$$

$$N_{OG,3}=\frac{0.019\ 9-0.016\ 5}{0.006\ 2}=0.548$$

$$N_{OG}=\sum N_{OG,i}=5.81$$

与图解积分结果吻合,而且计算比较简便。

对于溶解度中等,气、液两相阻力均不可忽略时,需计算传质单元数 $N_g$(或 $N_l$)。只要过各个选出的操作点作斜率为 $-\frac{K_X}{K_Y}$ 的直线与平衡线相交求出 $X_i$ 和 $Y_i$,然后算出对应的 $\frac{1}{Y-Y_i}$ 或 $\left(\frac{1}{X-X_i}\right)$,就可利用上述图解积分、数值积分或分段计算法求解。

## 五、吸收塔计算分析

低浓度气体填料吸收塔的设计型与操作型问题,都可由以下三式联立进行计算和分析。

物料衡算　　$V_B(Y_1-Y_2)=L_S(X_1-X_2)$

相平衡关系 $Y^*=f(X)$(满足亨利定律 $Y^*=mX$)

填料层高度计算式

$$Z=\frac{V_B}{K_Y a\Omega}\int_{Y_2}^{Y_1}\frac{dY}{Y-Y^*}=H_{OG}N_{OG}$$

$$Z=\frac{L_S}{K_X a\Omega}\int_{X_2}^{X_1}\frac{dX}{X^*-X}=H_{OL}N_{OL}$$

（一）设计型计算

填料吸收塔设计型计算的主要步骤和内容包括：

（1）根据给定的吸收任务（气体处理量和初、终浓度）选择吸收剂和填料，并确定相平衡关系（或方程）；

（2）根据物料衡算确定吸收剂的用量或液体出塔浓度，列出操作线方程；

（3）选择塔径、适当的气液接触方式和填料规格，确定有关的传质系数或传质单元高度；

（4）计算塔设备的工艺尺寸，包括复核塔径和计算填料层高度。

和其他设计型计算一样，对吸收塔的各种设计变量要进行一系列的选择。前面已讨论过对吸收剂的种类和用量、气液接触方式、流向的选择原则，这里讨论吸收剂进口浓度的选择问题，关于填料规格与气液流量对传质系数或传质单元高度的影响，将在第八章中进行讨论。

若设计时所选择的吸收剂进口浓度较高，吸收过程的推动力较小，则所需的吸收塔高度较大；若选择的进口浓度过低，则对吸收剂的再生提出了过高的要求，使再生设备和再生费用加大。因此，吸收剂进口溶质浓度 $X_2$ 的选择是一个经济上的优化问题，需要通过多方案的计算和比较才可确定。除了上述经济方面的考虑之外，还有一个技术上的限制，即存在着一个技术上允许的最高进口浓度，超过这一浓度便不可能达到规定的分离要求。逆流操作时，塔顶气相浓度按设计要求规定为 $Y_2$，与 $Y_2$ 呈平衡的液相浓度为 $X_2^*$。显然，所选择的吸收剂进口浓度 $X_2$ 必须低于 $X_2^*$ 才有可能达到规定的分离要求。当所选 $X_2$ 等于 $X_2^*$ 时，吸收塔顶的推动力 $\Delta Y_2$ 为零，所需的塔高将为无穷大，这就是 $X_2$ 的上限。总之，对于规定的分离要求，吸收剂进口浓度在技术上存在一个上限，在经济上存在一个最适宜的浓度。

【例 6-18】在一填料吸收塔中，用纯吸收剂吸收混合气体中的溶质 A。入塔混合气体量为0.032 3 kmol/s，溶质的浓度为0.047 6（摩尔分数，下同），要求过程吸收率为 95%。已知吸收塔塔径为1.4 m，相平衡关系为 $Y^*=0.95X$，$K_Ya=4\times10^{-2}$ kmol/(m$^3$·s)，要求出塔液体中溶质含量不低于0.047 6，试计算吸收塔的填料高度。

解：

$$Y_1=\frac{y_1}{1-y_1}=\frac{0.047\ 6}{1-0.047\ 6}=0.05$$

$$Y_2=Y_1(1-\eta)=0.05\times(1-0.95)=0.002\ 5$$

$$X_1=\frac{x_1}{1-x_1}=\frac{0.047\ 6}{1-0.047\ 6}=0.05$$

$$X_2=0$$

$$V_B=0.032\ 3\times(1-0.047\ 6)=0.030\ 8\ \text{kmol/s}$$

$$\frac{L_S}{V_B}=\frac{Y_1-Y_2}{X_1-X_2}=\frac{0.05-0.002\ 5}{0.05}=0.95$$

$$L_S=0.95\times0.030\ 8=0.029\ 3\ \text{kmol/s}$$

$$S=m/\frac{L_S}{V_B}=\frac{0.95}{0.95}=1$$

$S=1$ 说明操作线与平衡线平行,平均推动力等于操作线上任一点处的推动力。故

$$\Delta Y_m=\Delta Y_1=\Delta Y_2=Y_2-mX_2=Y_2=0.002\ 5$$

$$N_{OG}=\frac{Y_1-Y_2}{\Delta Y_m}=\frac{0.05-0.002\ 5}{0.002\ 5}=19$$

$$H_{OG}=\frac{V_B}{K_Y a\Omega}=\frac{0.030\ 8}{4\times10^{-2}\times\frac{\pi}{4}\times1.4^2}=0.5\ \text{m}$$

$$Z=H_{OG}N_{OG}=0.5\times19=9.50\ \text{m}$$

操作线如图 6-35(b) 中的线 1。

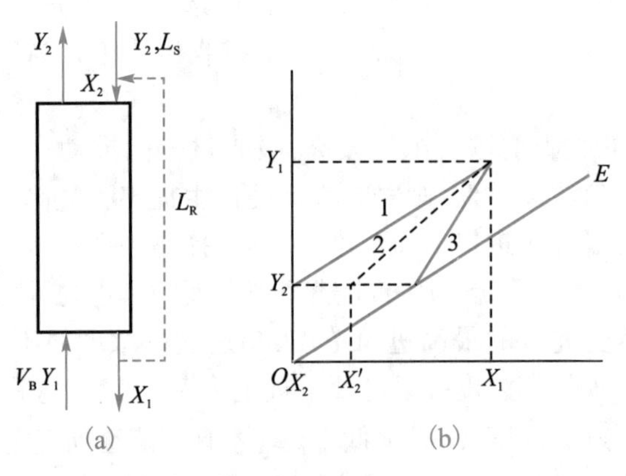


图 6-35 例 6-18 和例 6-19 附图

【例 6-19】以例 6-18 中的吸收系统为例,若该吸收系统采用液体部分循环流程[图 6-35(a)],新鲜吸收剂量 $L_S$ 与循环液中纯吸收剂量 $L_R$ 之比为 20。设新鲜吸收剂量、传质系数 $K_Y a$ 及分离要求不变,求填料高度。

解:如图 6-35(a) 所示,液体再循环改变了塔顶进口液体的浓度。混合点的物料衡算为

$$L_S X_2+L_R X_1=(L_S+L_R)X_2'$$

$X_2'$ 为实际进塔液体组成,kmol A/kmol S。

因为 $$L_S/L_R=20,\ X_2=0$$

所以 $$X_2'=\frac{L_R X_1}{L_S+L_R}=\frac{X_1}{\frac{L_S}{L_R}+1}=\frac{0.05}{20+1}=0.002\ 38$$

塔内操作线的斜率为

$$\frac{L_S+L_R}{V_B}=\left(1+\frac{1}{20}\right)\frac{L_S}{V_B}=(1+0.05)\times0.95=0.997\ 5$$

$$S=0.95/0.997\ 5=0.952$$

$$H_{OG}=\frac{V_B}{K_Y a\Omega}=0.5\ \text{m}(\text{不变})$$

$$N_{OG}=\frac{1}{1-S}\ln\left[(1-S)\frac{Y_1-mX_2'}{Y_2-mX_2'}+S\right]$$

$$=\frac{1}{1-0.952}\ln\left[(1-0.952)\times\frac{0.05-0.95\times0.002\ 38}{0.002\ 5-0.95\times0.002\ 38}+0.952\right]$$

$$=49.1$$

$$Z=H_{OG}N_{OG}=0.5\times49.1=24.5\ \text{m}$$

操作线如图 6-35(b) 中线 2(虚线) 所示。

由计算可知,吸收剂再循环会使吸收剂入口浓度提高,平均推动力减小,在吸收率、$K_Ya$ 不变的条件下所需填料高度增加。若设想循环量继续增大,$X_2'$将增大,当 $X_2'=\frac{Y_2}{m}$时,操作线将与平衡线相交,如图 6-35(b) 中线 3 所示,即达到预定分离要求需要无限高的填料高度。因此,一般吸收剂再循环对吸收过程不利。

但是,在下列两种情况下,采用吸收剂再循环可能有利:

(1) 吸收过程有显著的热效应,大量吸收剂再循环可降低吸收剂出塔温度,平衡线向下移动,全塔平均推动力反而有所提高。

(2) 吸收目的在于获得浓度 $X_1$较高的液相产物,按物料衡算所需的新鲜吸收剂量过少,以至不能保持塔内填料良好的润湿,此时采用吸收剂再循环,推动力的降低将可由体积传质系数和相对气液接触面积的增加来补偿。

在吸收过程中,采用吸收剂部分循环流程从传质阻力的角度来看,有利于实际生产中对吸收过程的强化。依据双膜理论,吸收过程可看作一组分通过另一停滞组分的扩散过程,即单向扩散过程。由单相内传质速率方程:

气相　　$N_A=k_g(p_A-p_{Ai}),k_g=\frac{D_gp}{RT\delta_gP_{Bm}}$

液相　　$N_A=k_l(c_{Ai}-c_A),k_l=\frac{D_lc}{\delta_lC_{Bm}}$

可知,流体流动速度或湍动程度增加,有效膜厚 $\delta_g$、$\delta_l$ 减小,气相或液相传质系数 $k_g$、$k_l$增大,传质系数的倒数为传质阻力,故传质阻力减少。通常工程上采用提高流速或流体湍动程度的办法来强化吸收过程,如吸收液部分循环,在新鲜吸收剂用量一定的条件下,部分吸收液与新鲜吸收剂混合一起进入吸收塔,塔内液体流量增加,对于液膜控制的吸收过程,液相传质系数提高,总吸收传质系数增加,即总传质阻力减少。但值得注意的是,吸收液部分循环带来的问题,吸收剂进口溶质浓度增加,吸收塔顶的推动力减小,吸收总推动力减小,若总传质阻力降低的程度大于吸收总推动力减少的程度,这一操作措施对强化吸收过程是有利的。

【例 6-20】在一填料吸收塔中,用解吸塔再生得到含溶质为0.001(摩尔比,下同)的溶剂吸收混合气体中的溶质,气体入塔溶质组成为0.02,操作在液气比为1.5的条件下进行,在操作条件下相平衡关系为 $Y^*=1.2X$,出塔气体含溶质达到0.002。现因解吸不良,吸收溶剂的入塔溶质组成变为0.001 5。试求:(1) 若仍维持原有的吸收率和吸收条件,所需填料层高度变为原来的多少倍? (2) 若不增加填料层高度,可采取哪些措施?

解:(1)①原工况

$$S=\frac{mV_B}{L_S}=\frac{1.2}{1.5}=0.8$$

$$N_{OG}=\frac{1}{1-S}\ln[(1-S)\frac{Y_1-mX_2}{Y_2-mX_2}+S]$$

$$=\frac{1}{1-0.8}\ln[(1-0.8)\times\frac{0.02-1.2\times0.001}{0.002-1.2\times0.001}+0.8]=8.52$$

②新工况

$$N'_{OG}=\frac{1}{1-S}\ln[(1-S)\frac{Y_1-mX'_2}{Y_2-mX'_2}+S]=\frac{1}{1-0.8}\ln[(1-0.8)\times\frac{0.02-1.2\times0.001\ 5}{0.002-1.2\times0.001\ 5}+0.8]=14.72$$

吸收剂进口浓度增加,传质单元高度不变,故

$$\frac{Z'}{Z}=\frac{N'_{OG}}{N_{OG}}=\frac{14.72}{8.52}=1.73$$

(2)若不增加填料层高度仍维持原有的吸收率,可采取的措施有:提高吸收压力(相平衡常数变小,平衡线变平,操作线不变,吸收推动力增大),降低吸收温度(同压力增加的效果),采用较大操作液气比(增加吸收推动力)或采用高效填料(降低传质阻力,提高总体积传质系数)。

从结果看,吸收剂进口组成变化很小,而对填料层高度的影响却很大。所以,工程上对解吸要求较高,这是以高能耗为代价的。

### (二)操作型计算

在实际生产中,吸收塔的操作型计算问题是经常碰到的。常见的吸收塔操作型计算问题有两种类型,它们的命题方式如下:

(1)第一类命题

给定条件:吸收塔的高度及其他有关尺寸,气、液两相的流量、进口浓度、相平衡关系及流动方式,两相总传质系数 $K_Ya$ 或 $K_Xa$。

计算目的:气、液两相的出口浓度。

(2)第二类命题

给定条件:吸收塔高度及其他有关尺寸,气体的流量及进、出口浓度,吸收液的进口浓度,气、液两相的平衡关系及流动方式,两相总传质系数 $K_Ya$ 或 $K_Xa$。

计算目的:吸收剂的用量及其出口浓度。

操作型计算问题的计算方法通常可联立全塔物料衡算式、相平衡方程式、相应的吸收基本方程式求解。对于第一类命题,可通过简单的数学处理将吸收过程基本方程式线性化,然后采用消元法求出气、液两相的出口浓度;对于第二类命题,因无法将吸收过程基本方程式线性化,试差计算仍不可避免。

当平衡线为一通过原点的直线时,采用脱吸因数法求解操作型计算问题更为方便。但是,对于第二类命题,即使采用脱吸因数法,试差计算同样是不可避免的。

【例6-21】某逆流填料吸收塔的填料层高度为21 m,塔径为1 m,吸收系统的气液平衡关系为 $Y^*=0.75X$,惰性气体量为350 kmol/h,气体进塔溶质含量为 $Y_1=0.08$,尾气溶质含量为 $Y_2=0.004$,液体进塔浓度为 $X_2=0$,操作液气比为1。试估算:(1)气相总体积吸收

系数 $K_Y a$;(2)若加大40%的原料处理量,在保持填料塔参数和吸收率不变的前提下,溶剂用量需增加多少?(溶剂量的变化不影响气相体积吸收总系数)

解:(1)为避免试差,可采用传质单元数关联图来求解。

根据题意,有

$$\frac{mV_B}{L_S}=0.75,\frac{Y_1-mX_2}{Y_2-mX_2}=\frac{0.08}{0.004}=20$$

查图6-31,得

$$N_{OG}\approx 7$$

$$H_{OG}=Z/N_{OG}=21/7=3\ \text{m}$$

$$K_Y a=\frac{V_B}{H_{OG}\Omega}=\frac{350}{3\times 0.785\times 1^2}=148.6\ \text{kmol/(m}^3\cdot\text{h)}$$

(2)根据题意,在处理能力增大40%后

$$H'_{OG}=1.4H_{OG}=1.4\times 3=4.2\ \text{m}$$

$$N'_{OG}=\frac{Z}{H'_{OG}}=\frac{21}{4.2}=5$$

因要求吸收率不变,则

$$\left(\frac{Y_1-mX_2}{Y_2-mX_2}\right)'=\frac{Y_1-mX_2}{Y_2-mX_2}=20$$

查图6-31,得

$$\left(\frac{mV_B}{L_S}\right)'=0.5$$

即

$$\left(\frac{mV_B}{L_S}\right)'=\frac{1.4mV_B}{L'_S}=0.5$$

已知

$$\frac{mV_B}{L_S}=0.75$$

于是

$$\frac{L'}{L}=\frac{1.4\times 0.75}{0.5}=2.1$$

因此,加大40%的原料处理量后,为保证吸收率要求不变,溶剂用量需增加110%。

【例6-22】某填料吸收塔用纯溶剂吸收混合气体中的可溶组分。混合气体中入塔溶质组成为0.06(摩尔比,下同),要求过程吸收率为90%。已知操作条件下,相平衡关系为 $Y^*=1.5X$,操作液气比 $L_S/V_B=2.0$,填料高度为4 m。试求:(1)若操作时由于解吸不良导致入塔吸收剂中浓度为0.001,其他条件均不变,计算此时的吸收率为多少?(2)如果维持工艺要求的吸收率,试计算液气比应提高至多少才能保证吸收率不变?(设液气比变化时 $H_{OG}$ 基本不变)

解:(1)属于第一种操作型命题。正常操作时:

$$Y_1=0.06,Y_2=Y_1(1-\eta)=0.06\times(1-0.9)=0.006$$

$$X_2=0,S=\frac{mV_B}{L_S}=\frac{1.5}{2}=0.75$$

$$\frac{Y_1-mX_2}{Y_2-mX_2}=\frac{Y_1}{Y_2}=\frac{0.06}{0.006}=10$$

$$N_{OG}=\frac{1}{1-S}\ln\left[(1-S)\frac{Y_1-mX_2}{Y_2-mX_2}+S\right]=\frac{1}{1-0.75}\ln[(1-0.75)\times10+0.75]=4.72$$

$$H_{OG}=Z/N_{OG}=4/4.72=0.847\ \text{m}$$

$$X_1=\frac{V_B(Y_1-Y_2)}{L_S}+X_2=\frac{0.06-0.006}{2}=0.027$$

操作线如图 6-36 中的线 1 所示。

新工况下,$X_2'=0.001$。

由于气液量均不变,故 $H_{OG}$不变;因为填料高度 $Z$ 一定,所以该塔所提供的 $N_{OG}$也不变。$N_{OG}=f\left(S,\frac{Y_1-mX_2'}{Y_2'-mX_2'}\right)$,由于 $S$ 不变,故按逻辑推理必有

$$\frac{Y_1-mX_2'}{Y_2'-mX_2'}=\frac{Y_1-mX_2}{Y_2-mX_2}=10$$

所以

$$Y_2'=\frac{Y_1+9mX_2'}{10}=\frac{0.06+9\times1.5\times0.001}{10}=7.35\times10^{-3}$$

$$\eta'=\frac{Y_1-Y_2'}{Y_1}=\frac{0.06-7.35\times10^{-3}}{0.06}=0.878$$

$$X_1{}'=\frac{Y_1-Y_2'}{L_S/V_B}+X_2'=\frac{0.06-7.35\times10^{-3}}{2}+0.001=0.027\ 3$$

操作线如图 6-36 的线 2 所示。

(2)现 $X_2'=0.001$,要求 $\eta=0.9$,即 $Y_2$ 不变。可利用增大操作液气比的方法完成任务。填料高度一定,$L_S$ 和 $X_1$均待求,属于第二类操作型命题。

由于 $Z$ 不变,且假设 $H_{OG}$不变,所以该塔提供的 $N_{OG}$也不变,即 $N_{OG}=4.72$。但此时

$$\frac{Y_1-mX_2'}{Y_2-mX_2'}=\frac{0.06-1.5\times0.001}{0.006-1.5\times0.001}=13$$

可利用 $N_{OG}$的计算公式求出 $S$:

$$N_{OG}=\frac{1}{1-S}\ln\left[(1-S)\frac{Y_1-mX_2'}{Y_2-mX_2'}+S\right]$$

即

$$4.72=\frac{1}{1-S}\ln[(1-S)\times13+S]$$

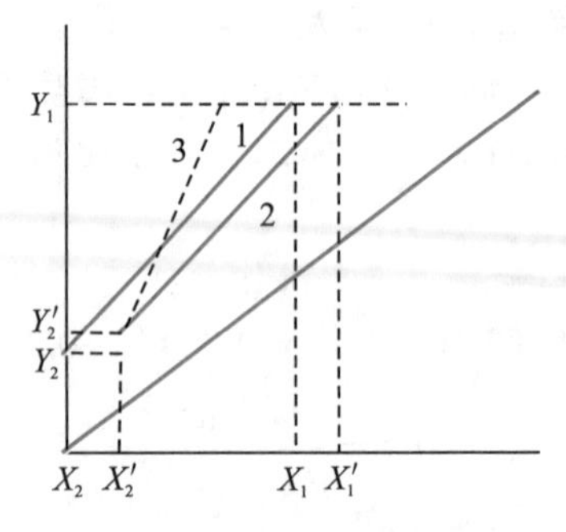


图 6-36 例 6-22 附图

此式为非线性的，需试差求解或从图 6-31 查出 $S$。但图解受坐标刻度限制，读数精度较低，查得 $S$ 约为0.6。如用试差法，得

$$S=0.652$$

$$\frac{L_S}{V_B}=\frac{m}{S}=\frac{1.5}{0.652}=2.3$$

$$X_1=\frac{Y_1-Y_2}{L_S/V_B}+X_2'=\frac{0.06-0.006}{2.3}+0.001=0.0245$$

操作线如图 6-36 中线 3（虚线）所示。

由计算结果可得以下结论：

① 操作型问题往往采用前后工况对比的方法进行逻辑推理，以判断某一操作条件变化引起哪些量变化，哪些量不变化，从而解出未知量。这种方法在传热操作型计算中已有介绍，是较常用的一种方法。

② 当 $X_2$ 增加时，$\eta$ 降低（或 $Y_2$ 增加），$X_1$增加。

③ 提高液气比是常用的提高吸收率的操作方法，但出口液体浓度降低。若系统为液膜控制，提高液气比不仅可提高传质推动力，同时也可以提高传质系数。若系统为气膜控制，提高液气比不能明显提高传质速率，且出口浓度降低，会加大解吸塔负荷。

【例 6-23】在一吸收塔内，用纯溶剂吸收某混合气体中的溶质。已知该系统为易溶气体吸收，即吸收过程为气膜控制，平衡线和操作线如图 6-37 中线 1 和线 2 所示。若气液流量和入塔气液组成不变，但操作压强降低，试分析气液两相出口浓度如何变化，并粗略绘出新条件下的操作线和平衡线。

解：当系统温度不变时，由于操作压强降低，会使相平衡常数（$m=E/p$）增大。新条件下的平衡线如图 6-37 中线 3 所示。

对于气膜控制系统，气液量不变，则 $K_Ya=k_Ya$，可近似认为不随压强而变，故 $H_{OG}$ 不变。填料高度一定，所以提供的传质单元数 $N_{OG}$ 也不变。

但是，由于 $m$ 增大，使脱吸因数 $S$ 增大而对吸收不利。由图 6-31 知，在相同的 $N_{OG}$ 下，$S$ 增大，$\dfrac{Y_1-mX_2}{Y_2-mX_2}=\dfrac{Y_1}{Y_2}$将减小，即气体出口浓度 $Y_2'$ 增大（大于 $Y_2$），吸收率降低。

由物料衡算方程 $X_1'=\dfrac{V_B(Y_1-Y_2')}{L_S}+X_2$ 知，$Y_2'$ 增大，$X_1'$ 减小。

由于 $L_S/V_B$ 不变，新工况下的操作线（图 6-37 中线 4）必与原操作线平行且上移，其两端点仍分别落在 $X_2=0$ 的垂线和 $Y=Y_1$ 的水平线上。

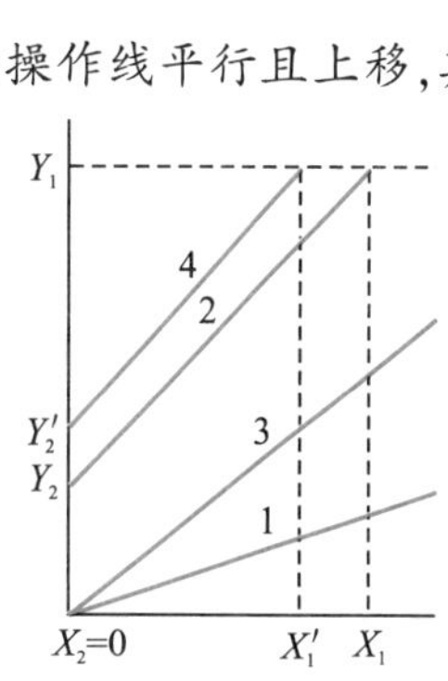

图 6-37 例 6-23 附图

前已述及，相平衡关系对传质过程的推动力和总传质系数均有影响，分析时要全面考虑相平衡常数变化对 $H_{OG}$、$N_{OG}$ 的影响，并视具体情况给予简化。但是，对于一定的吸收塔，提高压强和降低温度均可提高吸收率，这也是常用的操作调节手段之一。

进行吸收塔的操作和调节时应注意，吸收塔的气体进口条件是由前一工序决定的，不能随意改变。因此，吸收塔在操作时的调节手段只能是改变吸收剂的进口条件。吸收剂的进口条件包括流率 $L_S$、温度 $t$、浓度 $X_2$ 三大要素：

增大吸收剂用量,操作线斜率增大,出口气体浓度下降;

降低吸收剂温度,相平衡常数减小,平衡线下移,平均推动力增大;

降低吸收剂进口浓度,液相进口处推动力增大,全塔平均推动力亦随之增大。

总之,适当调节上述三个变量均可强化传质过程,提高吸收效果。当吸收和再生操作联合进行时,吸收剂的进口条件将受再生操作的制约。如果再生不良,吸收剂进塔浓度将上升;如果再生后的吸收剂冷却不足,吸收剂温度将升高。再生操作中可能出现的这些情况,都会给吸收操作带来不良影响。

增大吸收剂流量固然能增大吸收推动力,但应同时考虑再生设备的能力。如果吸收剂循环量加大使解吸操作恶化,则吸收塔的液相进口浓度将上升,甚至得不偿失,这是调节中必须注意的问题。

【例 6-24】旧塔扩容改造:某逆流操作填料吸收塔的有效高度为 4 m,混合气中含丙酮 $Y_1$ 为0.06,塔顶出口气体含丙酮 $Y_2$ 为0.003。进塔吸收剂为清水,出塔液体中丙酮含量为0.018(摩尔比)。操作温度、操作压强下物系的相平衡关系为 $Y=2X$。试求:

(1)原操作条件下的 $H_{OG}$ 为多少?

(2)现因生产厂需要扩容改造,处理量增加 50%,填料层高度应增加多少(已知该塔传质系数 $K_Ya \propto G^{0.4}L^{0.3}$)?

解:(1)$x_2=0$,$m=2$,由操作数据可得

$$\frac{L_S}{V_B}=\frac{Y_1-Y_2}{X_1-X_2}=\frac{0.06-0.003}{0.018-0}=3.167$$

$$S=\frac{mV_B}{L_S}=\frac{2}{3.167}=0.632$$

$$N_{OG}=\frac{1}{1-S}\ln\left[(1-S)\frac{Y_1-mX_2}{Y_2-mX_2}+S\right]=\frac{1}{1-0.632}\ln\left[(1-0.632)\times\frac{0.06}{0.003}+0.632\right]=5.65$$

因为 $$Z=H_{OG}N_{OG}$$

所以 $$H_{OG}=Z/N_{OG}=4/5.65=0.708\ \text{m}$$

(2)当气体处理量增加50%时,溶剂用量也增加50%,这样,气、液两相的出塔浓度应保持原工艺要求。这时,$S$、$N_{OG}$ 没有变化,$K_Ya$、$H_{OG}$ 发生相应的变化。

$$\frac{H'_{OG}}{H_{OG}}=\frac{V'_SK_Ya}{V_SK'_Ya}=\frac{1.5}{1.5^{0.4}\times1.5^{0.3}}=1.13$$

$$\frac{Z'}{Z}=\frac{H'_{OG}N'_{OG}}{H_{OG}N_{OG}}=1.13$$

$$Z'=4\times1.13=4.52\ \text{m}$$

$$\Delta Z=Z'-Z=4.52-4=0.52\ \text{m}$$

增加填料层高度0.52 m。

## 六、理论板数的计算

### (一)理论板数的确定

吸收过程也可在板式塔中进行。板式塔与填料塔的区别在于,气液两相组成沿着塔高呈阶跃式而不是连续的变化。在计算板式塔吸收过程时,往往需要应用物料衡算和气

液平衡关系先计算完成吸收任务所需的理论板数，常用的方法是图解法。

理论板的定义为：气液两相在理论板上相遇时，因接触良好，传质充分，以致气液两相在离开塔板时已达平衡。

如图6-38(a)所示，若板式塔的理论板数由上到下共$N$层，离开各层理论板的液、气相组成各用$X_1$、$Y_1$，$X_2$、$Y_2$，…，$X_N$、$Y_N$表示。应当注意，图6-38中进塔液体组成用$X_0$表示，出塔气体组成即为离开第一层塔板的组成$Y_1$；进塔气体组成用$Y_{N+1}$表示，而出塔液体组成则为离开第$N$块板的组成$X_N$。

在塔内任两板间的截面[如图6-38(a)中虚线]和塔顶作溶质的物料衡算，可得操作线方程为：

$$Y_{i+1}=\frac{L_S}{V_B}X_i+\left(Y_1-\frac{L_S}{V_B}X_0\right)\ (i=1,2,\cdots,N) \tag{6-87}$$

该方程在$Y$-$X$图上也是一条直线，即塔内任一板间截面上的液气组成($X_i$，$Y_{i+1}$)都落在这条操作线上，如图6-38(b)中的($X_0$，$Y_1$)、($X_1$，$Y_2$)、…、($X_{N-1}$，$Y_N$)、($X_N$，$Y_{N+1}$)等点所示。

根据理论板的定义知，代表离开各层理论板的液气组成的点($X_1$，$Y_1$)、($X_2$，$Y_2$)、…、($X_N$，$Y_N$)都应落在图6-38(b)所示的平衡线上。

根据以上两个关系，可用图解法逐板求出离开各层理论板的气液组成和吸收所需的理论板数，其步骤如下[参见图6-38(b)]。

①在$Y$-$X$坐标图上作出平衡线$OE$和操作线$AB$。

②从操作线的端点$A$($X_0$，$Y_1$)出发，作水平线与平衡线$OE$相交，交点坐标即为离开第一层理论板的平衡液气组成($X_1$，$Y_1$)；再从该点出发作垂线与操作线$AB$相交，其交点坐标为($X_1$，$Y_2$)，$Y_2$代表离开第二层理论板的气体组成，$Y_2$与$X_1$的关系满足操作线方程式(6-87)。依此类推，在操作线$AB$和平衡线$OE$之间画梯级，直到达到或越过$B$点为止。

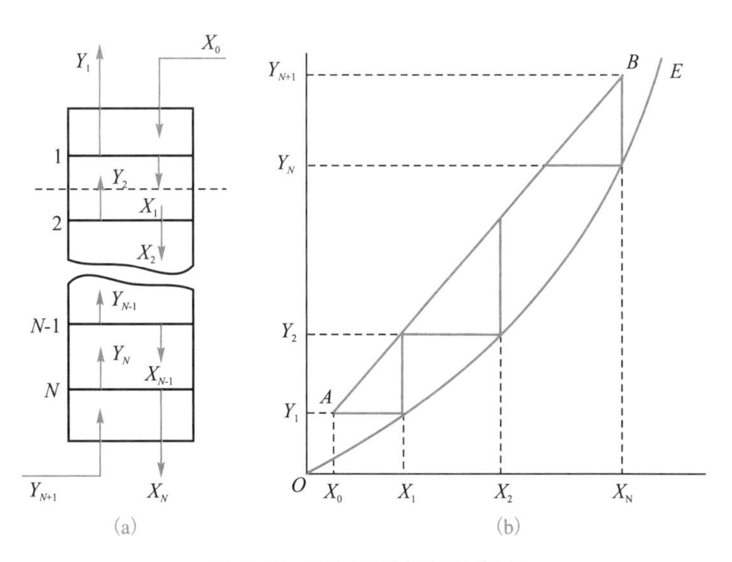


图6-38　图解理论板数示意图

③达到指定端点 $B$ 时所画出的梯级总数,便是完成吸收任务所需的理论板数。

梯级法图解求理论板数不受任何条件的限制,平衡线是直线或是曲线均适用;既可用于低浓度气体吸收,也可用于高浓度气体的吸收和解吸过程。

实际的板式吸收塔的塔板上的传质情况不如理论板那么完善,故所需的实际板数比理论板数多。

### (二)理论板数与传质单元数的关系

图解法的实质是交替应用物料衡算和气液平衡关系。当操作线和平衡线均为直线,且平衡关系可写为$Y^*=mX$ 时,可以求出完成一定吸收任务所需的理论板数为:

$$N=\frac{1}{\ln A}\ln\left[(1-S)\frac{Y_1-mX_2}{Y_2-mX_2}+S\right]\ (A\neq1) \tag{6-88}$$

$$N=\frac{Y_1-Y_2}{Y_2-mX_2}\ (A=1) \tag{6-88a}$$

将式(6-88)和式(6-80)比较可知,在上述条件下理论板数与气相总传质单元数之间的关系为

$$\frac{N}{N_{OG}}=\frac{1-S}{\ln A}=\frac{S-1}{\ln S} \tag{6-89}$$

当 $S=1$、$\lim\limits_{S\to1}\frac{S-1}{\ln S}=1$ 时,即 $N=N_{OG}$,此时理论板数 $N$ 和气相总传质单元数 $N_{OG}$相同。

正是由于理论板数与传质单元数之间存在着一定的联系,因而有时也可通过求理论板数和确定完成一块理论板的作用所相当的填料高度(称为等板高度)的方法求出填料总高度。即

填料层高度=理论板数×等板高度

与传质单元高度一样,等板高度的值与物系性质、填料性能及润湿情况、气液流动状况等有关,反映吸收设备效能的高低。等板高度的数值需实验测定,或用经验方程进行估算。

## 第六节　吸收系数

吸收系数(又称传质系数)是计算吸收速率的关键,若没有准确可靠的吸收系数数据,则上述所有涉及吸收速率的计算公式与方法都将失去其实际价值。

一般来说,传质过程的影响因素较传热过程复杂得多,吸收系数不仅与物性、设备类型、填料的形状和规格等有关,而且还与塔内流体的流动状况、操作条件等密切相关。对于不同的系统、不同的设备或操作条件,传质系数或传质单元高度的值不同,因此,迄今尚无通用的计算公式和方法。一般都是针对具体的物系,在一定的操作条件和设备条件下,通过实验测定,也可根据需要,再将实验数据整理成经验公式或量纲为一数群关联式。

## 一、吸收系数的测定

吸收计算时，传质系数的数据可以直接从生产设备查定，或通过中间实验得到。例如，按照气相总传质速率方程

$$K_Y a=\frac{V_B(Y_1-Y_2)}{Z\Omega\Delta Y_m}$$

在定态操作状况下测得气体流量和气、液进、出口浓度，可根据物料衡算和平衡关系算出$V_B(Y_1-Y_2)$和 $\Delta Y_m$。再根据具体设备尺寸测出填料高度 $Z$ 和塔截面积 $\Omega$，便可按上式计算 $K_Y a$ 。

测定工作可针对全塔进行，也可针对任一段塔进行，测定值代表所测范围内的平均值。使用这些实验数据时必须注意，只能用于条件相同或非常相近的情况。

## 二、吸收系数的经验公式

在有关手册中，都有一些根据特定系统及特定条件下的实验数据得到的经验公式或数据图表。这些公式或数据的适用范围较窄，但如应用恰当，其准确性并不低。

例如，常压下用水吸收二氧化碳，吸收的阻力主要在液膜中。计算公式为

$$k_l a=2.57U^{0.96} \tag{6-90}$$

式中　$k_l a$——液相体积传质分系数，kmol/(m³·h·kmol/m³)；

$U$——喷淋密度，即单位时间内喷淋在单位塔截面积上的液相体积，m³/(m²·h)。

式(6-90)的适用范围为：

①常压下在填料塔中用水吸收二氧化碳；

②直径为 10~32 mm 的陶瓷环填料；

③喷淋密度 $U$=3~20 m³/(m²·h)；

④气体的空塔质量流速为 130~580 kg/(m²·h)；

⑤温度为 21~27 ℃。

经验公式一般不遵循单位一致性原则，使用时必须按照该公式中提供的物理量单位进行计算。

## 三、准数关联式

由于目前对气、液两相间传质的客观规律认识还不够，所以虽然有许多关于填料塔传质速率的关联式，但计算结果相差很大，只能作为设计计算的某种参考依据。下面介绍恩田等人导出、经天津大学修正，能扩展用于新型开孔填料的准数方程式。其特点是将液体润湿的填料表面作为有效传质面积，分别提出计算有效面积 $a$ 和传质系数 $k_l$、$k_g$ 的关联式，然后相乘得到 $k_l a$ 和 $k_g a$，从而可进一步计算传质单元高度 $H_g$ 和 $H_l$。

### 1.填料润湿面积 $a$

$$\frac{a}{a_t}=1-\exp\left[-1.45\left(\frac{\sigma_c}{\sigma}\right)^{0.75}\left(\frac{G_l}{a_t\mu_l}\right)^{0.1}\left(\frac{G_l^2 a_t}{\rho_l^2 g}\right)^{-0.05}\left(\frac{G_l^2}{\rho_l a_t\sigma}\right)^{0.2}\right] \tag{6-91}$$

式中　$a$——单位体积填料层的润湿面积，m²/m³；

$a_t$——填料的比表面积,$m^2/m^3$;

$\sigma$——液体的表面张力,N/m;

$\sigma_c$——填料材质的临界表面张力(见表 6-11 ),N/m;

$G_l$——液体通过空塔截面的质量流速,$kg/(m^2 \cdot s)$;

$\mu_l$——液体的黏度,Pa·s;

$\rho_l$——液体的密度,$kg/m^3$。

**表 6-11　填料材质的临界表面张力 $\sigma_c$**

| 材质 | $\sigma_c$/(N/m) | 材质 | $\sigma_c$/(N/m) |
|---|---|---|---|
| 钢 | $7.5\times10^{-2}$ | 聚氯乙烯 | $4.0\times10^{-2}$ |
| 玻璃 | $7.3\times10^{-2}$ | 聚乙烯 | $3.3\times10^{-2}$ |
| 陶瓷 | $6.1\times10^{-2}$ | 表面涂石蜡 | $2.0\times10^{-2}$ |
| 石墨 | $5.6\times10^{-2}$ | | |

应当指出,填料的有效传质面积和填料润湿面积之间还是有差别的。有效传质面积必定是润湿的,但润湿的表面不一定是有效的。例如,在填料层内的某些局部区域,液体运动极其缓慢或静止不动,此处的液体可达平衡状态,对传质不起作用;另一方面,有效面积不仅限于填料的润湿表面,还包括可能存在的液滴或气泡面积。

2.液相传质分系数 $k_l$

$$k_l\left(\frac{\rho_l}{g\mu_l}\right)^{\frac{1}{3}}=0.005\ 1\left(\frac{G_l}{\alpha\,\mu_l}\right)^{\frac{2}{3}}\left(\frac{\mu_l}{\rho_l D_l}\right)^{-\frac{1}{2}}\Delta\ (a_t d_p)^{0.4} \tag{6-92}$$

式中　$D_l$——溶质在液相中的扩散系数,$m^2/s$ ;

$d_p$——填料的名义尺寸,m(参见第八章);

$k_l$——液相传质分系数,$kmol/(m^2 \cdot s \cdot kmol/m^3)$;

其他符号含义同上。

3.气相传质分系数 $k_g$

$$\frac{k_g RT}{\alpha_t D_g}=C\left(\frac{G_V}{\alpha_t\,\mu_g}\right)^{0.7}\left(\frac{\mu_g}{\rho_g D_g}\right)^{\frac{1}{3}}(\alpha_t d_p)^{-2} \tag{6-93}$$

式中　$C$——系数,对大于 15 mm 的环形和鞍形填料为5.23,小于 15 mm 的填料为2.0;

$k_g$——气相传质分系数,$kmol/(m^2 \cdot s \cdot kPa)$;

$R$——气体常数,8.314 kJ/(kmol·K);

$T$——气体温度,K;

$D_g$——溶质在气体中的扩散系数,$m^2/s$ ;

$\mu_g$——气体黏度,Pa·s ;

$\rho_g$——气体密度,$kg/m^3$;

$G_V$——气体的质量流速,$kg/(m^2 \cdot s)$;

其他符号含义同上。

【例 6-25】在温度 30 ℃、压强为101.3 kPa 条件下,以水为吸收剂在填料吸收塔内吸收空气中少量的$SO_2$，采用25 mm塑料鲍尔环填料，比表面积为209 $m^2/m^3$，气体的质量流速为0.62 $kg/(m^2 \cdot s)$，液体的质量流速为16.7 $kg/(m^2 \cdot s)$。试用准数关系式计算$k_g a$和$k_l a$。

**解**：(1)物性数据及填料特性。可查得

液相：

$\rho_l = 1\ 000\ kg/m^3$，$\mu_l = 8\times10^{-4}\ Pa\cdot s$，$\sigma = 0.07\ N/m$，$D_l = 2.2\times10^{-9}\ m^2/s$(303 K时)

气相：　　$\rho_g = \frac{29}{22.4}\times\frac{273}{303} = 1.17\ kg/m^3$，$\mu_g = 1.8\times10^{-5}\ Pa\cdot s$

由表6-1查得$D_g = 0.122\ m^2/s$(273 K)

在303 K时，$D_g = 0.122\times\left(\frac{303}{273}\right)^{3/2} = 0.143\times10^{-5}\ m^2/s$

填料特性：比表面积$a_t = 209\ m^2/m^3$

临界表面张力：$\sigma_c = 0.033\ N/m$(聚乙烯)

(2)求$a$

$$\left(\frac{\sigma_c}{\sigma}\right)^{0.75} = \left(\frac{0.033}{0.07}\right)^{0.75} = 0.57$$

$$\left(\frac{G_l}{a_t \mu_l}\right)^{0.1} = \left(\frac{16.7}{209\times8\times10^{-4}}\right)^{0.1} = 1.58$$

$$\left(\frac{G_l^2 a_t}{\rho_l^2 g}\right)^{-0.05} = \left(\frac{16.7^2\times209}{1\ 000^2\times9.81}\right)^{-0.05} = 1.29$$

$$\left(\frac{G_l^2}{\rho_l \sigma a_t}\right)^{0.2} = \left(\frac{16.7^2}{1\ 000\times0.07\times209}\right)^{0.2} = 0.45$$

由式(6-91)得

$$\frac{a}{a_t} = 1-\exp(-1.45\times0.57\times1.58\times1.29\times0.45) = 0.53$$

$$a = 0.53\times209 = 111\ m^2/m^3$$

(3)求$k_l a$

$$\left(\frac{\rho_l}{g\mu_l}\right)^{1/3} = \left(\frac{1\ 000}{9.81\times8\times10^{-4}}\right)^{1/3} = 50.3$$

$$\left(\frac{G_l}{a\mu_l}\right)^{2/3} = \left(\frac{16.7}{118\times8\times10^{-4}}\right)^{2/3} = 32.8$$

$$\left(\frac{\mu_l}{\rho_l D_l}\right)^{-1/2} = \left(\frac{8\times10^{-4}}{1\ 000\times2.2\times10^{-9}}\right)^{-1/2} = 0.052$$

$$(a_t d_p)^{0.4} = (209\times0.025)^{0.4} = 1.94$$

由式(6-92)得

$$k_l = \frac{0.005\ 1\times32.8\times0.005\ 2\times1.94}{50.3} = 3.35\times10^{-4}\ kmol/[m^2\cdot s\cdot(kmol/m^3)]$$

$$k_l a = 3.35\times10^{-4}\times111 = 0.037\ \text{kmol}/[\text{m}^3\cdot\text{s}\cdot(\text{kmol/m}^2)]$$

(4)求 $k_g a$

$$C = 5.23$$

$$\left(\frac{G_V}{a_t\mu_g}\right)^{0.7} = \left(\frac{0.62}{209\times1.8\times10^{-5}}\right)^{0.7} = 35.6$$

$$\left(\frac{\mu_1}{\rho_1 D_1}\right)^{-1/2} = \left(\frac{8\times10^{-4}}{1\,000\times2.2\times10^{-9}}\right)^{-1/2} = 0.052$$

$$\left(\frac{\mu_g}{\rho_g D_g}\right)^{1/3} = \left(\frac{1.8\times10^{-5}}{1.17\times1.43\times10^{-5}}\right)^{1/3} = 1.02$$

$$(a_t d_p)^{-2} = (209\times0.025)^{-2} = 0.037$$

由式(6-93)得

$$k_g = \frac{5.23\times35.6\times1.02\times0.037\times209\times1.43\times10^{-5}}{8.314\times303} = 8.34\times10^{-6}\ \text{kmol}/(\text{m}^2\cdot\text{s}\cdot\text{kPa})$$

$$k_g a = 8.34\times10^{-6}\times111 = 9.26\times10^{-4}\ \text{kmol}/(\text{m}^3\cdot\text{s}\cdot\text{kPa})$$

# 第七节　其他吸收与解吸

上述关于吸收计算的讨论是针对单组分低浓度的等温物理吸收过程的,在工业上,往往会遇到一些其他的吸收过程,包括高浓度气体吸收、化学吸收、非等温吸收以及多组分吸收等,这些吸收过程的计算通常较为复杂。本节仅对高浓度气体吸收、化学吸收的计算原理以及解吸过程做简要的介绍,详细内容可参考有关书籍。

## 一、高浓度气体吸收

在工业吸收过程中,有时所处理的气体中溶质的组成高于 10%,此种吸收即所谓的高浓度气体吸收。高浓度气体吸收中,气、液两相溶质的含量均较高,并且溶质从气相向液相的转移量也较大,因此,前述的有关低浓度的计算方法需要做某些修改。

### (一)高浓度气体吸收的特点

一般来说,高浓度气体吸收具有以下特点:

(1)气、液两相的摩尔流量沿塔高有较大的变化　在高浓度气体吸收过程中,气相摩尔流量和液相摩尔流量沿塔高都有显著的变化,不能再视为常数。但是,惰性气体摩尔流量沿塔高基本不变;若不考虑吸收剂的汽化,纯吸收剂的摩尔流量也为常数。

(2)吸收过程有显著的热效应　在吸收过程中,由于有相变热和混合热,因此必然伴有热效应。对于高浓度气体吸收,由于溶质被吸收的量较大,产生的总热量也较多。若吸收过程的液气比较小或者吸收塔的散热效果不好,将会使吸收液温度明显升高,这时气体吸收为非等温吸收。但若溶质的溶解热不大,吸收的液气比较大或吸收塔的散热效果较好,此时吸收仍可视为等温吸收。

(3)吸收系数沿塔高不再为常数,通常吸收系数受气速和漂流因子的影响。在高浓度气体吸收过程中,因气相中溶质组成不断降低,致使漂流因子值也在减小。因此,高浓度气体吸收过程中气膜吸收系数 $k_Y$(或 $k_G$)由塔底至塔顶是逐渐减小的。同理,液膜吸收系数也随液相摩尔流量和组成的变化而变化,但其变化甚小,一般可将 $k_x$(或 $k_l$)视为常数处理。至于总吸收系数 $K_y$(或 $K_G$)不但不为常数,且比 $k_y$(或 $k_G$)更为复杂。因此,在高浓度气体吸收计算时,往往以气膜或液膜计算吸收速率。

### (二)高浓度气体吸收的计算

若将高组成气体吸收视为等温过程,在吸收塔的计算时则不必进行热量衡算。但由于混合气中溶质组成较高,吸收过程中溶质的转移量较大,致使塔的不同截面上气相总流量、液相总流量以及总吸收系数都有较大的变化,并且对吸收速率、相平衡关系等都有显著的影响。因此,在计算等温高组成吸收时,这些因素必须加以考虑,以确定相平衡关系、操作线方程及吸收速率方程等。

#### 1.相平衡关系

对高组成气体吸收过程,其相平衡关系通常以溶质在气液两相中的摩尔分数 $y$ 及 $x$ 表示,此时,其平衡线 $y^*=f(x)$ 一般不再为直线而是曲线。

#### 2.操作线方程

高组成气体吸收过程的操作线方程可由低组成气体吸收过程的操作线方程转变而得。将 $Y=\dfrac{y}{1-y}$ 及 $X=\dfrac{x}{1-x}$ 关系代入式(6-66a),可得

$$\frac{y}{1-y}=\frac{L_S}{V_B}\times\frac{x}{1-x}+\left(\frac{y_1}{1-y_1}-\frac{L_S}{V_B}\times\frac{x_1}{1-x_1}\right) \tag{6-94}$$

式(6-94)即为高组成气体吸收过程的操作线方程,其在 $x-y$ 直角坐标系中不再为直线。

#### 3.填料层高度的计算

取塔内任一微分填料层高度 dZ 进行组分 A 的物料衡算,单位时间在此微分段内由气相传递到液相的组分 A 的物质的量为

$$\mathrm{d}G=-\mathrm{d}(V_B'y)=-\mathrm{d}(L_S'x)$$

式中 $V_B'$——气相总摩尔流量,kmol/s;

$L_S'$——液相总摩尔流量,kmol/s。

因为
$$V_B'=\frac{V_B}{1-y}$$

所以
$$\mathrm{d}G=-\mathrm{d}(V_B'y)=-V_B\mathrm{d}\left(\frac{y}{1-y}\right)=V_B\frac{-\mathrm{d}y}{(1-y)^2}=-V_B'\frac{\mathrm{d}y}{1-y} \tag{6-95}$$

同理
$$\mathrm{d}G=-L_B'\frac{\mathrm{d}x}{1-x} \tag{6-96}$$

由膜吸收速率方程可知

$$N_A=k_y(y-y_i)=k_x(x_i-x)$$

所以
$$\mathrm{d}G=N_A\mathrm{d}A=k_y(y-y_i)a\Omega\,\mathrm{d}Z=k_x(x_i-x)a\Omega\,\mathrm{d}Z \tag{6-97}$$

将式(6-95)及式(6-96)代入式(6-97)可得

$$-V'_B\frac{dy}{1-y}=k_y(y-y_i)a\Omega\,dZ \tag{6-98}$$

及

$$-L'_B\frac{dx}{1-x}=k_x(x_i-x)a\Omega\,dZ \tag{6-99}$$

将式(6-98)及式(6-99)分离变量,并积分得

$$Z=\int_0^Z dZ=\int_{y_1}^{y_2}\frac{-V'_B dy}{k_y a\Omega(1-y)(y-y_i)}=\int_{y_2}^{y_1}\frac{V'_B dy}{k_y a\Omega(1-y)(y-y_i)} \tag{6-100}$$

及

$$Z=\int_0^Z dZ=\int_{x_1}^{x_2}\frac{-L'_B dx}{k_x a\Omega(1-x)(x_i-x)}=\int_{x_2}^{x_1}\frac{L'_B dx}{k_x a\Omega(1-x)(x_i-x)} \tag{6-101}$$

同理

$$Z=\int_{y_2}^{y_1}\frac{V'_B dy}{K_y a\Omega(1-y)(y-y^*)} \tag{6-102}$$

$$Z=\int_{x_2}^{x_1}\frac{L'_B dx}{K_x a\Omega(1-x)(x^*-x)} \tag{6-103}$$

式(6-100)~式(6-103)即为计算高浓度气体吸收的填料层高度的通用公式。根据吸收过程的具体条件,选用其中之一即可求得所需填料层高度。

## 二、化学吸收

伴有显著化学反应的吸收过程称为化学吸收,如用碳酸钾水溶液吸收二氧化碳的过程。二氧化碳进入液相后,与溶液中的碳酸钾反应生成碳酸氢钾,从而大大增加了溶质的吸收量。化学吸收过程由于具有较大的吸收容量和较快的吸收速率,因而在工业中得到广泛的应用。

### (一)化学吸收的特点

与物理吸收过程一样,化学吸收过程也是溶质组分由气相向液相传递的过程。其中溶质从气相主体到气液界面的传质机理与物理吸收完全相同,其复杂之处在于液相内的传质。溶质在由界面向液相主体扩散的过程中,将与吸收剂或液相中的其他活泼组分发生化学反应。因此,溶质的组成沿扩散途径的变化不仅与其自身的扩散速率有关,而且与液相中活泼组分的反向扩散速率、化学反应速率以及反应产物的扩散速率等因素有关。由于溶质在液相内发生化学反应,溶质在液相中以物理溶解态和化合态两种方式存在,而溶质的平衡分压仅与液相中物理溶解态的溶质有关。因此,化学反应将使溶质气体的有效溶解度显著增加,从而增大了吸收过程的推动力;同时,由于部分溶质在液膜内扩散的途中即被化学反应所消耗,从而使传质阻力减小,吸收系数增大。所以,发生化学反应总会使吸收速率得到不同程度的提高。

当液相中活泼组分的组成足够大,而且发生的是快速不可逆反应时,若溶质组分进入液相后立即发生反应而被消耗掉,则界面上的溶质分压为零,此时吸收过程为气膜中的扩散阻力所控制,可按气膜控制的物理吸收计算。如硫酸吸收氨的过程即属此种情况。当反应速率较低致使化学反应主要在液相主体中进行时,吸收过程中气液两膜的扩散阻力均未有变化,仅在液相主体中因化学反应而使溶质组成降低,过程的总推动力较

单纯物理吸收大。用碳酸钠水溶液吸收二氧化碳的过程即属此种情况。当介于上述两种情况之间时,目前还没有可靠的计算方法,设计时往往依靠实测的数据。

### (二)化学吸收的计算

在吸收计算中,化学吸收与物理吸收的本质区别在于二者的吸收速率不同。化学吸收速率的计算可以采用与物理吸收相同的方程,即

$$N_A = k_y(y-y_i) = k_x'(x_i-x) \tag{6-104}$$

式中　$k_x'$——化学吸收的液膜传质系数,kmol/(m·s·kmol·m$^{-3}$)或 m/s。

由以上的分析可知,化学吸收较物理吸收的液膜传质系数增加。通常将化学吸收的液膜传质系数 $k_x'$与物理吸收的液膜传质系数 $k_x$ 的比值称为增强因子,其定义式为

$$\beta = \frac{k_x'}{k_x} \tag{6-105}$$

式中　$\beta$——化学吸收的增强因子。

由于化学反应的存在,增加了吸收速率,一般情况下 $\beta>1$,且随着化学反应速率的增大而增大;对于极慢的化学反应,$\beta \approx 1$。

应予指出,增强因子 $\beta$ 的大小与组分间的扩散系数、化学反应速率常数以及界面组成等诸多因素有关,难以确定,通常采用实验直接测出 $k_x'$的数据。

由式(6-105)可知,若获得增强因子 $\beta$,则可由 $k_x$ 求得 $k_x'$,继而可以利用与物理吸收同样的方法进行化学吸收的计算。由此可见,进行化学吸收计算的关键在于求取增强因子 $\beta$,其值与具体的化学反应类型有关,详细内容可参见有关书籍。

## 三、解吸

在工业过程中,为了吸收剂的循环使用或得到纯净的溶质,大都要将吸收液进行解吸,因此,解吸操作与吸收操作同样重要。

解吸或称脱吸,是吸收的逆过程,传质方向与吸收相反——溶质由液相向气相传递,其目的是回收吸收液中的溶质或使吸收剂再生循环使用。许多工艺过程采用吸收-解吸联合操作,因而这两个过程的操作相互影响。由相平衡关系知,高温、减压有利于解吸,这也是解吸常用的措施。

逆流操作的解吸塔,吸收液从塔顶进入,惰性气体(空气、水蒸气或其他载气)从底部通入,溶质气体从液相中解吸出来进入气相从塔顶送出,经解吸后的稀溶液从塔底引出。如果要求获得较纯净的溶质,需选择适当的载气并对出塔气体做进一步的处理。例如,当溶质不溶于水时,用水蒸气作惰性气体,由解吸塔顶排出的混合气体经冷凝后分层,可把溶质分离出来。

### (一)解吸方法

工业上常用的解吸方法包括气提解吸、减压解吸、加热解吸及加热-减压联合解吸等,现分别予以介绍。

#### 1.气提解吸

气提解吸也称为载气解吸。吸收液(俗称富液)从解吸塔的塔顶喷淋而下,载气(俗

称贫气)从解吸塔底通入,自下而上流动,气液两相逆流接触,溶质由液相转移到气相,解吸后的液体(俗称贫液)从塔底排出,作为吸收剂循环使用,解吸后的气体(俗称富气)从塔顶排出,经进一步分离后可获得溶质产品。对于气提解吸塔,与逆流吸收塔相比,解吸塔的塔顶为浓端,而塔底为稀端。

气提解吸所用的载气一般为不含(或含微量)溶质的惰性气体或溶剂蒸气,其作用在于提供与吸收液不相平衡的气相。可根据分离工艺的特性和具体要求选用不同的载气,常用的载气有以下几种。

(1)以惰性气体(如空气、氮气、二氧化碳等)作为载气　此种方法通常称为惰性气体,该法适用于脱除少量溶质以净化液体或使吸收剂再生为目的的解吸;有时也用于溶质为可凝性气体的情况,通过冷凝分离可得到较为纯净的溶质组分。

(2)以水蒸气作为载气　此种方法兼有加热和气提的双重作用,通常称为汽提。若溶质为不凝性气体,或溶质冷凝液不溶于水,则可通过蒸气冷凝的方法获得纯度较高的溶质组分;若溶质冷凝液与水发生互溶,要想得到较为纯净的溶质组分,还应采用其他的分离方法,如精馏等。

(3)以吸收剂蒸气作为载气　这种解吸法与精馏塔提馏段的操作相同,因此也称提馏。解吸后的贫液被解吸塔底部的再沸器加热产生溶剂蒸气(作为解吸载气),其在上升的过程中与沿塔而下的吸收液逆流接触,液相中的溶质将不断地被解吸出来。该法多用于以水为溶剂的解吸。

2.减压解吸

对于在加压情况下进行的吸收过程,可采用一次或多次减压的方法,使溶质从吸收液中释放出来。溶质被解吸的程度取决于解吸操作的最终压力和温度。

3.加热解吸

对于在较低温度下进行的吸收过程,可采用将吸收液的温度升高的方法,使溶质从吸收液中释放出来。该过程一般以水蒸气作为加热介质,加热方法可依据具体情况采用直接蒸汽加热或间接蒸汽加热。

4.加热-减压联合解吸

将吸收液加热升温之后再减压,加热和减压的结合,能显著提高解吸推动力和溶质被解吸的程度。

应予指出,在工程上很少采用单一的解吸方法,往往是先升温再减压至常压,最后再采用气提解吸。

### (二)解吸的计算

解吸的计算方法在原则上与吸收并无不同,其差别在于:

①逆流解吸时塔顶的气、液组成($X_1,Y_1$)最浓,而塔底的($X_2,Y_2$)最稀;

②解吸的操作线在平衡线的下方,所以其推动力的表达式和吸收相反,$\Delta Y=Y^*-Y$,$\Delta X=X-X^*$。

1.解吸气体用量的计算

对图 6-39(a)所示的逆流解吸塔进行物料衡算,可知其操作线方程式与吸收相同。在解吸塔的设计型计算中,通常液体流量和出塔、入塔的液体组成以及入塔气体组成都

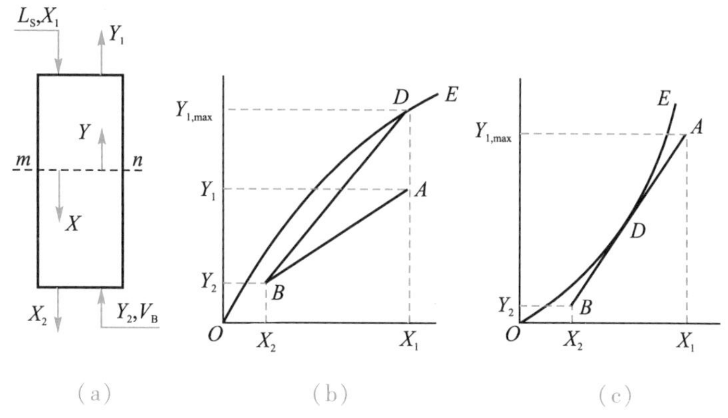


图 6-39　解吸的操作线和最小气液比

是已知的，而出塔气体浓度 $Y_1$ 则应根据选定的气液比来计算。

如图 6-39(b)所示，若解吸所用的惰性气体量减少，即气液比减小，出口气体组成 $Y_1$ 将增大，操作线的端点 $A$(塔顶组成)向平衡线靠近。当操作线的端点 $A$ 和平衡线相交[图 6-39(b)]或两线在某处相切时[图 6-39(c)]，解吸塔操作线的斜率 $L_S/V_B$ 达到最大，出口的 $Y_1$ 也达到最大($Y_{1,max}$)，换言之，此时的气液比为完成指定解吸要求下的最小值，用 $\left(\dfrac{V_B}{L_S}\right)_{min}$ 表示。

$$\left(\frac{V_B}{L_S}\right)_{min}=\frac{X_1-X_2}{Y_{1,max}-Y_2} \tag{6-106}$$

与吸收类似，随平衡线形状的不同，$Y_{1,max}$ 有不同的确定方法。当平衡关系服从亨利定律($Y^*=mX$)时，有

$$\left(\frac{V_B}{L_S}\right)_{min}=\frac{X_1-X_2}{Y^*-Y_2}=\frac{X_1-X_2}{mX_1-Y_2} \tag{6-107}$$

实际操作的气液比需大于最小气液比，以维持一定的解吸推动力。

2.解吸塔填料高度的计算

解吸塔填料高度计算式与吸收时基本相同，但传质单元数计算中推动力相反。若可用总传质系数表示，则有

$$Z=H_{OG}N_{OG}=\frac{V_B}{K_Y a\Omega}\int_{Y_2}^{Y_1}\frac{dY}{Y^*-Y} \tag{6-108}$$

$$Z=H_{OL}N_{OL}=\frac{L_S}{K_Y a\Omega}\int_{X_2}^{X_1}\frac{dX}{X-X^*} \tag{6-109}$$

和吸收时一样，总传质单元数的计算应视气液平衡关系的情况选用不同的方法。实际计算中由于解吸的溶质量以 $L_S dX$ 表示比较方便，故式(6-109)多用于解吸计算。

(1)吸收因数法

当溶液很稀且相平衡关系为 $Y^*=mX$ 时，

$$N_{OL}=\frac{1}{1-A}\ln\left[(1-A)\frac{X_1-Y_2/m}{X_2-Y_1/m}+A\right] \tag{6-110}$$

式(6-110)在结构上与式(6-80)相同,只是以 $N_{OL}$ 替换 $N_{OG}$,$A$ 替换 $S$,并以液相的脱吸程度$\frac{X_1-Y_2/m}{X_2-Y_1/m}$代替气相吸收程度$\frac{Y_1-mX_2}{Y_2-mX_2}$,因此,只要做以上替换,就仍然可以应用图 6-31 求解。

(2)对数平均推动力法

若在解吸过程所涉及的组成范围内,平衡关系可用直线方程式$Y^*=mX+b$ 表示时,可用对数平均推动力法求 $N_{OL}$。

$$N_{OL}=\frac{X_1-X_2}{\Delta X_m} \tag{6-111}$$

$$\Delta X_m=\frac{(X_1-X_1^*)-(X_2-X_2^*)}{\ln\frac{X_1-X_1^*}{X_2-X_2^*}} \tag{6-112}$$

与式(6-83)和式(6-84)比较可知,解吸与吸收的 $N_{OL}$ 计算式相同,只是平均推动力 $\Delta X_m$ 中 $\Delta X$ 的表达式正负号相反。

(3)当平衡线为曲线时,可用图解(或数值)积分法求解。

【例 6-26】在填料吸收塔中用洗油逆流吸收煤气中的苯,苯的含量为0.03(摩尔比,下同),吸收率为 95%。煤气的流量为41.2 kmolB/h。要求塔顶进入的洗油中苯的含量不超过0.004 78,操作液气比为0.202。吸收后的富油经加热后被送入解吸塔塔顶,在解吸塔底送入过热水蒸气解吸洗油中的苯,达到要求后经冷却器降温,再进入吸收塔循环使用。水蒸气的耗用量为最小用量的1.5倍。解吸塔的操作温度为 120 ℃,平衡关系为 $Y'^*=3.16X$,液相体积总传质系数 $K_Xa=0.01$ kmol/(m$^3$ · s · ΔX),解吸塔塔径为0.8 m,求解吸塔所需的水蒸气用量和填料层高度。流程见图 6-40。

解:(1)吸收塔

$$Y_1=0.03, Y_2=Y_1(1-\eta)=0.03\times(1-0.95)=0.001\ 5$$

$$X_2=0.004\ 78, L_S/V_B=0.202$$

$$L_S=0.202V_B=0.202\times41.2=8.32\ \text{kmol/h}$$

$$X_1=\frac{Y_1-Y_2}{L_S/V_B}+X_2=\frac{0.03-0.001\ 5}{0.202}=0.146$$

(2)解吸塔

水蒸气中不含苯,$Y_2'=0$

$$\left(\frac{V_B'}{L_S}\right)_{min}=\frac{X_1-X_2}{Y'_*-Y_2'}=\frac{X_1-X_2}{mX_1}=\frac{0.146-0.004\ 78}{3.16\times0.146}=0.306$$

$$\frac{V_B'}{L_S}=1.5\left(\frac{V_B'}{L_S}\right)_{min}=1.5\times0.306=0.459$$

解吸所需的水蒸气用量

$$V_B'=0.459L_S=0.459\times8.32=3.82\ \text{kmolB/h}$$

$$Y_1'=\frac{L_S}{V_B'}(X_1-X_2)+Y_2'=\frac{0.146-0.004\ 78}{0.459}=0.308$$

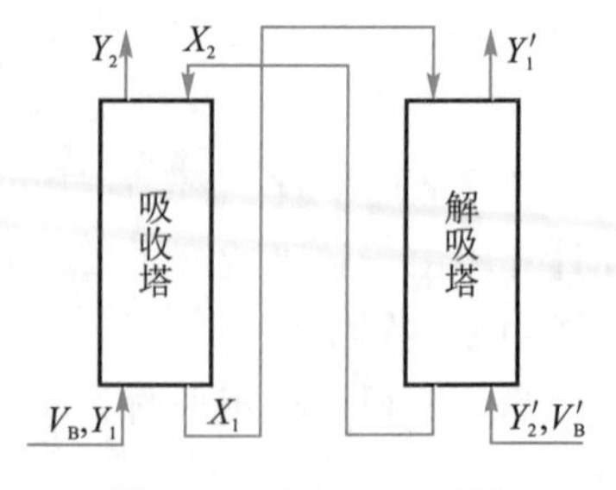


图 6-40 例 6-26 附图

$$H_{OL}=\frac{L_S}{K_Y a\Omega}=\frac{8.32/3\,600}{0.01\times\frac{\pi}{4}\times0.8^2}=0.460\ \text{m}$$

$$N_{OL}=\frac{X_1-X_2}{\Delta X_m}$$

$$\Delta X_m=\frac{(X_1-X_1'^*)-(X_2-X_2'^*)}{\ln\frac{X_1-X_1'^*}{X_2-X_2'^*}}=\frac{\left(0.146-\frac{0.308}{3.16}\right)-(0.004\,78-0)}{\ln\frac{0.146-0.308/3.16}{0.004\,78}}=0.018\,9$$

故
$$N_{OL}=\frac{0.146-0.004\,78}{0.018\,9}=7.47$$

$$Z=H_{OL}N_{OL}=0.46\times7.47=3.44\ \text{m}$$

在吸收-解吸联合操作系统中,解吸效果的好坏直接影响到吸收的分离效果。例如,解吸不良会使吸收剂入塔浓度上升;解吸后的吸收剂冷却不足,吸收剂温度将升高,这些都会给吸收操作带来不利的影响。提高吸收剂用量时也要考虑解吸塔的生产能力。另外,吸收剂在吸收设备与解吸设备间的循环,以及中间的加热、冷却、加压等都会消耗较多的能量,引起吸收剂的损失。这些问题在选择吸收剂及确定操作条件时都要给予充分的考虑。

## 思考题

6-1　吸收的目的和基本依据是什么?吸收的主要操作费用在哪儿?

6-2　选择吸收溶剂的主要依据是什么?什么是溶剂的选择性?

6-3　根据 Fick 定律,简述传质速率与哪些因素有关。

6-4　漂流因子有什么含义?等分子反向扩散时有无漂流因子?为什么?

6-5　气体分子扩散系数与温度、压力有何关系?液体分子扩散系数与温度、黏度有何关系?

6-6　双膜理论的基本论点是什么?对实际生产具有何指导意义?

6-7　传质理论中,有效膜理论与表面更新理论有何主要区别?

6-8　温度和压力对吸收过程的平衡关系有何影响?

6-9　亨利定律为何具有不同的表达形式?

6-10　$E$、$m$、$H$ 三者各自与温度、总压有何关系?

6-11　简述相平衡与吸收过程的关系。

6-12　试分析气体或液体的流动情况如何影响吸收速率。

6-13　吸收速率方程为何具有不同的表达形式?膜吸收速率方程与总吸收速率方程有何异同?

6-14　传质过程中,什么时候为气相阻力控制,什么时候为液相阻力控制?

6-15　低浓度气体吸收有哪些特点?

6-16　吸收计算过程中,建立操作线方程的依据是什么?

6-17　何谓最小液气比?操作型计算中有无此类问题?

6-18　吸收剂进塔最大浓度与$(L_S/V_B)_{min}$是如何受到技术上的限制的?技术上的限制主要是指哪两个制约条件?

6-19　逆流定态吸收过程与并流定态吸收过程有何区别?

6-20　吸收塔高度计算中,传质单元高度和传质单元数有何物理意义?将$N_{OG}$和$H_{OG}$分开,有什么优点?

6-21　有哪几种$N_{OG}$的计算方法?用对数平均推动力法和吸收因数法求$N_{OG}$的条件各是什么?

6-22　吸收剂的进塔条件有哪三个要素?操作中调节这三个要素,分别对吸收结果有何影响?

6-23　要降低气相出塔浓度组成,用什么手段最有效?

6-24　何为等板高度,等板高度的提出有何意义?

6-25　高浓度气体吸收的主要特点有哪些?

6-26　化学吸收与物理吸收的本质区别是什么?化学吸收有何特点?

6-27　气提解吸与逆流吸收有何异同?

## 习　题

6-1　空气和$CO_2$的混合气体中,$CO_2$的体积分数为20%,求其摩尔分数$y$和摩尔比$Y$各为多少?

[答:$y=0.2$;$Y=0.25$]

6-2　20 ℃的100 g水中溶解1 g $NH_3$,$NH_3$在溶液中的组成用摩尔分数$x$、浓度$c$及摩尔比$X$表示时,各为多少?

[答:$x=0.010\,5$;$c=0.582$ kmol/m$^3$;$X=0.010\,6$]

6-3　在压力为101.3 kPa,温度为30 ℃情况下,含$CO_2$20%(体积分数)空气-$CO_2$混合气与水充分接触,试求液相中$CO_2$的物质的量浓度、摩尔分数及摩尔比。

[答:$c_A^*=6.01\times10^{-3}$ kmol/m$^3$;$x=1.08\times10^{-4}$;$X=1.08\times10^{-4}$]

6-4　100 g水中溶解1 g $NH_3$,查得20 ℃时溶液上方$NH_3$的平衡分压为798 Pa。此稀溶液的气液相平衡关系服从亨利定律,试求亨利系数$E$(单位为kPa)、溶解度系数$H$[单位为kmol/(m$^3$·kPa)]和相平衡常数$m$。总压为100 kPa。

[答:$E=76$ kPa;$H=0.728$ kmol/(m$^3$·kPa);$m=0.76$]

6-5　空气中氧的体积分数为21%,试求总压为101.325 kPa、温度为10 ℃时,1 m$^3$水中最大可能溶解多少氧?已知10 ℃时氧在水中的溶解度表达式为$p^*=3.313\times10^6x$,式

中 $p^*$ 为氧在气相中的平衡分压，单位为 kPa；$x$ 为溶液中氧的摩尔分数。

[答：11.4 g]

6-6　含 $NH_3$ 体积分数1.5%的空气-$NH_3$混合气，在 20 ℃下用水吸收其中的 $NH_3$ 总压为 203 kPa。$NH_3$在水中的溶解度服从亨利定律。在操作温度下的亨利系数 $E=80$ kPa。试求氨水溶液的最大浓度。

[答：2.11 kmol$NH_3$/$m^3$溶液]

6-7　温度为 20 ℃、总压为0.1 MPa 时，$CO_2$ 水溶液的相平衡常数为 $m=1\ 660$。当总压为 1 MPa 时，相平衡常数 $m$ 为多少？温度为 20 ℃时的亨利系数 $E$ 为多少？

[答：$m=166$；$E=166$MPa]

6-8　用清水吸收混合气中的 $NH_3$，进入吸收塔的混合气中，$NH_3$体积分数为 6%，吸收后混合气中 $NH_3$的体积分数为0.4%，出口溶液的摩尔比为0.012 kmol$NH_3$/kmol $H_2O$。此物系的平衡关系为 $Y^*=0.76X$。气液逆流流动，塔顶、塔底的气相传质推动力各为多少？

[答：塔顶 $\Delta Y_2=0.004\ 02$；塔底 $\Delta Y_1=0.054\ 7$]

6-9　在总压101.3 kPa、温度 30 ℃的条件下，$SO_2$ 摩尔分数为0.3的混合气体与 $SO_2$ 摩尔分数为0.01的水溶液相接触，试问：(1)从液相分析 $SO_2$ 的传质方向；(2)从气相分析，其他条件不变，温度降到 0 ℃时 $SO_2$ 的传质方向；(3)其他条件不变，从气相分析，总压提高到202.6 kPa 时 $SO_2$ 的传质方向，并计算以液相摩尔分数差及气相摩尔分数差表示的传质推动力。

[答：(1)$SO_2$ 从液相转移到气相，进行解吸过程；(2)$SO_2$ 从气相转移到液相，进行吸收过程；(3)$SO_2$ 必然从气相转移到液相，进行吸收过程，$\Delta x=0.002\ 5$，$\Delta y=0.06$ ]

6-10　$CO_2$ 分压力为 50 kPa 的混合气体，分别与 $CO_2$ 浓度为0.01 kmol/$m^3$的水溶液和 $CO_2$ 浓度为0.05 kmol/$m^3$ 的水溶液接触。物系温度均为 25 ℃，气液相平衡关系 $p^*=1.662\times10^5x$ kPa。试求上述两种情况下两相的推动力（分别以气相分压力差和液相浓度差表示），并说明 $CO_2$ 在两种情况下属于吸收还是解吸。

[答：气相分压差：$\Delta p=20$ kPa，吸收；$\Delta p=100$ kPa，解吸。液相浓度差：$\Delta c=0.006\ 66$ kmol/$m^3$，吸收；$\Delta c=0.033\ 3$ kmol/$m^3$，解吸]

6-11　在温度为 20 ℃、总压为101.3 kPa 的条件下，$SO_2$ 与空气混合气缓慢地沿着某碱溶液的液面流过，空气不溶于该溶液。$SO_2$ 透过 1 mm 厚的静止空气层扩散到溶液中，混合气体中 $SO_2$ 的摩尔分数为0.2，$SO_2$ 到达溶液液面上立即被吸收，故相界面上 $SO_2$ 的浓度可忽略不计。已知温度 20 ℃时，$SO_2$ 在空气中的扩散系数为0.18 $cm^2$/s。试求 $SO_2$ 的传质速率。

[答：$N_A=1.67\times10^{-4}$ kmol/($m^2$·s)]

6-12　在总压为 100 kPa、温度为 30 ℃时，用清水吸收混合气体中的氨，气相传质系数 $k_g=3.84\times10^{-6}$ kmol/($m^2$·s·kPa)，液相传质系数 $k_l=1.83\times10^{-4}$ m/s，假设此操作条件下的平衡关系服从亨利定律，测得液相溶质摩尔分数为0.05，其气相平衡分压为6.7 kPa。求当塔内某截面上气、液组成分别为 $y=0.05$，$x=0.01$时：(1)以$(p_A-p_A^*)$、$(c_A^*-c_A)$表示的传质总推动力及相应的传质速率、总传质系数；(2)分析该过程的控制因素。

[答:(1)气相分压差:$N_A = 1.34\times10^{-5}$ kmol/(m$^2$ · s),$K_g$ = $3.66\times10^{-6}$kmol/(m$^2$ · s · kPa);液相浓度差:$K_l = 8.8\times10^{-6}$ m/s,$N_A = 1.331\ 4\times10^{-5}$ kmol/(m$^2$ · s)。(2)该传质过程为气膜控制过程]

6-13　如习题 13 附图所示,在一细金属管中的水保持 25 ℃,在管的上口有大量干空气(温度 25 ℃,总压101.325 kPa)流过,管中的水汽化后在管中的空气中扩散,扩散距离为 100 mm。试计算在稳定状态下的汽化速率,单位用 kmol/(m$^2$ · s)表示。

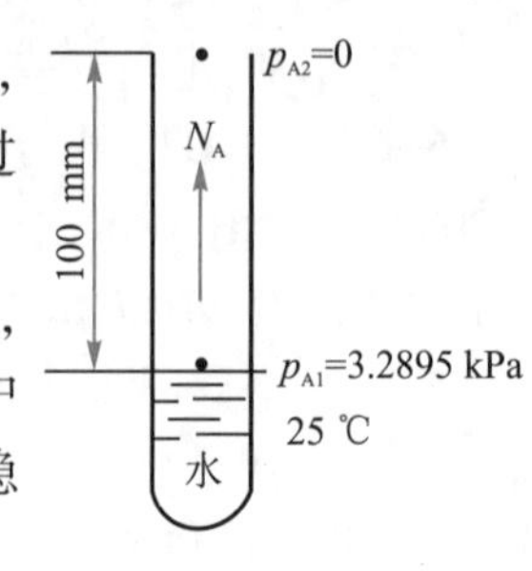


习题 6-13 附图

[答:$N_A = 3.45\times10^{-7}$kmol/(m$^2$ · s)]

6-14　用清水在吸收塔中吸收混合气中的溶质 A,吸收塔某截面上,气相主体中溶质 A 的分压为 5 kPa,液相中溶质 A 的摩尔分数为0.015。气膜传质系数 $k_Y = 2.5\times10^{-5}$ kmol/(m$^2$ · s),液膜传质系数 $k_X = 3.5\times10^{-3}$kmol/(m$^2$ · s)。气液平衡关系可用亨利定律表示,相平衡常数 $m = 0.7$,总压为101.325 kPa。试求:(1)气相总传质系数 $K_Y$,并分析吸收过程是气膜控制还是液膜控制;(2)试求吸收塔该截面上溶质 A 的传质速率 $N_A$。

[答:(1)$K_Y = 2.488\times10^{-5}$ kmol/(m$^2$ · s),气膜控制;(2)$N_A = 1.03\times10^{-6}$ kmol/(m$^2$ · s)]

6-15　若吸收系统服从亨利定律或平衡关系在计算范围为直线,界面上气液两相平衡,试推导出 $K_l$ 与 $k_l$、$k_g$ 的关系。

[推导过程略]

6-16　用20 ℃的清水逆流吸收氨-空气混合气中的氨,已知混合气体总压为101.3 kPa,其中氨的分压为1.013 3 kPa,要求混合气体处理量为 773 m$^3$/h,水吸收混合气中氨的吸收率为 99%。在操作条件下物系的平衡关系为 $Y^* = 0.757X$,若吸收剂用量为最小用量的 2 倍,试求(1)塔内每小时所需清水的量为多少?(2)塔底液相浓度(用摩尔分数表示)。

[答:(1)856.8 kg/h;(2)0.006 6]

6-17　在一填料吸收塔内,用清水逆流吸收混合气体中的有害组分 A,已知进塔混合气体中组分 A 的浓度为0.04(摩尔分数,下同),出塔尾气中 A 的浓度为0.005,出塔水溶液中组分 A 的浓度为0.012,操作条件下气液平衡关系为 $Y^* = 2.5X$。试求操作液气比是最小液气比的几倍。

[答:1.38]

6-18　在一吸收塔中,用清水在总压0.1 MPa、温度 20 ℃条件下吸收混合气体中的 $CO_2$,将其组成从 2%降至0.1%(摩尔分数)。20 ℃时 $CO_2$ 水溶液的亨利系数 $E = 144$ MPa,吸收剂用量为最小用量的1.2倍。试求:(1)液-气比 $L_S/V_B$ 及溶液出口组成 $X_1$。(2)试求总压改为 1 MPa 时的 $L_S/V_B$ 及 $X_1$。

[答:(1)液气比1 643,$X_1 = 1.18\times10^{-6}$;(2)液气比164.3,$X_1 = 1.18\times10^{-4}$]

6-19　空气中含丙酮 2%(体积分数)的混合气以0.024 kmol/m$^2$ · s 的流速进入一填料塔,今用流速为0.065 kmol/m$^2$ · s 的清水逆流吸收混合气中的丙酮,要求丙酮的回收率为98.8%。已知操作压力为 100 kPa,操作温度下的亨利系数为 177 kPa,气相总体积吸收系数为0.023 1 kmol/m$^3$ · s,试用脱吸因数法求填料层高度。

[答：$Z=10.17$ m]

6-20　在逆流吸收的填料吸收塔中，用清水吸收空气-氨混合气中的氨，气相流率为0.65 kg/($m^2$·s)。操作液气比为最小液气比的1.6倍，平衡关系为 $Y^*=0.92x$，气相总传质系数 $K_Ya$ 为0.043 kmol/($m^3$·s)。试求：(1)吸收率由95%提高到99%，填料层高度的变化？(2)吸收率由95%提高到99%，吸收剂用量之比为多少？

[答：(1)$\dfrac{Z'}{Z}=1.65$；(2)$\dfrac{L'_S}{L_S}=1.04$]

6-21　用纯溶剂在填料塔内逆流吸收混合气体中的某溶质组分，已知吸收操作液气比为最小液气比的倍数为 $\beta$，溶质A的吸收率为 $\eta$，气液相平衡常数为 $m$。试推导出：(1)吸收操作液气比 $L_S/V_B$ 与 $\eta$、$\beta$ 及 $m$ 之间的关系；(2)当传质单元高度 $H_{OG}$ 及吸收因数 $A$ 一定时，填料层高度 $Z$ 与吸收率 $\eta$ 之间的关系。

[答：(1)$L_S/V_B=\eta\beta m$；(2)$Z=\dfrac{H_{OG}}{1-\dfrac{mV_B}{L_S}}\ln\dfrac{1-\dfrac{\eta}{A}}{1-\eta}$]

6-22　某填料吸收塔在101.3 kPa、293 K下用清水逆流吸收丙酮-空气混合气中的丙酮，操作液气比为2.0，丙酮的回收率为95%。已知该吸收为低浓度吸收，操作条件下气液平衡关系为 $Y=1.18X$，吸收过程为气膜控制，气相总体积吸收系数 $K_Ya$ 与气体流率的0.8次方成正比（塔截面积为1 $m^2$）。(1)若气体流量增加15%，而液体流量及气、液进口组成不变，丙酮的回收率有何变化？(2)若丙酮回收率由95%提高到98%，而气体流量，气、液进口组成，吸收塔的操作温度和压力皆不变，试求吸收剂用量提高到原来的多少倍。

[答：(1)丙酮吸收率 $\eta$ 变为92.95%；(2)吸收剂用量提高到原来的1.746倍]

6-23　在一逆流操作的吸收塔中，如果脱吸因数为0.75，气液相平衡关系为 $Y^*=2.0X$，吸收剂进塔浓度为0.001（摩尔比，下同），入塔混合气体中溶质的浓度为0.05时，溶质的吸收率为90%。试求入塔气体中溶质浓度为0.04时，其吸收率为多少？若吸收剂进口浓度为零，其他条件不变，则其吸收率又如何？

[答：90%；从计算结果看，塔高一定，当用纯溶剂吸收混合气体中的溶质时，入塔气体组成变化，其他条件不变，其吸收率不变]

6-24　某填料吸收塔的填料层高度已定，用清水吸收烟道气中的 $CO_2$，$CO_2$ 的组成为0.1（摩尔比），余下气体为惰性气体，液-气比为180，吸收率为95%。操作温度为30 ℃，总压为2 MPa。$CO_2$ 水溶液的亨利系数由附录查取。试计算下列3种情况的溶质吸收率 $\eta$、吸收液（塔底排出液体）组成 $X_1$、塔内平均传质推动力 $\Delta Y_m$，并与原有情况进行比较：(1)吸收剂由清水改为组成为0.000 1（摩尔比）的 $CO_2$ 水溶液；(2)吸收剂仍为清水，操作温度从30 ℃改为20 ℃；(3)吸收剂为清水，温度为30 ℃。由于吸收剂用量的增加，使液-气比从180增加到200。

[答：(1) $\eta'=0.861$；$X_1=0.000\ 528$，$X'_1=0.000\ 578$；$\Delta Y_m=0.019\ 6$，$\Delta Y'_m=0.017\ 8$；(2)$\eta'=0.966$；$X'_1=0.000\ 536$；$\Delta Y'_m=0.02$；(3)$\eta'=0.958$；$X'_1=0.000\ 479$；$\Delta Y'_m=0.019\ 8$]

6-25　在一塔径为 880 m 的常压填料吸收塔内用清水吸收混合气体中的丙酮,已知填料层高度为 6 m,在操作温度为 25 ℃时,混合气体处理量为2 000 $m^3$/h,其中含丙酮5%。若出塔混合物气体中丙酮含量达到0.263%,每 1 kg 出塔吸收液中含61.2 kg 丙酮。操作条件下气液平衡关系为 $Y^* = 2.0X$,试求:(1)气相总体积传质系数及每小时回收丙酮的质量;(2)若将填料层加高 3 m,每小时可多回收多少千克丙酮?

[答:(1)气相总体积传质系数略;225.19 kg。(2)6.918 kg]

6-26　由某种碳氢化合物(摩尔质量为 113 kg/kmol)与另一种不挥发性有机化合物(摩尔质量为 135 kg/kmol)组成的溶液,其中碳氢化合物占 8%(质量分数)。要在 100 ℃、101.325 kPa(绝对压力)下,用过热水蒸气进行解吸,使溶液中碳氢化合物残留0.2%(质量分数)以内,水蒸气用量为最小用量的 2 倍。气液相平衡常数 $m = 0.526$,填料塔的液相总传质单元高度 $H_{OL} = 0.5$ m。试求解吸塔的填料层高度。

[答:3.15 m]

6-27　含烃摩尔比为0.025 5的溶剂油用水蒸气在一塔截面积为 1 $m^2$的填料塔内逆流解吸,已知溶剂油流量为 10 kmol/h,操作气液比为最小气液比的1.35倍,要求解吸后溶剂油中烃的含量减少至摩尔比为0.000 5。已知该操作条件下,系统的平衡关系为 $Y^* = 33X$,液相总体积传质系数 $K_Y a = 30$ kmol/($m^3$·h)。假设溶剂油不挥发,蒸汽在塔内不冷凝,塔内维持恒温。求:(1)解吸所需水蒸气量;(2)所需填料层高度。

[答:(1)0.4 kmol/h;(2)3.50 m]

# 第七章
# 蒸　馏

## 学习要求

1.掌握

双组分理想物系的气液相平衡关系;精馏原理与精馏过程分析;双组分连续精馏塔的计算;操作线方程;$q$ 线方程;理论塔板数的确定;进料热状况参数 $q$ 的计算及其对理论塔板数的影响;回流比的选择及其对精馏操作及设计的影响;全回流与最少理论板数;最小回流比及其计算;单板效率的计算;实际塔板数的计算。

2.理解

平衡蒸馏和简单蒸馏的特点及计算;理论塔板数的简捷计算法;精馏装置的热量衡算;塔顶为分凝器的精馏过程计算;直接蒸汽加热精馏塔计算;全塔效率的计算。

3.了解

精馏操作的分类;非理想物系的气液相平衡;间歇精馏的特点及相关计算;特殊精馏原理;多组分精馏。

## 第一节　概　述

### 一、蒸馏分离的目的和依据

化工生产中为了达到提纯或回收有用组分的目的,常常需要对均相液体混合物进行分离。分离均相液体混合物的方法有多种,蒸馏是最常用的方法之一。蒸馏在工业上的应用十分广泛,例如,从发酵的醪液中提纯酒精,从原油中分离出汽油、煤油、柴油等一系列产品,从液态空气中分离氮和氧等。

蒸馏是利用液体混合物中各组分挥发性的差异进行分离混合物的。纯液体物质的挥发能力可以用其饱和蒸气压来表示。挥发能力大的液体,其饱和蒸气压就大,沸点较低;反之,挥发能力小的液体,其饱和蒸气压就小,而沸点较高。例如,在常压下,水的沸点为 100 ℃,乙醇的沸点为78.3 ℃,说明乙醇的挥发能力大于水。如果在常压下将乙醇-水溶液加热到一定的温度使之部分汽化,因为乙醇的沸点低,易于汽化,在产生的平衡蒸气中,乙醇的含量将高于原始混合液中乙醇的含量。若将这部分蒸气全部冷凝,便可获得乙醇含量高于原始混合液的产品,从而使乙醇-水得到某种程度的分离。

习惯上,将混合液中挥发性高的组分称为易挥发组分或轻组分,以 A 表示;把混合液中挥发性低的组分称为难挥发组分或重组分,以 B 表示。

## 二、蒸馏操作的分类

蒸馏操作可以从不同的角度进行分类。

(1)按物系的组分数可分为双组分蒸馏和多组分蒸馏。

(2)按蒸馏方式可分为简单蒸馏、平衡蒸馏、精馏。当分离程度要求不高或物系很易分离时,可采用简单蒸馏或平衡蒸馏;当分离程度要求较高时,一般都采用精馏。

(3)按操作方式可分为间歇蒸馏和连续蒸馏。间歇蒸馏用于小批量生产或某些有特殊要求的场合,连续蒸馏是工业生产中常用的操作。

(4)按操作压强可分为常压蒸馏、加压蒸馏和减压(真空)蒸馏。

在大气压下操作的蒸馏过程称为常压蒸馏。如果被分离的混合液各组分挥发性差异较大,并且气相冷凝、冷却可用一般的冷却水,液相加热汽化可用水蒸气,这时应采用常压操作。沸点在室温到 150 ℃以下的混合物通常在常压下进行精馏。

在高于大气压下操作的蒸馏过程称为加压蒸馏。加压蒸馏通常用于以下场合:

① 混合物在常压下为气体,通过加压与冷却将其液化后,再进行蒸馏。

② 常压下虽是混合液体,但其沸点较低,一般低于 30 ℃,其蒸气用一般冷却水难以充分冷凝,需用冷冻盐水或其他较昂贵的制冷剂,费用将大大提高。这种情况下,一般用加压的方法提高它的沸点,使精馏操作尽可能在靠近室温下操作,以降低能耗。

在低于大气压下操作的蒸馏过程称为减压蒸馏,也称真空蒸馏。减压蒸馏常用于以下场合:

① 蒸馏热敏性物料时,组分在操作温度下容易发生氧化、分解和聚合等现象,必须采用减压蒸馏以降低其沸点;

② 常压下物料沸点较高(一般高于 150 ℃),加热温度超出一般水蒸气加热的范围,减压蒸馏可使沸点降低,以避免使用高温载热体。

工业蒸馏过程中需要合理地选择操作压强。通常主要根据物料性质、原料组成、对产品纯度的要求、设备材料的来源、冷量和热量的来源等具体情况,因地制宜地选择合适的操作条件。

本章主要讨论常压下双组分连续精馏,对其他蒸馏过程仅作简单介绍。

# 第二节 双组分溶液的气液相平衡

蒸馏本质上是气液相之间的传质过程(伴随有热量传递),因此,掌握系统的相平衡关系是对蒸馏过程进行分析的基础。本节讨论双组分溶液与其上方的自身蒸气达到平衡时气、液两相间各组分组成之间的关系。

## 一、理想物系的气液相平衡

### (一)理想物系

理想物系是指气相是理想气体混合物,液相是理想溶液。由这样的气液两相组成的体系称为完全理想体系。在实际的相平衡中这样的体系是少数的,严格地讲是没有的,只有在低压下和两种组分的分子结构十分相近的溶液才比较接近于这样的体系,例如苯和甲苯,以及绝压小于 2 个大气压的轻烃类混合物。在工程上对于这些二元体系用完全理想的规律进行计算是可行的。

### (二)双组分蒸馏中相律的应用

当影响物系平衡状态的外界因素只有温度和压强这两个因素时,有

$$F=C-\varphi+2 \tag{7-1}$$

式中 $F$——自由度数;

$C$——独立组分数;

$\varphi$——相数。

对于双组分溶液的气液相平衡系统,独立组分数为 2,相数为 2,所以

$$F=2-2+2=2$$

双组分平衡物系所涉及的独立变量有温度、压强、易挥发组分的气相组成和液相组成。由于物系只有 2 个自由度,故在这些变量中,任意确定其中两个变量,其平衡状态也就确定了。蒸馏过程一般为恒压操作,压强确定之后,该物系的自由度就只剩下 1 个。例如,当两相平衡时的温度确定后,气、液两相组成必随之确定而不能随意变动;或者当指定了液相组成,温度和气相组成也就确定了。总之,在恒压下,温度与气液相组成之间存在着一一对应关系。理解组成与温度的关系非常重要,在蒸馏操作中,正是通过测量温度来实现对组成的控制,以保证产品的质量的。

### (三)拉乌尔定律、道尔顿定律

完全理想物系中,液相是理想溶液,气相是理想气体。理想溶液是各组分在全部浓度范围内都服从拉乌尔定律的溶液。理想气体是严格遵守道尔顿分压定律的气体。

#### 1.拉乌尔定律

对双组分(A、B)组成的理想溶液,A-A 分子间的作用力与 B-B 分子间的作用力以及 A-B 分子间的作用力都相等。在一定温度下,气液两相达到平衡时,溶液上方气相中任意组分的分压值等于该组分在纯态时、相同温度下的饱和蒸气压与该组分在液相中的摩尔分数的乘积,用数学方程式表示为

$$p_A=p_A^0x_A \tag{7-2}$$

$$p_B=p_B^0x_B=p_B^0(1-x_A) \tag{7-3}$$

式中 $p_A,p_B$——溶液上方 A、B 组分的平衡分压,Pa;

$p_A^0,p_B^0$——同温度下纯组分 A、B 的饱和蒸气压,Pa;

$x_A,x_B$——溶液中组分 A、B 的摩尔分数。

拉乌尔定律表示理想溶液在达到相平衡时气相分压与液相组成之间的关系。因为纯组分的饱和蒸气压仅为温度的函数,所以,当温度一定时,饱和蒸气压 $p_A^0$、$p_B^0$ 数值固定,

气相中组分的分压与该组分在液相中的组成成正比；当液相组成一定时，气相中组分的分压与饱和蒸气压成正比。

2.道尔顿定律

混合气体的总压等于组分气体分压之和，某组分气体分压的大小和它在气体混合物中的摩尔分数(或体积分数)成正比。对双组分理想气体，表达式如下：

$$p_{总}=p_1+p_2 \tag{7-4}$$

$$p_i=p_{总}y_i \quad (i=1\sim2) \tag{7-5}$$

式中 $p_i$——气相中 $i$ 组分的平衡分压，Pa；

$p_{总}$——气相总压，Pa；

$y_i$——气相中组分 $i$ 的摩尔分数。

(四)双组分理想物系的气液相平衡

对于双组分理想物系，当气、液两相平衡时，根据相律可知，任意一个变量均可表示为两个独立变量的函数。当固定一个独立变量时，则任意一个变量均可表示为第二个独立变量的函数，即可用二维坐标图表示两相的平衡关系。一般有等温图和等压图两种。

1.压强组成图($p$-$x$ 图)

在温度一定的条件下，气、液两相平衡时，压力与组分的关系用压强-组成图($p$-$x$ 图)表示。此图即为等温条件下的 $p$-$x$ 图。

根据道尔顿分压定律，对双组分物系，有

$$p=p_A+p_B \tag{7-6}$$

式中 $p_A$，$p_B$——A、B 组分的分压，Pa；

$p$——混合气体总压，Pa。

将式(7-2)和式(7-3)代入式(7-6)中，得

$$p=p_A^0x_A+p_B^0(1-x_A)$$

省略组成下标，以 $x$ 表示易挥发组分的摩尔分数，上式可写成

$$p=p_A^0x+p_B^0(1-x) \tag{7-7}$$

整理式(7-7)可得

$$p=(p_A^0-p_B^0)x+p_B^0 \tag{7-8}$$

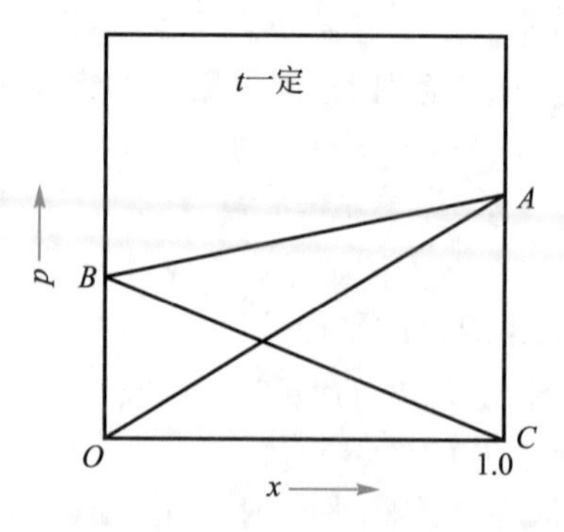


图 7-1 压强与组成关系图

当温度一定时，$p_A^0$ 与 $p_B^0$ 为确定值，于是式(7-8)表示一定温度下，液相组成与总压之间的一一对应关系。在一定温度下，把压强与组成之间的关系描绘在直角坐标系中，即得到压强-组成关系图，即 $p-x$ 图，如图 7-1 所示。图中 $AB$ 线表示系统总压 $p$ 与液相组成 $x$ 之间的对应关系，由式(7-8)作出。$OA$、$BC$ 线分别代表式(7-2)、式(7-3)所示的拉乌尔定律，分别是 $A$、$B$ 的分压与液相组成的关系。

在压力一定的条件下，气、液两相的平衡关系可以用温度-组成图($t-x-y$ 图)和气、液组成图($x-y$ 图)表示。

2.温度-组成图($t-x-y$ 图)

温度组成图表示在一定总压下，温度与气、液相平衡组成之间的对应关系。

(1)泡点方程

根据式(7-8)可得

$$x=\frac{p-p_B^0}{p_A^0-p_B^0} \tag{7-9}$$

因为 $p_A^0=f_A(t)$，$p_B^0=f_B(t)$，所以 $x=f(p,t)$，即平衡物系的液相组成仅与总压和温度有关。当总压一定时，液相组成 $x$ 与温度 $t$ 存在一一对应的关系。

当一定组成的液体混合物在恒定总压下加热到某一温度，液体出现第一个气泡，即刚开始沸腾并生成第二相时，此时液相组成可认为未变，此温度称为该组成液体在指定总压下的泡点温度(即两相平衡温度)，简称泡点。根据相律，液相组成和总压一定时，泡点温度为定值，故式(7-9)也称作泡点方程。

(2)露点方程

根据道尔顿分压定律，有

$$p_A=py_A,p_B=py_B$$

将上式代入式(7-2)中，并且省略组成下标，以 $y$ 表示气相中易挥发组分(A 组分)的摩尔分数，得到

$$y=\frac{p_A^0}{p}x$$

将式(7-9)代入上式，得

$$y=\frac{p_A^0}{p}\times\frac{p-p_B^0}{p_A^0-p_B^0} \tag{7-10}$$

显然，$y=f(p,t)$，即平衡气相组成也仅与总压和温度有关。当总压一定时，气相组成 $y$ 与温度 $t$ 存在一一对应的关系。

在一定总压下冷却气体混合物，当冷却至某一温度，产生第一个液滴，即生成第二相时，此时气相组成可认为未变，此温度称为该组成的气相混合物在指定总压下的露点温度(即两相平衡温度)，简称露点。根据相律，气相组成和总压一定时，露点温度必为定值，故式(7-10)也称作露点方程。

(3)温度组成图上点、线、面的意义

当总压一定时，平衡气、液两相组成与温度的对应关系由式(7-10)和式(7-9)决定。将此对应关系描绘在直角坐标系内，即得到温度-组成图，习惯上写成 $t-x-y$ 图，如图 7-2

所示。$t-x-y$ 图的横坐标为易挥发组分的液相(或气相)组成,纵坐标为温度。由图可得下列结论:

①两端点　端点 $A$、$B$ 对应的温度分别代表纯组分 A、B 的沸点。

②两条线　$\widehat{AGCB}$线为泡点线或饱和液体线,表示平衡时液相组成 $x$ 与泡点温度之间的关系,由泡点方程式(7-9)作出;$\widehat{ADIB}$线为露点线或饱和蒸气线,表示平衡时气相组成 $y$ 与露点温度之间的关系,由露点方程式(7-10)作出。

③三个区域　$\widehat{AGCB}$线以下区域为过冷液体区,$\widehat{ADIB}$线以上区域为过热蒸气区;两线之间(包括两线本身)所夹区域为气液两相共存区。

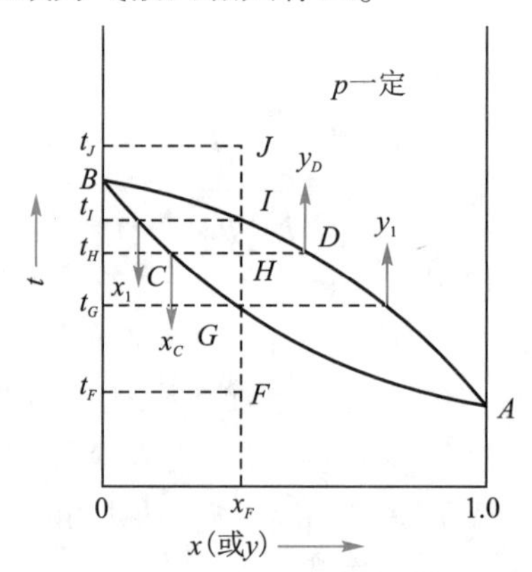


图 7-2　双组分溶液的温度-组成图

若将原始组成为 $x_F$、温度为 $t_F$(图中 $F$ 点)的溶液在恒压下加热,当加热到图中 $G$ 点时,出现第一个气泡并开始沸腾,此时的温度 $t_G$ 为泡点温度,平衡气相组成为 $y_1$;再继续加热至 $H$ 点时,对应的温度为 $t_H$,此物系形成互成平衡的气液两相,气相组成为 $y_D$,气相量为 $V$ kmol,液相组成为 $x_C$,液相量为 $L$ kmol,且 $x_C<x_F$、$y_D>x_F$,液相量 $L$ 与气相量 $V$ 的比值由杠杆定律决定。如系统总物料量和总组成分别为 $F$ 和 $x_F$,经加热到温度 $t_H$ 后,部分汽化形成互成平衡的气液两相,根据物料平衡原则:总物料量等于气液量之和,总物料中易挥发组分的量等于气液两相中易挥发组分量之和,即

$$\begin{cases} F=V+L \\ Fx_F=Vy_D+Lx_C \end{cases}$$

联立以上二式,消去 $F$ 并整理,得

$$\frac{L}{V}=\frac{y_D-x_F}{x_F-x_C}=\frac{\overline{HD}}{\overline{HC}} \tag{7-11}$$

式中　$L,V$——温度 $t_H$ 时对应的液相量和气相量,kmol;

$\overline{HD}$——线段 $HD$ 的长度,$\overline{HD}=y_D-x_F$;

$\overline{HC}$——线段 $HC$ 的长度,$\overline{HC}=x_F-x_C$。

继续加热,随着温度的增加,$\overline{HD}$的长度逐渐缩小,$\overline{HC}$的长度逐渐增大,即液相量减少而气相量增多;继续升温至 $t-y$ 线上的 $I$ 点,成为组成为 $y_F=x_F$ 的饱和蒸气,再继续升温即成过热蒸气,如图 7-2 中 $J$ 点。

【例 7-1】试计算压强为 100 kPa、温度为 90 ℃时苯(A)-甲苯(B)物系平衡时,苯与甲苯在液相和气相中的组成。已知 $t=90$ ℃时,$p_A^0=135.5$ kPa,$p_B^0=54$ kPa。

解:因苯-甲苯可以看成理想物系,则苯在液相和气相中的组成分别为

$$x_A=\frac{p-p_B^0}{p_A^0-p_B^0}=\frac{100-54}{135.5-54}=0.564$$

$$y_A=\frac{p_A^0}{p}x_A=\frac{135.5}{100}\times0.564=0.764$$

因为是双组分物系,故甲苯的液相和气相组成分别为

$$x_B=1-x_A=1-0.564=0.436$$

$$y_B=1-y_A=1-0.764=0.236$$

纯组分的饱和蒸气压 $p_A^0$ 和 $p_B^0$,一般由实验测定,或查有关手册,也可用安托因(Antoine)方程或其他经验方程式计算。

安托因方程表达式一般为

$$\ln p_i^0=A_i-B_i/(T+C_i) \tag{7-12}$$

式中 $A_i,B_i,C_i$——安托因常数,可从相关手册查得,其值随温度的单位而变;

$p_i^0$——i 组分在 $T$ 温度下的饱和蒸气压,mmHg;

$T$——热力学温度,K。

或将安托因方程表达成

$$\lg p_i^0=A_i-B_i/(t+C_i)$$

式中 $A_i,B_i,C_i$——安托因常数,可从相关手册查得;

$p_i^0$——i 组分在 $t$ 温度下的饱和蒸汽压,kPa;

$t$——摄氏温度,℃。

【例 7-2】苯-甲苯混合液,(1)相平衡温度为 82 ℃,气相组成为苯0.95,甲苯0.05(摩尔分数),求操作压力;(2)若压力不变而相平衡温度变成 85 ℃,求气相组成。已知苯和甲苯的安托因方程分别如下:

$$\lg p_A^0=6.031-\frac{1\ 211}{t+220.8},\lg p_B^0=6.080-\frac{1\ 345}{t+219.5}$$

其中压强的单位为 kPa,温度的单位为 ℃。

解:(1)82 ℃时苯-甲苯的饱和蒸气压分别为

$$\lg p_A^0=6.031-\frac{1\ 211}{82+220.8}=2.032,p_A^0=107.6\ \text{kPa},$$

$$\lg p_B^0=6.080-\frac{1\ 345}{82+219.5}=1.619,p_B^0=41.6\ \text{kPa}$$

由露点方程得

$$y=0.95=\frac{p_A^0}{p}x=\frac{107.6}{p}x \tag{1}$$

$$1-y=0.05=\frac{p_B^0}{p}(1-x)=\frac{41.6}{p}(1-x) \tag{2}$$

联立式(1)和式(2),解得:$x=0.880$,$p=99.67\ \text{kPa}$

(2)85 ℃时苯-甲苯的饱和蒸气压分别为

$$\lg p_A^0=6.031-\frac{1\ 211}{85+220.8}=2.07,\ p_A^0=117.7\ \text{kPa},$$

$$\lg p_B^0=6.080-\frac{1\ 345}{85+219.5}=1.663,\ p_B^0=46.0\ \text{kPa}$$

由泡点方程求液相组成:

$$x=\frac{p-p_B^0}{p_A^0-p_B^0}=\frac{99.67-46.0}{117.7-46.0}=0.749$$

由露点方程求气相组成:

$$y=\frac{p_A^0}{p}x=\frac{117.7}{99.67}\times 0.749=0.884$$

【例 7-3】苯-甲苯混合液(理想溶液)中,苯的质量分数 $w_A=0.3$。求体系总压分别为 109.86 kPa 和5.332 kPa 的泡点温度,并预测相应的气相组成。饱和蒸气压方程同例 7-2。

解:将苯的质量分数转化为摩尔分数:

$$x=\frac{w_A/m_A}{w_A/m_A+(1-w_A)/m_B}=\frac{0.3/78}{0.3/78+0.7/92}=0.336$$

(1)总压为109.86 kPa 时

设泡点温度为 100 ℃,由饱和蒸气压方程求得

$$\lg p_A^0=6.031-\frac{1\ 211}{100+220.8}=2.256,\ p_A^0=180.3\ \text{kPa}$$

$$\lg p_B^0=6.080-\frac{1\ 345}{100+219.5}=1.87,\ p_B^0=74.2\ \text{kPa}$$

由泡点方程计算苯的摩尔分数:

$$x=\frac{p-p_B^0}{p_A^0-p_B^0}=\frac{109.86-74.2}{180.3-74.2}=0.336$$

计算值与假定值足够接近,以上计算有效,溶液泡点为 100 ℃。

如果计算值与假定值差别较大,需重新试差。

由露点方程求气相组成:

$$y=\frac{p_A^0}{p}x=\frac{180.3}{109.86}\times 0.336=0.551$$

(2)总压为5.332 kPa 时

同理,可通过试差求得体系的泡点温度 $t=20$ ℃。

$$\lg p_A^0=6.031-\frac{1\ 211}{20+220.8}=1.002,\ p_A^0=10.04\ \text{kPa}$$

由露点方程求气相组成:

$$y=\frac{p_A^0}{p}x=\frac{10.04}{5.332}\times 0.336=0.633$$

3.气-液相平衡图($x-y$ 图)

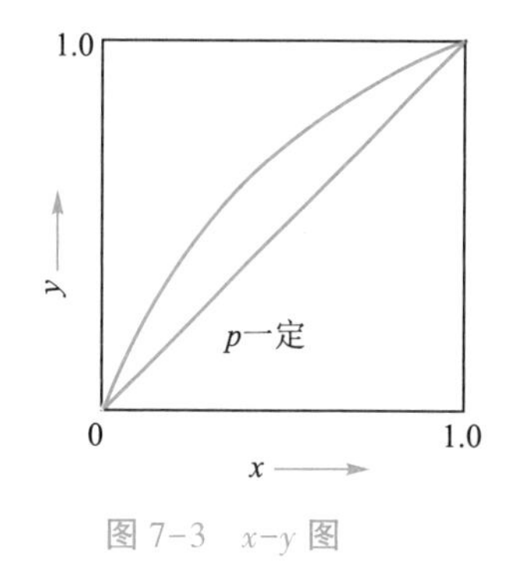

图 7-3 $x-y$ 图

$x-y$ 图可由 $t-x-y$ 图转换而来。在上述 $t-x-y$ 图上，找出气、液两相在一定总压下、不同温度时相对应的平衡组成 $x$、$y$，以液相组成 $x$ 为横坐标，以气相组成 $y$ 为纵坐标，描绘于直角坐标系中，并连接成平滑的曲线，即得到 $x-y$ 图，如图 7-3 所示，该曲线也称为相平衡线，它表示一定总压下气液相平衡时的气相组成与液相组成之间的对应关系。

图中对角线($y=x$)称为参考线。对于理想溶液，因平衡时气相组成 $y$ 恒大于液相组成 $x$，故平衡线位于对角线上方。平衡线上任何一点对应不同温度下的气液平衡组成，右上方温度低，左下方温度高。

对于理想溶液，$x-y$ 图也可以直接由式(7-9)和式(7-10)计算出不同温度下 $x$ 与 $y$ 的对应数值之后画出。

通常，精馏过程是在接近等压条件下进行的。所以，等压图是精馏过程中常用的，尤其是 $x-y$ 图，常用它来说明两组分混合物的精馏过程计算。

## (五)挥发度与相对挥发度

### 1.挥发度

物质挥发程度可用挥发度来表示。对混合液体，某组分挥发度的大小可用气相中该组分的蒸气分压与平衡时该组分的液相摩尔分数之比来表示，即

$$v_A=\frac{p_A}{x_A},v_B=\frac{p_B}{x_B} \tag{7-13}$$

式中 $v_A$，$v_B$——组分 A、B 的挥发度；

$p_A$，$p_B$——组分 A、B 在平衡气相中的分压，Pa；

$x_A$，$x_B$——组分 A、B 在平衡液相中的摩尔分数。

对组分 A 和组分 B 所组成的理想溶液，因其服从拉乌尔定律，有

$$v_A=\frac{p_A}{x_A}=\frac{p_A^0x_A}{x_A}=p_A^0,v_B=\frac{p_B}{x_B}=\frac{p_B^0x_B}{x_B}=p_B^0 \tag{7-14}$$

即理想溶液中各组分的挥发度等于其饱和蒸气压。

对纯组分而言，其挥发度即为其液体在一定温度下的饱和蒸气压。当纯液体的饱和蒸气压等于外压时，液体就会沸腾，此时的温度就是该物质在这一压强下的沸点。因此，也可以用沸点来说明纯组分的挥发性能。如在101.3 kPa 下，苯的沸点为80.1 ℃，甲苯的沸点为110.6 ℃，可见苯比甲苯容易挥发。因此，对纯组分来说，不论是用饱和蒸气压还是用沸点，都可以判断其挥发程度。

### 2.相对挥发度、双组分理想物系的相平衡方程

在蒸馏操作中，溶液是否容易分离，起决定作用的是各组分挥发能力的对比；因饱和蒸气压的大小由温度决定，溶液中组分的挥发度随温度而变，在使用上不太方便，故引出相对挥发度的概念。其定义为：混合液体中两组分挥发度之比。对双组分混合液有

$$\alpha=\frac{v_A}{v_B}=\frac{p_A/x_A}{p_B/x_B} \tag{7-15}$$

式中 $\alpha$——组分 A 对组分 B 的相对挥发度。

对理想溶液,相对挥发度可用下式表示:

$$\alpha=\frac{v_A}{v_B}=\frac{p_A/x_A}{p_B/x_B}=\frac{p_A^0x_A/x_A}{p_B^0x_B/x_B}=\frac{p_A^0}{p_B^0} \tag{7-16}$$

纯组分的饱和蒸气压为温度的函数,且随温度的升高而增大,因此 $\alpha$ 亦应为温度的函数。但因相对挥发度是 $p_A^0$ 和 $p_B^0$ 的比值,因 $p_A^0$、$p_B^0$ 沿着相同方向变化,因而两者的比值变化不大,故温度对 $\alpha$ 的影响要比温度对 $p_A^0$、$p_B^0$ 的影响小很多,当组分性质(主要指饱和蒸气压随温度的关系)比较接近时,相对挥发度随温度的变化很小,这样 $\alpha$ 可视为常数,一般取操作范围内的某一平均值,称作平均相对挥发度,以 $\alpha_m$ 表示。

平均相对挥发度的取法有多种,其中最常用的是算术平均值,即

$$\alpha_m=\frac{1}{n}\sum_{i=1}^{n}\alpha_i \tag{7-16a}$$

当精馏塔内压强和温度变化比较小时,也可以用几何平均值,即

$$\alpha_m=\sqrt{\alpha_1\alpha_2} \tag{7-16b}$$

式中 $\alpha_1$——塔顶温度下的相对挥发度;

$\alpha_2$——塔底温度下的相对挥发度。

实际体系的相对挥发度常由实验测定。

对双组分理想物系,式(7-15)可写为

$$\alpha=\frac{y_A/x_A}{y_B/x_B}=\frac{y_A/y_B}{x_A/x_B}=\frac{y_A/(1-y_A)}{x_A/(1-x_A)}$$

略去下标,并整理上式得到

$$y=\frac{\alpha x}{1+(\alpha-1)x} \tag{7-17}$$

式(7-17)称为双组分理想物系的相平衡方程。它表示在一定总压下互成平衡的气液两相组成之间的关系。当确定了物系的相对挥发度 $\alpha$ 后,便可通过式(7-17)求得平衡时的气液组成关系,将该式描绘在 $x$-$y$ 坐标中,即得图 7-3 中的平衡线。

相对挥发度的大小反映了溶液用蒸馏分离的难易程度。当 $\alpha=1$ 时,由式(7-17)可知 $y=x$,即说明溶液所产生的气相组成与液相组成相同,溶液不能用普通蒸馏方法分离。当 $\alpha>1$,$y>x$,即平衡气相中易挥发组分含量大于液相中易挥发组分的含量,此溶液可用蒸馏方法分离。$\alpha$ 愈大,表明两组分的挥发度差别愈大,愈容易分离。

当 $\alpha<1$ 时,表示组分 A 为难挥发组分。习惯上将 A 作为易挥发组分,故通常 $\alpha>1$。相对挥发度对相平衡曲线的影响见图 7-4(总压对相平衡曲线的影响见图 7-5)。因 $\alpha$ 越大,在相同液相组成 $x$ 下其平衡气相组成 $y$ 越大,故图中 $\alpha_2>\alpha_1$。

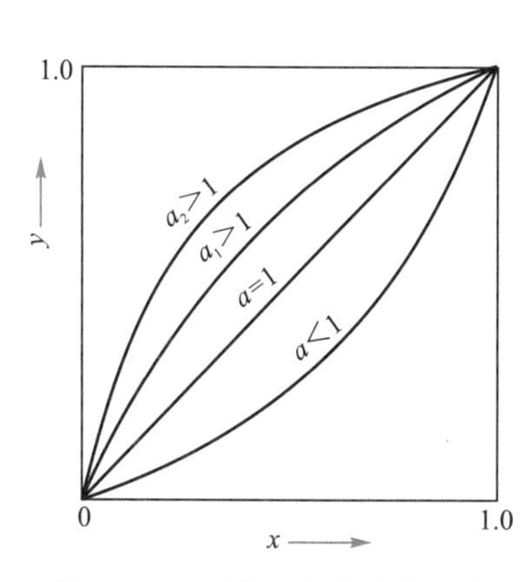


图 7-4　α 对相平衡曲线的影响

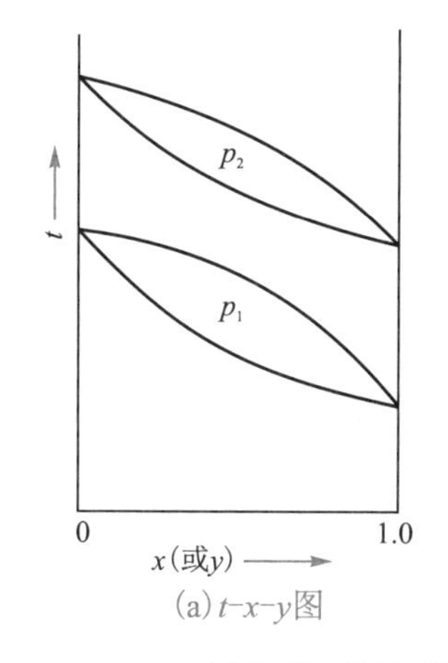


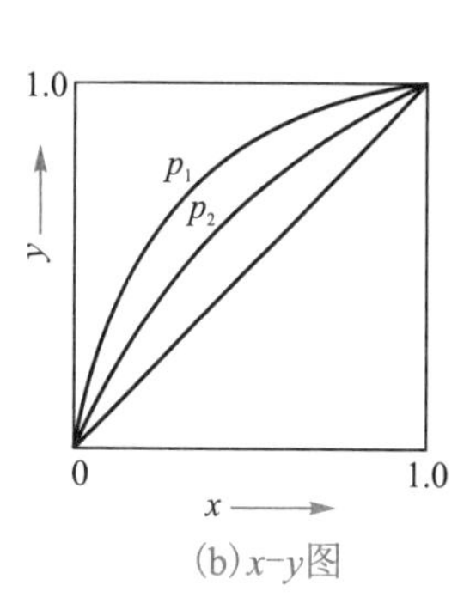


图 7-5　总压对相平衡曲线的影响

【例 7-4】　根据表 7-1 中数据，计算苯-甲苯混合物在常压、不同温度下的相对挥发度 $\alpha_i$，并计算平均相对挥发度。

表 7-1　例 7-4 附表

| 温度/ ℃ | 80.1 | 82.0 | 86.0 | 90.0 | 94.0 | 98.0 | 102.0 | 106.0 | 110.0 | 110.63 |
|---|---|---|---|---|---|---|---|---|---|---|
| $p_A^0$/ kPa | 101.3 | 107.4 | 121.1 | 136.1 | 152.6 | 170.5 | 189.6 | 211.2 | 234.2 | 237.8 |
| $p_B^0$/ kPa | 39.0 | 41.6 | 47.6 | 54.2 | 61.6 | 69.8 | 78.8 | 88.7 | 99.5 | 101.3 |

解：苯-甲苯混合体系可近似按理想体系处理，当温度为 $t$ 时，则有 $\alpha_t=\left(\dfrac{p_A^0}{p_B^0}\right)_t$。

| 温度/ ℃ | 80.1 | 82.0 | 86.0 | 90.0 | 94.0 | 98.0 | 102.0 | 106.0 | 110.0 | 110.63 |
|---|---|---|---|---|---|---|---|---|---|---|
| $p_A^0$/ kPa | 101.3 | 107.4 | 121.1 | 136.1 | 152.6 | 170.5 | 189.6 | 211.2 | 234.2 | 237.8 |
| $p_B^0$/ kPa | 39.0 | 41.6 | 47.6 | 54.2 | 61.6 | 69.8 | 78.8 | 88.7 | 99.5 | 101.3 |
| $\alpha_t$ | 2.60 | 2.58 | 2.54 | 2.51 | 2.47 | 2.44 | 2.41 | 2.38 | 2.35 | 2.347 |

由两端温度的相对挥发度，按几何平均可求得平均挥发度

$$\alpha_m=\sqrt{\alpha_1\alpha_N}=\sqrt{2.6\times2.347}=2.470$$

从相对挥发度数据看，随着温度的升高，相对挥发度略有下降，可以认为不变。所以，工程上计算相平衡关系时，相对挥发度可用平均值代替。

（六）总压对 $t$-$x$-$y$ 图和 $x$-$y$ 图的影响

$t$-$x$-$y$ 图和 $x$-$y$ 图都是在一定总压下绘制的，当总压改变时，其曲线的位置也随之发生变化，图 7-5 表示出总压对相平衡曲线的影响。

图 7-5 中的总压 $p_2$ 大于 $p_1$，当总压增加时，A、B 混合物的泡点温度升高，$t$-$x$-$y$ 图中泡点线和露点线上移，气液两相区变窄，因此，$x$-$y$ 图中平衡曲线向对角线靠近。可见，压强提高，物系的泡点温度和露点温度均提高，相对挥发度变小，蒸馏分离变得困难；反之，总压降低，物系就容易分离。

## 二、非理想物系的气液相平衡

理想溶液是实际溶液的简化模型,实际生产中遇到的溶液多数为非理想溶液。对非理想溶液而言,其平衡状态参数主要来自工程手册、实验测定或借助经验关联式计算。非理想物系分类如下:

1. 液相是理想溶液,气相为非理想气体,但是理想的气体混合物。

2. 气相是理想气体或接近于理想气体的混合物,而液相是非理想溶液。

3. 气、液两相都是非理想的。这类体系最为复杂,在两相的计算中均需进行非理想性的校正。

非理想溶液分为正偏差的溶液和负偏差的溶液两种。实际溶液以正偏差居多。

### (一)具有正偏差的溶液

当溶液中不同组分分子间的作用力 $f_{AB}$ 小于同种分子间的作用力 $f_{AA}$ 和 $f_{BB}$ 时,不同组分分子间的排斥倾向占主导地位。在相同温度下,溶液上方各组分的蒸气分压均大于采用拉乌尔定律的计算值,这种混合液对拉乌尔定律具有正偏差,称为正偏差的溶液。如图 7-6(a)所示的乙醇-水混合液的 $p-x$ 图,图中虚线 $OA$、$BC$ 分别按拉乌尔定律计算值所绘,虚线 $BA$ 代表式(7-6)计算出的总压,而相应的实线由实验值标绘。从图中可见,蒸气分压的实际值较拉乌尔定律预计的值为高。另外,甲醇-水、正丙醇-水等都属于正偏差的溶液。

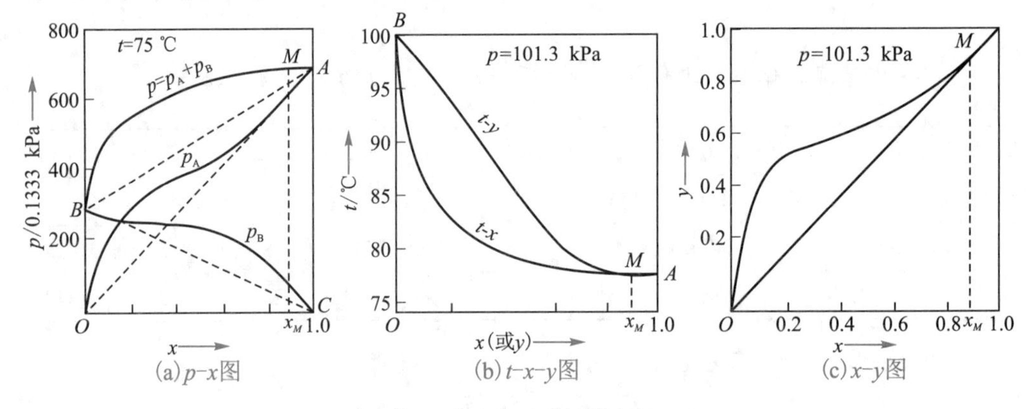


图 7-6 乙醇-水溶液的相图

对于某些正偏差的溶液,当偏差大到一定程度,致使溶液在某一组成时其两组分的蒸气压之和出现最大值。因此,在一定外压下,此种组成的溶液其泡点较两纯组分的沸点都低,称为具有最低恒沸点的溶液,此即为最大正偏差。如图 7-6(b)所示,在 $p=101.3$ kPa 下,当组成 $x_M=0.894$(摩尔比)时,有最低恒沸点 $t_M=78.15$ ℃,而乙醇和水的沸点分别为78.3 ℃ 和 100 ℃。图中 $M$ 表示最低沸点,由于 $t-y$ 图与 $t-x$ 图在 $M$ 点相切,故点 $M$ 处的气液组成相等,从图 7-6(c)的 $x-y$ 可见,$M$ 点位于对角线上,说明 $y=x$、$\alpha=1$,蒸馏 $x_M=0.894$ 的溶液时,其组成不变,故其沸腾温度 $t_M$ 也保持恒定,因此称 $x_M$ 为恒沸组成,具有恒沸组成的混合物称为恒沸物。因 $\alpha=1$,很显然,在常压下不能用普通蒸馏方法

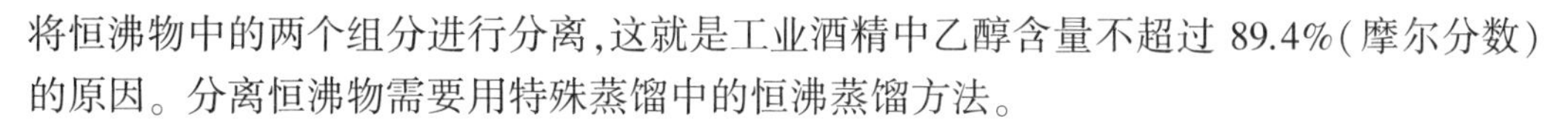

将恒沸物中的两个组分进行分离，这就是工业酒精中乙醇含量不超过 89.4%（摩尔分数）的原因。分离恒沸物需要用特殊蒸馏中的恒沸蒸馏方法。

（二）具有负偏差的溶液

当溶液中不同组分分子间的作用力较同种组分分子间的作用力都要大时，分子间吸引力增大，使溶液中两组分的平衡分压较拉乌尔定律所预计的为低，这种混合液对拉乌尔定律具有负偏差，称为负偏差的溶液。例如，苯酚-苯胺物系、氯仿-丙酮物系。

对于某些负偏差的溶液，当负偏差大到一定程度，致使溶液在某一组成时，其两组分的蒸气压之和出现最小值，会出现最低蒸气压点和相应的最高恒沸点，此即为最大负偏差。如图 7-7 所示的硝酸-水溶液。由图可见，在 $p=101.3$ kPa 下，恒沸组成 $x_M=0.383$，最高恒沸温度 $t_M=121.9$ ℃，比水的沸点（100 ℃）与纯硝酸的沸点（86 ℃）均高。

需要注意的是，非理想溶液并非都具有恒沸点。只有非理想性足够大，偏差出现最高或最低值时，才有恒沸点。具有恒沸点的溶液在总压改变时，$t-x$ 图与 $t-y$ 图不仅上下移动，而且形状也可能变化，即恒沸组成可能变动。

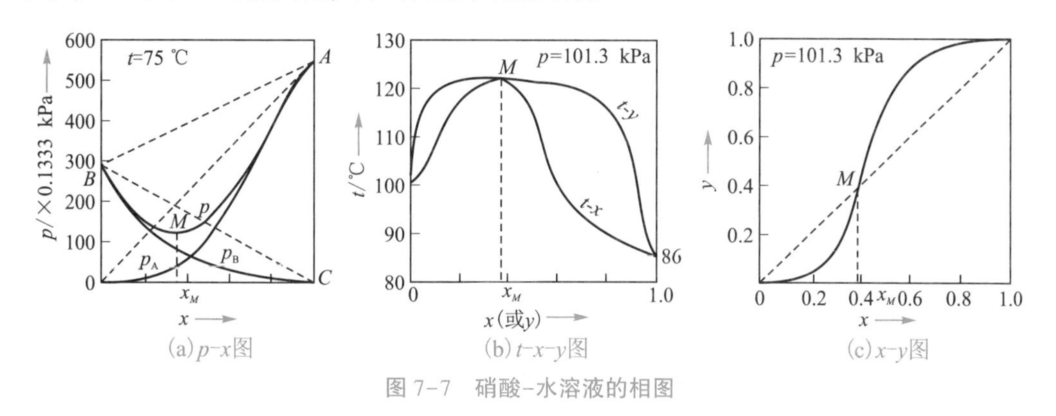


图 7-7 硝酸-水溶液的相图

## 第三节 单级蒸馏过程

### 一、简单蒸馏

（一）简单蒸馏装置

简单蒸馏也称微分蒸馏、瑞利蒸馏，是历史上最早应用的蒸馏方法，流程如图 7-8 所示。将组成为 $x_F$ 的原料液一次性送入蒸馏釜中，在一定压强下将其加热至料液的泡点，并使之沸腾汽化，再将汽化得到的气体引入冷凝器，冷凝成馏出液，放入容器。因为蒸出的馏出液中易挥发组分的含量先高后低，不断变化，为了分别收集不同浓度的馏出液，可以设置若干个馏出液容器，得到不同组成的塔顶产品。当蒸馏釜内液体组成降至规定值时，停止操作，釜液一次排出，再进行下一批原料液的分离。

简单蒸馏是间歇操作的非定态过程。简单蒸馏过程的任何瞬间，易挥发组分的气相

组成 $y$ 与釜液中易挥发组分的液相组成 $x$ 处于相平衡状态,如图 7-9 所示。随着蒸馏的进行,釜液量不断减少,$x$ 和 $y$ 不断下降,对应的釜液温度不断升高。

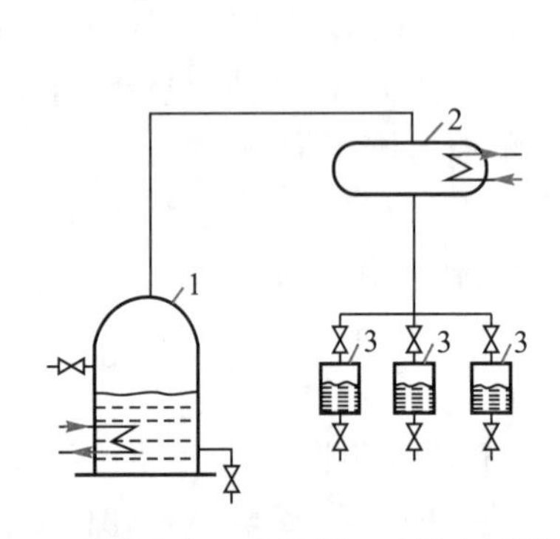


1—蒸馏釜;2—冷凝器;3—馏出液罐

图 7-8　简单蒸馏装置

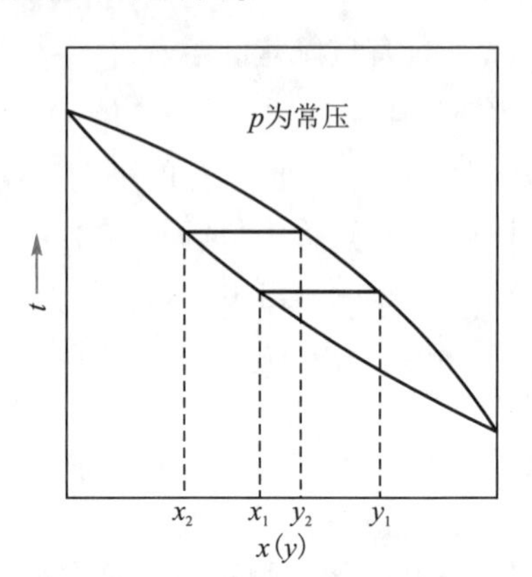


图 7-9　简单蒸馏过程在 $t$-$x$-$y$ 图上的变化关系

简单蒸馏的分离效果不高,对混合液只能进行有限程度的分离,不能达到高纯度分离的要求。因此,只有两组分的相对挥发度很大时,才能得到比较好的分离效果,所以通常只能用作粗分或初步分离。例如,从含乙醇不到 10°(表示乙醇在溶液中的体积百分数)的发酵醪液经简单蒸馏只能得到 50°左右的烧酒。

阅读材料
瑞利简介

## (二)简单蒸馏计算

因简单蒸馏为非稳态过程,虽然瞬时形成的蒸气与釜内液相可视为互呈平衡,但气相的总组成并不与剩余的釜液呈平衡。简单蒸馏只能进行微分计算。设在 $d\tau$ 微分时间内蒸出物料量为 $dn_W$,釜内液体组成相应地由 $x$ 降为 $x-dx$,对易挥发组分作物料衡算,可得

$$n_W x = y dn_W + (n_W - dn_W)(x - dx)$$

略去二阶无穷小,上式可写为

$$\frac{dn_W}{n_W} = \frac{dx}{y-x} \tag{7-18}$$

式中　$n_W$——釜内瞬时残液量,kmol;

$x$——釜残液中易挥发组分的瞬时摩尔分数;

$y$——气相中易挥发组分的瞬时摩尔分数。

将上式积分,得

$$\int_{n_{W2}}^{n_{W1}} \frac{dn_W}{n_W} = \int_{x_2}^{x_1} \frac{dx}{y-x}$$

$$\ln \frac{n_{W1}}{n_{W2}} = \int_{x_2}^{x_1} \frac{dx}{y-x} \tag{7-19}$$

式中　$n_{W1}$,$n_{W2}$——蒸馏开始、结束时的釜液量,kmol;

$x_1$,$x_2$——蒸馏开始、结束时釜液中易挥发组分的摩尔分数。

式(7-19)也称为瑞利方程。

对二元理想溶液，$y$ 与 $x$ 的相平衡关系可由 $y=\dfrac{\alpha x}{1+(\alpha-1)x}$ 来表示，代入式(7-19)中，积分并整理，可得

$$\ln\frac{n_{W1}}{n_{W2}}=\frac{1}{\alpha-1}\left(\ln\frac{x_1}{x_2}+\alpha\ln\frac{1-x_2}{1-x_1}\right) \tag{7-20}$$

简单蒸馏所获得的产品量 $n_D$ 等于蒸馏过程中釜液减少的总量，其组成为蒸出气相组成的平均值$\overline{x_D}$，即

$$n_D=n_{W1}-n_{W2} \tag{7-21}$$

$$\overline{x_D}=\frac{n_{W1}x_1-n_{W2}x_2}{n_D} \tag{7-22}$$

【例 7-5】一蒸馏釜中装有含苯0.6、甲苯0.4(均为摩尔分数)的混合液。如果要使残液中甲苯含量达到0.8，求原料应蒸出百分之多少才能实现。已知操作压力为 121 kPa(绝压)，物系的平均相对挥发度可近似取 $\alpha=2.41$。

解：将 $\alpha=2.41$、$x_1=0.6$、$x_2=1-0.8=0.2$代入式(7-20)，得

$$\ln\frac{n_{W1}}{n_{W2}}=\frac{1}{2.41-1}\left(\ln\frac{0.6}{0.2}+2.41\ln\frac{1-0.2}{1-0.6}\right)=1.963$$

$$\frac{n_{W1}}{n_{W2}}=7.127$$

$$\frac{n_D}{n_{W1}}=\frac{n_{W1}-n_{W2}}{n_{W1}}=1-\frac{1}{7.127}=0.86$$

所以，将原料蒸出 86%时，即可实现以上目标。

## 二、平衡蒸馏

### (一)平衡蒸馏装置

如图 7-10 所示，经加压后的原料液被连续地加入间接加热器 1 中，加热至指定温度后经节流阀(减压阀)急剧减压至规定压力后进入蒸馏罐。在蒸馏罐中，由于压强突然降低，原料液瞬间成为过热状态而产生自蒸发即闪蒸，部分液体迅速汽化，形成互呈平衡的

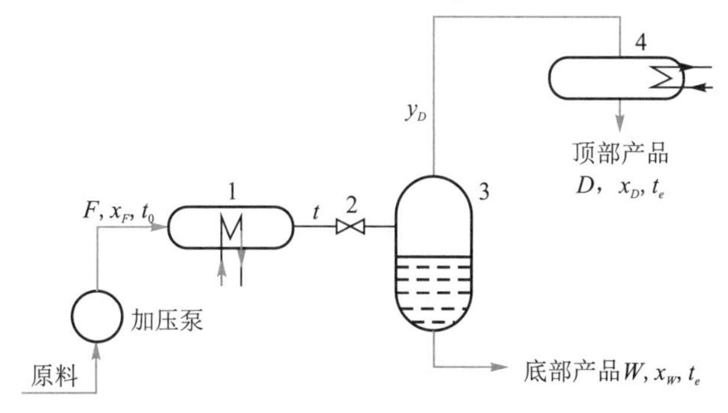


1—加热器；2—节流阀；3—分离器；4—冷凝器

图 7-10　平衡蒸馏装置

气液两相进入蒸馏罐中,气相上升由顶部流出,经冷凝器冷凝为液体,其中易挥发组分含量较高,为顶部产品;与气相平衡的液体由底部排出,其中难挥发组分含量较高,为底部产品。

平衡蒸馏为定态连续操作,离开蒸馏罐的气、液两相处于平衡状态。平衡蒸馏仅适用于大批量生产且物料只需粗分的场合,经常作为精馏的一种预措施。例如,在石油工业中使用的某管式炉系统中,原油在 167 ℃、约 900 kPa 下进入,247 ℃、400 kPa 下离开,约 15%被部分汽化,然后进入精馏系统。

### (二)平衡蒸馏过程的计算

对双组分平衡蒸馏系统,总物料衡算和易挥发组分的物料衡算为

$$F=L+V \tag{7-23}$$

$$Fx_F=Lx+Vy \tag{7-24}$$

相平衡关系:

$$y=\frac{\alpha x}{1+(\alpha-1)x}$$

式中 $F,x_F$——进料的摩尔流量(kmol/h)及摩尔分数;

$L,x$——平衡蒸馏获得的液相摩尔流量(kmol/h)及摩尔分数;

$V,y$——平衡蒸馏获得的气相摩尔流量(kmol/h)及摩尔分数。

联立式(7-23)和式(7-24),可得以下关系式

$$y=\frac{q}{q-1}x-\frac{x_F}{q-1} \tag{7-25}$$

式中 $q$——$q=L/F$,为液相产物占进料的分数,称为液化率,则汽化率 $V/F=1-q$。

该式即为平衡蒸馏的操作线方程。

【例 7-6】常压下将含苯 50%(摩尔分数,下同)和甲苯 50%的混合液进行平衡蒸馏。物系的相对挥发度为2.47。设气化率为 2/3,试求此时气液两相产物的组成。

解:已知 $x_F=0.5$,气化率 $q=1-2/3=1/3$

于是

$$y=\frac{q}{q-1}x-\frac{x_F}{q-1}=\frac{\frac{1}{3}}{\frac{1}{3}-1}x-\frac{0.5}{\frac{1}{3}-1}=-0.5x+0.75$$

相平衡方程为

$$y=\frac{\alpha x}{1+(\alpha-1)x}=\frac{2.47x}{1+1.47x}$$

联立上述二式,可得平衡蒸馏的两相组成 $x=0.353\ 0,y=0.573\ 5$。

【例 7-7】常压下将含苯 50%(分数,下同)和甲苯 50%的混合液进行蒸馏分离,原料处理量为 100 kmol/h。物系的平均相对挥发度为2.5,汽化率为 40%,试求:(1)平衡蒸馏的气相组成;(2)简单蒸馏的馏出液量及其平均组成。

解:(1)平衡蒸馏

由题意知,液化率为

$$q=1-0.4=0.6$$

操作线方程为

$$y=\frac{q}{q-1}x-\frac{x_F}{q-1}=\frac{0.6}{0.6-1}x-\frac{0.5}{0.6-1}=1.25-1.5x \tag{a}$$

相平衡方程为

$$y=\frac{\alpha x}{1+(\alpha-1)x}=\frac{2.5x}{1+1.5x} \tag{b}$$

联立式(a)和式(b),可得平衡气液相组成

$$x=0.41, y=0.635$$

(2)简单蒸馏

由题意知,馏出液的量为

$$n_D=0.4n_{W1}=0.4\times100=40\ \text{kmol}$$

$$n_{W2}=n_{W1}-n_D=100-40=60\ \text{kmol}$$

根据式(7-20),便可求出釜残液组成,即

$$\ln\frac{n_{W1}}{n_{W2}}=\frac{1}{\alpha-1}\left(\ln\frac{x_F}{x_2}+\alpha\ln\frac{1-x_2}{1-x_F}\right)$$

解得 $x_2=0.387$

由式(7-22)计算馏出液的平均组成

$$\overline{x_D}=\frac{n_{W1}x_1-n_{W2}x_2}{n_D}=\frac{100\times0.5-60\times0.387}{40}=0.669\ 5$$

从以上计算可以看出,相同的汽化率,简单蒸馏比平衡蒸馏分离效果好。

# 第四节 精馏原理

## 一、精馏原理

平衡蒸馏仅通过一次部分汽化,只能部分地分离混合液中的组分,若进行多次的部分汽化和多次部分冷凝,便可使混合液中各组分几乎完全分离,这就是精馏操作的基础。

### (一)多次部分汽化和多次部分冷凝

设想如图 7-11 所示的多次部分汽化和多次部分冷凝流程。组成为 $x_F$ 的原料液经加热器加热至温度为 $t_1$,进入分离器 1 中,由于混合液体中各组分的挥发度不同,当在一定温度下部分汽化时,低沸点物在气相中的浓度较液相高,而液相中高沸点物的浓度较气相高。于是,通过一次部分汽化,产生数量为 $V_1$、组成为 $y_1$的气相,以及与数量为 $L_1$、组成为 $x_1$的液相,两相互呈平衡,且必有 $y_1>x_F>x_1$,见图 7-12。

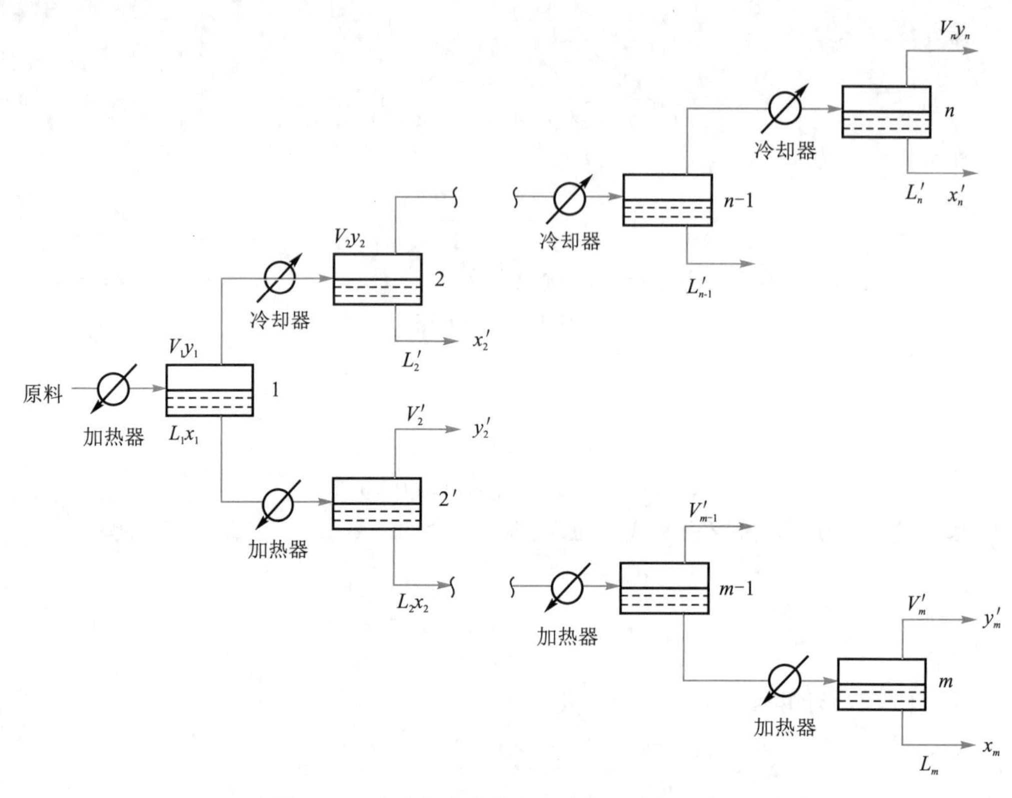


图 7-11　多次部分汽化和多次部分冷凝示意图

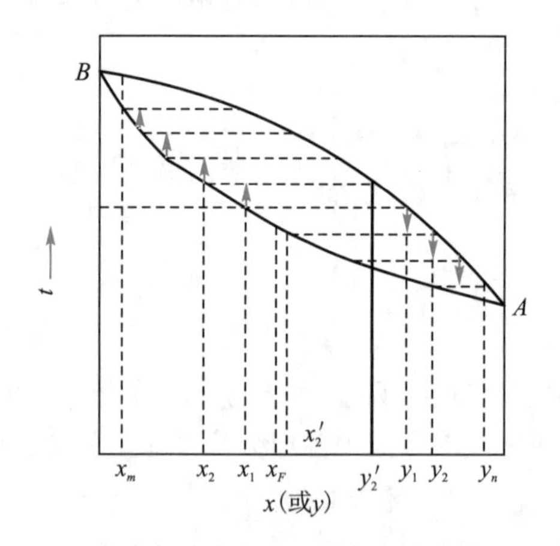


图 7-12　多次部分汽化和多次部分冷凝的 $t-x-y$ 图

组成为 $y_1$ 的蒸气经冷却后送入分离器 2 中部分冷凝，此时产生气相组成为 $y_2$ 与液相组成为 $x_2'$ 的平衡两相，且 $y_2>y_1$，但 $V_2<V_1$，这样部分冷凝的次数(即级数)越多，所得气相中易挥发组分含量就越高，最后可得到几乎纯的易挥发组分。$y_1<y_2<\cdots<y_n$，但 $V_1>V_2>\cdots>V_n$，即最终的组成 $y_n$ 接近于纯的易挥发组分，所得到的气相量则越来越少。

同理，若将分离器 1 所得到的组成为 $x_1$ 的液体加热，使之部分汽化，在分离器 2′中得到 $y_2'$ 与 $x_2$ 成平衡的气、液两相，且 $x_2<x_1$，但 $L_2<L_1$，这样部分汽化的次数越多，所得到的

液相中易挥发组分的含量就越低，最后可得到几乎纯的难挥发组分。$x_1>x_2>\cdots>x_m$，但 $L_1>L_2>\cdots>L_m$。

由此可见，每一次部分汽化和部分冷凝，都使气液两相的组成发生了变化，而同时多次进行部分汽化和多次部分冷凝，就可将混合液分离为纯的或比较纯的组分。但是，图 7-11 所示的实现多次部分汽化和冷凝所使用的设备过于庞杂，设备费用极高；部分汽化需要加入热量，而部分冷凝又需要取走热量，因此能量消耗也非常大；更重要的，每经一次部分汽化和冷凝都会产生一部分中间物流，使最终得到的纯产品的量极少。为了改善上述缺点，可将中间产物返回前一分离器中去，如图 7-13 所示，即将部分冷凝的液体 $L_2'$、…、$L_n'$及部分汽化的蒸气 $V_2'$、…、$V_m'$分别送回它们前一分离器中。为得到回流的液体 $L_n'$，图 7-13 上半部最上一级需设置部分冷疑器；为得到上升的蒸气 $V_m'$，图 7-13 下半部最下一级需设置部分汽化器。这样就使整个流程改进成"精馏"流程，它具有以下特点：

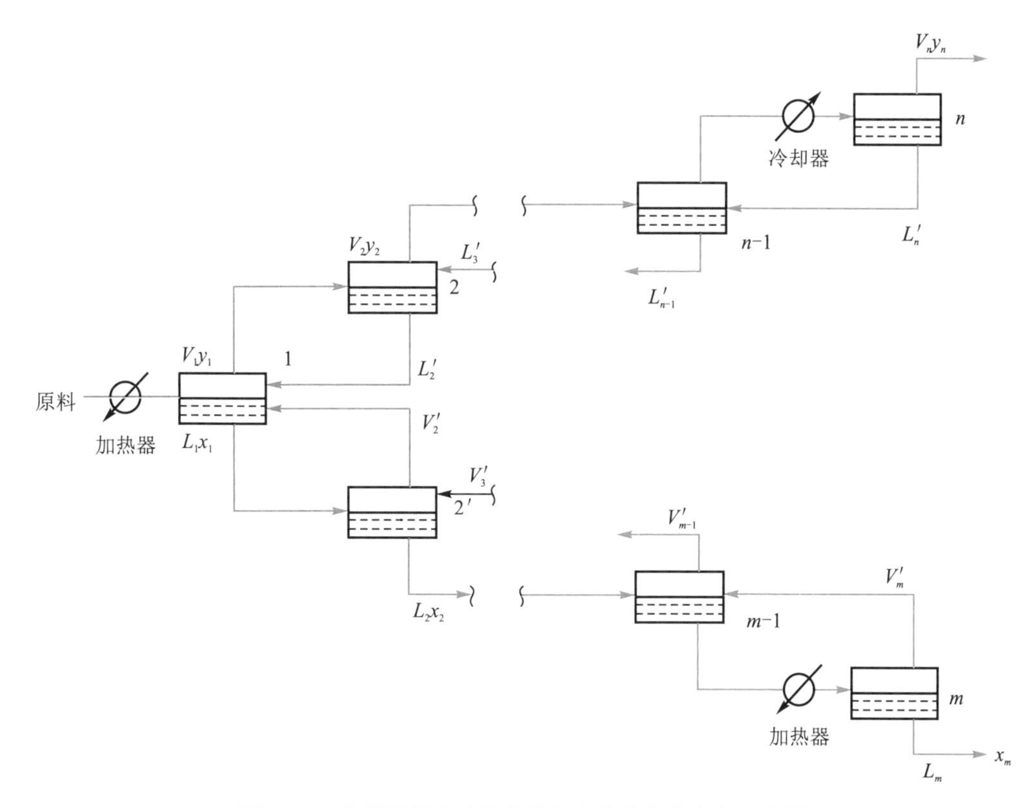


图 7-13　有回流的多次部分汽化和多次部分冷凝示意图

① 原来单纯的分离器变成了混合分离器，即由两股物流（一股液流，一股气流）进入，混合后并形成新的两股相平衡的气液物流离开分离器。

② 由于较热的蒸气流与较冷的液流相接触，蒸气部分冷凝放出的热量用于加热液流使之部分汽化，于是可以充分利用物流本身的焓变交换热量，省去了中间冷却器与中间加热器。

③ 由于取消了中间物流的引出，经过多次部分冷凝的气相物料 $y_1$、$y_2$、…、$y_n$，不仅其

中轻组分浓度越来越高,而且物流量变化不大;同理,经多次部分汽化的液相物流,其中轻组分浓度越来越低,但物流量变化不大。因此,可以得到足够数量的较高纯度的产品。

④ 从整个系统看,总有液相从上而下流过各个混合器,这称为液相回流;也总有气相从下而上流过混合分离器,这称为气相回流。回流是精馏的基本特征和工程手段,在气液两相不断地混合、接触、分离中,既发生相间热量传递,同时也发生相间质量传递,轻组分不断转移到上升气相中,而重组分则不断转移到下降液相中,在塔顶和塔底可以同时得到两个纯组分产品,这就是精馏的实质。因此,精馏属于双向相际传质过程,而吸收属于单向相际传质过程,这就是精馏与吸收的区别。

## 二、连续精馏操作流程

工业生产中常常采用图 7-14 的流程进行精馏操作。

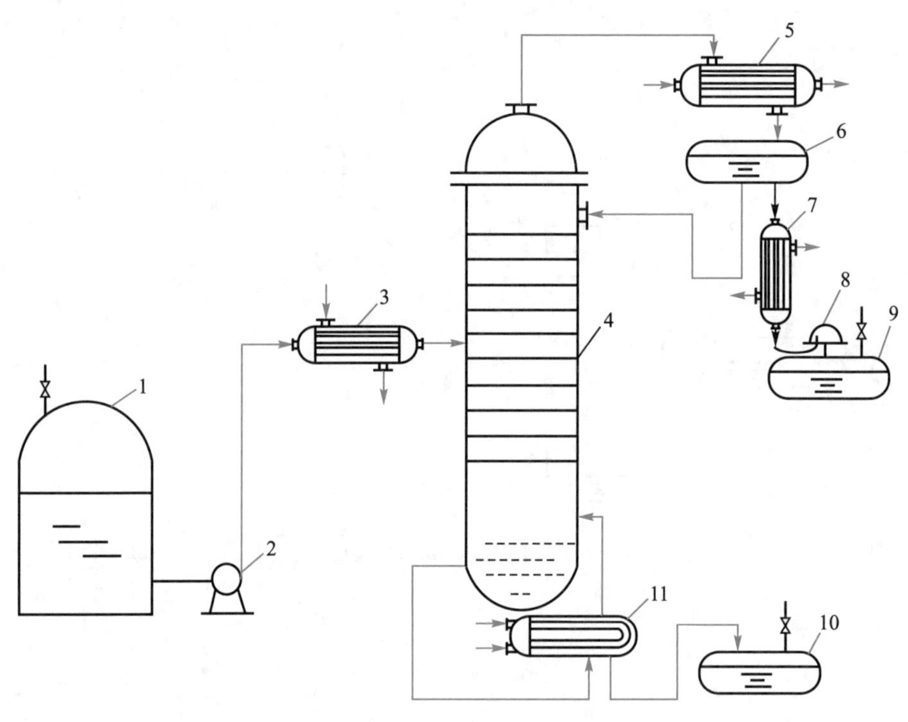


1—原料液贮槽;2—加料泵;3—原料预热器;4—精馏塔;5—冷凝器;6—冷凝液贮槽;7—冷却器;8—观测罩;9—馏出液贮槽;10—残夜贮槽;11—再沸器

图 7-14 连续精馏装置流程图

如图 7-14 所示,用泵将原料液从贮槽送至原料预热器,加热至一定温度后进入精馏塔的中部。料液在进料板上与自塔上部流下的回流液体汇合,逐板溢流,最后流入塔底再沸器中。在再沸器内液体被加热至一定温度,使之部分汽化,残液作为塔底产品,而将汽化产生的蒸气引回塔内作为塔底气相回流。气相回流依次上升通过塔内各层塔板,在塔板上与液体接触进行热质交换。从塔顶上升的蒸气进入冷凝器被全部冷疑,并将一部分冷凝液作为塔顶回流液体,其余部分经冷却器送入馏出液贮槽作为塔顶产品。

通常,将原料液进入的那层板称为进料板,进料板以上的塔段称为精馏段,其主要任务是使上升气相中轻组分不断增浓,以获得高纯度的塔顶产品;进料板以下的(包括进料板)的塔段称为提馏段,主要是使下降液体中轻组分不断被提出,以获得富含重组分的残液。如果只采用塔顶液相回流(无塔底的上升蒸气),即只有精馏段,则只能得到纯易挥发组分产品和组成接近于原料液的混合物;如果只采用塔底气相回流(无塔顶液相回流),即只有提馏段,则只能得到纯难挥发组分产品和组成接近原料液的混合物。

在以上的流程中,用若干块塔板取代了中间各级(即图 7-13 中的混合分离器),可见塔板具有非常重要的作用。

(一)塔板的作用

任取精馏塔内相邻的三块塔板:第 $n-1$ 板、第 $n$ 板和第 $n+1$ 板,各板的温度与对应的组成如图 7-15(a)所示。且令 $y_{n-1}^*$ 为从第 $n-1$ 板流下的、组成为 $x_{n-1}$ 的液体相平衡的气相组成,而 $x_{n+1}^*$ 为与 $n+1$ 板上升的、组成为 $y_{n+1}$ 的气体相平衡的液相组成,如图 7-15(b)的 $t-x-y$ 图所示。

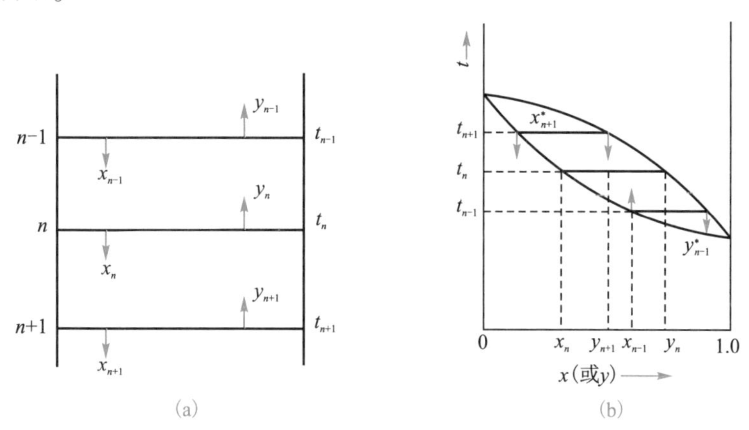


图 7-15 相邻塔板上的温度与组成

从精馏塔的总体看,塔顶物料轻组分较多,其温度较低;塔釜物料难挥发组分较多,其温度较高,故必有 $t_{n+1}>t_n>t_{n-1}$,见图 7-15(b)。从第 $n-1$ 板下降的液相组成为 $x_{n-1}$,温度较低而轻组分含量较高;从 $n+1$ 板上升的气相组成为 $y_{n+1}$,温度较高而重组分的含量较高。两者在第 $n$ 板上相遇,前者发生部分汽化而后者发生部分冷凝。由于 $x_{n-1}>x_{n+1}^*$,$y_{n-1}^*>y_{n+1}$,按传质推动力(浓度差)关系,低沸点组分由液相转移至气相,气相中易挥发组分增浓,即经过第 $n$ 板,气相组成由 $y_{n+1}$ 变为 $y_n$,且 $y_n>y_{n+1}$;与此同时,高沸点组分由气相转入液相,液相中难挥发的组分增浓,即经过第 $n$ 板,液相组成由 $x_{n-1}$ 变为 $x_n$,且 $x_n<x_{n-1}$。若第 $n$ 板上相遇的两相物质接触充分,则离开第 $n$ 板的气液两相组成 $y_n$ 与 $x_n$ 达到平衡,温度均为 $t_n$,此板即为理论板。

经过一块板,上升蒸气中轻组分和下降液体中重组分分别同时得到一次提浓,经过的塔板数越多,提浓程度越高。通过整个精馏塔,在塔顶可以得到高纯度的易挥发组分,塔釜得到高纯度的难挥发组分。概括地说,每一块塔板是一个混合分离器,进入塔板的气流和液流之间同时发生传热和传质过程,气相物流发生部分冷凝,同时放出热量使液流升温并部分汽化,结果使两相各自得到提浓。

### (二)精馏过程的回流

精馏过程的回流包括塔顶的液相回流及塔釜的气相回流,作用是保证每块塔板上都有足够数量和一定组成的下降液流和上升气流。回流既是构成气、液两相传质的必要条件,又是维持精馏操作连续稳定的必要条件。

#### 1.塔顶液相回流

要保证每块塔板上有下降液流,必须从塔顶加入一股足够数量并富含轻组分的液体,这股液体就称为塔顶液相回流。产生塔顶液相回流通常有以下三种方法:

(1)泡点回流　塔顶冷凝器采用全凝器,从塔顶第一块塔板上升的组成 $y_1$ 的蒸气在全凝器中全部冷凝成组成为 $x_D$ 的饱和液体,即有 $y_1=x_D$,其中部分作为塔顶产品,另外一部分引回塔顶作为回流液,这种回流称为泡点回流,如图 7-16 所示。

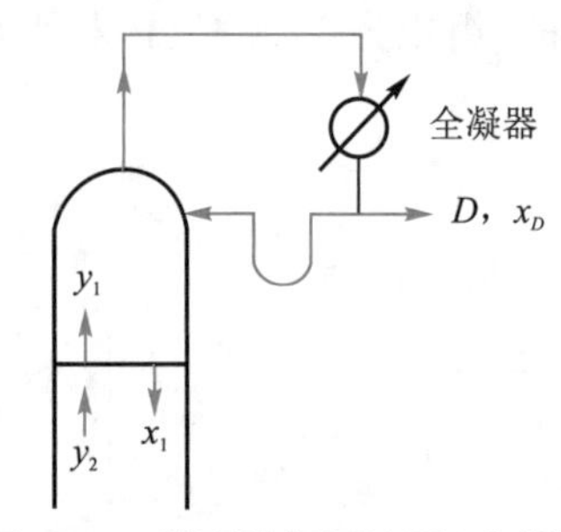


图 7-16　塔顶液相回流图(全凝器)

(2)冷液回流　将全凝器得到的组成为 $x_D$ 的饱和液体进一步冷却后再部分引回塔内作为塔顶回流液。由于回流液体温度较低,使上升气相冷凝量增加,下降液体量增加,板上蒸气提浓程度增加,但热能损耗也增加。

(3)分凝器液相回流　塔顶第一块板上升的组成为 $y_1$ 的蒸气在分凝器中部分冷凝,得到平衡的气液两相组成为 $y_0$ 和 $x_0$,其中液相组成为 $x_0$ 的液体回流入塔顶作为液相回流,气相组成为 $y_0$ 的蒸气经全凝器全部冷凝得到组成为 $x_D$ 的塔顶产品,且 $x_D=y_0$,如图 7-17 所示。

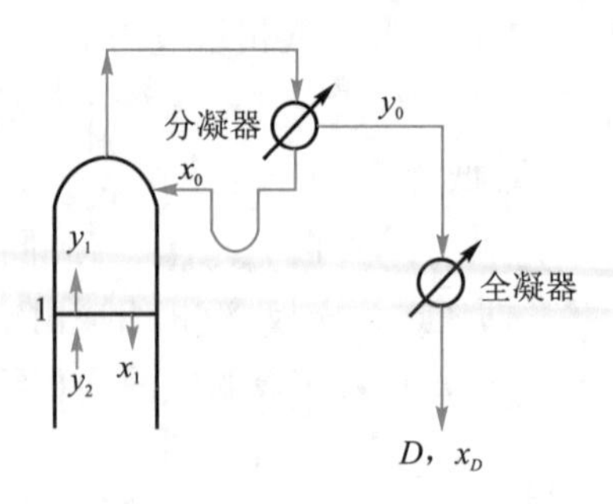


图 7-17　塔顶液相回流图(分凝器)

2.塔釜气相回流

为了使每一块塔板上都有上升气流，还必须从塔底连续不断地提供富含重组分的上升蒸气，成为塔釜回流。上升蒸气的产生是通过加热塔釜的液体实现的。

塔釜液体的加热方式分为间接蒸汽加热和直接蒸汽加热，如图 7-18 所示。间接蒸汽加热是在塔釜内放置换热器，换热器内通入水蒸气，加热釜中的液体，使之部分汽化，水蒸气与釜内液体不接触，这种加热方式称为间接蒸汽加热。生产规模较大时，通常使用设置在塔外的称作再沸器的换热器代替塔釜加热器，如图 7-14 所示。间接蒸汽加热使用较为广泛。直接蒸汽加热是将水蒸气直接加入塔釜以汽化釜液，水蒸气与釜内液体直接接触。精馏某种轻组分与水的混合液，当塔釜的水为废料时，可采用直接蒸汽加热，如分离乙醇-水溶液。没有特别注明，以下提到的加热方式均为间接蒸汽加热。

加热到一定温度，塔釜内液体部分汽化，产生组成为 $y_W$ 的蒸气作为气相回流，组成为 $x_W$ 的液体作为塔底产品，如图 7-18(a)所示。$y_W$ 与 $x_W$ 符合相平衡关系。

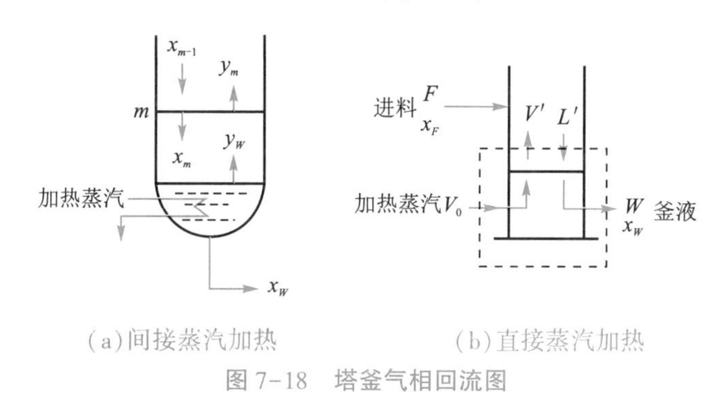


(a)间接蒸汽加热　　(b)直接蒸汽加热

图 7-18　塔釜气相回流图

应该指出，挥发度的差异只是精馏过程的物理化学基础，它并不能直接导致高纯度的分离，只有在精馏过程中采取回流这一措施，才能使这一物理化学原理达到工程应用的目的。

## 第五节　双组分连续精馏的计算

精馏过程中回流液和上升蒸气形成的气、液两相为逆流接触，有两种操作方法：连续逆流和多级逆流。与此相应，采用两类典型设备：填料塔和板式塔。

本节以板式精馏塔为例，讨论物料衡算、理论塔板数的计算、热量衡算。其余将在第八章讨论。

### 一、理论板与恒摩尔流

#### (一)理论板

如前所述，在精馏塔每一块塔板上同时进行着传热与传质。如果进入塔板的气、液两相在塔板上接触良好，并且有足够长的接触时间，然后分离，使离开该板的气液两相达到平衡，则该板为理论板。概括地讲，所谓理论板，指离开该板的蒸气和液体组成达到平衡的塔板,即两相温度相同,两相组成互呈平衡。实际上,除再沸器相当于一块理论板外(塔顶设置分凝器时,分凝器亦相当于一块理论板),塔内各板由于气液两相接触时间短暂、接触面积有限等原因,使得离开塔板的蒸气与液体未能达到平衡。因此,理论板并不存在,但它可以作为衡量实际塔板分离效果的一个标准。在设计计算中,可先求出理论板数,再根据塔板效率的高低来决定实际塔板数。

### (二)恒摩尔流

精馏过程比较复杂,过程的影响因素也很多,为了使计算简化,引入恒摩尔流概念,即精馏段每块塔板上升蒸气的摩尔流量彼此相等,下降液体的摩尔流量也各自相等,提馏段亦然。用数学表达式描述为:

$$V_i = \text{常数}$$

$$L_i = \text{常数}$$

$$V_i' = \text{常数}$$

$$L_i' = \text{常数}$$

式中 $V_i, L_i$——精馏段任意板 $i$ 上升的蒸气、下降的液体摩尔流量,kmol/h;

$V_i', L_i'$——提馏段任意板 $i$ 上升的蒸气、下降的液体摩尔流量,kmol/h。

由于进料的影响,两段上升的蒸气摩尔流量不一定相同,下降的液体摩尔流量亦不一定相等。

恒摩尔流的实质是,在塔板上气液两相接触时,若有 1 kmol 的蒸气冷凝,相应地就有 1 kmol 的液体汽化。因此,恒摩尔流成立的条件是:

① 各组分的摩尔汽化焓相等;

② 气液接触时因温度不同而交换的显热量可以忽略;

③ 塔设备保温良好,热损失可以忽略不计。

在很多情况下,以上三点与实际情况接近。

## 二、全塔物料衡算

在精馏过程达到稳态以后,取图 7-19 所示的虚线所划定的范围对全塔进行物料衡算,从而求出进料量和组成与塔顶、塔釜产品流量及组成之间的关系。

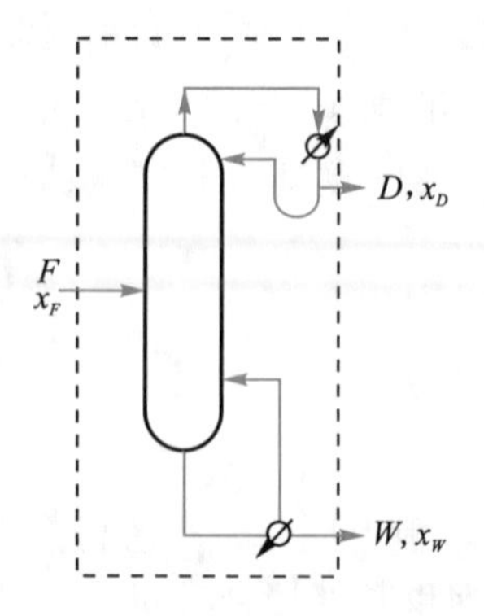


图 7-19 精馏塔的物料衡算

以单位时间(如 1 h)作为物料衡算的基准,则有:

总物料衡算

$$F=D+W \tag{7-26}$$

易挥发组分的物料衡算

$$Fx_F=Dx_D+Wx_W \tag{7-27}$$

式中 $F$——原料液量,kmol/h;

$D$——塔顶馏出液量,kmol/h;

$W$——塔釜残液量,kmol/h;

$x_F$——原料液中易挥发组分的摩尔分数;

$x_D$——馏出液中易挥发组分的摩尔分数;

$x_W$——釜残液中易挥发组分的摩尔分数。

在式(7-26)和式(7-27)中有 6 个变量,若知其中 4 个,便可联立求解其余的 2 个。在设计型计算时,通常已知 $F$、$x_F$ 和分离要求 $x_D$、$x_W$,解出 $D$ 和 $W$。

计算时,流量和组成的单位保持一致。摩尔流量对应摩尔组成,若物料流量以质量流量计,与之对应的是质量百分数。

精馏的分离要求,除用塔顶和塔釜的产品组成表示外,也可用原料中易挥发(或难挥发)组分被回收的百分数表示,称为回收率。

塔顶易挥发组分的回收率 $\eta_D$:

$$\eta_D=\frac{Dx_D}{Fx_F}\times100\% \tag{7-28a}$$

塔釜难挥发组分的回收率 $\eta_W$:

$$\eta_W=\frac{W(1-x_W)}{F(1-x_F)}\times100\% \tag{7-28b}$$

联立式(7-28)与式(7-27)可求得馏出液的采出率 $D/F$ 和釜液采出率 $W/F$,即有

$$\frac{D}{F}=\frac{x_F-x_W}{x_D-x_W} \tag{7-29}$$

$$\frac{W}{F}=\frac{x_D-x_F}{x_D-x_W} \tag{7-30}$$

显然,$\eta_D$、$\eta_W$、$D/F$ 和 $W/F$ 都是相对量,其数值都应在 0 ~ 1。

【例 7-8】将2 500 kg/h、含乙醇 16%(摩尔分数,下同)和含水 84%的混合液在常压连续精馏塔中分离。要求馏出液中含乙醇 83%,釜液含乙醇不高于0.04%,求:(1) 馏出液、釜液的流量及塔顶易挥发组分的回收率和采出率;(2) 欲获得馏出液流量为 30 kmol/h,而保持馏出液组成不变,是否可能?

解:(1) 乙醇的分子式为 $C_2H_2OH$,千摩尔质量为 46 kg;水的千摩尔质量为 18 kg。原料液的平均千摩尔质量为

$$M_F=x_Fm_A+(1-x_F)m_B=0.16\times46+0.84\times18=22.48\ \text{kg/kmol}$$

$$F=\frac{2\ 500}{22.48}=111.21\ \text{kmol/h}$$

由式(7-29)求出采出率：

$$\frac{D}{F}=\frac{x_F-x_W}{x_D-x_W}=\frac{0.16-0.000\ 4}{0.83-0.000\ 4}=0.192$$

由上式求出塔顶馏出液量为

$$D=0.192F=0.192\times111.21=21.35\ \text{kmol/h}$$

由式(7-26)求出塔釜残液量为

$$W=F-D=111.21-21.35=89.86\ \text{kmol/h}$$

由式(7-28a)求出塔顶易挥发组分的回收率

$$\eta_D=\frac{Dx_D}{Fx_F}\times100\%=\frac{21.35\times0.83}{111.21\times0.16}\times100\%=98.7\%$$

(2)已知 $F=111.21$ kmol/h，$D=30$ kmol/h

则

$$W=111.21-30=81.21\ \text{kmol/h}$$

又

$$Fx_F=Dx_D+Wx_W$$

将 $F=111.21$ kmol/h，$D=30$ kmol/h，$x_F=0.16$ kmol/h，$x_D=0.83$ kmol/h，$W=81.21$ kmol/h 代入，得 $x_W<0$，显然不可能。

由此可见，产品采出量增加，其浓度不可能保持不变，只有降低浓度才能保持物料平衡。

## 三、操作线方程

精馏塔由精馏段和提馏段两部分构成，其间的气液流量未必相等，根据恒摩尔流概念，可分别推导其操作线方程。

### (一)精馏段操作线方程

在图 7-20 中虚线所划定的范围(包括精馏段中第 $n+1$ 块塔板以上的塔段及全凝器在内)进行物料衡算。

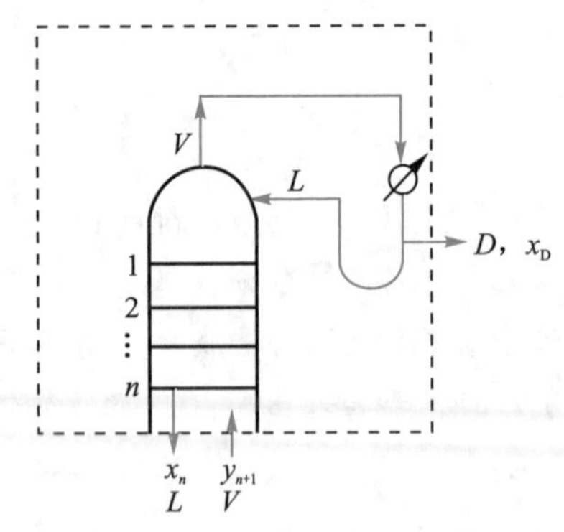


图 7-20　精馏段操作线方程推导示意图

总物料衡算

$$V=L+D \tag{7-31}$$

易挥发组分的物料衡算

$$Vy_{n+1}=Lx_n+Dx_D \tag{7-32}$$

式中　$V$——精馏段内每块塔板上升的蒸气摩尔流量,kmol/h;

$L$——精馏段内每块塔板下降的液体摩尔流量,kmol/h;

$y_{n+1}$——从精馏段第 $n$+1 板上升的蒸气组成,摩尔分数;

$x_n$——从精馏段第 $n$ 板下降的液体组成,摩尔分数。

将式(7-32)两边同除以 $V$,得

$$y_{n+1}=\frac{L}{V}x_n+\frac{D}{V}x_D \tag{7-33}$$

将式(7-31)代入式(7-33)中,得

$$y_{n+1}=\frac{L}{L+D}x_n+\frac{D}{L+D}x_D \tag{7-33a}$$

将上式等号右端各项分子分母同除以 $D$,得

$$y_{n+1}=\frac{L/D}{L/D+1}x_n+\frac{1}{L/D+1}x_D$$

令 $R=L/D$,$R$ 称为回流比,于是上式可写作:

$$y_{n+1}=\frac{R}{R+1}x_n+\frac{x_D}{R+1} \tag{7-34}$$

式(7-33)或式(7-34)称为精馏段操作线方程。它表达了精馏段内任意一板(第 $n$ 板)下降的液体组成 $x_n$ 与其相邻的下一板(第 $n$ +1 板)上升的蒸气组成 $y_{n+1}$之间的关系。

若回流比 $R$ 及馏出液量 $D$ 已知,则由 $L=RD$ 及$V=L+D=(R+1)D$ 可直接求出精馏段内液相流量 $L$ 和气相流量 $V$。

在定态连续操作过程中,$D$ 为确定值,$L$、$V$ 均为常数,故精馏段操作线方程为一直线方程。当 $x_n=x_D$ 时,得 $y_{n+1}=x_D$。可见,该直线过对角线上 $a(x_D,x_D)$点,斜率为 $R/(R+1)$,在 $y$ 轴上的截距为 $x_D/(R+1)$,即图 7-21 所示的直线 $ac$。

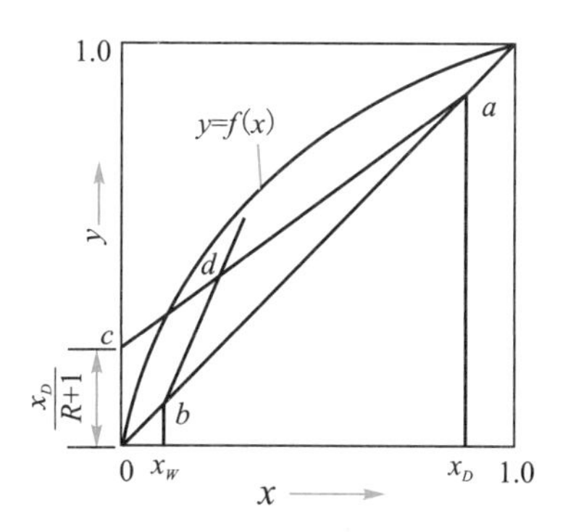


图 7-21　操作线方程图示

## (二)提馏段操作线方程

进料板包括进料板以下的塔段为提馏段。对图 7-22 虚线范围(包括提馏段第 $m$ 块塔板以下塔段及再沸器)作物料衡算。

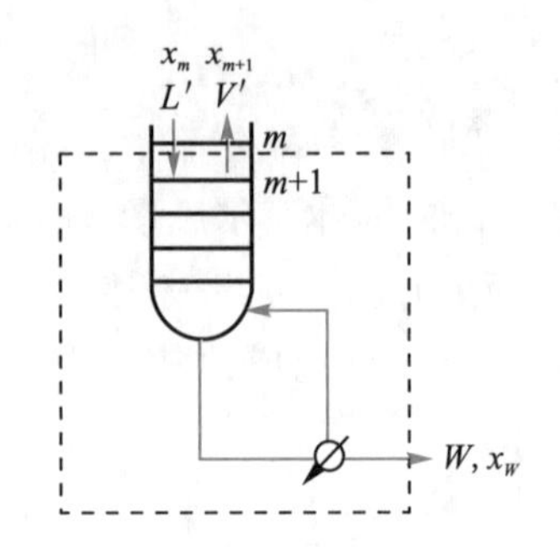


图 7-22 提馏段操作线方程推导示意图

总物料衡算

$$L' = V' + W \tag{7-35}$$

易挥发组分的物料衡算

$$L'x_m = V'y_{m+1} + Wx_W \tag{7-36}$$

式中 $V'$——提馏段内每块塔板上升的蒸气摩尔流量,kmol/h;

$L'$——提馏段内每块塔板下降的液体摩尔流量,kmol/h;

$y_{m+1}$——从提馏段第 $m+1$ 板上升的蒸气组成,摩尔分数;

$x_m$——从提馏段第 $m$ 板下降的液体组成,摩尔分数。

将式(7-36)整理,得

$$y_{m+1} = \frac{L'}{V'}x_m - \frac{W}{V'}x_W \tag{7-37}$$

将式(7-35)代入式(7-37)中,得

$$y_{m+1} = \frac{L'}{L'-W}x_m - \frac{W}{L'-W}x_W \tag{7-38}$$

式(7-37)或式(7-38)称为提馏段操作线方程。它表达了提馏段内任意相邻两塔板间上升的蒸气组成 $y_{m+1}$ 与下降的液体组成 $x_m$ 之间的关系。

在定态连续操作过程中,$W$、$x_W$ 为定值,$L'$、$V'$ 为常数,故提馏段操线亦为一直线。当 $x_m = x_W$ 时,可得 $y_{m+1} = x_W$,即该直线过对角线上 $b$ 点($x_W$,$x_W$),以 $L'/V'$ 为斜率,在 $x$ 轴上的截距为$\frac{Wx_W}{L'}$,即图 7-21 所示的直线 $bd$。由于在 $x$ 轴上的截距一般很小,点 $b$ 与截距点 $d$ 离得很近,作图误差较大。提馏段操作线通常用另一种确定方法,此方法将在下节中学习。

【例 7-9】氯仿和四氯化碳的混合液在一连续精馏塔中进行分离。进入精馏段第 $n$ 块理论板处,气相组成为0.90(摩尔分数,下同),从该板流出的液相组成为0.87。物系的相对挥发度为1.6,精馏段内液气比为 3/4(摩尔比),试求:① 从第 $n$ 板上升的蒸气组成 $y_n$;② 进入第 $n$ 板的液相组成 $x_{n-1}$;③ 若为泡点回流,求回流比,并写出精馏段操作线方程。

解:① 因该板为理论板,故从该板上升的蒸气与下降的液体存在相平衡,即

$$y_n = \frac{\alpha x_n}{1+(\alpha-1)x_n} = \frac{1.6\times0.87}{1+(1.6-1)\times0.87} = 0.915$$

② 对该板进行物料衡算

$$V(y_n-y_{n+1})=L(x_{n-1}-x_n)$$

$$x_{n-1}=\frac{V}{L}(y_n-y_{n+1})+x_n=\frac{4}{3}\times(0.915-0.9)+0.87=0.89$$

③ 由 $L=RD, V=(R+l)D$ 可得

$$\frac{L}{V}=\frac{R}{R+1}=\frac{3}{4}=0.75$$

由上式解出回流比 $R=3.0$。

由精馏段操作线方程式(7-34)得

$$y_{n+1}=\frac{R}{R+1}x_n+\frac{x_D}{R+1}=\frac{3}{4}x_n+\frac{x_D}{4}$$

将 $y_{n+1}=0.90, x_n=0.87$代入上式，解出

$$x_D=0.99$$

于是，该塔精馏段操作线方程为

$$y_{n+1}=0.75x_n+0.248$$

由上式可见，精馏段操作线方程为一直线方程，其斜率为0.75，在 $y$ 轴上的截距0.248。

应该指出，$x_{n-1}$也可以直接由操作线方程求解，即 $y_n$ 与 $x_{n-1}$应满足精馏段操作线方程，将 $y_n$ 代入精馏段操作线方程中，求得 $x_{n-1}=0.89$。此结果与②结果一致。

## 四、进料热状况参数和进料方程

两操作线之交点处为进料板，图 7-21 中的 $d$ 点坐标必定与进料热状况有关，不同的进料热状况会改变 $d$ 点位置，从而影响到操作线(主要是提馏段)的位置。本节讨论进料热状况对操作线的影响，并进一步推导出进料方程(又称 $q$ 线方程)。

进料热状况有以下 5 种：①冷进料，进料为温度低于泡点的过冷液体；②泡点进料，进料为泡点温度的饱和液体；③气液混合进料；④露点进料，进料为露点温度的饱和蒸气；⑤过热蒸气进料，进料为温度高于露点的过热蒸气。实际生产中，接近泡点的冷进料和泡点进料居多。

显然，不同状况下进料的焓值不同，在进料段(进料板上方)混合结果也不同，使得从进料板上升的蒸气量及下降的液体量发生变化。因此，精馏塔内精馏段与提馏段上升的蒸气量及下降的液体量与进料热状况之间存在某种数值上的联系。为此，引入进料热状况参数 $q$。

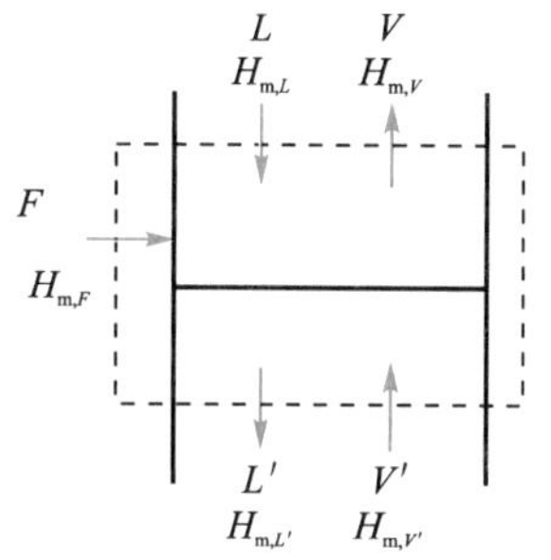


图 7-23 进料板示意图

### (一)进料热状况参数

对进料板做物料衡算和热量衡算，衡算范围见图 7-23 的虚线区域。

物料衡算

$$F+V'+L=V+L' \tag{7-39}$$

或

$$V-V'=F-(L'-L) \tag{7-39a}$$

热量衡算

$$FH_{m,F}+LH_{m,L}+V'H_{m,V'}=VH_{m,V}+L'H_{m,L'} \tag{7-40}$$

式中 $H_{m,F}$——进料状况下原料的摩尔焓,kJ/kmol;

$H_{m,L}$,$H_{m,L'}$——进入进料板和离开进料板的饱和液体摩尔焓,kJ/kmol;

$H_{m,V}$,$H'_{m,V}$——离开进料板和进入进料板的饱和蒸气摩尔焓,kJ/kmol。

因塔内各板上的液体和蒸气均呈饱和状态,相邻两板的温度及气液组成变化不太大,可近似认为

$$H_{m,L}\approx H_{m,L'}\approx \text{原料在饱和液体状态下的摩尔焓}$$

$$H_{m,V}\approx H'_{m,V}\approx \text{原料在饱和蒸气状态下的摩尔焓}$$

将以上关系代入式(7-40)中,可得

$$FH_{m,F}+LH_{m,L}+V'H_{m,V}=VH_{m,V}+L'H_{m,L}$$

整理上式,得

$$(V-V')H_{m,V}=F_{m,F}H_{m,F}-(L'-L)H_{m,L} \tag{7-41}$$

将式(7-39a)代入式(7-41)并整理,得

$$\frac{L'-L}{F}=\frac{H_{m,V}-H_{m,F}}{H_{m,V}-H_{m,L}} \tag{7-42}$$

令

$$q=\frac{H_{m,V}-H_{m,F}}{H_{m,V}-H_{m,L}}=\frac{\text{使原料从进料状况变为饱和蒸气的摩尔焓变}}{\text{原料由饱和液体变为饱和蒸气的摩尔焓变}} \tag{7-43}$$

$q$ 称为进料热状况参数。

对于饱和状态进料,进料状态参数可按下式计算:$q=\dfrac{\text{进料中饱和液体摩尔流量}}{\text{进料的总摩尔流量}}$。根据上式可得:饱和液体进料:$q=1$;饱和蒸气进料:$q=0$;气液混合物进料:$0<q<1$。

### (二)精馏段与提馏段流量之间的关系

将式(7-43)代入式(7-42)中,得

$$L'=L+qF \tag{7-44}$$

将式(7-44)代入式(7-39a)中,得

$$V'=V+(q-1)F \tag{7-45}$$

其中

$$L=RD \quad V=(R+1)D$$

式(7-44)及式(7-45)将精馏塔内精馏段与提馏段下降液体量 $L$、$L'$,上升蒸气量 $V$、$V'$,原料液量 $F$ 以及进料热状况参数 $q$ 关联在一起。

### (三)各种进料热状况下的 $q$ 值

#### 1.冷进料

因原料液温度低于其泡点温度,故 $H_{m,F}<H_{m,L}$,则由式(7-43)知

$$q>1$$

$$q=\frac{H_{m,V}-H_{m,F}}{H_{m,V}-H_{m,L}}=\frac{c_{p,m}(t_S-t_F)+r_c}{r_c} \tag{7-46}$$

式中 $t_S$——进料组成 $x_F$ 下的泡点温度,℃;

$t_F$——进料液体的实际温度,℃;

$c_{p,m}$——进料的平均摩尔比热容,kJ/(kmol·℃);

$r_c$——进料的平均摩尔汽化焓,kJ/kmol。

因 $q>1$,故 $L'>L+F$,$V<V'$,参见图 7-24(a)。

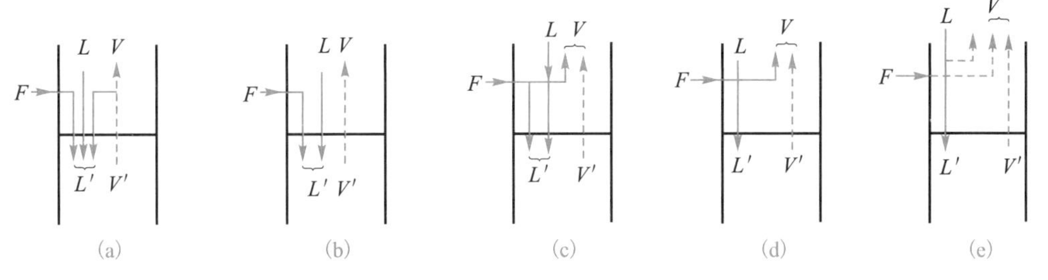


图 7-24 5 种进料热状况对精馏塔内物流量的影响

提馏段内下降液体量 $L'$ 包括以下三部分:

① 精馏段下降的液体量;

② 原料液量;

③ 自提馏段上升的蒸气在加热原料液的过程中,一部分被冷凝进入提馏段的下降液体,由于这部分蒸气的冷凝,使 $V<V'$。

2.泡点进料

此时原料液的温度与其泡点温度相同,即 $t_F=t_S$,代入式(7-46)中可得

$$q=1$$

于是 $L'=L+F$,$V'=V$,参见图 7-24(b)。

进入提馏段的液体量为精馏段下降的液体量与进料量之和,两段上升的蒸气量相等。

3.气液混合进料

因原料已有一部分汽化,故 $H_{m,V}>H_{m,F}>H_{m,L}$,则由式(7-43)知

$$0<q<1$$

由图 7-24(c)可见,流入提馏段的液体量是精馏段下降的液体量与进料中液体量之和,而进入精馏段的蒸气量则是提馏段上升的蒸气量与进料中的蒸气量之和。

对于气液混合进料,$q$ 值可根据物系的 $t-x-y$ 图用杠杆定律确定。

4.饱和蒸气进料

此时 $H_{m,F}=H_{m,V}$,由式(7-43)可知

$$q=0$$

由图 7-24(d)可见,进入精馏段的蒸气量是入塔的饱和蒸气量与提馏段上升的蒸气量之和,而流入提馏段的液体量等于精馏段下降的液体量,即 $V'=V-F$,$L=L'$。

5.过热蒸气进料

此时 $H_{m,F}>H_{m,V}$,由式(7-43)可知

$$q<0$$

$$q=\frac{-c_{p,m}(t_F-t_d)}{r_c}$$

式中 $c_{p,m}$——进料的平均摩尔化热容,kJ/(kmol·℃);

$r_c$——进料的平均摩尔汽化焓,kJ/kmol;

$t_F$——进料液体的实际温度,℃;

$t_d$——进料液体的露点温度,℃。

于是,$V>V'+F$,$L'<L$,见图 7-24(e)。

此时精馏段上升蒸气量包括以下三部分:

① 提馏段上升的蒸气量。

② 原料蒸气量。

③ 从进料温度降低到露点温度时要放出热量,故必有一部分由精馏段下降的液体被汽化,汽化后的蒸气量也成为精馏段上升蒸气的一部分。由于这部分液体的汽化,使得$L<L'$。

将以上 5 种不同的进料情况列入表 7-2 中。

表 7-2 进料热状况参数 $q$ 值及与精馏段、提馏段流量的关系

| 进料热状况 | 进料摩尔焓 | $q$ 值 | $L$、$L'$的关系 | $V$、$V'$的关系 |
|---|---|---|---|---|
| 冷进料 | $H_{m,F}<H_{m,L}$ | $q>1$ | $L'>L+F$,$L'=L+qF$ | $V>V'$<br>$V'=V+(q-1)F$ |
| 饱和液体进料 | $H_{m,F}=H_{m,L}$ | $q=1$ | $L'=L+qF$ | $V'=V$ |
| 气液混合物进料 | $H_{m,L}<H_{m,F}<H_{m,V}$ | $1>q>0$ | $L<L'<L+F$,<br>$L'=L+qF$ | $V>V'$<br>$V'=V+(q-1)F$ |
| 饱和蒸气进料 | $H_{m,F}=H_{m,V}$ | $q=0$ | $L'=L$ | $V'=V-F$ |
| 过热蒸气进料 | $H_{m,F}>H_{m,V}$ | $q<0$ | $L'<L$,<br>$L'=L+qF$ | $V'<V-F$<br>$V'=V+(q-1)F$ |

【例 7-10】用常压精馏塔分离进料组成为0.44(摩尔分数,下同)的苯-甲苯混合液。要求:$x_D=0.955$,$x_W=0.024$,操作回流比为3.2。求下列各种情况下提馏段、精馏段上升的蒸气量及下降的液体量之比,即 $V'/V$、$L'/L$。(1)进料温度为 20 ℃;(2)泡点进料;(3)气液混合进料,进料汽化率为 1/3;(4)进料温度为 110 ℃。已知苯-甲苯混合液在进料组成 $x_F=0.44$时溶液的泡点为 93 ℃,此组成下气体的露点为 101 ℃。

解:由式(7-44)和式(7-45)可知

$$\frac{L'}{L}=\frac{L+qF}{L}=\frac{RD+qF}{RD}=\frac{R+q\dfrac{F}{D}}{R} \quad ①$$

$$\frac{V'}{V}=\frac{V+(q-1)F}{V}=\frac{(R+1)D+(q-1)F}{(R+1)D}=\frac{(R+1)+(q-1)\dfrac{F}{D}}{R+1} \quad ②$$

$F/D$ 由式(7-29)求得,即

$$\frac{F}{D}=\frac{x_D-x_W}{x_F-x_W}=\frac{0.955-0.024}{0.44-0.024}=2.24$$

$q$ 值的求取:

(1)因 $t_F=20\ ℃<t_S=93\ ℃$,故为冷进料。

查取苯和甲苯液体的比热容均为1.84 kJ/(kg·℃),于是,原料液的平均定压摩尔热容为

$$c_{p,\mathrm{m}}=x_\mathrm{A}c_{p\mathrm{A}}+x_\mathrm{B}c_{p\mathrm{B}}=0.44\times1.84\times78+0.56\times1.84\times92=158\ \mathrm{kJ/(kmol\cdot ℃)}$$

查得 $t_S=93\ ℃$ 时,苯、甲苯的汽化焓分别为 389.4 kJ/kg 和360.1 kJ/kg,故原料液平均摩尔汽化焓为

$$r_c=x_\mathrm{A}r_\mathrm{A}+x_\mathrm{B}r_\mathrm{B}=0.44\times389.4\times78+0.56\times360.1\times92=31\ 900\ \mathrm{kJ/(kmol\cdot ℃)}$$

由式(7-46)可知

$$q=\frac{c_{p,\mathrm{m}}(t_S-t_F)+r_c}{r_c}=\frac{158\times(93-20)+31\ 900}{31\ 900}=1.362$$

将已求得的 $q$ 值及 $F/D$ 代入式①、②中,即

$$\frac{V'}{V}=\frac{(R+1)+(q-1)\dfrac{F}{D}}{R+1}=\frac{(3.2+1)+(1.362-1)\times2.24}{3.2+1}=1.193$$

$$\frac{L'}{L}=\frac{R+q\dfrac{F}{D}}{R}=\frac{3.2+1.362\times2.24}{3.2}=1.953$$

可见 $V'>V, L'>L$。

(2)泡点进料,$q=1$,故

$$\frac{V'}{V}=1\quad 即\ V'=V$$

$$\frac{L'}{L}=\frac{R+q\dfrac{F}{D}}{R}=\frac{3.2+1\times2.24}{3.2}=1.7$$

(3)气液混合进料,汽化率为 1/3 时,即液相占总进料的 2/3。

对进料板进行物料衡算

液相: $$L'=L+\frac{2}{3}F$$

气相: $$V=V'+\frac{1}{3}F$$

由式(7-42)可得: $$\frac{V'}{V}=\frac{(3.2+1)+(\dfrac{2}{3}-1)\times2.24}{3.2+1}=0.822$$

$$\frac{L'}{L}=\frac{3.2+\dfrac{2}{3}\times2.24}{3.2}=1.467$$

可见 $V' < V, L' > L$。

(4) 因 $t_F = 110\ ℃ > t_d = 101\ ℃$，故为过热蒸气进料。

查取苯和甲苯蒸气的比热容分别为107.33 kJ/(kmol · ℃)、133.91 kJ/(kmol · ℃)，于是原料气体的平均定压摩尔热容为

$$c_{p,\mathrm{m}} = x_A c_{pA} + x_B c_{pB} = 0.44 \times 107.33 + 0.56 \times 133.91 = 122.21\ \mathrm{kJ/(kmol \cdot ℃)}$$

$$q = \frac{H_{\mathrm{m},V} - H_{\mathrm{m},F}}{H_{\mathrm{m},V} - H_{\mathrm{m},L}} = \frac{c_{p,\mathrm{m}}(t_D - t_F)}{r_c} = \frac{122.21 \times (101 - 110)}{31\ 900} = -0.034$$

$$\frac{V'}{V} = \frac{(R+1) + (q-1)\dfrac{F}{D}}{R+1} = \frac{(3.2+1) + (-0.034-1) \times 2.24}{3.2+1} = 0.45$$

$$\frac{L'}{L} = \frac{R + q\dfrac{F}{D}}{R} = \frac{3.2 - 0.034 \times 2.24}{3.2} = 0.98$$

可见 $V' < V, L' < L$。

### (四) $q$ 线方程

将精馏段操作线方程与提馏段操作线方程联立，便可得到两操作线交点的轨迹，此交点轨迹方程称为 $q$ 线方程，也称作进料方程。当进料热状况参数及进料组成确定后，在 $x-y$ 图上可以首先绘出 $q$ 线，然后便可很方便地绘出提馏段操作线。利用 $q$ 线方程还可以分析进料热状况对精馏塔设计及操作的影响。

由式(7-33)和式(7-37)(省略下标)得

精馏段操作线方程：
$$y = \frac{L}{V}x + \frac{D}{V}X_D$$

提馏段操作线方程：
$$y = \frac{L'}{V'}x - \frac{W}{V'}X_W$$

两线交点的轨迹应同时满足以上二式。

再将 $L' = L + qF$，$V' = V + (q-1)F$ 及 $Wx_W = Fx_F - Dx_D$ 代入提馏段操作线方程，消去 $L'$、$V'$ 及 $Wx_W$ 并整理，得

$$[V + (q-1)F]y = (L + qF)x - Fx_F + Dx_D \tag{7-47}$$

由精馏段操作线方程得

$$Dx_D = Vy - Lx$$

将上式代入式(7-47)中并整理，可得

$$y = \frac{q}{q-1}x - \frac{x_F}{q-1} \tag{7-48}$$

式(7-48)称为 $q$ 线方程，它是精馏段操作线与提馏段操作交点的轨迹方程，式中的 $(x, y)$ 是 $(x_q, y_q)$ 略去下标的结果。在进料热状况及进料组成确定的条件下，$q$ 及 $x_F$ 为定值，则式(7-48)为一直线方程。当 $x = x_F$ 时，由式(7-48)计算出 $y = x_F$，则 $q$ 线在 $y-x$ 图上是过对角线上 $e$ 点 $(x_F, x_F)$，以 $q/(q-1)$ 为斜率的直线。

泡点进料时，$q = 1$，$q$ 线方程为 $x = x_F$；露点进料时，$q = 0$，$q$ 线方程为 $y = x_F$。根据不同的 $q$

值,将 5 种不同进料热状况下的 $q$ 线描绘在图 7-25 中。

为达到一定的分离要求($x_F$、$x_D$、$x_W$ 一定),对相同的回流比,$q$ 值不同,不影响精馏段操作线斜率,但影响提馏段操作线斜率。$q$ 值越大,提馏段操作线离平衡线越远,塔板上的传质推动力增大,提浓程度增加。

这里提出提馏段操作线另一种确定方法。

$q$ 线是精馏段操作线与提馏段操作线交点的轨迹线,因此,图 7-21 中,两操作线的交点 $d(x_q, y_q)$ 必在提馏段操作线上,连接 $b$ 点($x_W$, $x_W$)和 $d$ 点($x_q$, $x_q$)即可通过两点确定提馏段操作线。

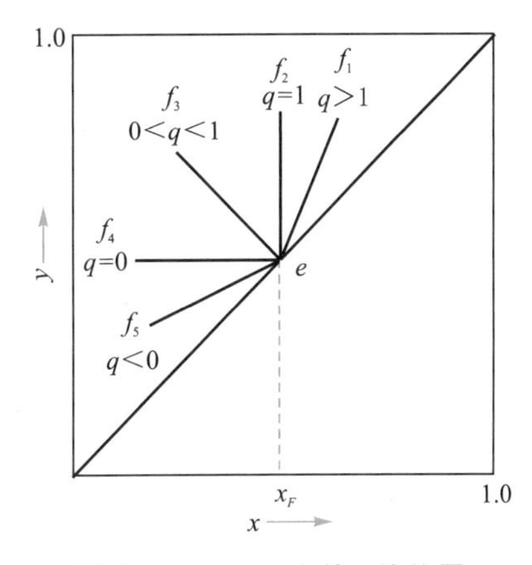


图 7-25 $x-y$ 图上的 $q$ 线位置

## 五、理论塔板数的确定

理论塔板数的计算可采用逐板计算法或图解法,此两种方法均以物系的相平衡关系和操作线方程为依据,现分述如下。

### (一)逐板计算法

如图 7-26 所示,设塔顶冷凝器为全凝器,泡点回流;塔釜为间接蒸汽加热,进料为泡点进料,即逐板计算法。

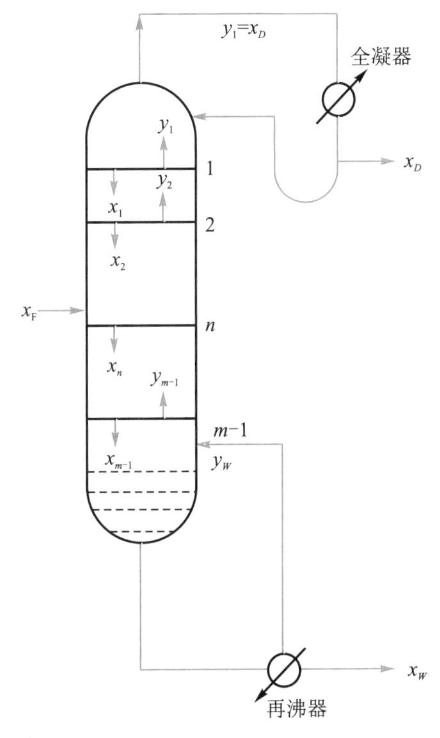


图 7-26 逐板计算法示意图

因塔顶为全凝器,故从塔顶最上一层板(第一块板)上升的蒸气进入冷凝器后被全部冷凝,则有

$$y_1 = x_D$$

而离开第一块理论板的液体组成 $x_1$ 与从该板上升的蒸气 $y_1$ 组成达到平衡,故可由气液相平衡方程式(7-17)求得 $x_1$,即

$$x_1 = \frac{y_1}{\alpha-(\alpha-1)y_1}$$

因板间的气液组成满足操作线方程,故第二块理论板上升的蒸气组成 $y_2$ 与第一块理论板下降的液体组成 $x_1$ 满足精馏段操作线方程,即

$$y_2 = \frac{R}{R+1}x_1 + \frac{x_D}{R+1}$$

同理 $y_2$ 与 $x_2$ 满足相平衡方程,由 $y_2$ 求出 $x_2$,而 $y_3$ 与 $x_2$ 满足精馏段操作线方程,由 $x_2$ 求出 $y_3$,以此类推,直至计算到 $x_m \leqslant x_F$,则第 $m$ 层理论板为进料板。按惯例,进料板算提馏段,因此,精馏段所需理论板层数即为 $m-1$。

从进料板开始,再改用提馏段操作线方程计算提馏段塔板组成,直至计算到 $x_N \leqslant x_W$ 为止。在计算过程中每使用一次平衡关系,表示需要一块理论板。由于离开再沸器的气液两相达到平衡,相当于一块理论板,所以,提馏段所需的理论板数为使用相平衡关系的次数减 1。

逐板计算法较烦琐,但结果较准确,便于利用计算机程序计算。其计算要点是:从塔顶开始,交替使用相平衡方程和操作线方程,前者解决了离开该板的气液两相组成关系,而后者解决了相邻塔板间气液两相组成的关系。

【例 7-11】在某板式精馏塔中分离 A、B 两组分构成的混合液,两组分相对挥发度为 2.50,已知每小时处理料液 150 kmol,进料组成为 $x_F = 0.48$(轻组分摩尔分数),饱和液体进料。塔顶馏出液中轻组分的回收率为97.5%,塔釜采出液中重组分的回收率为 95%,提馏段液气比为 5/4。(1)求该塔的操作回流比和精馏段操作线方程;(2)若该塔再沸器可看作是一块理论板,求进入再沸器的液体组成;(3)用逐板计算法确定该塔的理论板数。

解:(1)由题意知

$$\frac{Dx_D}{Fx_F} = 0.975$$

$$Dx_D = 0.975Fx_F = 0.975 \times 150 \times 0.48 = 70.2 \text{ kmol/h}$$

$$Wx_W = Fx_F - Dx_D = 150 \times 0.48 - 70.2 = 1.8 \text{ kmol/h}$$

由题意

$$\frac{W(1-x_W)}{F(1-x_F)} = 0.95$$

$$W = 0.95F(1-x_F) + Wx_W = 0.95 \times 150 \times (1-0.48) + 1.8 = 75.9 \text{ kmol/h}$$

$$D = F - W = 150 - 75.9 = 74.1 \text{ kmol/h}$$

$$x_D = \frac{Dx_D}{D} = \frac{70.2}{74.1} = 0.947,\ x_W = \frac{Wx_W}{W} = \frac{1.8}{75.9} = 0.023\ 7$$

$$\frac{L'}{V'}=\frac{L+qF}{V+(q-1)F}=\frac{RD+F}{(R+1)D}=\frac{5}{4}$$

$$R=\frac{4F-5D}{D}=\frac{4\times150-5\times74.1}{74.1}=3.1$$

精馏段操作线方程为

$$y_{n+1}=\frac{R}{R+1}x_n+\frac{x_D}{R+1}=\frac{3.1}{3.1+1}x_n+\frac{0.947}{3.1+1}=0.756x_n+0.231 \tag{1}$$

(2) $V'=V+(q-1)F=(R+1)D+(q-1)F=(3.1+1)\times74.1-0=303.8\ \text{kmol}$

$$y_{n+1}=\frac{L'}{V'}x_n-\frac{Wx_W}{V'}=\frac{5}{4}x_n-\frac{1.8}{303.8}=1.25x_n-0.005\ 9 \tag{2}$$

由相平衡方程

$$y=\frac{\alpha x}{1+(\alpha-1)x} \tag{3}$$

可得离开再沸器的上升蒸气组成：

$$y_W=\frac{\alpha x_W}{1+(\alpha-1)x_W}=\frac{2.5\times0.023\ 7}{1+(2.5-1)\times0.023\ 7}=0.057\ 2$$

该浓度与进入再沸器的液相浓度 $x_{W-1}$ 满足提馏段操作线方程：

$$y_W=1.25x_{W-1}-0.005\ 9$$

解得

$$x_{W-1}=\frac{y_W+0.005\ 9}{1.25}=\frac{0.057\ 2+0.005\ 9}{1.25}=0.050\ 5$$

(3)利用操作线方程和相平衡方程，按如下步骤进行逐板计算：

$$x_D=y_1\xrightarrow{(3)}x_1\xrightarrow{(1)}y_2\xrightarrow{(3)}x_2\cdots y_m\xrightarrow{(3)}x_m$$

可得一组$(x_i,y_i)$，它们为离开各层塔板的气液组成。每计算一次，将所得的$(x_i,y_i)$与进料浓度进行比较。当满足 $x_m\leqslant x_F$ 时，更换为提馏段操作线继续计算：

$$x_m\xrightarrow{(2)}y_{m+1}\xrightarrow{(3)}x_{m+1}\xrightarrow{(2)}y_{m+2}\cdots y_N\xrightarrow{(3)}x_N$$

又可得到一组$(x_i,y_i)$，当算出的 $x_N\leqslant x_W$ 时，计算结束。

按照上述步骤计算的结果列在表 7-3 中。从表中数据可以看出，完成分离任务需要 11 块理论板(包括塔釜)，精馏段 4 块理论板，从第 5 块板进料。

表 7-3 例 7-11 的计算结果

| 塔板序号 | $x$ | $y$ | 塔板序号 | $x$ | $y$ |
|---|---|---|---|---|---|
| 1 | 0.877 3 | 0.947 0 | 7 | 0.175 0 | 0.346 6 |
| 2 | 0.771 7 | 0.894 2 | 8 | 0.103 9 | 0.224 7 |
| 3 | 0.637 0 | 0.814 4 | 9 | 0.059 1 | 0.135 8 |
| 4 | 0.497 9 | 0.712 6 | 10 | 0.033 5 | 0.079 8 |
| 5 | 0.382 3 | 0.607 4 | 11 | 0.019 7 | 0.047 8 |
| 6 | 0.272 6 | 0.483 7 | | | |

### (二)图解法

图解法求理论塔板数的基本原理与逐板计算法相同,其优点是比较直观,便于分析。用平衡曲线和操作线分别代替平衡方程和物料衡算方程,用简便的图解法代替复杂的计算。将相平衡方程、精馏段及提馏段的操作线、$q$ 线绘制在同一直角坐标系中,然后从塔顶逐级向下作梯阶,确定满足规定分离要求所需的理论板数及进料位置。这种方法是由 McCabe 和 Thiele 提出的,称为麦克布-蒂利法,简称 M-T 法。

具体步骤如下:

(1)绘制相平衡曲线　在 $x-y$ 坐标中绘出相平衡曲线与对角线,如图 7-27(a)所示。

(2)绘制操作线

① 绘制精馏段操作线。过对角线上 $a$ 点$(x_D, y_D)$和 $y$ 轴上的截距点 $c(0, \frac{x_D}{R+1})$,作直线 $ac$,如图 7-27(a)所示。

② 绘制 $q$ 线。根据 $q$ 线方程,当 $q>0$ 或 $q<0$ 时,通过点 $F(x_F, y_F)$ 作斜率为$\frac{q}{q-1}$的直线,即得 $q$ 线。当 $q=0$ 时,$q$ 线为通过点 $F(x_F, y_F)$ 平行于 $x$ 轴的直线,如图 7-27(a)所示。

③ 绘制提馏段操作线。连接 $b$ 点和 $d$ 点,得到提馏段操作线 $bd$,如图 7-27(a)所示。

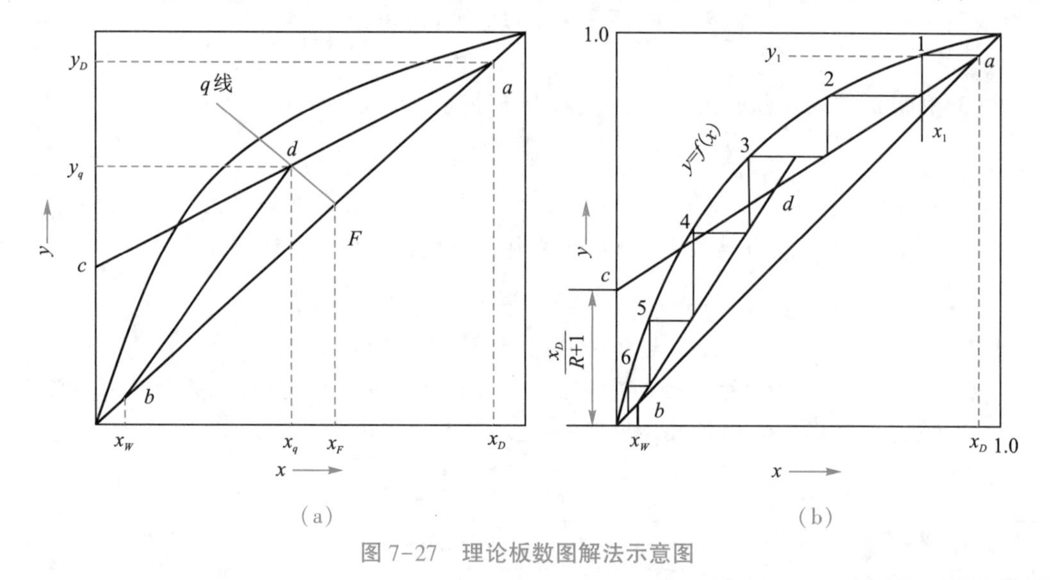


图 7-27　理论板数图解法示意图

(3)绘制梯级　从 $a$ 点开始,在精馏段操作线与平衡线之间轮流作水平线与垂直线,构成直角梯级,梯级跨越两操作线交点 $d$ 时,改在提馏段操作线与平衡线间作直角梯级,直至梯级的垂直线达到或跨越 $b$ 点为止,其间所绘梯级的数目即为理论塔板数(包括塔釜再沸器一块),跨越 $d$ 点的梯级为进料板,如图 7-27(b)所示。

下面讨论每一梯级所代表的意义,参见图 7-28。

塔中某一板(第 $n$ 板)为理论板,$x_n$ 与 $y_n$ 呈相平衡,即图中 $B$ 点。相邻塔板($A-A$、$C-C$ 截面)相遇的上升蒸气与下降液体组成满足操作线方程,操作线上 $A(x_{n-1}, y_n)$、$C(x_n,$

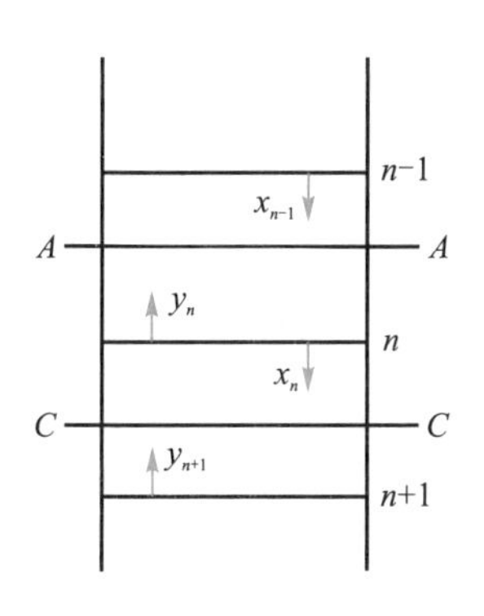


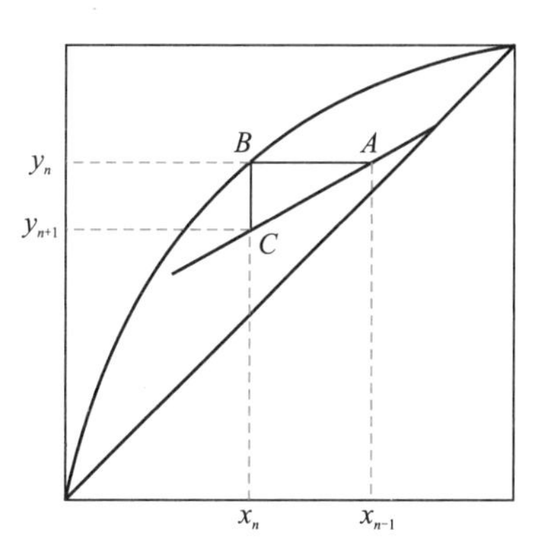


图 7-28 塔板组成的图示

$y_{n+1}$)点。从 $A$ 点出发引水平线与平衡线交于 $B$ 点,反映了第 $n$ 板上的平衡关系;由 $B$ 点出发引垂直线与操作线交于 $C$ 点,表示气液组成满足操作线方程。依次绘出水平线与垂直线,相当于交替使用相平衡方程与操作线方程,每绘出一个直角梯级就代表一块理论板。

从直角梯级 $ABC$ 中可以看到,$AB$ 边表示下降液体经过第 $n$ 板后重组分增浓程度,$BC$ 边表示上升蒸气经第 $n$ 板后轻组分增浓程度。操作线与平衡线的偏离程度越大,表示每块理论板的增浓程度越高,在达到同样分离要求的条件下所需的理论板数就越少。如同人们上楼梯,同样高度的楼层,每级台阶越高,所需的梯级数目就越少一样。

在图解过程中,当某梯级跨越两操作线交点 $d$ 时(此梯级表示进料板),应及时更换操作线,因为对一定的分离任务而言,这样做所需的理论板数最少。若提前使用提馏段操作线或过了交点仍沿用精馏段操作线,都会因某些梯级的增浓程度减少而使理论板数增加,如图 7-29 所示。从图可以得出,当梯级跨过两操作线交点时,更换操作线,由此定出的进料位置称为最佳进料位置。

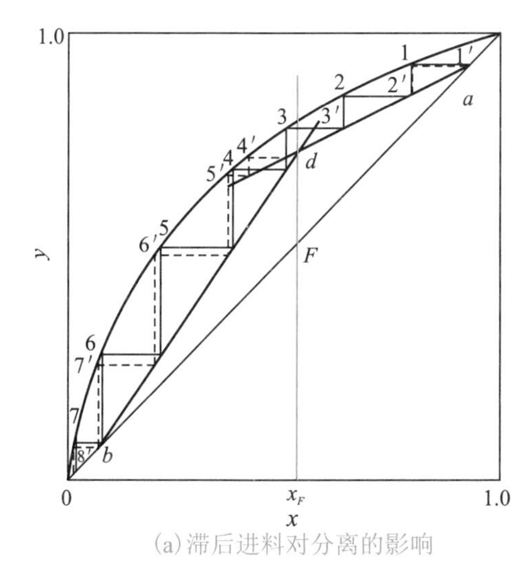


(a)滞后进料对分离的影响

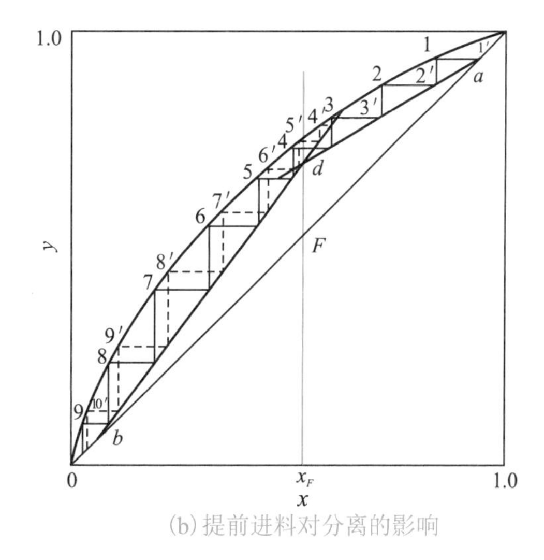


(b)提前进料对分离的影响

图 7-29 非最佳进料板进料时理论板数图解

【例 7-12】在一连续常压精馏塔中分离某混合液，其气液平衡关系如图 7-30 所示。已知：$x_F=0.3$，$x_D=0.94$，$x_W=0.04$(均为摩尔分数)，过冷液体进料，$q=1.2$，操作回流比 $R=3$。求：(1)精馏段操作线方程；(2)若塔底产品量为 150 kmol/h，求进料量及塔顶产品量；(3)完成上述分离任务所需的理论板数。

解：(1)精馏段操作线方程：

$$y_{n+1}=\frac{R}{R+1}x_n+\frac{x_D}{R+1}=\frac{3}{3+1}x_n+\frac{0.94}{3+1}=0.75x_n+0.235$$

(2)根据物料衡算式求解 $D$ 与 $F$：

$$\begin{cases}\dfrac{D}{F}=\dfrac{x_F-x_W}{x_D-x_W}=\dfrac{0.3-0.04}{0.94-0.04}=0.289\\ F=D+W\end{cases}$$

解得 $F=211.0\ \text{kmol/h}$，$D=60.0\ \text{kmol/h}$

(3)图解法求理论板数。

如图 7-30 所示，由精馏段操作线方程作出精馏段操作线 $ac$，根据 $q=1.2$ 作出 $q$ 线 $ed$，连接 $bd$ 即得提馏段操作线，然后在平衡线与操作线之间绘制梯级，梯级数为 8，即所需的理论塔板数为 8 块(包括塔釜再沸器一块)，其中精馏段 3 块塔板，提馏段 5 块塔板(包括塔釜再沸器)，第 4 块为进料板。

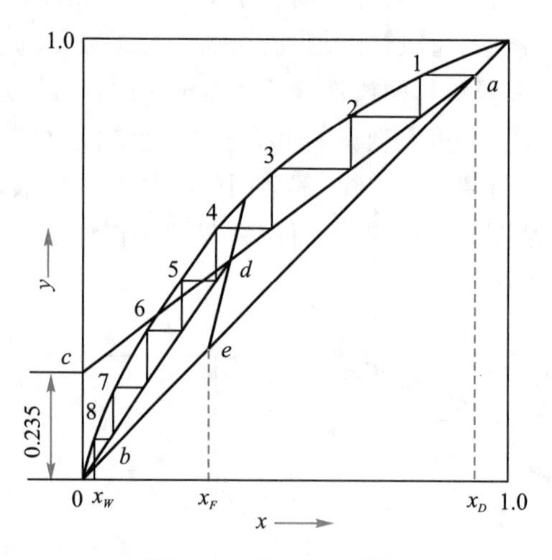


图 7-30 例 7-12 附图

## 六、具有分凝器的精馏

【例 7-13】如图 7-31 所示，用一连续操作的常压精馏塔分离苯-甲苯混合液，原料液泡点进入塔中，进料易挥发组分的组成为0.5(摩尔分数，下同)，进料量为1 000 kmol/h。塔顶蒸气先进入分凝器，得到的冷凝液全部回流，未冷凝的蒸气进入全凝器，得到塔顶产品，其组成为0.95。塔釜为间接蒸汽加热，塔底产品组成为0.05。此操作条件下物系的相对挥发度为2.5，回流比为 1.655。试求：(1)塔顶和塔底的产品量；(2)塔顶第一块理论板上升蒸气的组成。

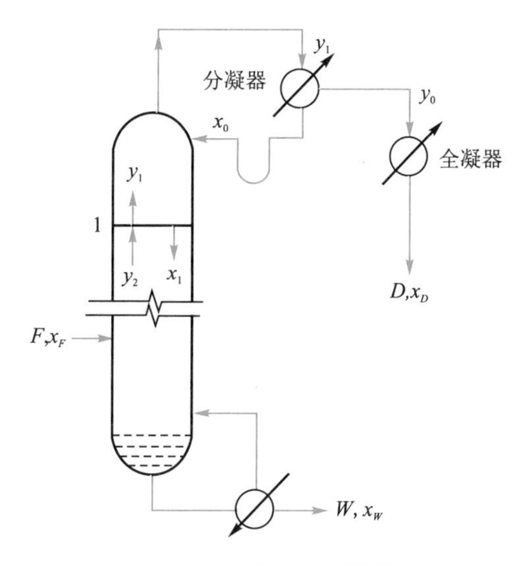


图 7-31　例 7-13 附图

解:(1)对全塔进行物料衡算:

总物料衡算

$$F = D + W$$

易挥发组分的物料衡算

$$Fx_F = Dx_D + Wx_W$$

联立上两式,可求得

$$D = 500\ \text{kmol/h}, W = 500\ \text{kmol/h}$$

(2)塔顶设置分凝器时,分凝器相当于一块理论板,即离开分凝器的气相组成 $y_0$ 与液相组成 $x_0$ 符合相平衡方程。

顶塔产品由全凝器排出,$y_0 = x_D = 0.95$

根据 $y_0$,用相平衡方程 $y = \dfrac{\alpha x}{1+(\alpha-1)x}$ 求出 $x_0$:

$$x_0 = \frac{y_0}{\alpha-(\alpha-1)y_0} = \frac{0.95}{2.5-1.5\times0.95} = 0.884$$

从塔顶第一块理论板上升的蒸气组成为 $y_1$,与塔顶回流液组成 $x_0$ 间应满足操作线方程,即

$$y_1 = \frac{R}{R+1}x_0 + \frac{x_D}{R+1} = \frac{2.5}{2.5+1}\times0.884 + \frac{0.95}{2.5+1} = 0.909$$

对于塔顶存在分凝器的精馏过程,在计算理论板数时,可将分凝器看作一块理论板,求解过程与全凝器时的求解过程相同。

## 七、直接蒸汽加热的精馏

如果所分离的混合物是由水和比水易挥发的组分组成的混合物时,通常可将水蒸气直接加入塔釜以汽化釜液,这种直接加热既提高了传热效率,又可节省一台塔底再沸器,

如图 7-32 所示。它与间接加热的主要区别是加热蒸汽不但将热量加入塔内,同时也参与质量传递,使塔釜多加入一股物料即水蒸气。精馏某种轻组分与水的混合液,当塔釜液(水)可作为废料排弃时,可采用塔釜直接蒸汽加热,如乙醇-水、甲醇-水物系。

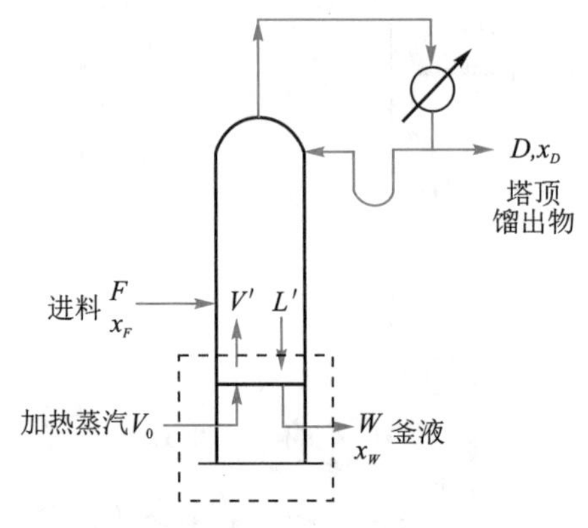


图 7-32　水蒸气直接加热的精馏

对直接蒸汽加热时的总物料和易挥发组分分别进行物料衡算,则有

总物料衡算　　$F+V_0=D+W$

易挥发组分的物料衡算　　$Fx_F=Dx_D+Wx_W$

式中　$V_0$——直接加热蒸汽流量,kmol/h。

如果恒摩尔流成立,直接蒸汽加热时有

$$V'=V_0, L'=W$$

精馏段操作线方程与间接蒸汽加热时的精馏段操作线方程相同。提馏段操作线方程发生变化。对图 7-32 虚线所划定的范围作物料衡算,即可得到提馏段操作线方程:

$$L'+V_0=V'+W \tag{7-49}$$

$$L'x_n=V'y_{n+1}+Wx_W$$

$$y_{n+1}=\frac{L'}{V'}x_n-\frac{W}{V'}x_W \tag{7-50}$$

将 $V'=V_0$,$L'=W$ 代入式(7-50),得

$$y_{n+1}=\frac{W}{V_0}x_n-\frac{W}{V_0}x_W \tag{7-51}$$

式(7-51)为直接蒸汽加热时的提馏段操作线方程。令 $x_n=x_W$,代入上式,则 $y_{n+1}=0$。于是,提馏段操作线在 $x-y$ 图上为过 $b'(x_W,0)$ 点、以 $W/V_0$为斜率的直线。

与间接蒸汽加热的精馏相比,相同进料条件,若维持相同分离要求,因直接蒸汽的加入,增加了釜液的排放量,导致物料消耗增多或回收率降低,最终引起产品流量的减小,也引起塔顶易挥发组分回收率的减小。此种工作状态下,所需的理论板略有减小。如果保持馏出液 $x_D$ 和回收率相同,直接蒸汽的加入必然会使釜液稀释,所以,势必导致所需理论板数略有增加。

【例 7-14】用常压精馏塔对乙醇-水溶液进行分离。已知:$x_F=0.15$,$x_D=0.82$,$x_W=0.04$(均为摩尔分数),$R=3.0$,泡点进料,塔釜采用直接蒸汽加热,求所需的理论塔板数。

乙醇-水溶液平衡数据如表7-4所示。

表7-4 乙醇-水溶液平衡数据

| 液相中乙醇摩尔分数 | 气相中乙醇摩尔分数 | 液相中乙醇摩尔分数 | 气相中乙醇摩尔分数 | 液相中乙醇摩尔分数 | 气相中乙醇摩尔分数 |
|---|---|---|---|---|---|
| 0.000 | 0.000 | 0.140 | 0.482 | 0.600 | 0.698 |
| 0.010 | 0.110 | 0.180 | 0.513 | 0.700 | 0.755 |
| 0.020 | 0.175 | 0.200 | 0.525 | 0.800 | 0.820 |
| 0.040 | 0.273 | 0.250 | 0.551 | 0.894 | 0.894 |
| 0.060 | 0.340 | 0.300 | 0.575 | 0.950 | 0.942 |
| 0.080 | 0.392 | 0.400 | 0.614 | 1.000 | 1.000 |
| 0.100 | 0.430 | 0.500 | 0.657 | | |

解：在 $x-y$ 图上找到 $a(x_D,y_D)$，$b'(x_W,0)$，$e(x_F,y_F)$ 点。过 $a$ 点，以 $\frac{x_D}{R+1}=\frac{0.82}{3+1}=0.205$ 为截距，作出精馏段操作线 $ac$；过 $e$ 点作垂线即为 $q$ 线（$q=1$），此线与精馏段操作线相交 $d$ 点；连接 $b'd$，即得提馏段操作线；从 $a$ 点开始，在平衡线与操作线间绘直角梯级至 $x_m<x_W$ 为止，梯级数即所求理论板数，如图7-33所示。由图可见，理论板数有11块。

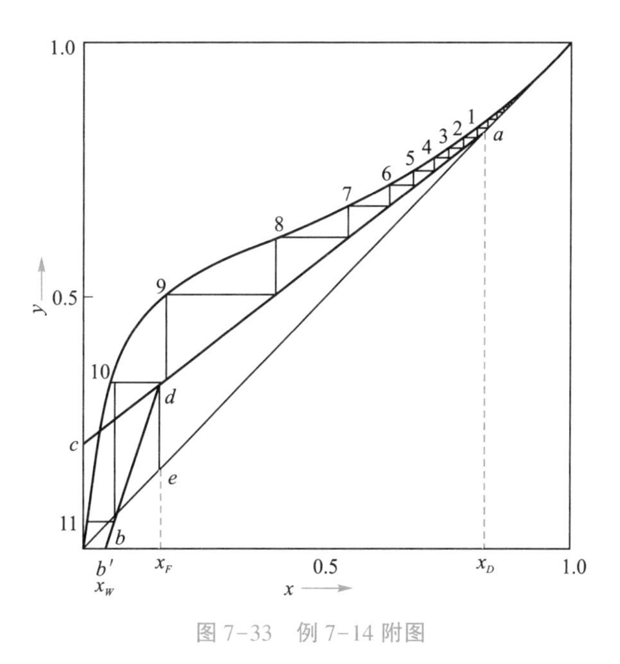


图7-33 例7-14附图

另外，注意乙醇-水溶液具有恒沸点，恒沸组成为0.894，故 $x_D<0.894$。

## 八、回流比的影响及其选择

回流是精馏操作的基本特征，而回流比的大小直接影响操作费用和设备费用。对一定的分离要求,增加回流比,精馏段操作线的斜率增大,截距减小,操作线离平衡线变远,每一梯级的水平线段和垂直线段均加长,每一块理论板的分离程度增大,所需的理论板数减少,塔本身的设备费用减少。此时塔内气液负荷量却增加了,冷凝器、再沸器负荷增大,操作费用提高,这些附属设备尺寸的加大也会增加设备费用。而对于一个操作中的精馏塔,增加回流比,尽管分离能力增加、产品纯度提高,但操作费用也会相应增加。因此,回流比的大小是由分离要求和经济效益共同决定的,存在一个优化的过程。

回流比有两个极限值,一个是全回流时的无穷大,另一个是最小回流比。生产中采用的回流比应介于二者之间。下面分别介绍这两种极端情况。

### (一)全回流与最少理论塔板数

1.全回流的特点

全回流时精馏塔不加料也不出料,即 $F=0,D=0,W=0$,塔顶上升的蒸气冷凝后全部引回塔内,精馏塔无精馏段与提馏段之分。

全回流时回流比 $R=\dfrac{L}{D}\to\infty$ ,此时,平衡线与操作线距离最远,对应的理论板数最少,以 $N_{\min}$表示。

2.全回流时的操作线方程

精馏段操作线的斜率为

$$\frac{R}{R+1}=\frac{1}{1+\dfrac{1}{R}}\approx 1$$

在 $y$ 轴上的截距为

$$\frac{x_D}{R+1}\approx 0$$

全回流时的精馏段操作线方程可写为

$$y_{n+1}=x_n$$

可见,操作线与 $x$-$y$ 图上的对角线相重合。由于全回流时,全塔没有精馏段与提馏段之分,两段操作线合二为一。所以,提馏段操作线方程与精馏段操作线方程相同。

3.全回流时理论板数的确定

(1)逐板计算法　方法同前述,此时的操作线方程式更为简单。

(2)图解法　根据分离要求,从 $a(x_D,y_D)$点 $x_D$开始,在对角线与平衡线之间绘直角梯级,直至 $x_n\leqslant x_W$ 为止。梯级数即为最少理论塔板数 $N_{\min}$(包括塔釜再沸器),如图 7-34 所示。

(3)利用芬斯克方程计算　对于理想溶液,根据相平衡方程和操作线方程可导出计算最少理论塔板数 $N_{\min}$的公式,此公式即为芬斯克方程。

在任意一块理论板上,气液相平衡关系可表示为

$$\left(\frac{y_A}{y_B}\right)_n=\alpha_n\left(\frac{x_A}{x_B}\right)_n \tag{7-52}$$

全回流时操作线方程式为

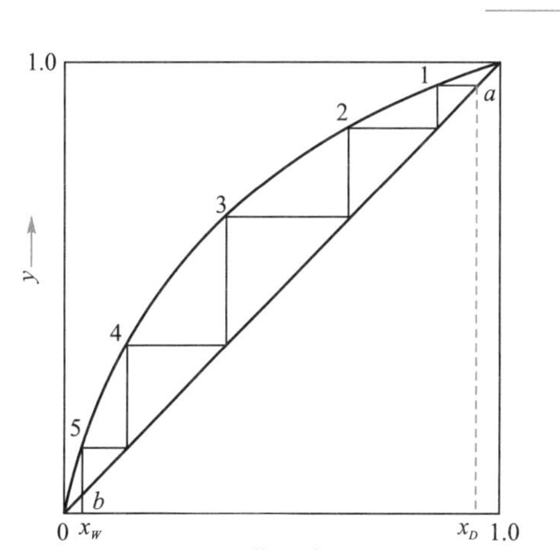


图 7-34　全回流时的 $N_{min}$

$$y_{n+1}=x_n$$

即

$$\left(\frac{y_A}{y_B}\right)_{n+1}=\left(\frac{x_A}{x_B}\right)_n$$

离开第一块理论板的气液组成符合相平衡关系：

$$\left(\frac{y_A}{y_B}\right)_1=\alpha_1\left(\frac{x_A}{x_B}\right)_1$$

第一块理论板下降液相组成与第二块理论板上升气相组成满足操作线关系：

$$\left(\frac{y_A}{y_B}\right)_2=\left(\frac{x_A}{x_B}\right)_1$$

将上式代入式(7-52)中，得

$$\left(\frac{y_A}{y_B}\right)_1=\alpha_1\left(\frac{y_A}{y_B}\right)_2$$

离开第二块理论板的气液组成符合相平衡关系：

$$\left(\frac{y_A}{y_B}\right)_2=\alpha_2\left(\frac{x_A}{x_B}\right)_2 \tag{7-53}$$

将式(7-53)代入$\left(\frac{y_A}{y_B}\right)_1=\alpha_1\left(\frac{y_A}{y_B}\right)_2$中，得

$$\left(\frac{y_A}{y_B}\right)_1=\alpha_1\alpha_2\left(\frac{x_A}{x_B}\right)_2 \tag{7-54}$$

第二块理论板下降液相组成与第三块理论板上升气相组成满足操作线关系：

$$\left(\frac{y_A}{y_B}\right)_3=\left(\frac{x_A}{x_B}\right)_2 \tag{7-55}$$

将式(7-55)代入式(7-54)中，得

$$\left(\frac{y_A}{y_B}\right)_1=\alpha_1\alpha_2\left(\frac{y_A}{y_B}\right)_3 \tag{7-56}$$

离开第三块理论板的气液组成符合相平衡关系：

$$\left(\frac{y_A}{y_B}\right)_3 = \alpha_3 \left(\frac{x_A}{x_B}\right)_3 \tag{7-57}$$

将式(7-57)代入式(7-56)中,得

$$\left(\frac{y_A}{y_B}\right)_1 = \alpha_1\alpha_2\alpha_3 \left(\frac{x_A}{x_B}\right)_3$$

依次类推,有

$$\left(\frac{y_A}{y_B}\right)_1 = \alpha_1\alpha_2\alpha_3\cdots\alpha_N \left(\frac{x_A}{x_B}\right)_N$$

若塔釜再沸器用间接蒸汽加热,则再沸器相当于第 $N+1$ 块理论板,以 $W$ 表示再沸器,则有

$$\left(\frac{y_A}{y_B}\right)_1 = \alpha_1\alpha_2\alpha_3\cdots\alpha_W \left(\frac{x_A}{x_B}\right)_W \tag{7-58}$$

若塔顶采用全凝器,并以下标 $D$ 表示,则有

$$\left(\frac{y_A}{y_B}\right)_1 = \left(\frac{x_A}{x_B}\right)_D \tag{7-59}$$

将式(7-59)代入式(7-58)中,得

$$\left(\frac{x_A}{x_B}\right)_D = \alpha_1\alpha_2\alpha_3\cdots\alpha_W \left(\frac{x_A}{x_B}\right)_W \tag{7-60}$$

式(7-60)中有 $N+1$ 个相对挥发度之值的乘积,当压强和温度的变化都比较小时,可取塔顶与塔底相对挥发度的几何平均值作为全塔的平均相对挥发度,即

$$\alpha_m = \sqrt{\alpha_1\alpha_W}$$

于是,式(7-60)可简化为

$$\left(\frac{x_A}{x_B}\right)_D = \alpha_m^{N+1} \left(\frac{x_A}{x_B}\right)_W$$

因为是全回流操作,所对应的理论板数为最少,于是

$$\left(\frac{x_A}{x_B}\right)_D = \alpha_m^{N_{min}+1} \left(\frac{x_A}{x_B}\right)_W \tag{7-61}$$

将式(7-61)两边取对数,并整理,得

$$N_{min}+1 = \frac{\lg\left[\left(\frac{x_A}{x_B}\right)_D \Big/ \left(\frac{x_B}{x_A}\right)_W\right]}{\lg\alpha_m} \tag{7-62}$$

对双组分混合液

$$x_A = x, x_B = 1-x_A = 1-x \tag{7-63}$$

将式(7-63)代入式(7-62)中,得

$$N_{min}+1 = \frac{\lg\left[\left(\frac{x_D}{1-x_D}\right)\left(\frac{1-x_W}{x_W}\right)\right]}{\lg\alpha_m} \tag{7-64}$$

式中 $N_{min}$——全回流所需的最少理论塔板数(不包括再沸器);

$\alpha_m$——全塔平均相对挥发度。

式(7-64)称为芬斯克方程,用来计算理想物系全回流条件下采用全凝器时的最少理论塔板数。若将式中的 $x_W$ 换成进料组成 $x_F$,$\alpha$ 取塔顶和进料处的平均值,则该式也可以计算精馏段的最少理论板数及加料板位置。

4.全回流的适用场合

全回流是操作回流比的上限。它只在设备开工、调试及实验研究时采用,生产不正常时精馏塔的自身调整操作中也常用。

(二)最小回流比

减小回流比,精馏段操作线的斜率减小,两操作线向平衡线靠近,在规定的分离要求下,即塔顶、塔釜产品组成确定时,所需的理论板数增加。如图 7-35 所示,当回流比减小至某一值时,两操作线的交点(图 7-36 中的 $d$ 点)恰好落在相平衡线上,这时的回流比称为完成该预定分离要求的最小回流比,以 $R_{min}$ 表示。此时,若在交点附近用图解法求塔板,则需无穷多块塔板才能接近 $d$ 点。在最小回流比条件下操作时,在 $d$ 点上下各板(进料板上下区域)气液两相组成基本不变,即无增浓作用,故此区域称为恒浓区,$d$ 点称为挟紧点。

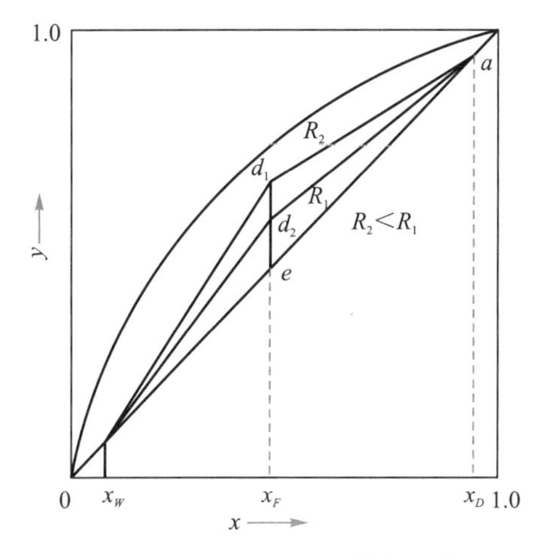


图 7-35 相同 $q$、不同 $R$ 值的操作线位置

最小回流比是精馏塔设计计算中的一个重要参数,实际回流比必须大于最小回流比,才能完成指定的分离任务。通常用如下的图解法求最小回流比 $R_{min}$。

1.平衡线为规则形状

如图 7-36 所示,平衡线无明显下凹,经 $e(x_F,x_F)$点 作 $q$ 线,当 $q$ 线与平衡线相交于 $d(x_q,x_q)$点时,$ad$ 线为最小回流比下的精馏段操作线,由图中三角形 $adf$ 的几何关系可求得 $ad$ 线的斜率为

$$\frac{R_{min}}{R_{min}+1}=\frac{\overline{af}}{\overline{df}}=\frac{x_D-y_q}{x_D-x_q}$$

整理上式,解出最小回流比 $R_{min}$ 为

$$R_{\min}=\frac{x_D-y_q}{y_q-x_q} \tag{7-65}$$

式中,$d(x_q、y_q)$可由图中读出,或由 $q$ 线方程和平衡线方程联立解得。当泡点进料时,$x_q=x_F$,$y_q$由相平衡方程确定,即 $y_q=\dfrac{\alpha x_q}{1+(\alpha-1)x_q}$;当饱和蒸气进料时,$y_q=x_F$,$x_q$也由相平衡方程确定,即 $x_q=\dfrac{y_q}{\alpha-(\alpha-1)y_q}$。

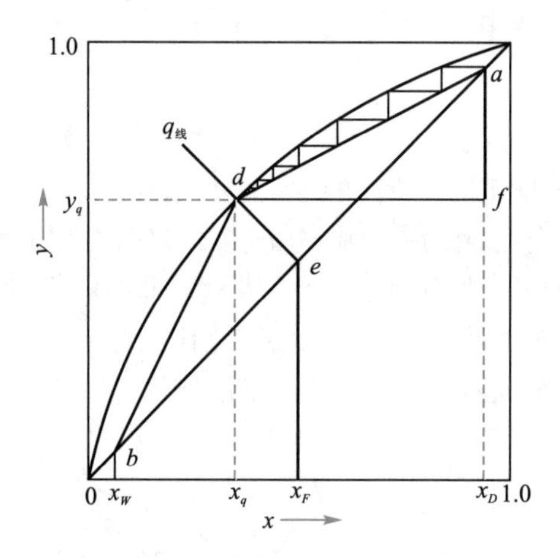


图 7-36 最小回流比图解

2.平衡线不规则

如图 7-37(a)、(b)所示,当平衡线出现明显下凹时,在操作线与 $q$ 线的交点尚未落到平衡线上之前,精馏段操作线或提馏段操作线就有可能与平衡线在某点相切。这时切点即为挟紧点,其对应的回流比即为最小回流比 $R_{\min}$。最小回流比仍可用式(7-65)计算,但式中的 $x_q$、$y_q$改用 $q$ 线与具有该最小回流比的操作线交点的坐标,其值可由图中 $d$ 点坐标读出。也可以读取精馏段操作线的截距值$\dfrac{x_D}{R_{\min}+1}$,然后再由此计算出 $R_{\min}$。

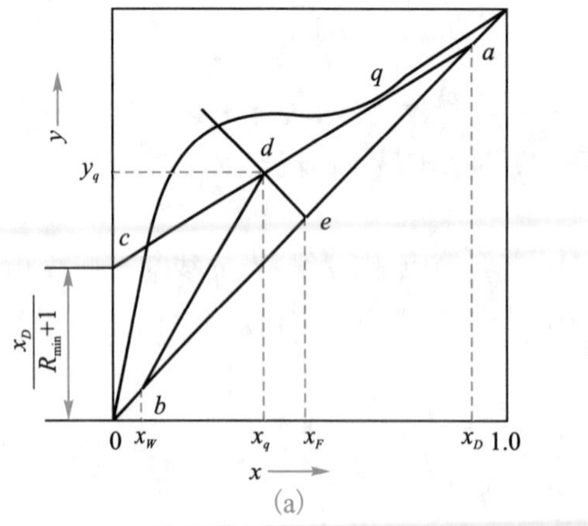


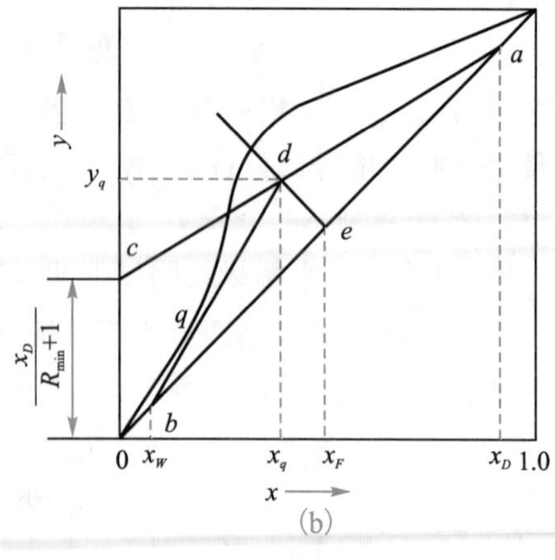


图 7-37 平衡线不规则时的 $R_{\min}$

最后必须指出,和吸收中的最小液气比类似,精馏操作中的最小回流比是对一定的分离要求而言的,脱离了一定的分离要求而只谈最小回流比是毫无意义的。换句话说,若操作中采用的回流比小于最小回流比,此时,操作虽然能够进行,但不可能达到规定的分离要求。

### (三)适宜回流比

精馏过程的总费用是操作费与设备年使用费之和。适宜回流比应通过经济衡算,即按照总费用最小的原则来确定,它介于全回流与最小回流比之间。

操作费是由再沸器所需热量费、冷凝器所需冷却水费和动力费组成,主要取决于再沸器中加热剂用量和冷凝器中冷却剂用量的大小,两者都由塔内上升蒸气量,即由 $V$ 和 $V'$ 决定。当 $F$、$q$ 和 $D$ 一定时,$R$ 增加,$V$ 与 $V'$ 都增加,精馏塔消耗的加热剂用量及冷却剂用量都增加,故操作费用相应增加,如图 7-38 中 A 所示。

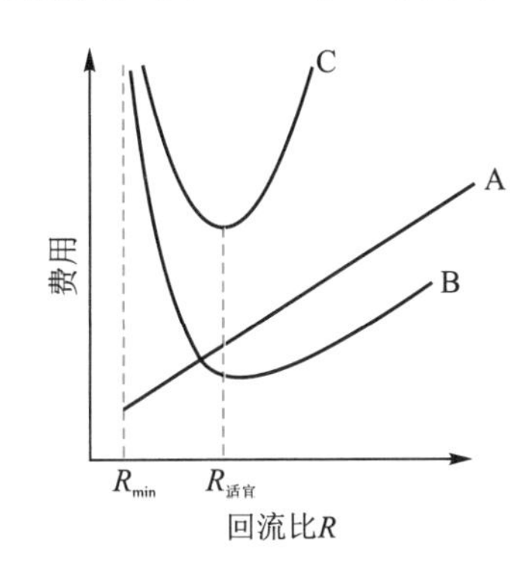


A—操作费用;B—设备费用;C—总费用

图 7-38 适宜回流比的确定

设备费是指精馏塔、再沸器和冷凝器等设备的投资折算成的年费用。设备类型及材料一经选定,此项费用主要取决于设备尺寸。在最小回流比时,理论板数为无穷多,故设备费用为无穷大;当 $R$ 稍大于 $R_{min}$,理论板数显著减少,设备费用骤减。再加大回流比,所需理论板数下降变慢,而由于冷凝器、再沸器的热负荷和传热面积的加大,总的设备费用又随着 $R$ 增加而有所上升,如图 7-38 中 B 所示。

图 7-38 中 $C$ 表示总费用与回流比的定性关系。显然存在最少的总费用,与此对应的回流比即为适宜的回流比。通常适宜回流比可取最小回流比的1.1~2.0倍,即

$$R=(1.1\sim2.0)R_{min} \tag{7-66}$$

式(7-66)是根据经验选取的,对于实际生产过程,回流比还应视具体情况而定,例如,对于难分离的混合液应选用较大的回流比。

【例 7-15】用连续精馏塔分离苯-甲苯混合液,原料含苯0.4,要求塔顶馏出液中含苯0.97,釜液中含苯0.02(以上均为摩尔分数)。苯-甲苯物系在操作条件下的相对挥发度为2.5。求下面四种进料状况下达到分离要求的最小回流比 $R_{min}$。(1)原料液温度为 25 ℃;(2)原料为气液混合物,气液比为 3:4;(3)原料液温度为 25 ℃,塔顶馏出液中含苯要求达到0.99,其他条件不变;(4)原料液温度为 25 ℃,原料液中苯的含量0.35,其他条件不变。

解：$x_F=0.4$，查苯-甲苯的 $t-x-y$ 图，得泡点温度 $t=95$ ℃，泡点温度下，$r_{苯}=r_{甲苯}=31\ 018.3$ kJ/kmol。

(1)25 ℃为过冷液体，定性温度=(25+95)/2=60 ℃，查得相关物性数据如下：

$$c_{p苯}=143.7\ \text{kJ/(kmol·K)},\ c_{p甲苯}=169.5\ \text{kJ/(kmol·K)}$$

$$c_p=x_F c_{p苯}+(1-x_F)c_{p甲苯}=0.4\times143.7+(1-0.4)\times169.5=159.18\ \text{kJ/(kmol·K)}$$

$$q=\frac{r+c_p(t-t_F)}{r}=\frac{31\ 018.3+159.18\times(95-25)}{31\ 018.3}=1.36$$

$q$ 线方程为 $$y=\frac{q}{q-1}x-\frac{x_F}{q-1}=\frac{1.36}{1.36-1}x-\frac{0.4}{1.36-1}=3.78x-1.111$$

气液相平衡方程：$$y=\frac{\alpha x}{1+(\alpha-1)x}=\frac{2.5x}{1+1.5x}$$

联立解 $q$ 线方程与相平衡方程，得

$$x_q=0.478,\ y_q=0.696$$

最小回流比为 $$R_{\min}=\frac{x_D-y_q}{y_q-x_q}=\frac{0.97-0.696}{0.696-0.478}=1.257$$

(2)气液比为 3/4，则 $q=4/7$

$q$ 线方程为 $$3y=-4x+2.8$$

与相平衡方程联立求解，得 $x_q=0.307,\ y_q=0.524$

最小回流比为 $$R_{\min}=\frac{x_D-y_q}{y_q-x_q}=\frac{0.97-0.524}{0.524-0.307}=2.055$$

(3)要求馏出液含量达到0.99，而其他条件不变，则 $(x_q,y_q)$ 不变

$$R_{\min}=\frac{x_D-y_q}{y_q-x_q}=\frac{0.99-0.696}{0.696-0.478}=1.349$$

(4) $c_P=x_F c_{p苯}+(1-x_F)c_{p甲苯}=0.35\times143.7+(1-0.35)\times169.5=160.47$ kJ/(kmol·K)

$$q=\frac{r+c_p(t-t_F)}{r}=\frac{31\ 018.3+160.47\times(95-25)}{31\ 018.3}=1.36$$

$q$ 线方程为 $$y=\frac{q}{q-1}x-\frac{x_F}{q-1}=\frac{1.36}{1.36-1}x-\frac{0.35}{1.36-1}=3.78x-0.972$$

与相平衡方程联立解，得 $x_q=0.430,\ y_q=0.653$

最小回流比为 $$R_{\min}=\frac{x_D-y_q}{y_q-x_q}=\frac{0.97-0.653}{0.653-0.43}=1.42$$

由以上例题可得到以下启示：

$R_{\min}$ 的大小代表分离任务的难易程度，其值主要取决于物系的相平衡关系、进料状况、分离要求等因素。本题计算结果显示出，进料焓值越高，$R_{\min}$ 越高；产品纯度要求越高，$R_{\min}$ 越高；进料中轻组分含量越低，$R_{\min}$ 越高。

## 九、理论塔板数的简捷计算法

精馏塔理论塔板数的计算除逐板计算法与图解法之外，还可以用简捷计算法。此方

法特别适合于塔板数比较多的情况下做初步估算，但误差较大。

简捷计算法的依据是吉利兰关联图，如图 7-39 所示。图中横坐标为$\frac{R-R_{min}}{R+1}$，纵坐标为$\frac{N-N_{min}}{N+2}$。注意 $N$ 与 $N_{min}$均为不包括再沸器的理论塔板数。

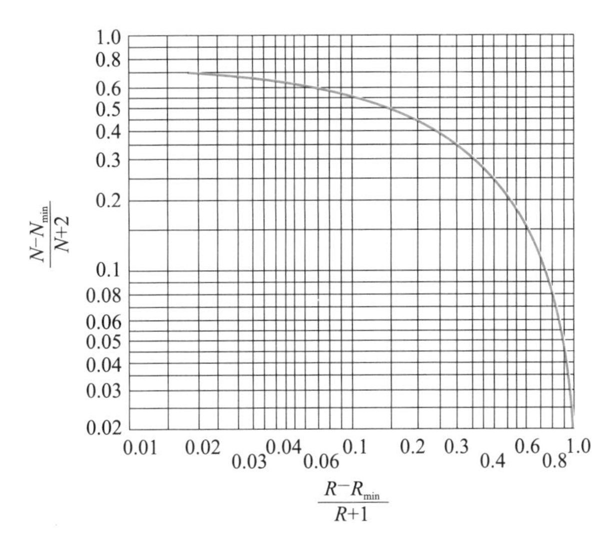


图 7-39 吉利兰关联图

吉利兰关联图是由一些生产实际数据归纳得到的，其适用范围是：组分数为 2～11；$R_{min}=0.53\sim7.0$；$\alpha=1.26\sim4.05$；$N=2.4\sim43.1$。此图不仅适用于双组分精馏计算，也适用于多组分精馏计算。

用精馏段的最小理论板数 $N_{min1}$ 代替全塔的 $N_{min}$，可确定适宜的加料板位置。

除查图外，还可以由图中数据关联的经验方程进行简捷计算。图 7-39 中曲线也可近似表示为下式：

$$\frac{N-N_{min}}{N+2}=0.545\ 8-0.591\ 4\times\frac{R-R_{min}}{R+1}+0.002\ 7\times\frac{R+1}{R-R_{min}} \tag{7-67}$$

## 十、精馏装置的热量衡算

通过热量衡算可确定冷凝器、再沸器的热负荷以及冷却剂和加热剂的用量。

### （一）冷凝器的热量衡算

对图 7-40 所示的冷凝器（冷凝器为全凝器）作热量衡算，以单位时间（1 h）为基准，由于冷凝器温度较低，可忽略热损失。

热量衡算式为

$$Q_V=Q_C+Q_L+Q_D$$

即

$$Q_C=Q_V-(Q_L+Q_D) \tag{7-68}$$

$$Q_V=VH_{m,V}=(R+1)DH_{m,V}$$

$$Q_L=LH_{m,L}=RDH_{m,L}$$

$$Q_D=DH_{m,L}$$

式中 $Q_V$——塔顶蒸气的焓,kJ/h;

$Q_C$——冷凝器的热负荷,kJ/h;

$Q_L$——回流液的焓,kJ/h;

$Q_D$——塔顶馏出液的焓,kJ/h;

$H_{m,V}$——塔顶上升蒸气的摩尔焓,kJ/kmol;

$H_{m,L}$——塔顶馏出液的摩尔焓,kJ/kmol。

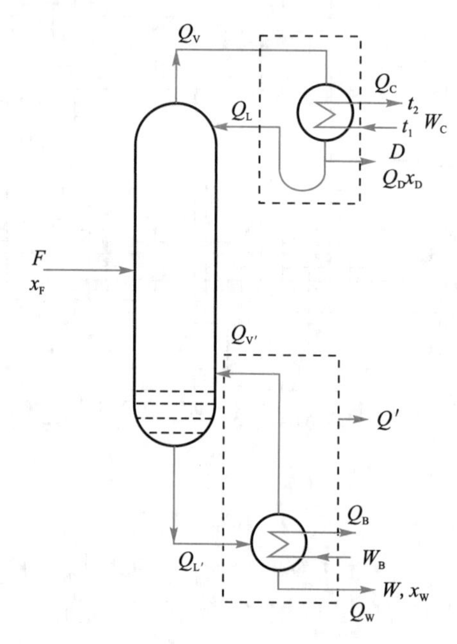


图 7-40　精馏塔热量衡算示意图

于是
$$Q_C=(R+1)DH_{m,V}-(RDH_{m,L}+DH_{m,L})$$

整理上式,可得到冷凝器的热负荷 $Q_C$:

$$Q_C=(R+1)D(H_{m,V}-H_{m,L})$$

若泡点回流
$$H_{m,V}-H_{m,L}=r$$

$$Q_C=(R+1)Dr \tag{7-69}$$

式中 $r$——进入冷凝器的蒸气冷凝潜热(相变焓),kJ/kmol,可近似按 A 组分的值计算。

冷却剂的消耗量 $W_C$ 为

$$W_C=\frac{Q_C}{c_p(t_2-t_1)} \tag{7-70}$$

式中 $W_C$——冷却剂消耗量,kg/h;

$c_p$——冷却剂的平均比热容,kJ/(kg·℃);

$t_1,t_2$——冷却剂进口、出口温度,℃。

### (二)再沸器的热量衡算

对图 7-40 所示的再沸器作热量衡算,仍以单位时间(1 h)为基准。热量衡算式为

$$Q_B+Q'_L=Q'_V+Q_W+Q' \tag{7-71}$$

即
$$Q_B=Q'_V+Q_W+Q'-Q'_L$$

$$Q'_V = V'H'_{m,V} \tag{7-72a}$$

$$Q'_L = L'H'_{m,L} \tag{7-72b}$$

$$Q_W = WH_{m,W} \tag{7-72c}$$

式中 $Q_B$——再沸器的热负荷,kJ/h;

$Q'_V$,$H'_{m,V}$——再沸器上升蒸气的焓与摩尔焓,kJ/h 与 kJ/kmol;

$Q'_L$,$H'_{m,L}$——提馏段最底层塔板下降液体的焓与摩尔焓,kJ/h 与 kJ/kmol;

$Q_W$,$H_{m,W}$——塔釜残液的焓与摩尔焓,kJ/h 与 kJ/kmol;

$Q'$——再沸器的热损失,kJ/h。

将式(7-72a)~式(7-72c)代入式(7-71)中,得

$$Q_B = V'H'_{m,V} + WH_{m,W} + Q' - L'H'_{m,L}$$

根据 $L' = V' + W$,并近似取 $H'_{m,L} \approx H_{m,W}$,则上式整理后可得

$$Q_B = V'(H'_{m,V} - H'_{m,L}) + Q'$$

$$Q_B = V'r' + Q' \tag{7-73}$$

式中 $r'$——塔底釜液的相变焓,kJ/kmol,可近似按组分 B 的值计算。

若忽略再沸器的热损失,上式变为

$$Q_B = V'r' = [V + (q-1)F]\,r' \tag{7-74}$$

可以看出,其他条件不变的情况下,随着 $q$ 的增大,即进料温度的降低,再沸器的热负荷逐渐增加。

加热剂消耗量 $W_B$ 为

$$W_B = \frac{Q_B}{h_{B1} - h_{B2}} \tag{7-75}$$

式中 $W_B$——加热剂消耗量,kg/h;

$h_{B1}$,$h_{B2}$——加热剂进、出再沸器的比焓,kJ/kg。

一般情况下,常用饱和水蒸气作为加热剂,若冷凝液在饱和温度下排出,则

$$h_{B1} - h_{B2} = r$$

式中 $r$——饱和水蒸气的比汽化焓,kJ/kg。

于是

$$W_B = \frac{Q_B}{r} \tag{7-76}$$

再沸器的热负荷也可以通过全塔的热量衡算求得,详见有关书籍。

【例 7-16】用常压连续精馏塔分离正庚烷-正辛烷混合液。若每小时可得正庚烷含量 92%(摩尔分数,下同)的馏出液 150 kmol,操作回流比为3.0,泡点回流。泡点进料,进料组成为 40%,塔釜残液组成为 5%,塔釜用压强为101.3 kPa(绝)的饱和水蒸气间接加热,求:(1)全凝器用冷却水冷却,冷却水进口、出口温度分别为 25 ℃和 35 ℃,求冷却水消耗量;(2)加热蒸汽消耗量(热损失取为传递热量的 3%)。

解:首先根据物料衡算求出 $V$ 和 $V'$:

$$V = (R+1)D = (3+1) \times 150 = 600 \text{ kmol/h}$$

$$V' = V + (q-1)F = V = 600 \text{ kmol/h}$$

(1)冷却水消耗量

由于塔顶馏出液几乎为纯正庚烷,作为近似,按正庚烷的性质计算,且忽略蒸汽的显热。

$x_D=0.92$时,泡点温度 $t_s=99.9$ ℃,查此温度下正庚烷的相变焓为

$$r_C=310 \text{ kJ/kg}$$

正庚烷的千摩尔质量为 $M_C=100$ kg/kmol

对于泡点回流,有

$$H_{m,V}-H_{m,L}=r_C M_C=310\times100=3.1\times10^4 \text{ kJ/kmol}$$

由式(7-69)可计算出冷凝器的热负荷 $Q_C$:

$$Q_C=V(H_{m,V}-H_{m,L})=600\times3.1\times10^4=1.86\times10^7 \text{ kJ/h}$$

冷却水消耗量为

$$W_C=\frac{Q_C}{c_p(t_2-t_1)}=\frac{1.86\times10^7}{4.187\times(35-25)}=4.442\times10^5 \text{ kg/h}=444.2 \text{ t/h}$$

(2)加热蒸汽用量

同理,因塔釜几乎为纯正辛烷,其焓可按正辛烷的性质计算。$x_W=0.05$时,泡点温度 $t_s=124.5$ ℃,此时正辛烷的相变焓为

$$r_W=300 \text{ kJ/kg}$$

正辛烷的千摩尔质量 $M_W=114$ kg/kmol

$$H'_{m,V}-H_{m,W}\approx r_W M_W=300\times114=34\ 200 \text{ kJ/kmol}$$

由式(7-73)可计算出再沸器的热负荷 $Q_B$:

$$Q_B=V'(H'_{m,V}-H'_{m,W})+Q'$$

而

$$Q'=0.03V'(H'_{m,V}-H'_{m,W})$$

于是

$$Q_B=1.03V'(H'_{m,V}-H'_{m,W})=1.03\times600\times34\ 200=2.114\times10^7 \text{ kJ/h}$$

查 $p=101.3$ kPa(绝)时水蒸气的相变焓为 $r=2\ 258.7$ kJ/kg,于是加热蒸汽的消耗量为

$$W_B=\frac{Q_B}{r}=\frac{2.114\times10^7}{2\ 258.7}=9.359\times10^3 \text{ kg/h}$$

由计算结果可见,在塔釜加入的热量 $Q_B=2.114\times10^7$ kJ/h,而在塔顶带出的热量 $Q_C=1.86\times10^7$ kJ/h,说明加入塔釜的热量绝大部分在塔顶冷凝器中被带走。

### (三)精馏过程的节能途径

精馏过程是能量消耗很大的单元操作之一。据统计,在一个典型的石油化工厂中,精馏的能耗约占全厂总能耗的40%左右;精馏过程中,进入再沸器的95%热量需要在塔顶冷凝器中取走。精馏操作的费用主要是加热和冷却费用。如何提高能量利用率、降低能耗是精馏过程研究的重要任务。由精馏过程的热力学分析知,减少有效能损失,是精馏过程节能的基本途径。

(1)降低向再沸器提供的热量(热节减型)

① 精馏的核心在于回流,而回流必然消耗大量能量,因而选择经济合理的回流比是精馏过程节能的首要因素。一些新型板式塔和高效填料塔的应用有可能使回流比大大降低。

② 降低再沸器和冷凝器的物料温度差,可减少向再沸器提供的热量,进而提高有效能效率。若塔顶和塔底的温度差较大,则在精馏段中间再设置冷凝器,在提馏段中间再设置再沸器,可降低精馏的操作费用。这是因为精馏过程的热能费用取决于传热量和所用热载体的温位。在传热量一定的条件下,在塔内设置中间冷凝器,可用温位较高、价格较低的冷却剂,使上升蒸气部分冷凝,以减少塔顶低温冷却剂用量。同理,中间再沸器可用温位较低的加热剂,使下降液体部分汽化,从而减少塔底再沸器高温位加热剂的用量。另外,采用压降低的塔设备,也有利于减小再沸器与冷凝器的温度差。

③ 采用图 7-41 所示的热泵精馏流程,可大大减少向再沸器提供的热能。将塔顶蒸气绝热压缩后升温,重新作为再沸器的热源,把再沸器中的液体部分汽化。而压缩气体本身冷凝成液体,经节流阀后一部分作为塔顶产品抽出,另一部分作为塔顶回流液。这样,除开工阶段外,可基本上不向再沸器提供另外的热源,节能效果十分显著。应用此法虽然要增加热泵系统的设备费,但一般两年内可用节能省下的费用收回增加的投资。

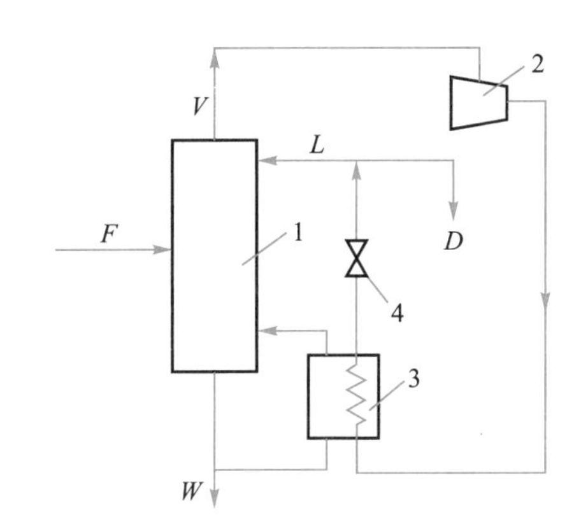


1—精馏塔;2—压缩机 3—再沸器;4—节流阀

图 7-41 热泵精馏技术

④ 多效精馏。其原理如多效蒸发,即采用压力依次降低的若干个精馏塔串联流程,前一精馏塔塔顶蒸气用作后一精馏塔再沸器的加热介质。这样,除两端精馏塔外,中间精馏装置可不必从外界引入加热剂和冷却剂。

(2)热能的综合利用(热回收型) 回收精馏装置的余热,用于本系统或其他装置的加热热源,也是精馏操作节能的有效途径。其中包括用塔顶蒸气的潜热直接预热原料或将其用作其他热源;回收馏出液和釜残液的显热用作其他热源等。

对精馏装置进行优化控制,使其在最佳工况下运作,确保过程的能耗为最低。多组分精馏中,合理选择流程,也可以达到降低能耗的目的。

## 十一、双组分连续精馏塔的操作问题

### (一)回流比变化对精馏结果的影响

设精馏段理论板数 $N_1$、提馏段理论板数 $N_2$、$\alpha$、$q$、$x_F$ 与 $R$ 已知,原始的精馏塔操作如图 7-42 线 1,此时分离结果为 $x_D$、$x_W$。若回流比增大,则精馏段操作线斜率增大,如图 7-42 中线 2。两操作线交点将沿 $q$ 线向右下方移动,故传质推动力增大,说明在一定精馏段塔板数 $N_1$ 下,$x_D$ 必将提高;同时,在一定 $N_2$ 下,提馏段气液比也会增大,$x_W$ 必然降低,具体的 $x_D$、$x_W$ 将是试差的结果(图解试差时必须保持两段塔板数不变),由此还可确定其他相对量的变化。

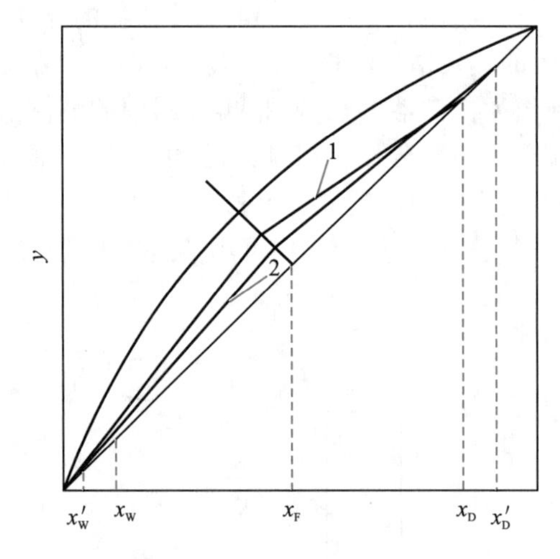


图 7-42 回流比变化的影响

用增大回流比的方法提高 $x_D$ 是受到一定限制的:

① 受到精馏塔分离能力的限制(即塔板数的限制),对一定板数,即便 $R\to\infty$,$x_D$ 亦有一个极限值,在实际回流比下,不能超过此值;

② 受到全塔物料衡算的限制,此极限值为 $x_D=\dfrac{Fx_F}{D}(W=0)$;

③ 受到组成归一性方程的限制,$x_D$ 最大不可能超过 1;

④ 加大回流比往往意味着蒸发量和冷凝量的增大,这些数值受到塔釜和塔顶冷凝器传热面积的限制。

因此,回流比是影响精馏操作的一个关键因素,一方面影响精馏塔的分离效果,另一方面影响精馏过程的操作费用。在精馏操作中,应调节控制回流比在适宜条件下,即在最优回流比下操作。

### (二)压力变化对精馏结果的影响

压力升高,相对挥发度 $\alpha$ 下降,$x-y$ 图中相平衡线靠近对角线,$x_W$ 升高,$x_D$ 下降,不利于蒸馏过程的分离。

### （三）进料组成与进料状况变化对精馏结果的影响

当进料组成发生变化时，应适当变更进料位置。对操作中的精馏塔，若 $x_F$ 下降，而 $R$、$N_1$、$N_2$、$q$、$\alpha$ 不变，则依靠原有精馏段板数将不能达到原来的分离要求，故 $x_D$ 将下降；对提馏段，由于$(x_F-x_W)$减少而 $N_2$ 未变，故 $x_W$ 也会下降。进料组成变动的影响见图 7-43。如果要维持 $x_D$ 不变，可将进料位置适当下移，即在总理论板数不变条件下改变 $N_1$ 与 $N_2$，或者增大回流比。

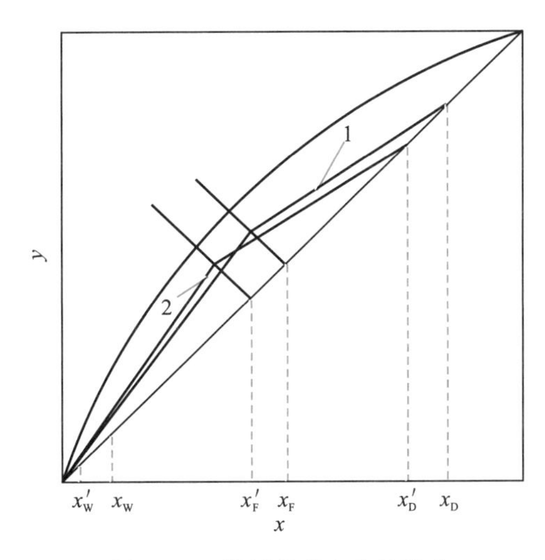


图 7-43 进料组成变动的影响

对实际的精馏塔，常设有多个进料口，供操作调整之用。若原料液是两股成分相同但浓度不同的料液，两股料液应分别在浓度和热状况相当的位置加入，在分离要求不变的情况下，可以减少理论板数和能量消耗。进料热状况的变化会影响理论板数的数量，进料温度越高，提馏段操作线越靠近相平衡线，在分离要求不变的情况下，理论板数越多。

### （四）灵敏板的概念

为了保持生产操作的相对稳定，必须根据实际参数的变化及时进行控制和调节。在一定压强下，通常可用塔顶温度反映馏出物组成，塔底温度反映釜液组成，这两点温度的变化直接反映了操作的波动和组成的波动。但对于高纯度分离，塔顶部的温度变化与塔底部的温度变化往往很小，当发现塔顶（底）温度有可察觉的变化时，产品组成可能已有明显改变，使调节滞后。通常可选择塔内温度变化较大的塔板作为控制对象，这种塔板称为灵敏板。操作中的波动首先引起灵敏板上温度有较大的变化，从而能较早发现变化的趋势并采取措施。灵敏板一般在进料口附近。

【例 7-17】一操作中的常压连续精馏塔分离苯-甲苯混合液。现保持加料位置、进料量 $F$、组成 $x_F$、进料热状况 $q$ 和再沸器上升蒸气量 $V'$ 不变。试分析增大操作回流比 $R$ 后馏出液和釜液的流量 $D$、$W$ 及组成 $x_D$、$x_W$ 的变化趋势。

解：(1) 判断 $D$、$W$ 的变化

$$V=V'-(q-1)F，V'、F、q\text{ 不变}，V\text{ 不变}$$

$$D=V/(R+1),V\text{不变},R\text{增大},D\text{减小}$$
$$W=F-D,F\text{不变},D\text{减小},W\text{增大}$$

(2)判断 $x_D$、$x_W$ 的变化

① 图解法

由于 $x_D$、$x_W$ 未知,难以直接画出操作线,此时可假设(a)$x_D$ 增大,(b)$x_D$ 不变,(c)$x_D$ 减小三种情况来分析。先根据 $x_D$ 和 $L/V$、$L'/V'$ 的变化情况分别作出原工况和新工况下的操作线,然后结合理论塔板数不变的前提排除不合理的情况。

上述三种情况下的操作线如图 7-44 所示(原工况为实线,新工况为虚线)。

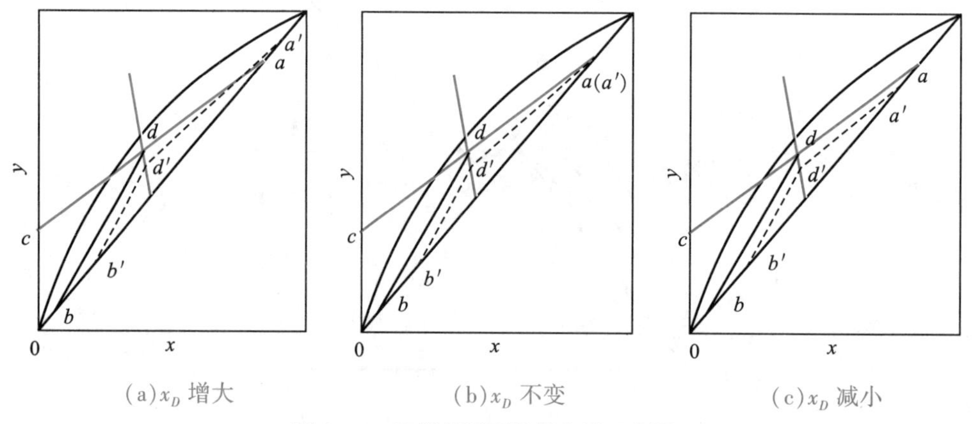


(a)$x_D$ 增大　　(b)$x_D$ 不变　　(c)$x_D$ 减小

图 7-44　三种情况下的操作线示意图

当 $x_D$ 不变[图 7-44(b)]和 $x_D$ 减小时[图 7-45(c)],新工况操作线全部落在原工况操作线的内部。所以,从点 $a'$ 画阶梯至 $b'$,阶梯总数一定较原工况少,即不能保持理论塔板数不变这个前提。只有 $x_D$ 增大[图 7-44(a)]的新工况,由于操作线与原工况操作线相交,从点 $a'$ 至 $b'$ 的阶梯总数才可能保持不变,即满足理论塔板数不变这个前提。因此,本题的结论为 $x_D$ 增大,$x_W$ 增大。

须注意,在平衡线与操作线之间画阶梯的过程中,新工况下精馏段和提馏段所需的理论塔板数要求与操作情况相对应,这时加料位置往往不是最佳位置。因此,对 $x_D$ 增大的情况,由于线段 $d'b'$ 在线段 $db$ 的内部,所以,提馏段的梯级在点 $d'$ 之前就应开始了。

上述分析表明:当物系和操作压力一定,理论塔板和加料位置固定时,新工况与原工况的操作线至少要保持一条相交。

② 判断精馏段、提馏段分离能力的变化

根据已知条件可得出:$L/V$ 和 $L'/V'$ 均增大。

$L/V$ 增大,精馏段分离能力增大,因为 $x_F$ 不变,所以 $x_D$ 增大;$L'/V'$ 增大,提馏段分离能力减小,因为 $x_F$ 不变,所以 $x_W$ 增大。

从上面的分析过程来看,虽然由操作线斜率的变化来直接判断精馏段、提馏段分离能力的变化显得简单些,但有时用该法难以做出判断(如 $R$ 不变,精馏段斜率不变,不能得出 $x_D$ 不变的结论),这时要结合操作线、全塔物料衡算进行。

【例 7-18】一连续精馏塔共有 9 块理论板(包括再沸器),含苯0.451(摩尔分数,下同)的苯-甲苯混合液加入塔的第 5 块板上,每小时处理的进料量为 100 kmol。当以 $q=$

1.232的冷液进料、回流比 $R=3$、塔顶采出率 $D/F=0.446$时，塔顶产品组成 $x_D=0.930$。此时塔釜再沸器达最大汽化能力。在保持 $x_F$、$F$ 以及 $D$ 不变的情况下，为进一步提高塔顶产品中苯的含量，拟将进料预热至 $q=2/3$ 的热状态进料。试计算 $x_D$ 可能达到的值。设塔顶泡点回流，且冷凝器有足够的冷凝面积。物系的相对挥发度 $\alpha=2.47$。

解：在 $q=1.232$、$R=3$ 的操作条件下，塔内精馏段和提馏段的气液摩尔流量分别为

$$L=RD=3\times100\times0.446=133.8\ \text{kmol/h}$$

$$V=D(1+R)=44.6\times4=178.4\ \text{kmol/h}$$

$$L'=L+qF=133.8+1.232\times100=257.0\ \text{kmol/h}$$

$$V'=V+(q-1)F=178.4+0.232\times100=201.6\ \text{kmol/h}$$

塔底苯的组成

$$x_W=\frac{Fx_F-Dx_D}{W}=\frac{45.1-44.6\times0.93}{100-44.6}=0.065\ 4$$

根据题意，气液共存进料($q=2/3$)，提馏段的 $L'$、$V'$不变，而精馏段的气液流量为

$$L=L'-qF=257-100\times2/3=190.3\ \text{kmol/h}$$

$$V=V'-(q-1)F=201.6-100/3=234.9\ \text{kmol/h}$$

回流比 $$R=L/D=190.3/44.6=4.27$$

可见，进料热状态的改变，改变了回流比，塔顶及塔底组成也将随之改变。

由全塔物料衡算得

$$x_W=\frac{Fx_F-Dx_D}{W}=\frac{45.1-44.6x_D}{55.4} \tag{1}$$

由 $\alpha=2.47$，得相平衡方程

$$x_n=\frac{y_n}{2.47-1.47y_n} \tag{2}$$

精馏段操作线方程为

$$y_{n+1}=\frac{4.27x_n}{4.27+1}+\frac{x_D}{4.27+1}$$

即

$$y_{n+1}=0.81x_n+0.189\ 8x_D \tag{3}$$

提馏段操作线方程为

$$y_{n+1}=\frac{257x_n}{201.6}-\frac{55.4x_W}{201.6}$$

即

$$y_{n+1}=1.275x_n-0.274\ 8x_W \tag{4}$$

为求得新工况下的 $x_D$ 及 $x_W$，需由上面四个方程结合已有的塔板数($N=9$)试差求解。求解过程如下：设进料预热至 $q=2/3$ 时，$x_D=0.960$，则由式(1)得 $x_W=0.041\ 2$，从而

精馏段操作线方程为

$$y_{n+1}=0.81x_n+0.182 \tag{3a}$$

提馏段操作线方程为

$$y_{n+1}=1.275x_n-0.125 \tag{4a}$$

由 $y_1=x_D=0.960$开始,在 $n=1\sim5$ 时,交替使用平衡线方程(2)和精馏段操作线方程(3a)进行逐板计算。在 $n=6\sim9$ 时,交替使用平衡线方程(2)和提馏段操作线方程(4a)进行逐板计算。计算所得离开每一塔板的气液相组成列于本题附表2、3列中。其结果 $x_9$大于 $x_W$,表明需重新设 $x_D$ 进行上述计算。为此,重设 $x_D=0.957$,重复上述计算,所得计算结果列在附表4、5列中。可见 $x_9=0.043\ 9$与 $x_W=0.043\ 6$基本接近,计算有效。故新工况下,塔顶产品中苯的含量提高,其摩尔分数增大至0.957,而塔底产品中苯的摩尔分数则降至0.043 6。

表7-5 例7-18附表

| 塔板序号 $n$ | 设 $x_D=0.960$,由式(1)$x_W=0.041\ 2$ | | 设 $x_D=0.957$,由式(1)$x_W=0.043\ 6$ | |
|---|---|---|---|---|
| | $y_n$ | $x_n$ | $y_n$ | $x_n$ |
| 1 | 0.960 | 0.907 | 0.957 | 0.900 |
| 2 | 0.917 | 0.817 | 0.911 | 0.806 |
| 3 | 0.844 | 0.687 | 0.834 | 0.670 |
| 4 | 0.738 | 0.533 | 0.724 | 0.515 |
| 5 | 0.614 | 0.392 | 0.599 | 0.377 |
| 6 | 0.489 | 0.279 | 0.409 | 0.263 |
| 7 | 0.344 | 0.175 | 0.323 | 0.162 |
| 8 | 0.219 | 0.102 | 0.195 | 0.089 3 |
| 9 | 0.119 | 0.051 8 | 0.102 | 0.043 9 |
| | $x_9>x_W$ | | $x_9\approx x_W$ | |

## 第六节 全塔效率与单板效率

提高传质速率是对传质设备的根本要求,应尽可能扩大传质面积,提高传质系数,增强传质推动力,但是实际情况是不会完全达到理想状态,具体情况需要对塔板性能进行评价。

### 一、全塔效率

在塔设备的实际操作中,由于受到传质时间和传质接触面积的限制,一般不可能达到气液平衡状态,因此,实际塔板的分离作用(或提浓程度)低于理论板。从这个概念出发,可以定义全塔效率为理论塔板数与实际塔板数之比,即

$$E_0=\frac{N_T}{N_P}\times100\% \tag{7-77}$$

式中 $E_0$——全塔效率；

$N_T$——理论塔板数(不包括再沸器)；

$N_P$——实际塔板数。

当求出理论塔板数后,若已知全塔效率,可由式(7-77)求出实际塔板数。

影响全塔效率的因素很多,包括物质的性质、塔板的结构及操作条件三个方面,因此目前尚无精确的计算方法。通常采用以下两种方法。

① 经验法。参考工厂同类型塔板、物系性质接近或者相同的塔效率的经验数据,或者在生产现场对塔进行实际测定,得出可靠的塔板效率数据。

② 奥康内尔(O'connell)关联图。利用关联图来估算塔效率,如图 7-45 所示。

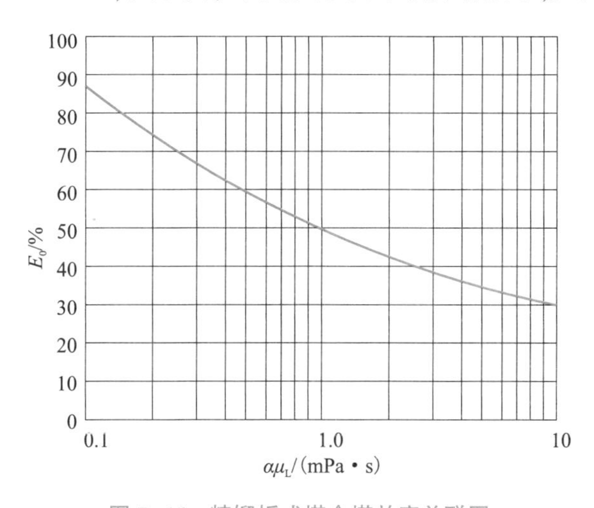


图 7-45 精馏板式塔全塔效率关联图

图中横坐标(对数坐标)为相对挥发度 $\alpha$ 与根据进料组成计算的液体平均黏度 $\mu_L$ 的乘积,单位为 mPa·s(cP),平均数值为0.1~0.75,温度取塔顶与塔底的平均温度。

根据图中数据关联得到下面经验方程：

$$E_0 = 0.49(\alpha\mu_L)^{-0.245} \tag{7-78}$$

$$\mu_L = \sum \mu_{iL} x_i$$

由图可见,全塔效率 $E_0$均小于 1。

【例 7-19】 某双组分混合物进行连续精馏,塔顶为全凝器。已知精馏段和提馏段理论板数均为 5 块(不包括再沸器),$E_0 = 53.69\%$,试计算实际塔板数并确定进料板位置。

解:精馏段实际板数:$N_{pr} = 5/0.536\ 9 = 9.31 \approx 10$ 块

提馏段实际板数:$N_{pa} = 5/0.536\ 9 = 9.31 \approx 10$ 块

整个塔实际板数:$N_P = N_{pr} + N_{pa} = 20$ 块

因此,实际需要 20 块板,进料位置为第 11 块板。

## 二、单板效率

全塔效率为塔中所有塔板的总效率,用全塔效率计算实际塔板数最为简便。但全塔效率是一种平均的概念,实际上塔内各板的传质情况不尽相同,所以,研究每块板的传质效率(即单板效率)更有指导意义。表示单板效率的方法很多,这里介绍的是默弗里板效率,它是以气相(或液相)经过实际板的组成变化与经过理论板的组成变化之比表示的。参见图 7-46。

气相单板效率:

$$E_{m,V}=\frac{y_n-y_{n+1}}{y_n^*-y_{n+1}} \tag{7-79}$$

液相单板效率:

$$E_{m,L}=\frac{x_{n-1}-x_n}{x_{n-1}-x_n^*} \tag{7-80}$$

式中 $y_n$,$y_{n+1}$——离开和进入 $n$ 板的气相组成;

$y_n^*$——与 $x_n$ 成平衡的气相组成,可由相平衡方程求出;

$x_{n-1}$,$x_n$——进入和离开 $n$ 板的液相组成;

$x_n^*$——与 $y_n$ 成平衡的液相组成,可由相平衡方程求出。

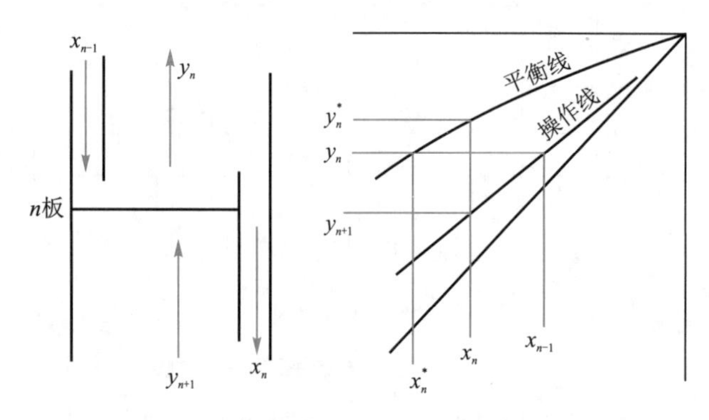


图 7-46 单板效率示意图

单板效率通常由实验测定。影响效率的因素很多,它与板上气液流动情况有密切关系,而两者又都受到塔板的结构因素、系统的物性因素(如表面张力、黏度和密度等)与操作因素(主要是气液相的流量与流速)的影响,应当力求这三种因素之间的合理匹配。

【例 7-20】 在连续精馏塔中分离相对挥发度 $\alpha=3$ 的双组分混合物,进料为饱和蒸气,进料流量 $F=100$ kmol/h,其中含易挥发组分 A 为 50%(摩尔分数,下同)。操作时的回流比 $R=4$,并测得两端产品中 A 的组成分别为 90%和 10%,试写出此条件下该塔的提馏段操作方程。若已知塔釜上方那块实际塔板的气相默弗里效率 $E_{mV}=0.6$,试求该实际塔板上升蒸气的组成 $y_n$。

解:已知 $x_F=0.5$,$x_D=0.9$,$x_W=0.1$,$q=0$,$R=4$,$F=100$ kmol/h

根据物料衡算 $D=\dfrac{F(x_F-x_W)}{x_D-x_W}=\dfrac{100\times(0.5-0.1)}{0.9-0.1}=50$ kmol/h

$$W=F-D=100-50=50\ \text{kmol/h}$$

$$L=RD=200\ \text{kmol/h}$$

故提馏段操作方程为

$$y_{n+1}=\frac{L+qF}{L+qF-W}x_n-\frac{W}{L+qF-W}x_W=1.333x_n-0.033\ 3$$

设塔釜上方那块板为第 $n$ 块板，因再沸器相当于一块理论板，气液组成符合相平衡关系

$$y_{n+1}=y_W=\frac{3x_W}{1+(3-1)x_W}=\frac{3\times0.1}{1+(3-1)\times0.1}=0.25$$

将 $y_{n+1}=0.25$代入提馏段操作方程，得 $x_n=0.212\ 5$

因此 $$y_n^*=\frac{3x_n}{1+(3-1)x_n}=\frac{3\times0.212\ 5}{1+(3-1)\times0.212\ 5}=0.447\ 3$$

将 $y_{n+1}$、$y_n^*$ 代入 $$E_{\mathrm{m,V}}=\frac{y_n-y_{n+1}}{y_n^*-y_{n+1}}=0.6$$

得 $$y_n=0.368\ 4$$

## 第七节 间歇精馏

间歇精馏又称分批精馏。全部料液一次加入蒸馏釜中，塔内装有塔板(或填料)。操作时，料液被加热，产生的蒸气上升至塔顶经冷凝器后，一部分作为塔顶产品，另一部分作为回流引回塔内。操作结束时，将残液一次从塔釜排出，然后再进行下一批精馏操作。间歇精馏流程如图 7-47 所示。

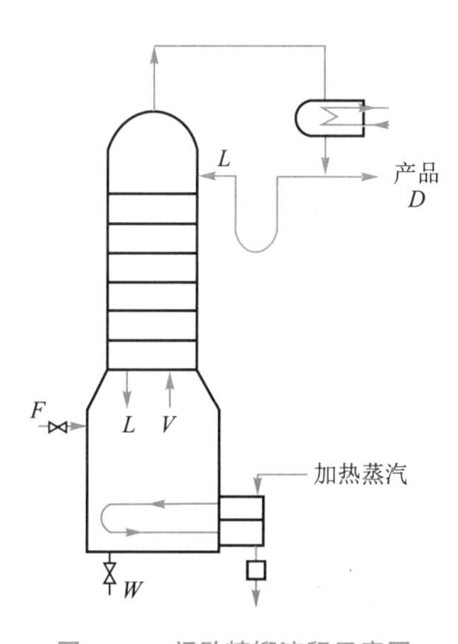


图 7-47 间歇精馏流程示意图

间歇精馏的特点如下：

① 间歇精馏属于不定常操作过程。釜内料液量及组成随精馏过程的进行而不断降

低,塔内操作参数(如温度)随着时间而变化。

② 间歇精馏塔只有精馏段而无提馏段。

③ 塔顶产品组成随着操作方式不同而异。

间歇精馏可按两种方式进行:一种是保持馏出液组成恒定,而不断地改变回流比;另一种是保持回流比恒定,而馏出液组成逐渐下降。

间歇精馏设备简单,适合于小批量生产及料液和产品的品种、组成经常变化的情况,也常在实验或科研工作中使用。另外还可用于多组分混合液的初步分离。由于设备投资较小,操作变化灵活,在精细化工生产中经常使用。

## 一、回流比恒定时的间歇精馏

对回流比恒定的间歇精馏,操作线方程的斜率在整个操作中恒定不变。随着精馏的进行,塔顶产品不断蒸出,易挥发组分在塔顶馏出液和釜残液中的含量均随之下降,残留釜液量也不断减少。所以,整个过程的操作线不断平行下移,如图 7-48 所示。塔顶产品的组成是整个过程的平均值。当然,也可根据需要,分时间段收集不同平均组成的产品。

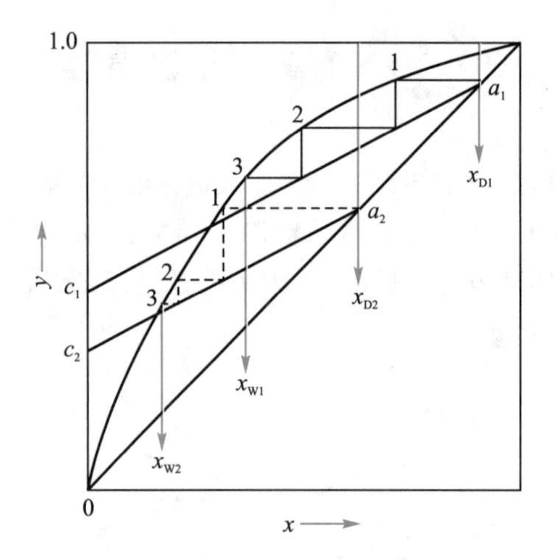


图 7-48　回流比恒定时的间歇精馏

### (一) 理论板数的确定

当给定进料量 $F$、组成 $x_F$、操作条件等时,同时规定易挥发组分在塔顶产品中的平均摩尔分数$\overline{x_D}$及釜液中最终的摩尔分数 $x_{We}$,即可确定完成规定分离要求所需的理论板数。为便于计算,忽略塔内持液量对分离的影响,按常规精馏处理。

为保证产品规定的平均组成,初始产品组成必须大于产品平均组成。因初始产品组成对应的釜液初始组成等于进料组成、初始釜液量等于进料量,所以,计算时由初始的组成确定最小回流比,如图 7-49 所示。由操作线 $De$ 的斜率可得:

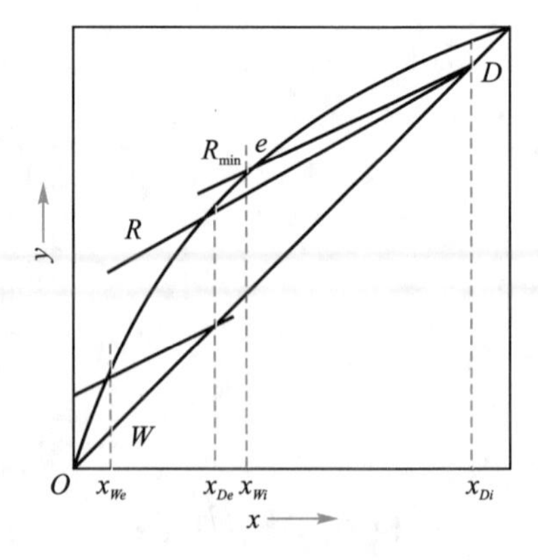


图 7-49　恒定回流比操作的 $R_{min}$

$$\frac{R_{\min}}{R_{\min}+1}=\frac{x_{Di}-y_{Wi}}{x_{Di}-x_{Wi}}$$

$$R_{\min}=\frac{x_{Di}-y_{Wi}}{y_{Wi}-x_{Wi}} \tag{7-81}$$

式中 $x_{Di}$——初始产品中易挥发组成；

$x_{Wi}$——初始釜液中易挥发组成，$x_{Wi}=x_F$；

$y_{Wi}$——与 $x_{Wi}$ 呈平衡的气相中易挥发组分的组成。

在式(7-81)中，需事先给定产品初始组成 $x_{Di}$ 初值才能确定最小回流比 $R_{\min}$，然后选择合适的操作回流比 $R$，以求解完成规定分离要求所需的理论板数 $N_T$。

### (二)恒定回流比间歇精馏的计算

应用类似简单蒸馏的方法，在 $d\tau$ 时间内，对间歇精馏系统进行物料衡算，并积分，得

$$\ln\frac{n_{Wi}}{n_{We}}=\int_{x_{We}}^{x_{Wi}}\frac{dx_W}{x_D-x_W} \tag{7-82}$$

式中 $x_W$，$x_D$——瞬时釜液组成及相应的馏出液组成；

$n_{Wi}$，$n_{We}$——开始、终了时刻的釜液量，kmol，$n_{Wi}=n_F$；

$x_{Wi}$，$x_{We}$——开始、终了时刻釜液的组成。

应用数值积分或图解的方法，可确定式(7-86)的积分值 $\lambda$：

$$\ln\frac{n_{Wi}}{n_{We}}=\lambda \tag{7-83}$$

已知间歇精馏初始状态存在以下关系：

$$x_{Wi}=x_F,\ n_{Wi}=n_F$$

所以，式(7-83)可表示为

$$n_{We}=n_F\times e^{-\lambda}$$

由整个过程的全塔物料衡算可得塔顶产品量：

$$n_D=n_F-n_{We}=n_F(1-e^{-\lambda})$$

最终所得产品的平均组成 $\overline{x_D}$ 为

$$\overline{x_D}=\frac{n_{Wi}x_{Wi}-n_{We}x_{We}}{n_D} \tag{7-84}$$

## 二、馏出液组成恒定时的间歇精馏

精馏过程中，为保证塔顶产品组成恒定，必须连续加大回流比。随着 $R$ 的增大，塔内气液相流量随之增大，使得操作周期前后塔内气液相流量相差较大，导致所需塔及附属设备尺寸变大，投资增加；同时，也很难使操作处于最佳工作状态。为此，不能完全采用增大加热量的方法来增加回流比，而是当加热量增大到一定程度时，采用减小塔顶采出量的方法来增大回流比，以保障塔顶产品组成恒定不变。同时，塔内气液相流量变化也不大。

### (一)理论板数的确定

理论板数的确定离不开最小回流比的值，如图 7-50 所示，由图中操作线 $De$ 确定最

小回流比 $R_{min}$,即得

$$R_{min}=\frac{x_D-y_{We}}{y_{We}-x_{We}} \tag{7-85}$$

式中 $y_{We}$——与最终釜液组成 $x_{We}$ 呈平衡的气相组成,摩尔分数。

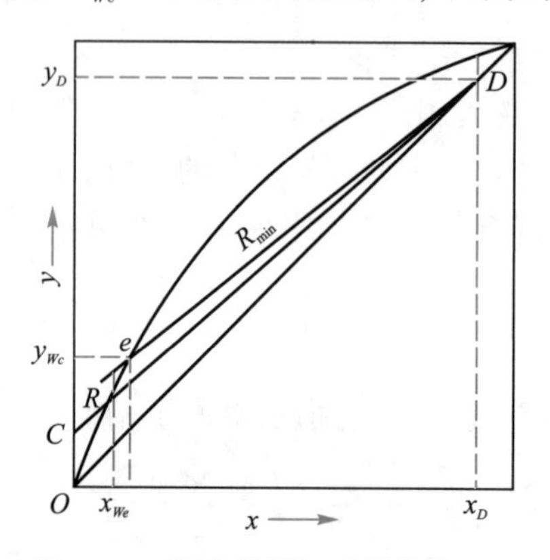


图 7-50 恒定塔顶组成操作的 $R_{min}$

根据确定的 $R_{min}$,选定适宜的回流比 $R$,如图 7-51 所示,绘制实际操作线 $DC$,在 $DC$ 与平衡线之间作梯级,图解所需的理论板数 $N_T$。因在过程中未涉及给定参数的初值问题,因此,不必进行迭代计算,而是直接通过图解获得塔板数。

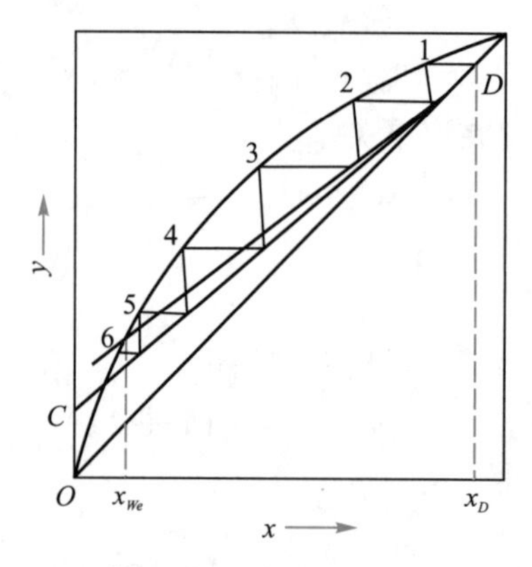


图 7-51 恒定塔顶组成操作的理论板数 $N_T$

已知馏出液产品组成、操作回流比变化范围及理论板数,由此各种工作状态下的操作线均可确定。于是,运用前面介绍的逐板计算法或图解法,每改变一次回流比 $R_J$,均从 $x_D$ 出发,交替使用平衡关系和物料衡算关系,通过 $N_T$ 级逐板计算,获得相应回流比 $R_J$ 下的釜液组成 $x_{Wj}$。改变 $n$ 次 $R_J$,即得 $n$ 个釜液组成 $x_{Wj}$。当求得 $x_{Wj} \leqslant x_{We}$ 时,则其回流比不必再增大,因为此时已满足了规定的分离要求。

### (二)恒定馏出液间歇精馏的计算

在 $d\tau$ 时间内,塔底釜液汽化量 $dV$ 与塔顶采出量 $dn_D$、回流量 $dn_L$ 的物料衡算关系为

$$dV=dn_D+dn_L$$

系统内全周期的物料衡算

$$Vd\tau=(R+1)dn_D \tag{7-86}$$

$$n_W x_{Wi}=(n_W-n_D)x+n_D x_D$$

$$n_D=\frac{n_W(x_{Wi}-x)}{x_D-x} \tag{7-87}$$

式中 $x$——瞬时釜液组成,摩尔分数;

$x_{Wi}$——釜液初始组成,摩尔分数;

$n_W$——釜液初始量,kmol;

$n_D$——塔顶馏出液量,kmol;

$V$——塔釜汽化量,kmol。

将式(7-87)微分,则有

$$dn_D=\frac{n_W(x_{Wi}-x_D)}{(x_D-x)^2}dx \tag{7-88}$$

将式(7-88)代入式(7-86),并整理得

$$Vd\tau=(R+1)\frac{n_W(x_{Wi}-x_D)}{(x_D-x)^2}dx$$

积分,可得精馏操作时间为

$$\tau=\frac{n_W(x_{Wi}-x_D)}{V}\int_{x_{We}}^{x_{Wi}}\frac{R+1}{(x_D-x)^2}dx \tag{7-89}$$

若该精馏过程从初始点开始计时,则有:$x_{Wi}=x_F$,$n_W=n_F$(进料量)。

在釜液汽化量 $V$ 给定条件下,因初始釜液量 $n_F$ 及组成 $x_F$、产品组成 $x_D$、最终釜液组成 $x_W$ 和塔的理论板数 $N_T$ 均已知,则式(7-89)可表示为

$$\tau=\frac{n_F(x_F-x_D)}{V}\int_{x_{We}}^{x_{Wi}}\frac{R+1}{(x_D-x)^2}dx$$

每改变一次回流比 $R_J$,根据给定的 $N_T$ 确定相应的釜液组成 $x_J$,从而求得积分原函数一个点的值。改变多次 $R_J$,即可由数值积分或图解积分确定精馏时间 $\tau$。

在实际生产过程中,很少单独使用恒定回流比或恒定产品组成的操作。因恒定回流比难以获得较高纯度的产品;而恒定产品组成,则其操作周期内回流比变化幅度较大,同时也很难实现连续增大回流比的操作。所以,将这两种操作方式结合起来比较适宜,即首先是恒定回流比的操作,并维持产品组成 $x_D$ 大于或等于规定的产品指标。随着精馏的进行,$x_D$ 将不断下降,当 $x_D$ 下降到接近规定时,提高回流比,重复前述恒定回流比操作。所以,可采用阶跃式方法增大回流比,以保持产品组成大于或等于规定要求。当再沸器、冷凝器或塔的能量限制了塔增大回流比时,则可采用降低采出量 $D$ 的方法继续增大回流比,以充分挖掘塔的生产能力。这样,既保证了产品质量,又提高了产品收率,减少了物料消耗。

# 第八节　特殊精馏

前面介绍了几种常规的蒸馏方式。当混合物不宜用一般蒸馏和精馏方法时,可以采用特殊蒸馏。特殊蒸馏分为两类,一类是针对恒沸(共沸)物或组分的相对挥发度相差很小的混合物,采用加入第三组分使原两组分的相对挥发度增大的方法将它们分离,如共沸精馏和萃取精馏等;另一类是针对高沸点物质,特别是热敏性物质的分离与提纯,主要是使蒸馏过程在较低的温度下进行,例如水蒸气蒸馏和分子蒸馏。

## 一、共沸精馏

在混合物中加入第三组分,如果该组分能与原来溶液中一个或两个组分形成沸点更低的最低恒沸物,从而使组分间的相对挥发度增大,这种精馏方法就称为共沸精馏,加入的第三组分称为夹带剂或共沸剂。

以常压乙醇-水溶液的分离为例,其共沸组成为乙醇占89.4%(摩尔分数,下同),沸点为78.3 ℃,故用一般精馏方法分离稀溶液只能得到工业酒精(组成接近共沸组成,但略低)而不能得到无水酒精。若以苯为夹带剂,在常压101.3 kPa下,可形成新的三组分最低恒沸物,其共沸点温度为64.85 ℃,低于乙醇和水的共沸点温度。其组成为:74.1%的苯,18.5%的乙醇,7.4%的水。其中水与乙醇的摩尔比较工业酒精中水与乙醇的摩尔比0.12大得多,所以只要加入适量的苯,就可使体系中几乎全部的水进入新的共沸物中,并与乙醇构成挥发能力差异较大的混合物,形成新的恒沸物与乙醇组成的三元体系,从而易于用精馏方法分离。即在塔理论板数和操作回流比较适宜的条件下,几乎全部的水与苯、乙醇形成的三元恒沸物以气相形式从塔顶排出,剩余的纯乙醇则从塔底排出(即无水乙醇)。形成的三元恒沸物从塔顶冷凝后,苯与乙醇、水不互溶而分层,从而使苯与乙醇、水得到初步分离。

乙醇-水的恒沸精馏流程如图 7-52 所示。图中塔 1 为恒沸精馏塔,工业乙醇由塔中部加入,塔顶蒸出的三元恒沸物经冷凝后送分离器分层。上层主要是苯,送入塔内作为回流,苯作为夹带剂循环使用;下层主要是乙醇和水,送至塔 2 回收其中含的少量苯。塔 2 顶部三元恒沸物冷凝液并入塔 1 的分离器中,塔底稀乙醇水溶液送至塔 3,用常规精馏方法回收其中的乙醇。塔 3 顶部二元馏出液送回塔 1 亦作为进料,塔底则排出废水。

乙醇-水恒沸精馏在技术上可行的原因在于:用恒沸剂带出的主要是二元混合物中含量较少的水,故恒沸剂用量和汽化量相对较小;蒸出的恒沸物能冷凝分层,使恒沸剂易于分离,循环使用。

选择适宜的恒沸剂是能否采用恒沸精馏方法分离,以及它是否经济合理的重要条件。对恒沸剂的基本要求有:

(1)能与分离组分形成最低恒沸物,且该恒沸物易于和塔底组分分离。

(2)形成的恒沸物中恒沸剂的组成要少,这样,恒沸剂的用量较少,从而降低操作费用。

(3)形成的恒沸物本身应易于分离,以回收其中的恒沸剂。例如上例中的恒沸物冷凝后为非均相,可用简单的分层方法回收所含的苯。

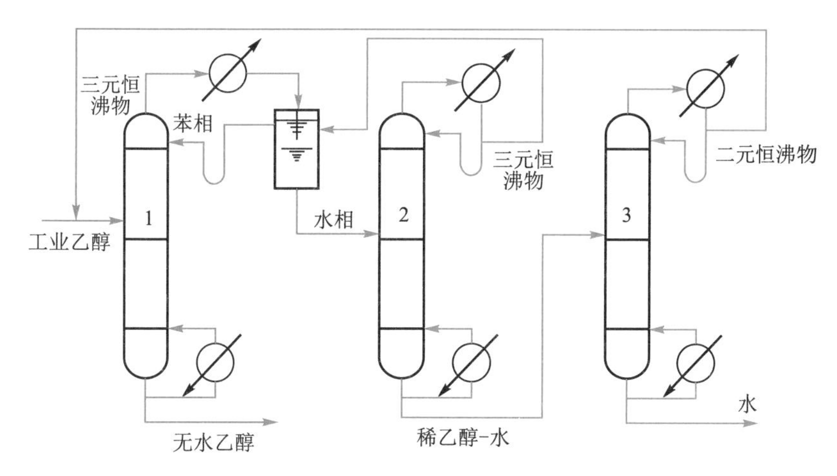


图 7-52 乙醇-水的恒沸精馏流程示意图

(4)其他如经济、安全等要求。

恒沸精馏的问题在于:性能良好的恒沸剂比较难找;依靠恒沸剂以气相状态将组分带出,所以通常蒸发量大,能耗较大。

工业上恒沸精馏的实例有:用苯或戊烷或三氯乙烯作为恒沸剂分离乙醇-水混合物,以丙酮或甲醇作为恒沸剂分离苯-环己烷混合物,以异丙醚为恒沸剂分离水-乙酸混合物。

## 二、萃取精馏

若加入的第三组分不与待分离组分形成共沸物,而是比较显著地改变了原组分之间的相对挥发度,且本身的挥发性很小,则这种精馏方法称为萃取精馏,该第三组分称为萃取剂或溶剂。

以常压下苯和环己烷的分离为例,它们的沸点很接近(分别为80.1 ℃和80.73 ℃),相对挥发度为0.98,难以用普通精馏方法分离,或者说用普通的精馏方法时需要足够多的理论板数或者很大的回流比,不经济。若以糠醛(沸点161.7 ℃)为萃取剂,则由于糠醛分子与苯分子的作用力较强,可使苯由易挥发组分变为难挥发组分,原来两组分的相对挥发度发生显著的变化。用不同浓度的糠醛时,环己烷对苯的相对挥发度见表 7-6。

表 7-6 不同浓度糠醛下环己烷对苯的相对挥发度

| 糠醛摩尔分数 | 0.0 | 0.2 | 0.4 | 0.6 | 0.7 |
| --- | --- | --- | --- | --- | --- |
| 环己烷对苯的相对挥发度 | 0.98 | 1.38 | 1.86 | 2.35 | 2.70 |

因此,若加入足够的糠醛,就可使苯和环己烷的分离相对容易得多。上述萃取精馏的流程如图 7-53 所示。为使萃取剂在各块塔板上发挥作用,糠醛(E)由萃取精馏塔 1 的上部附近加入。由于糠醛的存在,顶部得到较纯的环己烷(A)产品,而底部得到苯和糠醛的混合液;釜液可送至塔 2 分离。塔 2 顶部得到另一产品苯(B),釜液糠醛则送至塔 1 循

环使用。考虑到萃取剂也有一些挥发性,故在塔 1 糠醛入口以上常增设几块塔板(萃取剂回收段)以脱除上升蒸气中的少量糠醛。

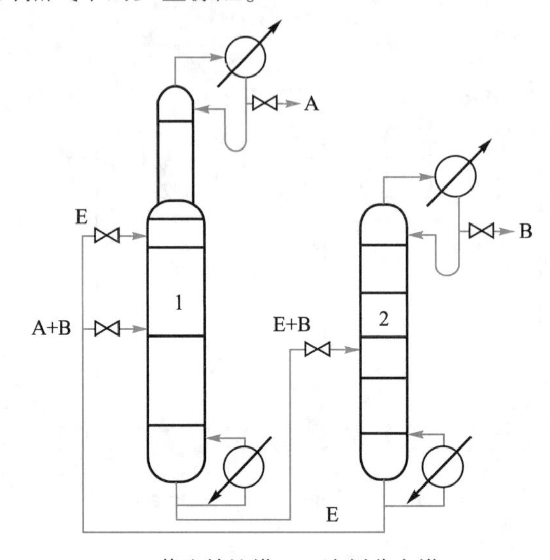


1—萃取精馏塔;2—溶剂分离塔

图 7-53　环己烷-苯的萃取精馏流程

选取萃取剂时主要考虑一下要求:

(1)选择性强。即能使被分离组分间的相对挥发度产生比较显著的变化。

(2)溶解度大。能与任何浓度的原溶液完全互溶,以充分发挥各块板上萃取剂的作用。

(3)本身的挥发性小,使产品中不致混有萃取剂,也易于和另一组分分离。

(4)其他经济和安全要求。

萃取精馏和恒沸精馏相比,有以下区别:

(1)恒沸精馏用的恒沸剂必须和被分离组分形成最低恒沸物,恒沸剂的选择不易。萃取精馏用的是萃取剂,其选择范围广得多。

(2)恒沸精馏中的恒沸剂以气态离开塔,消耗的潜热较多;而萃取精馏时的萃取剂基本不汽化。所以,一般来说,萃取精馏较经济。

(3)总压一定时,恒沸精馏形成的恒沸物其组成和温度都是恒定的。而萃取精馏时,由于被分离组分的相对挥发度和萃取剂的配比有关,所以,其操作条件可在一定范围内变化,无论是设计还是操作都比较灵活方便。但萃取剂必须不断地由塔顶加入,因此,萃取精馏不能简单地用于间歇操作,而恒沸精馏则无此限制。

(4)恒沸精馏的操作温度一般比萃取精馏低,适用于分离热敏性物料。

萃取精馏案例

## 三、盐效应精馏

盐效应精馏也是一种采用特殊萃取剂的萃取精馏,用于难分离混合物的分离,如有机水溶液:乙醇-水、丙醇-水、乙酸-水等。因为盐类(如 $CaCl_2$、KAc 等)与水有很强的相互作用,加入盐类可使有机物与水的相对挥发度增大,有利于采用精馏方法进行分离。

例如,在无机溶液如硝酸的浓缩过程中,加入适量的硝酸镁溶液,会使硝酸与水的平衡关系发生明显变化,挥发能力差异增大,从而可采用精馏方法获得高纯度的硝酸。

图 7-54 为乙醇-水溶液加盐精馏的流程图,醋酸钾从精馏塔顶加入,由于醋酸钾与水的作用力增强,破坏了乙醇与水的恒沸关系,使乙醇与水的相对挥发度增大,所以可从塔顶得到无水乙醇,醋酸钾的水溶液从塔底排出,后经蒸发结晶,回收其中的醋酸钾,重新使用。

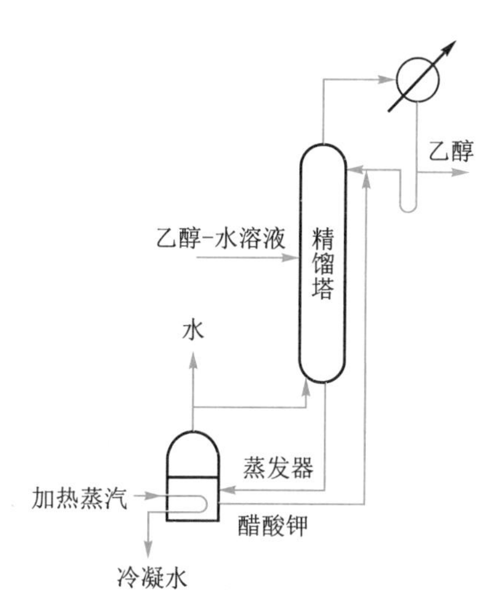


图 7-54　乙醇-水溶液加盐精馏流程

加盐精馏具有明显的优点。因盐溶液的盐一般不易挥发,均从釜中排出,回收比较容易,便于循环使用,能耗低,易保证产品的纯度,所以在生产中得到应用。加盐精馏的缺点是若加入固体盐,则溶解比较困难,同时易结晶析出堵塞管道,造成输送困难,使应用受到限制。

在一般液体萃取剂中溶入少量盐,形成加盐的溶剂(混合溶剂)可以显著增大萃取剂,提高组分相对挥发度的效果,同时又没有使用固体盐的困难。这种应用加盐精馏的萃取精馏称为加盐萃取精馏。例如,摩尔分数为0.88的乙醇-水溶液(相对挥发度 $\alpha=1.01$),当加入一定比例的乙二醇后 $\alpha$ 变为1.85。此时如在所加乙二醇中溶入醋酸钾,则 $\alpha$ 可增大到2.40。因此,应用醋酸钾的乙二醇溶液作为萃取剂的加盐精馏(其工艺流程与一般萃取精馏相同),可以大大减少萃取剂的用量,满足精馏所需的理论板数。

## 第九节　多组分精馏概述(选学)

在实际生产中常遇到多组分混合物的精馏问题。虽然两组分精馏的基本原理和许多关系式也都适用于多组分精馏过程,但由于多组分精馏的组分数目增多,需要获取的产品也多,实验导致分离系统的物流、能流、信息流和所需的设备都多,分离系统更为复杂。

多组分混合物精馏时组分间分割方式不同,将导致不同的分离流程或分离序列,也造成各流程中操作条件、塔结构等的不同,最终导致不同的生产成本。所以,研究多组分精馏分离序列的选择及进行相关计算十分必要。

## 一、流程方案的选择

将一混合物完全分离成相对较纯组分产品的分离称为锐分离。对两组分混合物进行锐分离,仅有一个方案,需要一个精馏塔。对多组分混合物进行分离则需要多个塔,而且,由于这些塔中除最后那个塔可分出两个纯度较高的产品外,其余各塔都只能分出一个高纯度的产品。所以,分离 $C$ 个组分就需要 $C-1$ 个塔,这 $C-1$ 个塔又可以不同方式组合成各种流程,即有 $C-1$ 个分离序列。对于一混合物要求达到相同的分离目标,不同的分离序列中各塔所需的理论板数和结构也会有所不同。

一般来说,混合物在一分离序列中,各组分汽化的总次数越多,则序列中物流所需的汽化热越多,能耗就越高。以 A、B、C 三组分(按挥发度递减顺序)物系的分离为例,此时可有图 7-55 中的两种分离流程。方案(a)是根据挥发度递减的原则依次分出各组分,由于每个塔都只需将其中一个组分从塔顶蒸出(汽化两次),因而再沸器和冷凝器的热负荷较小。称此序列为直接序列,也常称为顺序流程。方案(b)则正好与此相反,总汽化的次数要多(汽化 3 次)。

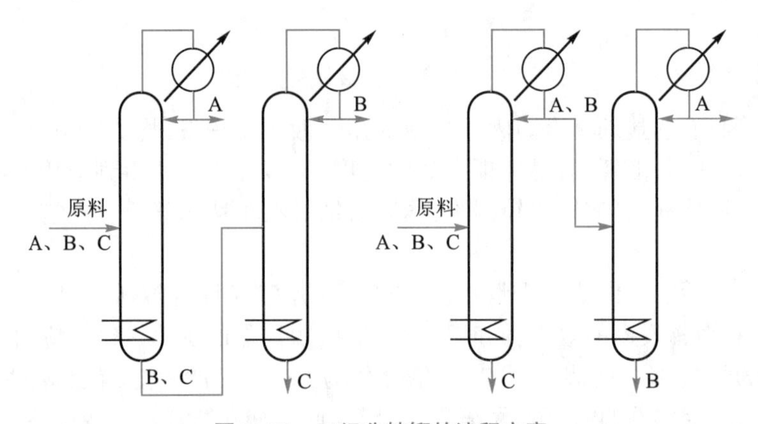


图 7-55　三组分精馏的流程方案

需要说明的是,精馏过程的能耗不只取决于组分汽化的次数,还取决于加入系统总的热流量。加入各塔再沸器的热流量取决于塔顶的采出量和操作回流比 $R$,所以,直接序列不一定能耗最低,还可能存在能耗更低的分离序列。一般来说,按方案(a)确定的流程比较经济,但也应考虑其他的因素,例如有些做法在加热过程中易分解或聚合,应在流程安排上减少其受热的次数,优先分出;有些对纯度要求很高的组分应从塔顶分出,因为少量杂质往往难以挥发而易留于塔釜中,等等。多组分精馏时多塔流程方案的选择是比较复杂的,通常需经过计算、分析和比较多个方案才能确定。

确定分离序列除考虑能耗等操作费用外,还应考虑设备投资费用等因素,例如:

(1)混合物中的易腐蚀和有毒组分应尽早分离出,不然还需考虑后序设备材料的防腐蚀问题及产品污染问题。

(2)混合物中最难分离组分最后分离出去,不然会造成第1塔的处理量最大,所需理论板数最多,回流比最大,显然,其塔径和塔高及能耗均最大。

(3)混合物中含量很大的组分应先分出,不然会使全系统设备尺寸普遍增大。

可见,多组分分离序列存在优选问题,只有选择适宜的分离序列,才能使多组分分离的成本降至最低。选择适宜分离序列的问题属多组分分离序列综合问题,这方面的研究始于20世纪70年代,至今已提出许多较为可行的方法,如有基于长期工程实践和理论知识总结归纳的试探法;有从一初始序列开始,按一定策略进行逐步改进的调优法;以及严格按数学方法优化的数学规划法等。

当然,若不要求将混合物中各组分都分离成纯组分,而只要求将进料分割成不同沸程的馏分(例如炼油工业中将原油分割为汽油、煤油、柴油和其他重馏分),则可在同一精馏塔中常用侧线引出的方法来实现。此外,分离少量多组分溶液,采用间歇精馏往往也是合适的。除了流程选择问题复杂外,多组分精馏时,由于组分数目较多,相平衡关系的计算更加复杂;加上各组分都有自己的操作方程,所以,理论板数的计算难以采用图解法。而逐板计算法计算非常烦琐,没有计算机的帮助难以进行。此外,多组分精馏时分离要求的规定和最小回流比等亦与两组分精馏有所不同。本节以设计型计算为例讨论这些特点。

## 二、多组分物系的气液平衡

与两组分精馏一样,气液平衡是多组分精馏计算的理论基础。由相律可知,对$n$个组分的物系,共有$n$个自由度,除了压力恒定外,还需要知道$n-1$个其他变量,才能确定此平衡物系。

### (一)理想物系的气液相平衡

包含两个以上组分的体系统称为多组分体系。根据相律,$n$组分体系气液两相平衡时自由度为$n$。例如,三组分物系,自由度为3,需要确定3个变量才能确定系统的平衡状态,即必须知道温度、压力和组分在两相中的组成中的一个,共3个参数才能确定整个系统的其他参数。组分数愈多,自由度愈多,为确定平衡状态所需确定的参数愈多,所以,对于多组分体系,不能用简单的等温图和等压图来表示两相平衡时各参数间的关系。多组分溶液的气液平衡关系一般采用平衡常数法和相对挥发度法表示。

(1)平衡常数法　当系统的气液两相在指定的压力和温度下达到平衡时,气相中某组分$i$的组成$y_i$与该组分在液相中的平衡组成$x_i$的比值,称为组分$i$在此温度、压力下的平衡常数,通常表示为

$$K_i = y_i / x_i \tag{7-90}$$

式中　$K_i$——平衡常数,下标$i$表示溶液中任意组分。

式(7-90)是表示气液平衡关系的通式,它既适用于理想系统,也适用于非理想系统。对于理想物系,相平衡常数可表示为:

$$K_i = y_i / x_i = p_i^0 / p \tag{7-91}$$

由该式可以看出,理想物系中任意组分$i$的相平衡常数$K_i$只与总压$p$及该组分的饱和蒸气压$p_i^0$有关,而$p_i^0$又直接由物系的温度所决定,故$K_i$随组分性质、总压及温度

而定。

(2)相对挥发度法　在精馏塔中,由于各层板上的温度不相等,因此平衡常数也是变量,而相对挥发度随温度变化较小,全塔可取定值或平均值,故采用相对挥发度法表示平衡关系可使计算大为简化。

用相对挥发度法表示多组分溶液的平衡关系时,一般取较难挥发的组分 $j$ 作为基准组分,根据相对挥发度定义,可写出任一组分和基准组分的相对挥发度为:

$$\alpha_{ij}=\frac{y_i/x_i}{y_j/x_j}=\frac{K_i}{K_j}=\frac{p_i^0}{p_j^0} \tag{7-92}$$

气液平衡组成与相对挥发度的关系可推导如下:

因为 $$y_i=K_ix_i=(p_i^0/p)x_i$$

而 $$p=p_1^0x_1+p_2^0x_2+\cdots+p_n^0x_n$$

所以 $$y_i=\frac{p_i^0x_i}{p_1^0x_1+p_2^0x_2+\cdots+p_n^0x_n}$$

上式等号右边的分子分母同除以 $p_j^0$,并将式(7-92)代入,可得

$$y_i=\frac{\alpha_{ij}x_i}{\alpha_{1j}x_1+\alpha_{2j}x_2+\cdots+\alpha_{nj}x_n}=\frac{\alpha_{ij}x_i}{\sum_{i=1}^{n}\alpha_{ij}x_i} \tag{7-93}$$

同理可得

$$x_i=\frac{\dfrac{y_i}{\alpha_{ij}}}{\sum_{i=1}^{n}\dfrac{y_i}{\alpha_{ij}}} \tag{7-94}$$

式(7-93)及式(7-94)为用相对挥发度法表示的气液平衡关系。显然,只要求出各组分对基准组分的相对挥发度,就可利用上两式计算平衡时的气相或液相组成。

上述两种气液平衡表示法没有本质差别。一般,若精馏塔中相对挥发度变化不大,则用相对挥发度法计算平衡关系较为方便;若相对挥发度变化较大,则用平衡常数法计算较为准确。

#### (二)非理想系统的气液平衡

非理想系统的气液平衡可分为三种情况:

1.气相是非理想气体,液相是理想溶液

若系统的压力较高,气相不能视为理想气体,但液相仍是理想溶液,此时需用逸度代替压力,修正的拉乌尔定律和道尔顿定律可分别表示为:

$$f_{iL}=f_{iL}{}^0x_i \text{ 及 } f_{iV}=f_{iV}{}^0y_i$$

式中　$f_{iL}$,$f_{iV}$——液相和气相混合物中组分 $i$ 的逸度,Pa;

$f_{iL}{}^0$,$f_{iV}{}^0$——液相和气相的纯组分 $i$ 在压力 $p$ 及温度 $t$ 下的逸度,Pa。

两相达平衡时,$f_{iL}=f_{iV}$,所以

$$K_i=\frac{y_i}{x_i}=\frac{f_{iL}^0}{f_{iV}^0} \tag{7-95}$$

比较式(7-95)和式(7-91),可以看出,在压力较高时,只要用逸度代替压力,就可以计算得到平衡常数。逸度的求法可参阅有关资料。

2.气相为理想气体,液相为非理想溶液

非理想溶液遵循修正的拉乌尔定律,即

$$p_i = r_i p_i^0 x_i \tag{7-96}$$

式中 $r_i$——组分 $i$ 的活度系数。

对理想溶液,活度系数等于1;非理想溶液活度系数可大于1也可小于1,分别称为正偏差或负偏差的非理想溶液。

理想气体遵循道尔顿定律,则得

$$K_i = r_i p_i^0 / p \tag{7-97}$$

活度系数随压力、温度及组成而变,其中压力影响较小,一般可忽略,而组成的影响较大。活度系数的求法可参阅有关资料。

3.两相均为非理想状态

两相均为非理想状态时,式(7-97)相应变为

$$K_i = r_i f_{iL}^0 / f_{iV}^0 \tag{7-98}$$

### (三)相平衡关系的应用

相平衡关系在多组分精馏的计算中可用来计算露点、泡点等。

(1)计算露点及平衡时液相组成

因 $$x_1 + x_2 + \cdots + x_N = 1$$

或 $$\sum x_i = 1$$

将式(7-90)代入上式,则

$$\sum (y_i / K_i) = 1 \tag{7-99}$$

利用上述两式即可计算气相混合物的露点和平衡时的液相组成。计算时要试差,先假设露点,根据已知压力和设定的温度,求出相平衡常数,再校核 $\sum (y_i/K_i) = 1$ 是否成立。如果成立,则表示所设的露点正确,否则应重新设定温度,重复上面计算,直至 $\sum (y_i/K_i) = 1$ 成立为止,此时的温度和气相组成即为所求。

利用相对挥发度表示的相平衡方程进行计算也可得到相似的结果。

(2)计算泡点及平衡时气相组成

因 $$y_1 + y_2 + \cdots + y_N = 1$$

或 $$\sum y_i = 1$$

将式(7-90)代入上式,则

$$\sum K_i x_i = 1 \tag{7-100}$$

利用上述两式即可计算液相混合物的泡点和平衡时的气相组成。计算时也要试差。同样,利用相对挥发度表示的相平衡方程进行计算也可得到相似的结果。

(3)计算多组分溶液的平衡组成及汽化率

将多组分混合液部分汽化后,两相的量和组成随压力和温度而变化,它们之间的关系如下:

总物料衡算 $$F = L + V$$

任意组分的物料衡算 $Fx_{Fi}=Lx_i+Vy_i$

$$y_i=K_ix_i$$

式中 $F$——进料流量,kmol/h;

$L$——液相流量,kmol/h;

$V$——气相流量,kmol/h;

$x_{Fi}$——进料中任意组分的组成,摩尔分数;

$x_i$——液相中任意组分的组成,摩尔分数;

$y_i$——气相中任意组分的组成,摩尔分数。

联立上述三式,并整理得

$$y_i=\frac{x_{Fi}}{\frac{V}{F}\left(1-\frac{1}{K_i}\right)+\frac{1}{K_i}} \tag{7-101}$$

式中 $V/F$——气化率。

当物系的压力和温度一定时,式(7-100)和式(7-101)可用来计算汽化率及相应的气液相组成。

【例 7-21】一种混合液含正丁烷0.4、正戊烷0.3和正己烷0.3(均为摩尔分数),总压为1 013 kPa。试求:(1)混合液的泡点和相平衡时的气相组成;(2)压力不变,122 ℃下部分汽化的汽化率和气液相组成。

**解**:(1)泡点的计算需要试差。假设混合液的泡点为 116 ℃,由图 7-56 查得压力为 1 013 kPa 下各组分的相平衡常数分别为:正丁烷 $K_1=1.61$、正戊烷 $K_2=0.79$、正己烷 $K_3=0.39$。

$$\sum y_i=K_1x_1+K_2x_2+K_3x_3=1.61\times0.4+0.79\times0.3+0.39\times0.3=0.998\approx1$$

因此,所设泡点正确。

平衡气相组成分别为:

正丁烷 $y_1=K_1x_1=1.61\times0.4=0.644$

正戊烷 $y_2=K_2x_2=0.79\times0.3=0.237$

正己烷 $y_3=K_3x_3=0.39\times0.3=0.117$

(2)由图 7-56 查得压力为1 013 kPa 下及 122 ℃下各组分的相平衡常数分别为:

正丁烷 $K_1=1.72$、正戊烷 $K_2=0.86$、正己烷 $K_3=0.44$。

假设汽化率 $V/F=27\%$,代入式(7-101),则有

$$y_1=\frac{x_{F1}}{\frac{V}{F}\left(1-\frac{1}{K_1}\right)+\frac{1}{K_1}}=\frac{0.4}{0.27\left(1-\frac{1}{1.72}\right)+\frac{1}{1.72}}=0.576\ 0$$

$$y_2=\frac{0.3}{0.27\left(1-\frac{1}{0.86}\right)+\frac{1}{0.86}}=0.268\ 1$$

$$y_3=\frac{0.3}{0.27\left(1-\frac{1}{0.44}\right)+\frac{1}{0.44}}=0.155\ 5$$

$$\sum y_i = 0.576\ 0 + 0.268\ 1 + 0.155\ 5 = 0.999\ 6$$

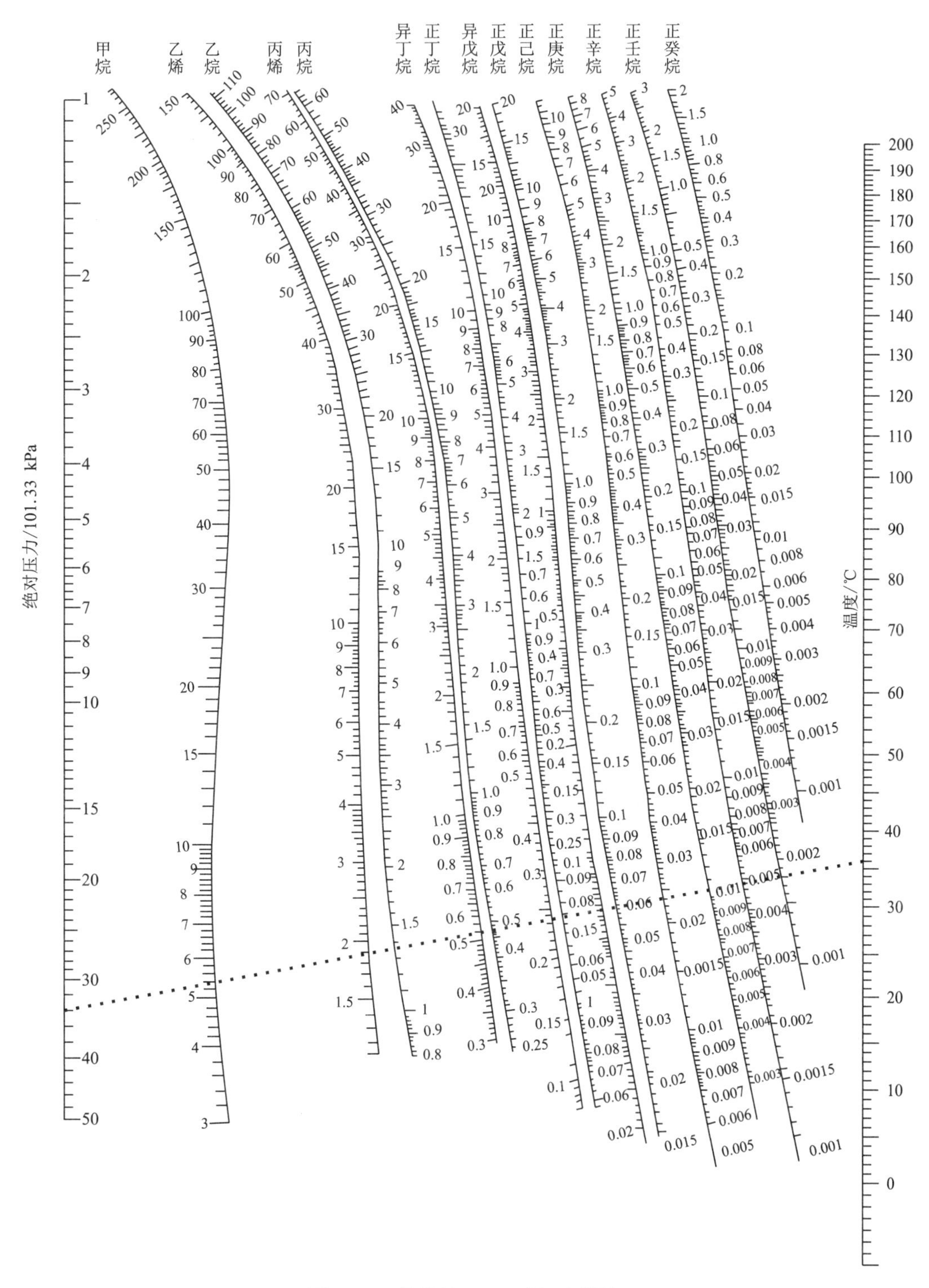


图 7-56 烃类的 $p$-$T$-$K$ 图(高温段)

计算结果表明,所设汽化率符合要求。

再根据式(7-90)计算平衡液相组成

$$x_1 = y_1/K_1 = 0.576\,0/1.72 = 0.334\,9$$

$$x_2 = y_2/K_2 = 0.268\,1/0.86 = 0.311\,7$$

$$x_3 = y_3/K_3 = 0.155\,5/0.44 = 0.353\,4$$

$$\sum x_i = 0.334\,9 + 0.311\,7 + 0.353\,4 = 1.0$$

## 三、物料衡算与关键组分

多组分精馏和双组分精馏一样,根据进料的流量、组成及塔的分离要求,进行全塔的物料衡算,由此确定进料中各组分在塔两端产品中的分布。在确定进料板位置和理论板数时,需要从塔的一端向另一端或从塔的两端向塔中间进行逐级计算。由于多组分进料中组分多,可能进入塔两端的组分数也多。由于系统自由度的约束,对一个塔只能任意规定两个组分的分离要求,也就是说,确定了这两个组分在塔两端的组成分布,其余组分的组成就不能随意规定了。此时,可根据体系的相平衡关系,对系统进行严格的物料衡算及热量衡算,来确定塔两端及全塔的组成分布,但该计算过程十分复杂。所以,本节只介绍全塔物料衡算的近似估算方法。

### 1.关键组分及分离要求的规定

对于多组分混合物的分离,要求获取 $m$ 个产品,常规情况需要 $m-1$ 个塔来实现。为保证每个塔完成规定的分离任务,需要对每个塔的分离要求进行约束。首先确定进入每个塔内的混合物的分割方案,然后确定其分离程度,进而确定可控制这一分割任务的两个组分,称这两个组分为关键组分。通常选择分割点相邻的两个组分为关键组分。如图7-57中所示,塔1分割点在B、C之间,所以B,C组分可选作塔1分离的关键组分,并称其中相对轻的组分B为轻关键($l$)组分,相对重的组分C为重关键($h$)组分。此外,混合物中比轻关键组分的组分(如A组分)为轻非关键组分(或轻组分),比重关键组分重的组分(如D组分)为重非关键组分(或重组分)。在多组分精馏中,通过规定关键组分的分离要求,对塔的分离结果进行控制。

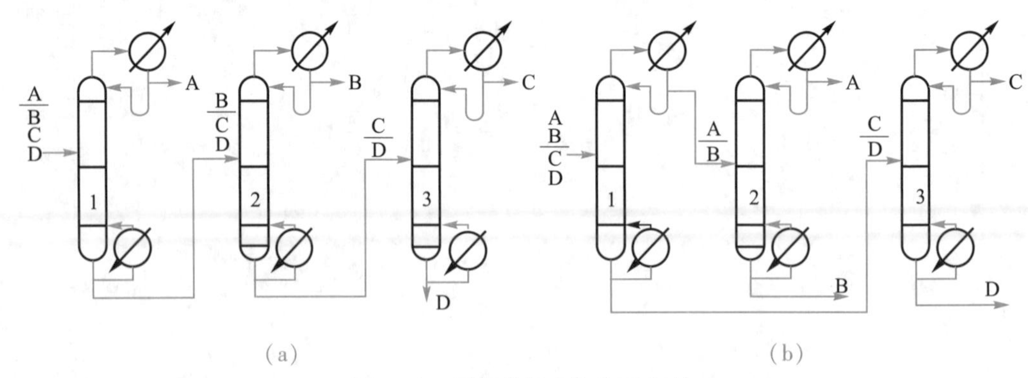


图7-57 四组分混合物分离方案

在多组分精馏分离序列中,因各塔的进料情况不同,所以分离任务也不同,分割点也会发生变化,其分离要求将随工艺要求而定。因此,关键组分及关键组分的分离要求也不尽相同。各塔具有不同的关键组分和分离要求,如果塔的分离任务或分割位置发生变化,其关键组分也随之改变。例如,要分离苯、甲苯、乙苯及苯乙烯的混合物(对应以 A、B、C、D 表示各组分)。如果按顺序流程[图 7-57(a)所示]分离该混合物,获得 4 个产品 A、B、C、D。按以上原则,三个塔的关键组分分别选定如下:A 和 B、B 和 C 及 C 和 D。

对关键组分分离要求的规定,通常有以下几种表示方法:

(1)规定轻关键组分在塔顶产品中的浓度不低于某一值,重关键组分在塔底的浓度必须大于某一值;

(2)规定轻关键组分在塔顶组成必须大于某一值,其回收率必须大于某一值;

(3)规定轻关键组分在塔顶的回收率及重关键组分在塔釜浓度必须大于某一值,也可规定轻关键组分浓度在塔底必须小于某一值、重关键组分浓度在塔顶必须小于某一值等,以保证多组分精馏达到规定的分离要求。

逐板计算塔的理论板数时,必须事先确定进料中各组分在塔两端的分布,而以上规定只能确定关键组分在塔两端的分配,非关键组分在塔两端的分配还没有确定。所以,确定非关键组分在塔两端的组成是十分必要的。由于非关键组分组成的确定受多种因素的影响,所以其计算十分复杂。为简化分配过程,方便估算,需要提出非关键组分的分配原则,具体原则分别讨论如下。

2.非关键组分在两端产品的分配

由全塔的总物料衡算及任意组分 $i$ 的物料衡算可得

$$F=D+W \tag{7-102}$$

$$Fx_{Fi}=Dx_{Di}+Wx_{Wi} \quad i=1,2,\cdots,C$$

若有 $C$ 个组分,可建立 $C$ 个组分的物料衡算方程。规定的关键组分的分离要求,可由以上两个物料衡算关系式确定关键组分在塔两端的分配。

非关键组分在塔内的分配,需要结合体系的热力学性质和相平衡关系,联立物料衡算关系确定,这是一项十分麻烦的工作。为此,结合分离过程的工程实际情况和基本原理,提出两种极端过程的假设,以确定非关键组分的初步分配,待系统建立起浓度分布后,进一步核算加以确认也是可行的。

(1)清晰分割

如果选择的两关键组分相邻且相对挥发度相差较大,当分离要求较高,即控制轻关键组分在塔釜中浓度很低,而控制重关键组分在塔顶的浓度又很小时,则可认为进料中轻非关键组分全部进入塔顶产品中,而重非关键组分全部进入塔底产品中,称此分割原则为清晰分割。如果按清晰分割的原则,则在塔顶的产品中其重非关键组分的组成近似为零。同理,在塔底产品中其轻非关键组分的组成也近似为零。这样,进料中各组分在塔两端的分配就被近似地确定下来。现以例 7-22 进行说明。

【例 7-22】 设乙烷-丙烯精馏塔的进料组成如下表所示。

| 组分 | $C_2H_4$(A) | $C_2H_6$(B) | $C_3H_6$(C) | $C_4$ | $\sum$ |
|---|---|---|---|---|---|
| $x_{Fi}$ | 34.14 | 2.82 | 50.17 | 12.87 | 100 |

若要求馏出液中丙烯组成小于0.1%，釜液中乙烷组成小于0.1%(以上均为摩尔分数)。又已知进料流量为100 kmol/h，试按清晰分割确定馏出液和釜液的组成。

解：根据题目要求，可确认乙烷B为轻关键组分、丙烯C为重关键组分。由清晰分割原则，可认为轻组分A在釜液中的组成为0，重组分D在馏出液中的组成为0，即$x_{WA}=x_{DD}=0$。

对全塔作任一组分$i$的物料衡算，有

$$F_i=Fx_{Fi}=Dx_{Di}+Wx_{Wi}=D_i+w_i$$

式中　$F_i$——进料中组分$i$的流量，kmol/h，$F_i=Fx_{Fi}$；

$D_i$——馏出液中组分$i$的流量，kmol/h，$D_i=Dx_{Di}$；

$w_i$——馏出液中组分$i$的流量，kmol/h，$w_i=Wx_{Wi}$。

① 塔顶及塔底产流量$D$、$W$

由各组分物料衡算可得

$$F_A=D_A+w_A=D_A$$
$$F_B=D_B+w_B=D_B+0.001W$$
$$F_C=D_C+W_C=W_C+0.001D$$
$$F_D=D_D+W_D=W_D$$

塔顶采出量

$$\begin{aligned}D&=\sum D_i=D_A+D_B+D_C+D_D\\&=F_A+(F_B-0.001W)+0.001D+0\\&=F_A+F_B-0.001(F-D)+0.001D\end{aligned}$$

代入已知条件并整理得

$$0.998D=F_A+F_B-0.001F$$
$$0.998\ D=(100\times0.341\ 4+100\times0.028\ 2-0.001\times100)\ \text{kmol/h}$$
$$D=36.934\ \text{kmol/h}$$
$$W=100-36.934=63.066\ \text{kmol/h}$$

②塔两端组成$x_D$、$x_W$

$$x_{DA}=D_A/D=34.14/36.934=0.924$$

同理：$x_{DB}=0.074\ 6$，$x_{DC}=0.001$，$x_{DD}=0$

$$x_{WA}=w_A/W=0,\ x_{WB}=w_B/W=0.001,\ x_{WC}=0.203\ 5$$

当塔两端所有组分的组成确定之后，即可选择一种方法计算所需的理论板数$N_T$，确定适宜的理论进料位置$N_{TF}$。

(2)非清晰分割

若分离的情况不满足清晰分割的条件，则一部分轻组分可能和轻关键组分等一起加入釜液，一部分中组分可能和重关键组分等一起进入馏出液，这种情况称为非清晰分割。

非清晰分割时，两关键组分的分离要求常以回收率的形式给出，即规定轻关键组分在馏出液中的回收率$\varphi_{Dl}$和重关键组分在釜液中的回收率$\varphi_{Wh}$，而其余各组分的组成常采用亨斯得贝克(Hengstebeck)法近似地预计。

## 四、简捷法确定理论板层数

多组分精馏所需理论板数的计算也可运用双组分精馏使用的简捷法进行处理。如果将多组分的精馏简化为轻、重关键组分的双组分精馏，即可采用双组分精馏的简捷法确定多组分精馏的理论板数。在此之前要根据分离要求估算轻、重关键组分在塔两端产品中的分布，并由体系性质及操作条件，计算各组分的平均相对挥发度 $\alpha_{ih}$；然后，确定精馏塔的 $N_{min}$ 及 $R_{min}$；最后，由吉利兰图求得多组分精馏所需的理论板数。

具体计算方法如下：

(1)由芬斯克方程求 $N_{min}$：

$$N_{min}=\frac{\lg\left[\left(\frac{x_l}{x_h}\right)_D\Big/\left(\frac{x_l}{x_h}\right)_W\right]}{\lg\alpha_{lh}}$$

(2)由下面公式求最小回流比 $R_{min}$：

$$\sum_{i=1}^{C}\frac{\alpha_{ih}x_{Fi}}{\alpha_{ih}-\theta}=1-q \qquad (7-103)$$

$$R_{min}=\sum_{i=1}^{C}\frac{\alpha_{ih}x_{Di}}{\alpha_{ih}-\theta}-1 \qquad (7-104)$$

式中 $\alpha_{ih}$——第 $i$ 个组分对重关键组分的相对挥发度；

$\theta$——式(7-103)的根；

$q$——进料热状态参数。

(3)根据 $R_{min}$ 确定适宜回流比 $R$。

(4)由图 7-39 所示吉利兰关联图确定理论板数 $N_T$。

简捷法使理论板数的计算大为简化，是一个十分方便的工程估算和分析方法，但其误差较大。此外，当采用计算机进行精馏塔的精细设计计算时，也可运用简捷法计算出的理论板数 $N_T$ 作为初值。所以，简捷法在工程设计和分析中是常用到的方法。

## 思考题

7-1 蒸馏的基本原理是什么？如何说明精馏是一种传质过程？

7-2 压强对气液平衡有何影响？一般如何确定精馏塔的操作压力？

7-3 对一定的组成和压力，泡点和露点大小关系如何？

7-4 为什么 $\alpha=1$ 不能用普通精馏方法分离混合物？

7-5 恒摩尔流假设指什么？其成立的主要条件是什么？

7-6 精馏的原理是什么？为什么精馏塔必须有回流？若塔顶取消液相回流或塔底取消气相回流，会产生什么结果？

7-7　精馏塔中气相组成、液相组成以及温度沿塔高如何变化?

7-8　常规塔全塔物料衡算式能否用质量流量和质量分数?为什么?操作线方程中的流量和组成是否可用质量流量和质量分数?为什么?精馏段与提馏段上升蒸气量和下降液体量之间有何关系?此关系式中各物流的流量能否用 kg/h 表示?

7-9　在图解法求理论塔板数的 $y-x$ 图上,直角梯级与平衡线的交点、直角梯级与操作线的交点各表示什么意义?直角梯级的水平线和垂直线各表示什么意义?

7-10　蒸馏的主要操作费用花费在何处?

7-11　$q$ 的含义是什么?根据 $q$ 的取值范围,有哪几种进料热状态?

7-12　塔顶安装有分凝器的精馏塔,用图解法求理论板数时,顶部的第一个梯级是否对应塔顶的第一块理论板?

7-13　一个正在操作中的精馏塔分离某混合液,若下列诸因素之一改变时,问馏出液及釜液组成将有何变化?假设其他因素保持不变,板效率不变。

①$x_F$ 增加;

②将进料板的位置下移两块;

③塔釜加热蒸汽的压强增大;

④塔顶冷却水用量减少。

7-14　在一定的 $D/F$ 条件下,回流比增加,则 $x_D$ 增大,问是否可用增大回流比的方法得到任意的 $x_D$?用增大回流比的方法来提高 $x_D$ 受到哪些条件限制?

7-15　通常,精馏操作回流比 $R=(1.1\sim2)R_{\min}$,试分析根据哪些因素确定倍数的大小。

## 习　题

7-1　常压下含苯 45%(摩尔分数)的苯-甲苯混合物,设该混合物液相近似为理想溶液,试确定该混合物的泡点和露点温度,并求该泡点和露点温度下呈平衡的气相及液相组成。

[答:$t_B=59.3$ ℃,$x=0.45$,$y=0.669\,6$;$x=0.252\,5$,$y=0.45$]

7-2　已知常压下苯-甲苯混合物的气相中含苯 20%(摩尔分数),试计算与之平衡的液相组成和平衡温度。

[答:$x_A=0.095$,$t=106.3$ ℃]

7-3　乙苯-苯乙烯混合物是理想物系,纯组分的蒸气压为:

乙苯　　$\lg p_A^0=6.082\,40-\dfrac{1\,424.225}{213.206+t}$

苯乙烯　　$\lg p_A^0=6.082\,32-\dfrac{1\,445.58}{209.43+t}$

式中,$p^0$ 的单位是 kPa,$t$ 的单位为℃。试求:(1)塔顶总压为 8 kPa 时,组成为0.595

(乙苯的摩尔分数)的蒸气温度;(2)与上述气相呈平衡的液相组成。

[答:(1)65.33 ℃;(2)0.512]

7-4 含正庚烷0.5(摩尔分数)的正庚烷-正辛烷混合液,若总压为101.3 kPa,试求其泡点温度。正庚烷(A)和正辛烷(B)的饱和蒸气压与温度关系数据如下表所示。此混合液可视为理想物系。

习题 7-4 附表 A、B 的饱和蒸气压与温度关系

| 温度 $t$/℃ | $p_A^0$/kPa | $p_B^0$/kPa | 温度 $t$/℃ | $p_A^0$/kPa | $p_B^0$/kPa |
|---|---|---|---|---|---|
| 98.4 | 101.3 | 44.4 | 115.0 | 160.0 | 74.8 |
| 105.0 | 125.3 | 55.6 | 120.0 | 180.0 | 86.6 |
| 110.0 | 140.0 | 64.5 | 126.6 | 205.0 | 101.3 |

[答:$t$=109.6 ℃]

7-5 根据题 7-4 正庚烷与正辛烷的饱和蒸气压与温度的关系数据,试作出总压为101.3 kPa 的温度组成图,并求含正庚烷为0.5(摩尔分数)时的泡点及平衡蒸气的瞬间组成,以及将该溶液加热到112.5 ℃时各相的组成及液气量之比。

[答:$t$=109.5 ℃,0.69;$x$=0.40,$y$=0.56,0.6]

7-6 某二元混合液 100 kmol,其中含易挥发组分0.40,在总压101.3 kPa 下进行简单蒸馏,最终所得的液相产物中,易挥发物为0.30(均为摩尔分数)。试求:(1)所得气相产物的数量和平均组成;(2)如改为平衡蒸馏,所得气相产物的数量和组成。(已知物系的相对挥发度为 3.0)

[答:(1)$n_V$=31.3 kmol,$\bar{y}$=0.619;(2)$n_V$=38.0 kmol,$\bar{y}$=0.563]

7-7 在连续精馏塔中分离 $CS_2$ 和 $CCl_4$混合液。原料液量为4 000 kg/h,$CS_2$ 含量为30%,要求馏出液中含 $CS_2$ 97%,釜液中含 $CS_2$ 不超过5%(以上均为质量分数)。试求:馏出液量和釜液的摩尔流量。

[答:$D$=14.08 kmol/h;$W$=19.92 kmol/h]

7-8 采用常压连续精馏塔分离苯-甲苯混合液。已知进料中苯的摩尔分数为0.44,进料温度为 20 ℃,试求该进料的热状态参数 $q$。

[答:1.355]

7-9 某二元混合物以 10 kmol/h 的流量连续加入某精馏塔,塔内气液两相满足恒摩尔流。原料液、塔顶馏出液和釜液中轻组分的摩尔分数分别为0.3、0.95和0.03。操作时采用的回流比为3.0。试求进料热状况参数分别为1.3、1.0、0.5、0.0、-0.1时塔釜的蒸发量和提馏段的气液比分别为多少。

[答: 14.72 kmol/h, 0.676; 11.72 kmol/h, 0.624; 6.72 kmol/h, 0.487; 1.72 kmol/h, 0.196;0.72 kmol/h,0.092]

7-10 某连续精馏塔的操作线方程分别为:

精馏段:$y_{n+1}=0.723x_n+0.263$

提馏段:$y_{n+1}=1.25x_n-0.0187$

设进料为泡点液体,试求上述条件下的回流比,以及原料液、馏出液、釜液组成。

[答:$x_F=0.535$;$x_D=0.95$;$x_W=0.074\ 8$;$R=2.61$]

7-11　苯和甲苯混合液中含苯0.4,拟采用精馏塔进行分离,要求苯的回收率为90%,操作回流比取1.875,泡点进料,精馏塔塔顶设置全凝器。要求塔顶馏出液中含苯不低于0.9(以上浓度均为苯的摩尔分数)。问采用如下两种回流方案,完成分离任务所需要的理论板数分别为多少?(1)泡点回流;(2)回流液温度为20 ℃。已知回流液的泡点为83 ℃,气化相变焓为$3.2\times10^4$ kJ/kmol,比热容为140 kJ/(kmol·K)。

[答:(1)11;(2)10]

7-12　某理想混合液用常压精馏塔进行分离。进料组成含A 81.5%,含B 18.5%(均为摩尔分数),饱和液体进料,塔顶为全凝器,塔釜为间接蒸汽加热。要求塔顶产品为含A 95%,塔釜产品为含B 95%,此物系的相对挥发度为2.0,回流比为4.0。试用逐板计算法和图解法,分别求出所需的理论塔板数及加料板位置。

[答:10块,第3板进料]

7-13　某连续精馏塔在常压下分离甲醇水溶液,某精馏段和提馏段的操作线方程为:$y_{n+1}=0.63x_n+0.361$,$y_{n+1}=1.805x_n+0.009\ 66$。试求:(1)此塔的操作回流比;(2)料液量为100 kmol/h,组成$x_F=0.4$时,塔顶馏出液量;(3)$q$值。

[答:1.703;40.25 kmol/h;0.652]

7-14　常压乙醇-水连续精馏塔,塔底用120 ℃饱和水蒸气间接加热,进料含乙醇14.4%(摩尔分数),进料流量为80 kmol/h。设精馏段上升蒸气的流量为100 kmol/h,塔顶全凝器中冷却水进、出口温度分别为25 ℃和30 ℃。若不计热损失,试分别计算:①饱和液体进料;②饱和蒸气进料;③$q=1.1$过冷液体进料三种情况下再沸器的加热蒸汽消耗量和全凝器的冷却水消耗量。

[答:①1 482 kg/h,194.43 t/h;②368 kg/h,194.43 t/h;③1 989 kg/h,194.43 t/h]

7-15　在一常压连续精馏塔中分离某双组分溶液。已知原料液流量为1 000 kmol/h,$x_F=0.4$;馏出液$x_D=0.90$,塔顶A的回收率为90%,泡点进料,回流比为最小回流比的2.0倍,物系的平均相对挥发度为2.8。求:(1)最小回流比和实际回流比;(2)精馏段操作线方程;(3)提馏段操作线方程;(4)最少的理论塔板数。

[答:1.5和3;$y_{n+1}=0.75x_n+0.225$;$y_{n+1}=1.375x_n-0.024$;3]

7-16　由A和B组成的双组分混合物,其相对挥发度为4。今将含A为20%(摩尔分数,下同)的饱和蒸气连续加至精馏塔的底部,流量为100 kmol/h。在恒摩尔流条件下,若要求馏出液和釜液中A的组成分别为95%和10%,试求此时的回流比,并用逐板计算法求所需的理论板数。[答:$R=7.5$,$N_T=5$块(含釜)]

7-17　一常压操作的连续精馏塔中分离某理想溶液,原料液组成为0.4,馏出液组成为0.95(均为轻组分的摩尔分数),操作条件下物系的相对挥发度$\alpha=2.0$,若操作回流比$R=1.5R_{\min}$,进料热状况参数$q=1.5$,塔顶为全凝器,试计算第二块理论板上升的气相组成和下降液体的液相组成。

[答:$y_2=0.918$;$x_2=0.848$]

7-18　某双组分精馏塔,塔顶在全凝器前设分凝器。已知加入分凝器的塔顶上升蒸气组成$y_1=0.96$(易挥发组分的摩尔分数,下同),由分凝器回流入塔的泡点液相组成$x_0=$

0.95，分凝器未冷凝的气相进入全凝器。设该物系的相对挥发度为2，试求全凝器所得馏出液的组成，并写出此时的精馏段操作方程。

[答：$x_D=0.974$，$y_{n+1}=0.583x_n+0.406$]

7-19　某二元理想混合物中易挥发组分的含量为0.50(摩尔分数，下同)，用常压连续精馏塔分离，要求塔顶产品组成为0.97，进料为气液混合物，其中蒸气含量占2/5。塔顶采用分凝器，由其中引出的饱和液体作为回流液送入塔内，引出的蒸气送入全凝器冷凝后作为产品排出。已知操作条件下体系的平均相对挥发度为2.5，回流比采用最小回流比的2.2倍。试求(1)原料中气相及液相的组成；(2)由塔顶第一块理论板上升的蒸气组成。

[答：(1)$x=0.410$，$y=0.635$；(2)0.938]

7-20　含易挥发组分0.42(均为摩尔分数)的双组分混合液，在泡点状态下连续加入精馏塔塔顶，釜液组成保持0.02。物系的相对挥发度为2.5，塔顶不回流。试求：(1)欲得塔顶产物的组成为60%时所需的理论板数；(2)在设计条件下，若板数不限，塔顶产物可能达到的最高含量$x_{D\max}$。

[答：(1)$N_T=8$(包括塔釜)；(2)$x_{D\max}=0.644$ kg/h]

7-21　苯、甲苯常压连续精馏塔，在全回流条件下测得某相邻两块实际塔板的液相组成分别为$x_n=0.28$和$x_{n-1}=0.41$，设该物系的相对挥发度$\alpha=2.47$，试求其中下层塔板的默弗里效率，分别以气相和液相表示之。

[答：$E_{\mathrm{mV}}=0.619$，$E_{\mathrm{mL}}=0.684$]

7-22　用板式精馏塔在常压下分离苯-甲苯溶液，塔顶设全凝器，塔釜间接加热。苯相对于甲苯的平均相对挥发度为2.47，进料为150 kmol/h、含苯0.4(摩尔分数，下同)的饱和蒸气。要求塔顶馏出液组成为0.93，塔釜残液组成为0.02。所用回流比为最小回流比的1.42倍。试求：(1)塔顶产品量和塔釜产品量；(2)精馏段和提馏段的操作线方程；(3)全回流操作时，塔顶第一块板的气相默弗里效率为0.6，全凝器冷凝液组成为0.98，求从塔顶第二块板上升的气相组成。

[答：(1)$D=62.64$ kmol/h，$W=87.36$ kmol/h；(2)精馏段操作线方程$y_{n+1}=0.801x_n+0.185$，提馏段操作线方程$y_{n+1}=1.531x_n-0.010\,6$；(3)$y=0.969$]

7-23　烃类混合液中含正己烷(A)33%(摩尔分数，下同)，正庚烷(B)34%和正辛烷(C)33%。已知其泡点温度在70~100 ℃，试分别利用相平衡常数法与相对挥发度法，求常压下该混合物的泡点温度和气相平衡组成。

[答：$t=91$ ℃；$y_{\mathrm{A}}=0.595$，$y_{\mathrm{B}}=0.276$，$y_{\mathrm{C}}=0.129$]

7-24　一分离正己烷(A)、正庚烷(B)和正辛烷(C)的精馏塔，进料组成为$x_{F\mathrm{A}}=0.33$，$x_{F\mathrm{B}}=0.34$，$x_{F\mathrm{C}}=0.33$。要求馏出液中正庚烷组成$x_{D\mathrm{B}}<0.01$，釜液中正己烷组成$x_{W\mathrm{A}}<0.01$(以上均为摩尔分数)，试以进料量100 kmol/h为基准，按清晰分割预计两端产品的流量和组成。

[答：$D=32.653$ kmol/h，$W=67.34$ kmol/h；$x_{D\mathrm{A}}=0.99$，$x_{D\mathrm{B}}=0.01$，$x_{D\mathrm{C}}=0$；$x_{W\mathrm{A}}=0.01$，$x_{W\mathrm{B}}=0.50$，$x_{W\mathrm{C}}=0.49$]

# 第八章
# 气液传质设备

1.掌握

板式塔内气液流动、接触的方式;板式塔塔板上气液两相非理想流动;板式塔的不正常操作;板式塔塔高和塔径的计算;填料塔内流体力学特性;气体通过填料层的压降;泛点气速的计算;填料塔中填料层高度的计算,填料塔塔径的计算。

2.理解

板式塔的主要类型与结构特点;板式塔塔板上气液两相接触状况;筛板塔负荷性能图的含义及其作用;填料塔的结构;填料及其特性。

3.了解

气液传质设备的分类与基本要求;填料塔的附件;板式塔与填料塔的性能比较与适用场合。

## 第一节 气液传质设备类型与基本要求

### 一、传质设备的分类

工业上实现气液传质的单元操作应用最广泛的是吸收和精馏,用于均相混合物的分离,都涉及物料的质量传递和热量传递,实现这一过程的主要设备称为气液传质设备。由于气液传质单元操作的类型不同,对气液传质设备的要求也有所不同,可根据不同的标准对气液传质设备进行分类:

(1)按照两相的接触方式,可分为逐级接触式的设备(如各种板式塔)和连续接触式的设备(如填料塔、喷淋塔等)。在逐级接触式设备中,气液两相的组成呈阶梯式变化;而在连续接触式设备中,气液两相的组成呈连续性变化。

(2)按照促使两相接触的动力分类,可分为无外加能量式的设备和有外加能量式的设备。无外加能量式的设备就是依靠流体本身所具有的能量进行两相接触实现传质的设备(如大部分的板式塔和填料塔),有外加能量式的设备是依靠外加的能量促使气液两相进行密切接触达到传质效果的设备(如脉冲填料塔)。

## 二、传质设备的性能要求

为了提供气液两相密切接触的条件，达到良好的相际传质效果，最终达到组分分离的目的，优良的气液传质设备应该满足以下要求：

(1)流体的通量要大，单位体积的两相接触面积和处理量要大，达到生产强度和生产能力的要求；

(2)气液两相分布均匀，传质效率高，避免返混等现象；

(3)流体阻力小，设备内部压降小，降低设备运转消耗；

(4)设备的操作弹性大，对物料的适应性强；

(5)设备结构简单，造价低廉，安装检修方便，运行安全可靠。

气液传质设备在工业生产设备中占有非常重要的地位，同时满足以上要求比较困难，因此要根据实际情况和需要合理选择设备，完善设备设计，优化设备操作，有侧重点地选择适宜的塔型。

气液传质设备以塔设备最为广泛。通常情况下，在塔设备内，液相依靠重力作用由上而下流过塔体，气相则由于压力差作用由下而上流过塔体，气液两相呈逆向流动，在塔内的塔板或者填料提供的界面上进行接触，达到传质的目的。塔内装塔板的就称为板式塔，装填料的称为填料塔。一般而论，板式塔的空塔气速高，生产能力大，塔板效率稳定，操作弹性大，且造价低廉，检修方便，清洗容易，工业上应用最为广泛，故首先介绍板式塔。

# 第二节　板式塔

按照塔板上气液流动的方式，可将塔板分为错流式(溢流式)和逆流式(无溢流式)。逆流塔板也称穿流板，板上没有降液管，气液两相同时由板上的孔道逆向穿流而过，这种塔板结构简单，板面利用率也高，但需要较高的气速才能维持板面上的液层，操作范围较窄，效率比较低，工业上应用很少。错流式塔板上带有降液管，在每层塔板上保持一定的液层厚度，气体穿过液层，对于整个塔而言，两相为逆流流动，错流式塔板广泛应用于精馏、吸收等传质单元操作中，我们常说的板式塔一般都是指错流式塔板。

板式塔由圆柱形的塔体、塔板及溢流堰、降液管等相关的部件组成，如图 8-1 所示。塔板按照一定的间距水平设置，塔内气体在压差作用下由下而上，液体在自身重力作用下由上层塔板的降液管流到下一层塔板的受液盘，液体流过每一块塔板时由溢流堰维持一定液层，液体横向流过塔板，翻过溢流堰进入降液管，通过降液管再流向下层塔板。而气体则由下而上穿过塔板上的升气道。图 8-1 所示为筛板塔，升气道为筛孔，气体通过筛孔被分散成小股的气流，鼓泡通过塔板上横流的液层，在液层中实现气液相密切接触，进行质量和热量的交换。然后气体离开液层，在塔板上方空间汇合后进入上层塔板，每一块塔板都相当于一个混合分离器，既要求上升气流和下降液流在塔板上进行充分接触,又要求经接触传质后的气液两相完全分离,各自进入相邻的塔板。概括地讲,板式塔内气液两相总体逆流,但在每块塔板上气液呈错流流动,气液接触过程是在一块块塔板上逐级进行的,两相的组成沿塔高也呈现阶梯式的变化,在正常连续的操作下,液相为连续相,气相为分散相。

以降液管和溢流堰为代表的溢流部件主要是维持液体在塔板上均匀地流动,并保持一定的液层厚度,为气液相提供传质场所。气液接触部件的设置主要是为了引导气流进入液层,保证气液相充分、均匀而良好的接触,形成大量易更新的气液传质界面,而且之后又要保证气液相的分离。根据塔板的不同,气液接触部件有筛孔、浮阀、泡罩等,其中筛孔造型简单,成本低廉,应用最为广泛,作重点介绍。

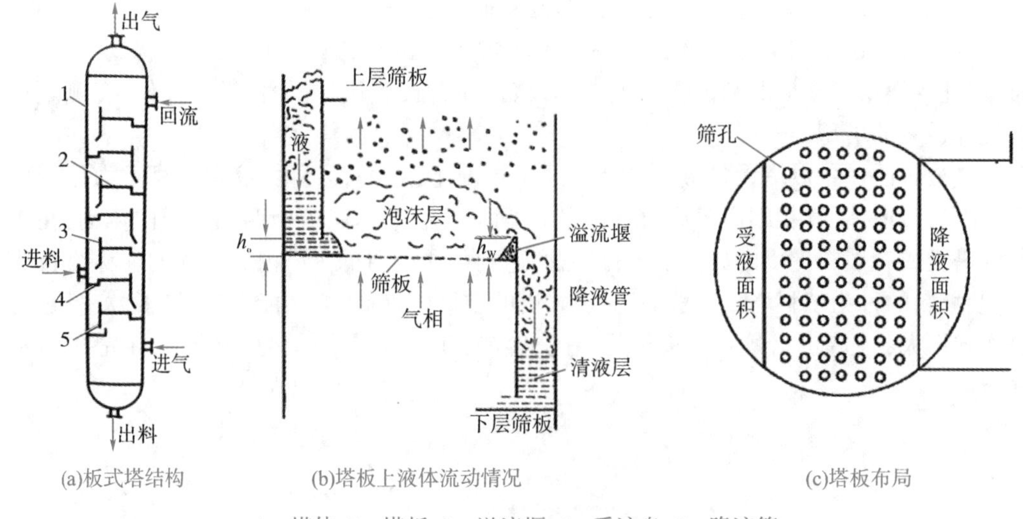


(a)板式塔结构　(b)塔板上液体流动情况　(c)塔板布局

1—塔体;2—塔板;3—溢流堰;4—受液盘;5—降液管

**图 8-1　板式塔结构与流动状况示意图**

## 一、筛孔塔板的结构及其作用

筛孔塔板简称筛板,主要部件有筛孔和溢流部件(溢流堰、降液管等)。

1.筛孔

塔板上的溢流部件主要有上、下降液管和溢流堰,筛孔就分布在上下降液管之间的塔板有效面积上,通常呈正三角形排列,它是气体的上升通道,也是气液接触部件。气体由下而上流动必须保持一定的压差以克服板间流动阻力,主要是通过筛孔的局部阻力和板上液层的重力。上升气流经筛孔分散后,穿过塔板上的液层形成气液两相密切接触的混合体进行传质。筛孔的存在,也会造成有液体在重力作用下会穿过筛孔漏下(称为漏液)而造成液体的短路。筛孔直径通常为 3~8 mm,当塔径增大的时候,筛孔也会随之增大,以适应大的生产能力和气流通量的要求,大的筛孔可达 10~25 mm,但是筛孔越大,漏液的可能性也会相应增大。另外,塔板上的开孔率(筛孔面积与塔板面积的比值)直接影响塔板的压降:开孔率小,说明筛孔直径小或者筛孔数量少,气液相间的接触面积小,塔板压降随之升高;开孔率大,说明筛孔直径大或者筛孔数量多,塔板的局部阻力减小,则

漏液增多，板式塔的操作弹性下降。因此，在进行板式塔塔板设计的时候要着重考虑开孔率的影响。

2.溢流堰

为了使气液两相充分混合，板上要维持一定的清液层厚度，需要在塔板出口降液管处装有高出板面的溢流堰。常用的溢流堰结构为平直堰，如图 8-2 所示，清液层增高，形成的气液两相混合体厚度也增高，气体和液体接触时间与接触面积均相应增大，传质更加充分，但气体通过液层的压降也相应增加，漏液的概率也会增加。清液层高度 $h_1$ 等于堰高 $h_w$ 与堰上清液层高度 $h_{ow}$（又称堰液头）之和，而后者则取决于堰长 $l_w$ 和液体流量。下降液流全部是在堰的上方通过的，堰长一定的时候，液流增大，$h_{ow}$ 增高；液流量一定的时候，$l_w$ 愈大则 $h_{ow}$ 愈小，故堰长又称为溢流周边。

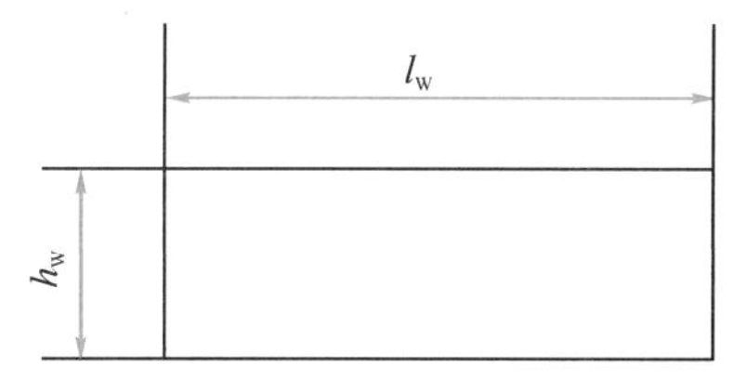


图 8-2　平直堰示意图

如液量很小，可选用图 8-3 所示的齿形堰，图上的 $h_n$ 表示齿缝深度，齿形堰的实际溢流周边可随液量在一定范围内变化。

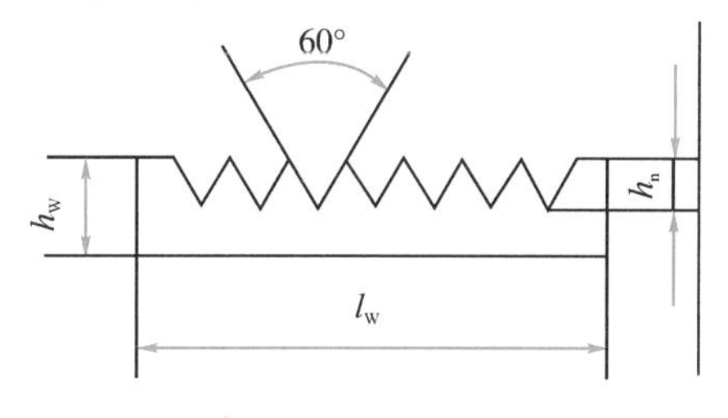


图 8-3　齿形堰示意图

3.降液管

降液管是液体从上块塔板流到相邻的下块塔板的通道，降液管下端与塔板间应留出一定的空间高度 $h_0$（又称为底隙高度），以保证液体顺畅流出；为了防止气体倒窜入降液管，阻碍液流，底隙高度应小于堰高 $h_w$，即有 $h_o<h_w$。

常用的降液管主要有圆形和弓形两种，分别见图 8-4 和图 8-1(c)。圆形降液管的流通截面积小，一般在处理量小的板式塔中应用。弓形降液管应用范围比较广，弓形的弦长即为溢流周边。

降液管的流通截面积和高度是它的主要性能参数，进行降液管设计主要考虑以下几个因素：

(1)液体负荷决定了液体的流速，降液管的流通面积主要影响液体在管内的流速，流速增大，流动阻力迅速增大。因此，应根据液体负荷推算出液体流速，选择适宜的降液管面积。

(2)降液管内的液体是在自身液柱高度位头 $h$ 的推动下,克服上下板间的压差和液流的流动阻力(主要是流经底隙的局部阻力)向下板流动的。若气液流量增大或阻力状况变化使压差或阻力增加,就会造成液体在降液管内的阻滞,使液柱上升。因此,降液管的高度应保证管内的清液层高度有一定的变化余度,可在一定范围内自动调节而不致破坏正常操作。

(3)在液体以两相混合体形态翻过溢流堰进入降液管时,总会夹带大量气泡。因此,降液管要有必要的体积(截面积×高),使液体在降液管内有足够的停留时间让气液完全分离,但是降液管面积的增大会减少塔板的有效面积,故其截面积不宜过大;而降液管增高将使塔板间距离(称为板间距)增大,两者都会提高塔的造价,需要平衡考虑。

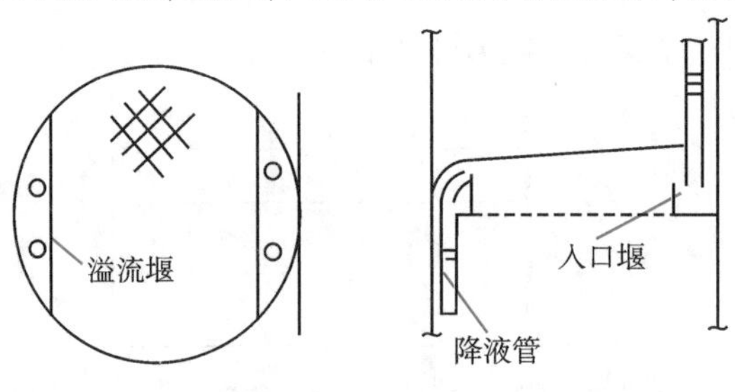


图 8-4　圆形降液管的筛板结构示意图

筛板塔板结构简单,造价低廉,气体压降小,板上液面落差相对较小,生产能力和板效率较高,但是操作弹性小,小筛孔容易堵塞,大筛孔可避免堵塞,要求气速较高,生产能力大。

## 二、其他类型塔板简述

### 1.泡罩塔板

泡罩塔板是应用较早的传质设备之一,在工业生产实践中积累了丰富的经验。泡罩塔板结构如图 8-5 所示。每层塔板上开有若干小孔,孔上焊有短管作为上升气体的通道,称为升气管。升气管上覆以泡罩,泡罩下部周边开有许多齿缝,泡罩分为圆形和条形两种,以圆形居多,如图 8-6 所示。圆形泡罩的尺寸分为 $\phi80$、$\phi100$、$\phi150$ 三种。

操作时,上升气体通过齿缝进入液层,被分散成许多细小的气泡或流股,在板上形成鼓泡层和泡沫层,为气液两相提供大量的传质界面。

泡罩塔板的升气管高出液层,不易发生漏液现象,液气比范围大,操作弹性大,塔板不易堵塞,物料适用性好,但是其结构复杂,造价高,塔板压降大,生产能力及板效率均比较低。

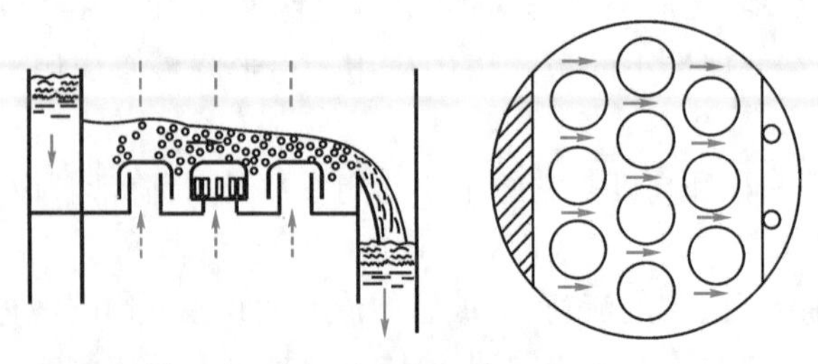

图 8-5　泡罩塔板示意图

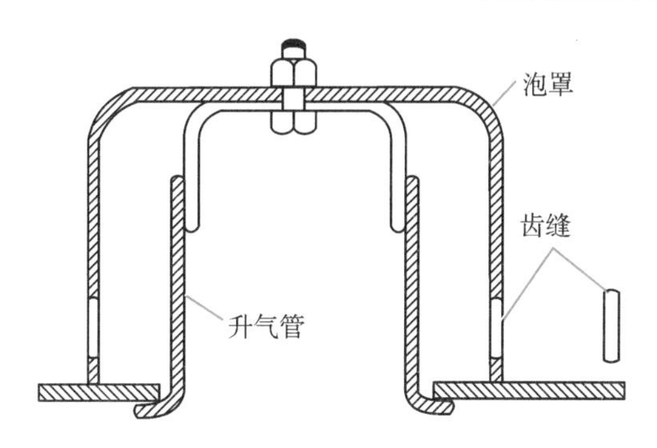


图 8-6　圆形泡罩示意图

2.浮阀塔板

浮阀塔板在20世纪50年代开始应用于工业生产，兼具筛板塔板和泡罩塔板的优点，在石油、化学工业中普遍使用。

浮阀塔板的结构特点是在塔板上开有若干大孔（标准孔径是39 mm），每个孔上装有一个开有上下浮动的阀片，浮阀的类型很多，目前国内采用的主要有F1型、V-4型和T型，如图8-7所示。

F1型浮阀本身有三条"腿"，插入阀孔后将各腿底脚扳转90°，来限制操作时阀片在板上升起的最大高度，一般是8.5 mm，同时阀片周边冲出三块略向下弯的定距片。气速低时，这三个定距片是阀片与塔板呈点接触而坐落在阀孔上，阀片与塔板间始终保持2.5 mm的开度供气体均匀流过，避免了阀片启闭不匀的脉动现象。阀片与塔板的点接触也可防止停工后阀片与板面黏结。

操作时，气流通过阀孔上升，经过阀片与塔板间的间隙与板上横流的液体接触。浮阀开度随着气流变化，气量很小时，气体通过静止开度的缝隙而鼓泡。

F1型浮阀结构简单，制造方便，节省材料，性能较好，应用比较广泛。

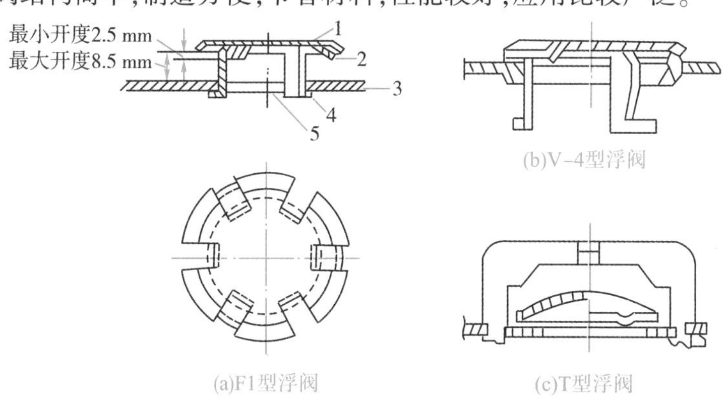


1—阀片；2—定距片；3—塔板；4—底脚；5—阀孔

图 8-7　浮阀示意图

V-4型浮阀的阀孔冲成向下弯曲的文丘里形，以减小气体通过塔板时造成的压降，阀片除腿部较长外，其余结构尺寸与F1型阀基本相同，V-4型浮阀适用于减压系统。

T 型浮阀的拱型阀片的活动范围是由塔板上固定的支架决定的,其性质与 F1 型浮阀相近,但结构更为复杂,适合处理含颗粒或易聚合的物料。

浮阀一般采用不锈钢材质,防止生锈。浮阀塔板的生产能力大,操作弹性大,塔板效率高,气体压降和液面落差小,构造比较简单,易于制造,造价较低,其综合性能优于筛板塔板和泡罩塔板,但是其不宜处理易结焦或黏度大的物料系统。

3.垂直筛板

这是近来开发的一种喷射态型塔板,塔板上排列若干大直径的筛孔,其气液接触部件是固定在孔上的帽罩,帽罩的上部侧壁开有许多小孔,帽罩底部有与清液层相连的缝隙,如图 8-8 所示。当气体以较高速度从筛孔上吹时,液体被抽吸而从缝隙呈环状液膜进入帽罩并被提升,形成气液混合相,然后通过侧壁小孔以喷射态水平喷出,在上方空间气液分离后,气相进入上层塔板,液滴则重新坠入下方较薄的清液层部分又被吸入做二次循环,部分随液层进入下一排帽罩进行类似循环,最后经降液管落入下层塔板。

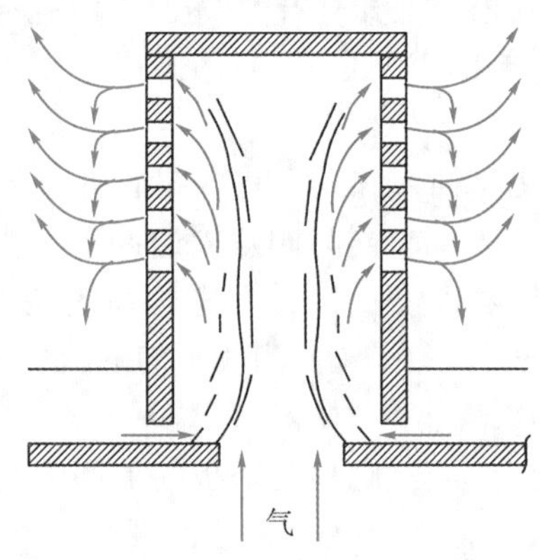


图 8-8　垂直筛板示意图

这类塔板的基本特点是:板上较薄的清液层在流动,气体并不穿过清液层,气液两相水平喷出,故压降低而液沫夹带少,板上的液面落差也小,可提高气相处理能力,减小板间距。其气速上限不再是液沫夹带和降液管液泛,而受发生气体从罩底缝隙直接窜出的条件所限制。由于液体的二次循环,罩内局部液气比很高,且由于两相的良好混合,板效率也较高。缺点是低气量时漏液较为严重,但由于气相负荷上限提高,故操作弹性仍优于浮阀塔板。

这类板的适应能力好,在高真空、大气量、极低液气比和发泡液体等条件下均可顺利操作,也适用于大塔径的场合。

4.无溢流塔板

无溢流塔板又称穿流式塔板,主要是取消了溢流部件,这样进一步简化筛板的结构,并使塔板全部面积都可用来进行传质,塔板上气液都穿过筛孔流动。因而可认为是纯逆流流动,塔板上清液层低、压降小,但由于操作弹性小、板效率低以及不适于低气相负荷,其使用并不普遍。

5.新型改进塔板

市场竞争要求企业能够灵活地调整生产经营策略，这就要求塔器在保证产品质量的前提下能在较宽的气液负荷范围内操作。针对已有塔板的特点，各种形式的高效塔板不断地被开发出来并应用于石油化学工业领域。

（1）组合导向浮阀塔板　组合导向浮阀塔板是华东理工大学开发的专利技术，该阀吸取了条阀和导向筛板的各自特点，形成一种创新的组合条阀。它由矩形导向浮阀和梯形导向浮阀按适当的配比组合而成。组合导向浮阀塔板的主要特点为：

①塔板上配有矩形和梯形导向浮阀，浮阀上没有导向孔，导向孔的开口方向与塔板上的液流方向一致；

②根据液流强度的大小或液体流路长短适当调节梯形浮阀和矩形浮阀的配比；

③浮阀在操作中不转动，浮阀无磨损，不脱落；

④塔板效率与 F1（V1）型浮阀塔板效率相比提高 10%～20%，生产能力可提高20%～30%。

（2）SUPER V 型浮阀塔板　中国石油大学与设计院一起，在原来 HTV 船型浮阀塔板的基础上，独家提出了浮阀填料化的开发思路，开发了 SUPER V 型系列浮阀塔板，实验室研究和初步工业应用表现出了极为优良的操作特性，具有广泛的应用前景。

浮阀采用 U 形带翼结构、阀体侧翼开孔和开缝，提高了塔板气液接触的均匀性，可防止浮阀结焦和结垢沉积。设计了侧翼开孔的浮阀结构，以适用于低等结焦、结垢体系，称为SUPER V-1浮阀；设计了侧翼开缝的浮阀结构，以适应于中等以上易结焦、结垢体系，称为 SUPER V-2 浮阀。同时，该塔板采用同抹斜式降液管出入口堰技术相结合，大大提高了降液管的液相通过能力。该类浮阀塔板效率较高，操作弹性较大，但结构较复杂，并且制造成本较高。

（3）ADV 微分浮阀塔板　ADV 微分浮阀塔板是清华泽华公司与美国 AMT 公司共同开发的新一代浮阀塔板，它是在 F1 型浮阀塔板的基础上开发的。与传统的 F1 型浮阀塔板相比，塔从浮阀结构、降液管结构等方面进行了一系列的改进：

①ADV 微分浮阀在阀顶开小阀孔，充分利用浮阀上部的传质空间，使气体分散更加细密均匀，气液接触更加充分；

②局部采用带有导向作用的 ADV 微分浮阀，消除塔板上的液体滞留现象，提高气液分布的均匀度；

③采用鼓泡促进器使整个塔板鼓泡均匀并降低液面梯度，从而提高传质效率；

④适当改进降液管，增加鼓泡区的面积；

⑤阀腿采用新的结构设计，使浮阀安装快捷方便，操作不易转动或脱落。

该类塔盘在传质效率、泄漏等方面得到了改进，与导向浮阀塔板相当；雾沫夹带在中低速的空塔气速下与 F1 相差不多；操作弹性不是很高，略低于 SUPER V 型塔板，但压降与 F1 相当。

（4）SUPERFRAC 塔板　SUPERFRAC 塔板是 GLITSCH 公司开发的系列专利产品，目前已有 SUPERFRAC Ⅰ～Ⅳ型、SUPERFRAC+型产品可供选用。塔板上的传质元件包括两种结构的小圆形浮阀、降液管出口鼓泡装置，降液管可以根据负荷的高低设计为扇形降液管、主降液管+辅降液管,塔板塔接处设计有工艺筛孔,其中的Ⅳ型塔板包括5项专利技术。SUPERFRAC 塔板的两相通过能力比常规筛板塔板和浮阀塔板的高20%~40%,操作弹性较大,具有高通量、低压降、传质效率高等优点,但该类塔板的开孔率较小。

(5)GSV 塔板　GSV 塔板是格利奇(苏州)石化工程有限公司在 GLITSCH 公司 SUPERFRAC 塔板的基础上开发的系列专利产品,已有 GSV Ⅰ~Ⅲ型产品可供选用。塔板上的传质元件包括两种结构的小圆型浮阀和降液管出口鼓泡装置。GSV1 塔板的两相通过能力比常规筛板塔板和浮阀塔板的高 30%,操作弹性较大,具有高通量、低压降和传质效率高等优点,是目前进行老塔改扩建经常选用的塔板之一。

(6)波纹筛板　波纹筛板由美国 STONE-WEBSTE 工程公司开发,目前已经成功地开发出了第二代产品(RIPPERTRAY)。波纹筛板是将穿流式筛板冲压成正弦曲线波纹形状,改善两相分布可以提高塔板的操作弹性。塔板的波峰和波谷按照气液负荷和传递性能参数确定。这种塔板不设降液管,增加了塔板的有效面积,故使塔的处理能力明显提高,空塔气速为筛孔塔板的1.2~1.5倍;相邻两层塔板的波纹相互垂直,增大了液相流动的均匀性;两相传质不受泡沫层高度的影响,操作的灵活性较大;板上气液互相扰动,减轻了污染堵塞,延长了使用周期。但是,传质效率低。

## 三、塔板上气液流动和接触状况

### (一)塔板上气液接触状况

在筛板塔中,气体通过筛孔分散开与塔板上的液体进行充分的接触传质,因此气体通过筛孔时的速度(简称孔速)不同,气液两相在塔板上的接触状况就不同,如图8-9所示。

#### 1.鼓泡接触

当孔速很低时,气体形成一个个的小气泡,以鼓泡的形式穿过板上清液层。此时,塔板上的气泡数量较少,板上液层清晰可见,液体为连续相,气体为分散相,气液两相的接触传质在气泡表面进行,气泡数量少,气液接触面比较小,因此气液传质阻力比较大。

#### 2.泡沫接触

随着孔速的增大,气泡的数量增多并形成泡沫,此时液体仍为连续相,气体仍为分散相,但是液体在气体泡沫表面会形成一层较大的液膜,气液两相在液膜上进行接触和传质。

由于孔速较快,泡沫层高度湍动,液膜和气泡不断发生破裂与合并,为两相传质创造了良好的流体力学条件。

#### 3.喷射接触状态

当孔速继续增加,气体带着很大的动能从筛孔喷出穿过液层,将板上的液体破碎成许多大小不等的液滴而抛向塔板上方空间,当液滴回落合并后再次被破碎成液滴抛出。此时液体为分散相,气体为连续相,气液两相在液滴外表面进行接触传质。

由于泡沫接触状态和喷射接触状态对气液接触比较有利,工业生产中,一般选择这两种气液接触。

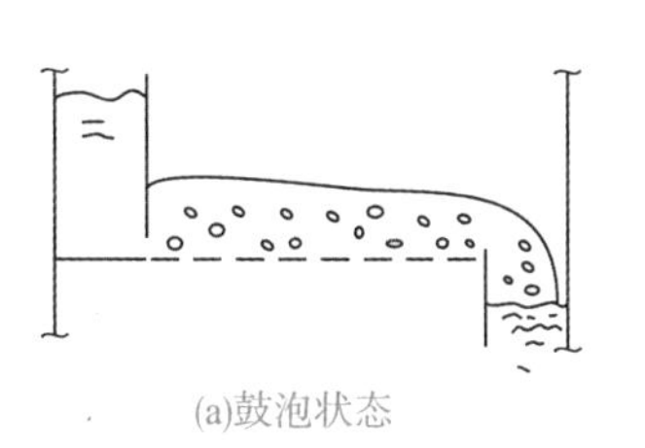
(a)鼓泡状态

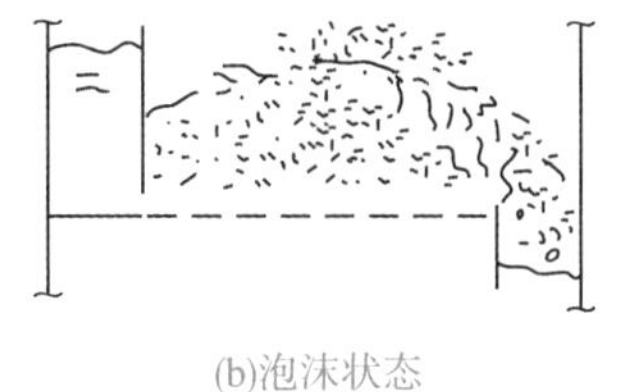
(b)泡沫状态

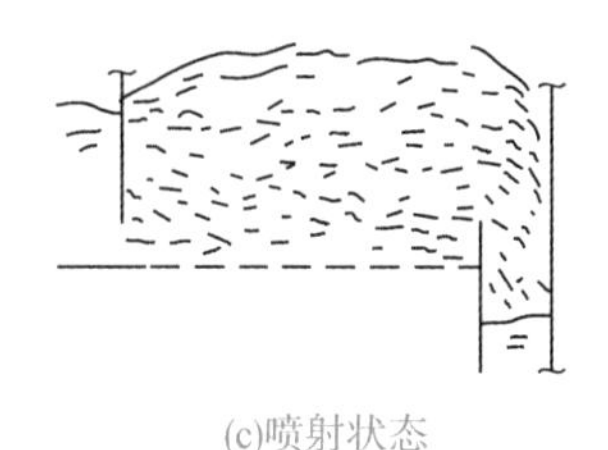
(c)喷射状态

图 8-9　塔板上气液接触状态示意图

### (二)塔板上气液流动状况

1.筛板上液体的流向

液体在自身重力作用下由上层塔板的降液管流到下一层塔板的受液盘,再横向流过塔板与气相接触,最后进入降液管再流向下层塔板,其中液体横流经过塔板的路径称为液体流径,流径越长,液体在板上的停留时间以及气液接触时间增长,传质效果愈好。另外,塔板入口处的液面高度必须高于出口处的液面高度,以克服液体流动过程中的塔板部件和气体扰动对液体的流动阻力,这种液面高度差称为液面落差。液面落差既是板上液体流动的推动力,又是造成塔板上气体分布不均匀的主要原因,因为液面越高,相当于清液层越厚,对气体穿过的阻力也越大,在液面较低处,阻力小,气体将会更多地穿越,气体的分布不匀会导致传质效果下降。而流径愈长以及液流量愈大,均会使液面落差增大。因此,板上液体流径必须做适当的折中与安排。

当塔径小于2.2 m时,可采用单流型塔板[图 8-10(a)]。对塔径大于2 m的大型塔或液流量很大时,可采用图 8-10(b)所示的双流型塔板,来自上一塔板的液体分别由左右两侧降液管进入,横流经过半块塔板进入中间的降液管,到下一塔板再分别流向左右两侧。这样做可减小液面落差,但塔板结构较复杂,降液管所占塔板面积较多。

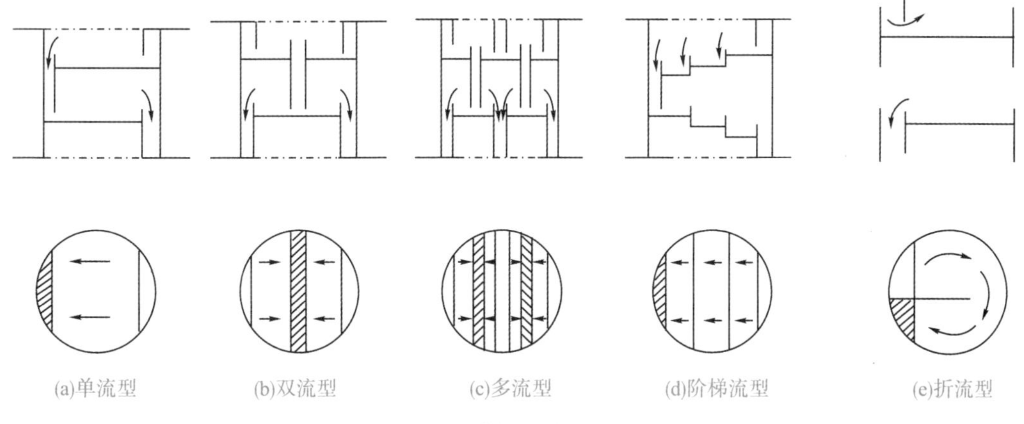
(a)单流型　(b)双流型　(c)多流型　(d)阶梯流型　(e)折流型

图 8-10　塔板上液流示意图

图 8-10(c)和(d)的多流型、阶梯流型塔板,也是为了解决大直径塔板上液体流径与液面落差对分离效率的矛盾而提出的方案,图 8-10(e)的折流(或称 U 形流)型塔板,适用于小直径塔和小液体流量。

2.筛板气液两相非理想流动

塔板上理想的气液流向为气液通过筛孔自下而上流动,液体通过降液管横流过塔板,再进入下一块塔板的自上而下流动,但是实际操作中经常会出现非理想流动的状况,介绍如下。

(1)返混现象

我们把工业生产中出现的流体流向与主流方向相反的流动称为返混现象。对于流动方向自上而下的气体流动称为气泡夹带,对于流动方向自下而上的液体流动称为液沫夹带,也称雾沫夹带。无论是气泡夹带还是液沫夹带都阻碍了正常的流体流动,导致平均传质推动力的下降和塔板效率的降低,对传质过程不利,下面分别进行说明:

如前所述,在塔板上与气体充分接触后的液流,翻越溢流堰进入降液管时必含有大量气泡,同时,液体落入降液管时又卷入一些气体产生新气泡。若液体在降液管内的停留时间太短,所含气泡来不及分离,将被卷入下层塔板,这种现象就是气泡夹带。如果气泡夹带所产生的气体夹带量占气体总流量的比例极小,对传质影响不大。但由于降液管内液体含有气泡数量极大,降低了降液管内液体柱的平均密度,导致降液管的通过能力减小,甚至会破坏塔的正常操作。因此,必须保证液体在降液管内有足够的停留时间。

一般工业生产中,气液接触都是泡沫接触状态或喷射接触状态,在这种状况下,当气体穿过塔板上液层时都会产生大量液滴,如果气速过大,这些液滴的一部分就会被夹带到上层塔板,这就是液沫夹带。液沫夹带有两类:其一为沉降速度小于上升气流速度的小液滴,因具有向上的绝对速度,无论板间距有多大,都不可避免地被气流带到上层塔板;其二为沉降速度大于上升气流速度的大液滴,由于气流冲击或气泡破裂造成的液滴飞溅具有向上的初速度,在板间距比较小时,这些较大的液滴也会到达上层塔板,而成为液沫夹带的主体。板间距增大,被弹溅出的大液滴有可能又回落到塔板上。由此可见,板间距越小,液沫夹带量越大;气速越大,液沫夹带量也越大。

液沫夹带量通常用每 1 kmol(或 1 kg)干气体所夹带的液体数(kmol 或 kg)表示。有时也用液沫夹带分率 $\psi$,即被夹带的液体流量占流经塔板总液体量的分率来表示。

(2)不均匀分布

在每一层塔板上气液两相呈错流流动,理想的状态是在塔板上各点气体流速相等,如图 8-11(a)所示。但是由于液面落差的存在,不同液层厚度对气体阻力不同,导致气体沿塔板的分布不均匀,如图 8-11(b)所示。在液体入口部位,液层厚,阻力大,气体流量小;而液体出口部位,液层薄,阻力小、气体流量大,不均匀的气流分布不利于气液两相的均匀接触,对传质是不利的。

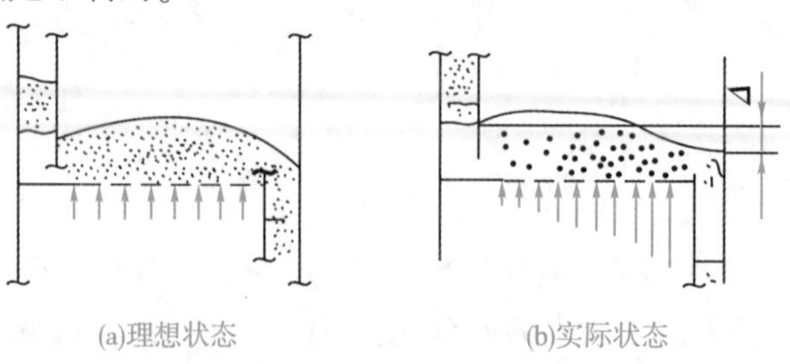


图 8-11 塔板上气体分布示意图

因塔截面是圆形的，大多数的降液管是弓形，故液体横向穿过塔板时在不同部位具有不同的流动行程。在塔板中央部分的液体流动行程短而直，所以阻力小，流速大；而在塔板外围部分的液体流动行程长而弯曲，又受到塔板上溢流堰等部件的影响，所以阻力大，流速小，如图 8-12 所示。由于液体沿塔板的速度分布实际上是不均匀的，严重时会在塔板上造成一些液体流动不畅的滞留区，相当于减小了塔板的有效面积，也就是减小了塔板上气液两相接触的面积，对传质也是不利的。

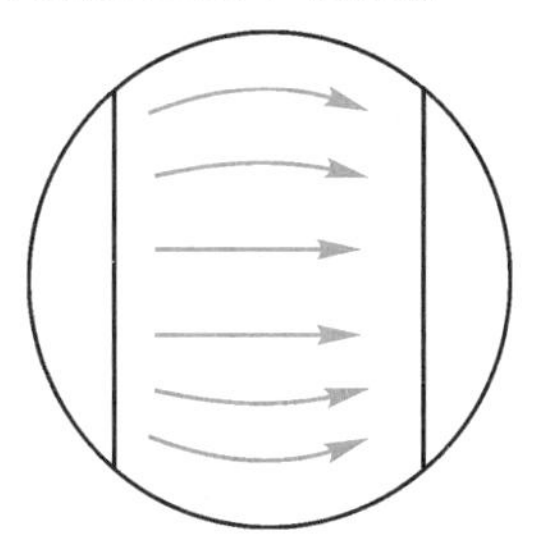

图 8-12　塔板上液体分布示意图

当液体流量比较低时，液流分布不均匀性更为明显。因为此时溢流堰上的清液层高度 $h_{ow}$（简称堰液头）很小，而溢流堰安装的水平度总有一定误差，可能只在较低处有液体溢流，而另一端无溢流，在塔板上形成很大的滞留区。为避免液体沿塔板的流动严重不均匀，当液层高度小于 6 mm 时，宜采用齿形堰或折流型塔板。

（3）漏液　液体流经塔板从筛孔直接落下的现象称为漏液。未经充分接触传质的液体直接进入下板，这是短路现象，会降低塔板的有效利用率和板效率。实验表明，漏液具有以下几个特点：

①漏液有随机性。可以观察到漏液和通气的筛孔是不断变化的，这是由于气液流动和相互作用使板上液层做随机的上下波动所致。波峰处液层高，相对易于漏液，通气量少；而波谷处则相反。

②漏液有倾向性。一般在液体入口处气体通过量最少而漏液量最多，出口处则相反。这是由于液面落差造成的。

③漏液量随气量（筛孔气速）的增加而减少，到一定程度可基本停止漏液。

下面分析一下气量变化带来的效应。

塔板上下压差主要用来克服气体通过筛孔的干板阻力和板上的液层阻力（主要是清液层的重力）。气速增加，压差增加，其中干板阻力正比于气速的平方，但板上液层阻力并无多少变化，因而干板阻力占总阻力（表现为压差）的份额增加，这意味着干板阻力对气液流动的影响增加；换言之，清液层液面各处高低不同的影响将削弱，故气体分布将趋于均匀（因为筛孔分布均匀，干板阻力状况也是均匀的），漏液将会减轻。反过来，如果气量不变而板上液层增厚，则液层阻力占总阻力的份额上升。可以预见，气体不均匀分布程度将增大，随机性漏液也将增加。因此，减少乃至停止漏液的必要条件是：干板阻力占总阻力的份额增大至某一程度，以及压差必须大于波峰处的清液柱高。

为了减少倾向性漏液，改善气体分布，应使液面落差小于干板阻力的一半以上。

3.塔板的非正常操作

前述的气液返混、分布不均匀和漏液都属于塔板上气液两相的非理想流动状态,虽然影响气液两相的传质效率,但是不影响板式塔的正常操作,如果进一步严重形成了液泛和严重漏液,则会造成板式塔无法正常工作。

(1)液泛　在操作过程中,塔板上液体下降受阻,并逐渐在板上积累,直到充满整个板间(淹塔),从而破坏了塔的正常操作,这种现象称为液泛。液泛时可观察到塔内气相压降大幅度上升,并剧烈波动,分离情况急剧恶化,因而是塔板设计和操作中必须避免的现象。根据引起液泛的原因不同,可分为两类。

①降液管液泛。操作中,液体流量和(或)气体流量过大都会引起降液管液泛。前已指出,降液管的液柱重力要克服塔板间压差及降液管的流动阻力并与之达到平衡。若液体流量增大,管内液体流速增大,流动阻力也迅速增大,降液管内清液层高度将增加;气体流量增大,使相邻板间的压降增大,同样会使降液管内液面上升。在一定范围内,它们可以达到新的平衡而不致影响操作。但如果气液量增加过大,使降液管内的液面升至上层塔板溢流堰顶后,上层塔板上的液面就会随着升高,气体经过塔板的压降也相应增大,进一步阻碍了液体的下流,于是形成了恶性循环,发生了降液管液泛。

②夹带液泛。上升气速增加时,一方面气相动能增大引起液沫生成量与夹带量增加,同时气液混合体也会增厚;另一方面又会减少液面上方的分离空间,从而更加剧了液沫夹带,而夹带上去的液体又反过来增加降液管的液体负荷。当气速增加至某一程度,也会形成恶性循环而导致液泛,这种液泛是夹带引起的,故称夹带液泛。

(2)严重漏液　严重漏液会使塔板上缺乏存液,板效率剧降以致无法正常操作,必须避免。对于一定的塔结构,气速是决定漏液大小的主要因素。生产上,一般取漏液量达到液体流量的10%时的气速为漏液点气速,它是塔的操作气速的一个下限。

## 四、板式塔的设计

板式塔的腐蚀现象

根据给定的生产任务,选定板式塔作为生产设备之后,要根据具体的生产工艺要求进行板式塔的选择、设计。板式塔的设计计算内容包括:计算塔高、塔径,板上液流形式的选择,溢流装置的设计,确定塔板板面布置,塔板的校核,计算或图解求出理论塔板数及绘制负荷性能图,以此确定具体的工艺操作条件。

板式塔为逐级接触式的气液传质设备。沿塔高方向,每层板的组成、温度、压力都不同。先选取某一塔板(例如进料)或塔顶塔底条件下的参数作为设计依据,以此来确定它的尺寸,然后再做适当的调整。或分段计算,以适应两段的气液相体积流量的变化,但应尽可能地保持塔径相同,以便于加工制造。

设计的板式塔应为气液接触提供尽可能大的接触面积,尽可能减小雾沫夹带和气泡夹带,有较高的塔板效率和较大的操作弹性。但是由于塔中两相流动情况和传质过程的复杂性,许多参数和塔板尺寸需要根据经验来选取,而参数与尺寸之间又彼此互相影响和制约。因此,设计过程中,不可避免要进行试差,计算结果也需要工程标准化。基于以上原因,在设计过程中需要不断地调整、修正和核算,直到设计出满意的板式塔。以精馏用筛板塔为例说明板式塔的设计计算过程。

### (一)塔的有效高度计算

板式塔的高度由包括所有塔板数在内的有效段高度以及塔顶和塔底的空间所占高度之和决定。塔内气液接触的有效高度可用下式计算：

$$Z=(N-N_F-N_p-1)H_T+N_FH_F+N_PH_P+H_D+H_B \tag{8-1}$$

式中　$Z$——塔的有效高度,m；

$N$——实际塔板数；

$N_F$——进料板数；

$H_T$——板间距,m；

$H_F$——进料板处的间距,m；

$N_P$——人孔数；

$H_P$——人孔处的板间距,m；

$H_D$——塔顶空间高度(不包括头盖部分),m；

$H_B$——塔底空间高度,m。

板间距的选择很重要,其大小对塔是否能够正常操作以及塔高和塔径的尺寸、物系的性质、分离效率、操作弹性及塔的安装检修有着很大的影响。例如板间距大,则可取较高的空塔气速和较小的塔径,而不致产生严重的液沫夹带现象,也可延迟液泛的发生,但塔高也相应增加。因此,需要结合经济权衡、反复调整才能确定。但实际上,板间距多取经验值,它是根据被分离物系的特点,考虑到制造和维修的方便确定的,在设计过程中可参照表 8-1 选取,同时结合塔径计算进行调整。

表 8-1　不同塔径的板间距参考值

| $D$/mm | 800~1200 | 1400~2400 | 2600~6600 |
| --- | --- | --- | --- |
| $H_T$/mm | 300,350,400,<br>450,500 | 400,450,500,550,600,<br>650,700 | 450,500,550,600,650,700,<br>750,800 |

在决定板间距时,还应该考虑安装、检修的需要。例如,对于塔径大于 1 m 的板式塔,还要在塔体某些部位开设人孔,供安装、检修人员进出。一般每隔 6~8 层塔板设一人孔,需要经常清洗时,3~4 层塔板处设一人孔。因此,在塔体人孔处应留有足够的工作空间,一般不小于 600 mm。此外,进料板与上一块塔板之间的距离应比一般板间距稍大一些。

塔顶空间高度是指塔顶第一块塔板到顶部的距离。为了减少出口气体中夹带的液体量,这段高度大于一般的板间距,通常取1.2~1.5 m。

当再沸器在塔外时,塔底空间高度是指最末一块塔板到塔底部的距离。液体自离开最末一块塔板至流出塔外,需要有 10~15 min 的停留时间,据此再由釜液流量和塔径即可求出此段高度。

$$\frac{D^2}{4}\pi H_B=\frac{L'M}{\rho}\tau$$

式中　$D$——塔径,m；

$H_B$——塔底空间高度,m；

$L'$——提馏段液相摩尔流率,kmol/h;

$M$——塔釜组成的摩尔质量,g/mol;

$\tau$——停留时间,s;

$\rho$——塔釜组成的密度,kg/m$^3$。

所有塔板数在内的有效高度、塔顶和塔底的空间高度总和即为塔的总高度。

### (二)塔径的计算

塔的横截面积应满足气液接触部分的面积,溢流部分的面积和塔板的支撑和固定等结构处理所需面积的要求。在塔板设计中其主要作用往往是气液接触部分的面积应保证有适宜的气体速度。计算塔径有两种方法:一种是根据适宜的空塔气速求出塔截面积,然后再求塔径;另一种是先确定适宜的孔流气速,算出一个阀孔或筛孔允许通过的气量,确定出每块塔板所需孔数,再根据孔的排列和塔板各区域的相互比例,最后算出塔的塔径。这里介绍第一种计算方法。

#### 1.塔径的初步计算

塔径是由塔内气体的体积流量与空塔气速计算的:

$$D=\sqrt{\frac{4V_g}{\pi u}} \tag{8-2}$$

式中 $D$——塔径,m;

$V_g$——塔内气体的体积流量,m$^3$/s;

$u$——气体的空塔速度,m/s。

对于板式精馏塔,因精馏段与提馏段上升蒸气量可能不同,故在计算塔径和其他有关结构参数时应分段计算。为了保证操作安全,通常按气液负荷最大的截面计算。为方便起见,精馏段可按塔顶状态计算,提馏段按塔釜状态计算,但需经过必要的校核。

设计选用的空塔速度是否适宜,不仅影响到塔本身的性能,而且还影响到设备投资的多少。空塔速度的增加可以提高塔的生产能力,减小塔径,但雾沫夹带增大,板压降增加;反之,减小空塔速度,塔径增大,但板间距可取的小一些,雾沫夹带量、板压降也可减少。若气速过小,又会影响板上气液接触状况,还可能发生漏液。空塔速度的计算可依如下步骤进行。

首先求出气体最大允许速率,即塔内可能产生液泛时的气体速率,此即为最大允许速率 $u_{max}$。$u_{max}$ 可根据悬浮液滴沉降原理导出,结果为

$$u_{max}=C\sqrt{\frac{\rho_l-\rho_g}{\rho_g}} \tag{8-3}$$

式中 $\rho_l,\rho_g$——塔内液体、气体的密度,kg/m$^3$;

$C$——气体负荷因子,m/s。

气体负荷因子 $C$ 可以由图 8-13 史密斯关联图查得。图中横 $\frac{V_l}{V_g}\sqrt{\frac{\rho_l}{\rho_g}}$ 坐标称为气液动能参数,它是一个量纲为 1 的值,反映了气液两相流量与密度的影响;$V_l$ 为塔内液体的体积流量,m$^3$/s;$H_T$ 为预选的板间距,m;$h_L$ 为预设的板上清液层高度,m。对常压塔,$h_L$ 一

般取为 50~100 mm，减压塔一般选 25~30 mm，而 $H_T-h_L$ 则反映了板上液滴沉降空间高度对负荷参数的影响。

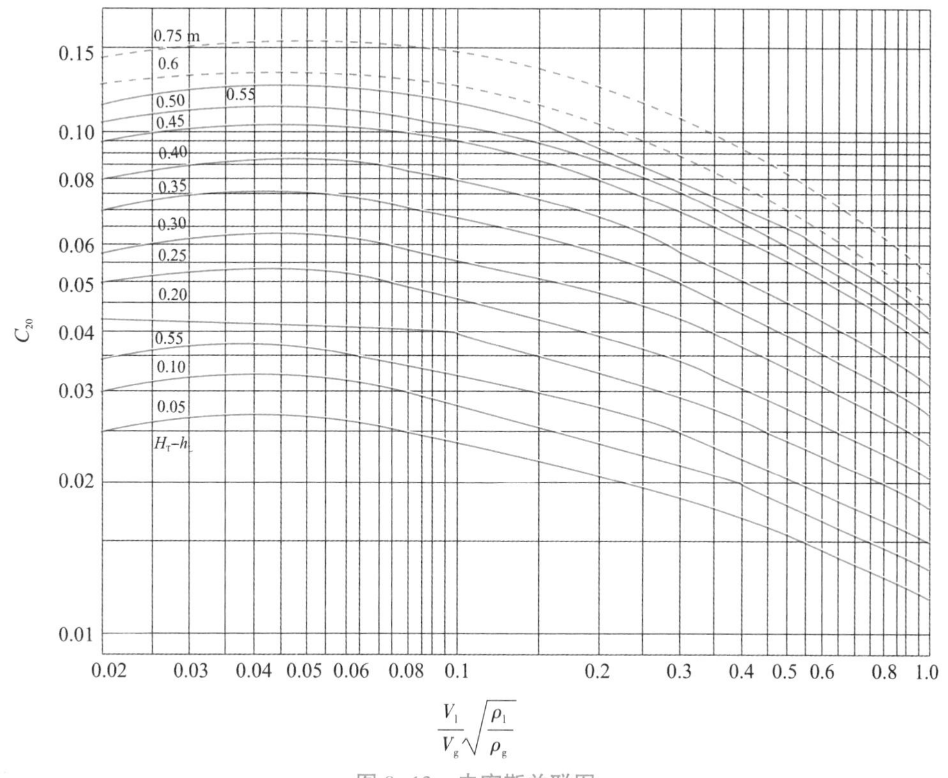


图 8-13　史密斯关联图

图 8-13 是按照液体表面张力 $\sigma=0.02$ N/m 的物系绘制的，若塔内液相表面张力 $\sigma$ 为其他数值时，应做校正：

$$C=C_{20}\left(\frac{\sigma}{0.02}\right)^{0.2} \tag{8-4}$$

式中　$C_{20}$——表面张力为 0.02 N/m 时的气体负荷因子，m/s；

$C$——表面张力为 $\sigma$ 时的气体负荷因子，m/s；

$\sigma$——与 $C$ 相对应的液体表面张力，N/m。

由于精馏段、提馏段的气液流量不同，故两段中的气体速度和塔径也可能不同，在计算塔径中精馏段的塔径可按塔顶第一块板上物料的有关物理参数计算，提馏段的塔径可按釜中物料的有关物理参数计算。也可以分别按照精馏段和提馏段的平均物理参数进行计算。

2.塔径的圆整

求出最大允许速率 $u_{max}$ 后，可确定适宜的空塔速率，通常适宜的空塔速率取 $u_{max}$ 的 60%~80%，将求得的空塔速率 $u$ 代入式(8-2)即可算出塔径。最后还要根据塔径系列标准进行圆整，当塔径小于 1 m 时，其尺寸圆整按 100 mm 递增，如600 mm、700 mm、800 mm 等；当塔径超过 1 m 时，则按 200 mm 递增，如1200 mm、1400 mm、1600 mm 等。

### (三)溢流装置的设计

1.液流形式的选择

溢流装置的设计应考虑液体流过塔板的流动类型。由于液体在板上流动情况对气液接触的影响很大,根据不同的情况,通常采用如图 8-10 所示的几种液流型式。其中单流型是最简单也最常用的一种液流型式,此种方式液体流径较长,塔板效率较高,塔板结构简单,加工方便;但若塔径及液流量过大,液面落差过大,容易造成气液分布不均匀而影响塔板效率。该流型广泛应用于直径2.2 m 以下的塔中;当塔径较大或液相负荷较大时,采用双流型可以减小液面落差,但塔板结构复杂,且降液管占塔板面积较多。一般用于直径 2 m 以上的塔;折流型的液体流径最长,板面利用率也最高,但液面落差大,仅用于小塔及液体流量小的情况;阶梯流型是使同一塔面具有不同的高度,其间加设溢流堰,缩短液相流程长度,以降低液面梯度。但这种塔板结构最复杂,只适用于塔径很大,液流量很大的场合。

因此,在初选塔板流型时,可根据液相负荷范围,参考表 8-2 预选塔板流型。

表 8-2　塔板流型与液相负荷的关系

| 塔径/mm | 液体流量/($m^3$/h) | | | |
|---|---|---|---|---|
| | 折流型 | 单流型 | 双流型 | 阶梯流型 |
| 600 | 5 以下 | 525 | | |
| 900 | 7 以下 | 750 | | |
| 1000 | 7 以下 | 45 以下 | | |
| 1200 | 9 以下 | 9~70 | | |
| 1400 | 9 以下 | 70 以下 | | |
| 1500 | 10 以下 | 11~80 | | |
| 2000 | 11 以下 | 11~110 | 110~160 | |
| 2400 | 11 以下 | 11~110 | 110~180 | |
| 3000 | 11 以下 | 110 以下 | 110~200 | 200~300 |

2.降液管

降液管有圆形和弓形两类。通常情况下,圆形降液管的流通截面小,没有足够的空间分离液体中的气泡,气相夹带较严重,从而降低塔板效率。因其塔板面积的利用率较低,一般只用于小直径塔中。对于直径较大的塔均推荐采用弓形降液管。

弓形降液管有两种形式:一种是将弓形降液管固定在塔板上,适用于小塔板且需要有尽量大的降液管的情况;另一种是堰与壁之间的全部区域均作为降液空间,宜在直径较大的塔中采用。其特点是塔板面积利用率较高,但塔径小时,制作焊接不便。

工业中以弓形降液管应用为主,故此处只讨论弓形降液管的设计。

弓形降液管的宽度 $W_d$ 及截面积 $A_f$:弓形降液管的宽度 $W_d$ 及截面积 $A_f$ 可按图 8-14 求得。对于双流型板,中间降液管的宽度 $W_d$ 一般取 200~300 mm,尽量使其截面积 $A_f$ 等

于两侧降液管面积之和。

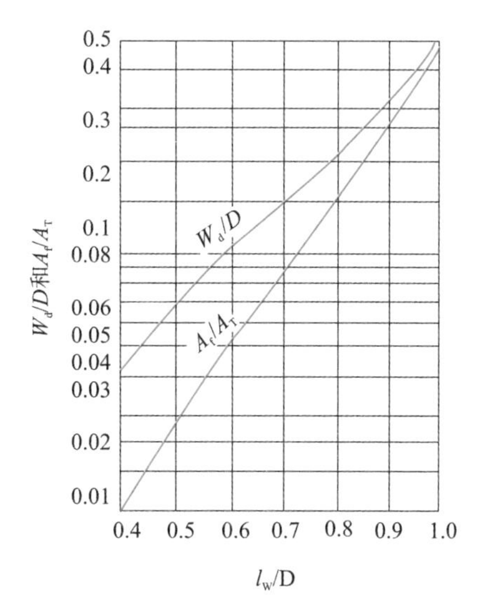


图 8-14 弓形降液管的宽度与面积

降液管底隙高度 $h_o$:降液管底隙高度是指降液管下端与塔板间的距离。应保证液体流经此处时的局部阻力不太大,防止沉淀物在此堆积而堵塞降液管;同时又要有良好的液封,防止气体通过降液管造成短路。为此,降液管底缘与下一塔板的间隙 $h_o$ 应比外堰高度 $h_w$ 低,一般取 $h_w-h_o=6\sim12$ mm,液相通过此间隙时的流速应小于0.4 m/s;此外 $h_o$ 一般也不宜小于 20~25 mm。

液体在降液管中的停留时间 $\theta$ 一般不应小于 3~5 s,以保证溢流液体中的泡沫有足够的时间在降液管中得到分离。但是对于高压下操作的塔及易起泡的物系,停留时间应更长些。在求得降液管截面积之后,应按下式验算降液管内液体的停留时间,即:

$$\theta=\frac{3600A_fH_T}{Q} \tag{8-5}$$

式中 $A_f$——降液管截面积,$m^2$;

$H_T$——板间距,m;

$Q$——塔内液体流量,$m^3/h$。

3.溢流堰的设计

溢流堰的作用是维持塔板上有一定高度的液层,并使液流在板上能均匀流动。除了个别情况(如很小的塔)外,在降液管前,均应设置弓形堰,故以弓形堰为例来进行溢流堰的设计说明,溢流堰的设计包括堰高、堰长的尺寸设计。

(1)堰高 $h_w$ 堰高 $h_w$ 是降液管端面高出塔板面的距离,和溢流堰上清液层高度(简称堰液头)$h_{ow}$是塔板液体通道上的两个重要参数。溢流堰高用来保持板上的清液层和泡沫层的必要高度,以保证气液两相有足够的接触面积。板上上清液的高度 $h_L$ 即为 $h_w$ 和 $h_{ow}$之和。

堰上液层高度太小,会造成液体在堰上分布不均,影响传质效果,设计时应使堰上液

层高度 $h_{ow}$ 大于6 mm,若小于此值须选用齿形堰。但其值亦不宜太大,否则会增加塔板压降及雾沫夹带量。在设计时,$h_{ow}$ 不超过60~70 mm,但 $h_{ow}$ 又不得小于6 mm,否则板上液体溢流不均匀。

对于平直堰,堰上液层高度 $h_{ow}$ 可用弗兰西斯公式计算,即

$$h_{ow}=2.84\times10^{-3}E\left(\frac{Q_L}{l_w}\right)^{2/3} \tag{8-6}$$

式中 $Q_L$——塔内液体流量,$m^3/h$;

$E$——液流收缩系数;

$Q_L/l_w$——液流强度,不宜超过60 $m^3/(m\cdot h)$,如超过此值应改为双流型塔板。

根据设计经验,取 $E=1$ 时所引起的误差能满足工程设计要求。当 $E=1$ 时,由式(8-6)可以看出 $h_{ow}$ 仅与 $Q_L$ 及 $l_w$ 有关。对于常压塔板上的清液层高 $h_L$ 一般在005~0.1 m选取。因此,在求出 $h_{ow}$ 后,即可按式(8-7)确定 $h_w$:

$$0.05-h_{ow}\leqslant h_w\leqslant0.1-h_{ow} \tag{8-7}$$

对真空度较高的操作,或对要求压降很小的情况,也可将 $h_L$ 降至0.025 m以下,此时堰高可低至0.006~0.015 m,另外当液量很大(即 $h_{ow}$ 很大)时,甚至可以不设堰板,只要 $h_{ow}$ 大到足够维持所需液层高度并起到液封作用就行。堰板的上缘各点的水平偏差一般不宜超过0.003 m。求出 $h_{ow}$,确定 $h_w$ 后,便可求出 $h_L$。

(2)堰长 $l_w$　弓形降液管的弦长称为堰长,堰长一般可取塔径的0.6~0.8倍。

### (四)受液盘

受液盘有凹型和平型两种型式。不同型式的受液盘对液相抽出、降液管的液封与液体流入塔板的均匀性是有影响的。

凹型受液盘通常用于直径大于800 mm的大塔,这是因为这种受液盘便于液体的侧线抽出,在液体流量较低时仍可形成良好的液封,对改变液体流向具有缓冲作用。凹型受液盘的深度一般在0.05 m以上,但不能超过板间距的1/3。

对于易聚合的液体或含固体悬浮物的液体,为了避免形成死角,以平型受液盘为宜。若采用平型受液盘,一般需在塔板上设置进口堰,以保证降液管的液封,并使液体在板上分布均匀,减少进口处液体水平冲出而影响塔板入口处的操作。

### (五)进口堰

设进口堰时,其高度 $h'_w$ 可按下述原则考虑:当溢流堰高 $h_w$ 大于降液管底与塔板的间距 $h_o$ 时,$h'_w$ 取为6~8 mm,必要时可取 $h'_w$ 与 $h_w$ 相等;当 $h_w<h_o$ 时,应取 $h'_w>h_o$,以保证液封作用。

另外,为了保证液体由降液管流出时不致受到很大的阻力,进口堰与降液管间的水平距离应不小于 $h_o$,以保证液流畅通。

### (六)塔板布置

塔板是气液两相传质的场所。塔板上通常划分为溢流区、有效传质区、边缘区、安定区,如图8-15所示。

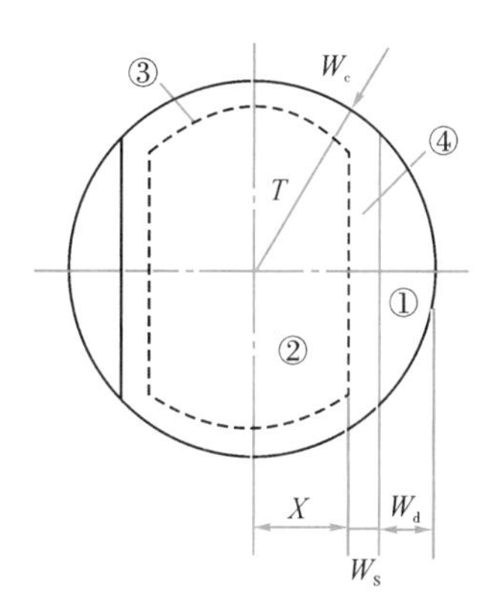


①—溢流区；②—有效传质区；③—边缘区；④—安定区

图 8-15　塔板板面布置

1.溢流区

溢流区包括降液管面积 $A_f$ 和受液盘面积 $A'_f$，对于垂直降液管 $A_f = A'_f$。

2.有效传质区

有效传质区也称为鼓泡区，筛孔、浮阀设置在该区域内。气、液两相在该区接触传质。其中，对于单溢流塔板，有效传质面积 $A_a$ 可通过下式计算：

$$A_a = 2\sqrt{r^2 - X^2} + r^2 \arcsin \frac{X}{r} \tag{8-8}$$

$$X = \frac{D}{2} - (W_d + W_S)$$

$$r = \frac{D}{2} - W_c$$

式中　$W_d$——弓形降液管宽度，m；

$W_S$——安定区宽度，m；

$W_c$——有效区宽度，m；

arcsin——以弧度表示的反正弦函数。

筛孔直径 $d_o$ 通常取 2～10 mm，最常用的是 4～5 mm，主要在泡沫态操作。筛孔增大，加工容易，不易堵塞，但操作弹性低。更大的筛孔孔径如 12～25 mm 也有应用，此时主要在喷射态工作。孔中心距 $t$ 取筛孔直径的2.5～5 倍。开孔区所开筛孔的总面积 $A_o$ 与鼓泡区面积之比称为开孔率，以 $\varphi$ 表示。筛孔在板上可按同心圆、正方形或正三角形排列，常用正三角形排列，如图 8-16 所示。

由图 8-16 可知，对正三角形排列的筛孔开孔率按下式计算：

$$\varphi = \frac{\frac{1}{2} \times \frac{\pi}{4} d_o^2}{\frac{1}{2} t^2 \sin 60^\circ} = 0.907 \left(\frac{d_o}{t}\right)^2 \tag{8-9}$$

根据开孔率的定义，$\varphi$ 又可以写成

$$\varphi=\frac{n\times\frac{1}{4}\pi d_o^2}{A_a} \tag{8-10}$$

联立即可确定筛孔数目 $n$ 为

$$n=\frac{1.15A_a}{t^2} \tag{8-11}$$

由式(8-11)可知,$t$ 增加,开孔率 $\varphi$ 减小。

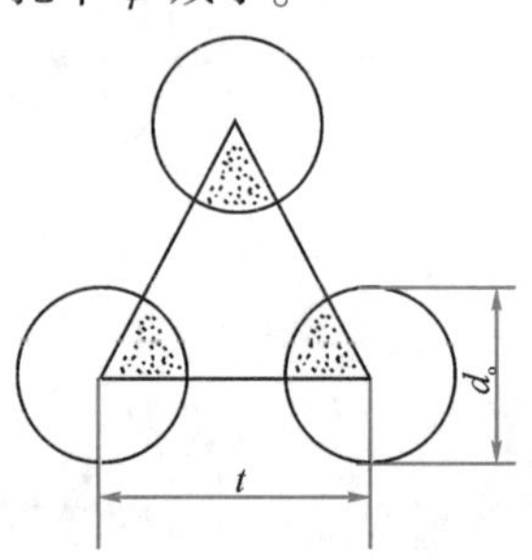


图 8-16　筛孔排列方式

对于 F1 型浮阀塔,阀孔的排列应使绝大部分液体内部有气泡通过,一般按正三角形排列,又分顺排和叉排两种,如图 8-17 所示。阀孔中心距有 75 mm、100 mm、125 mm 等几种。一般认为叉排气液接触较好,故对整块式塔板多采用正三角形叉排。对于大塔,当塔板采用分块式结构时,不便按正三角形叉排,可按等腰三角形叉排,此时把同一横排的阀孔中心距定为 75 mm,相邻两排间的距离可取为 65 mm、80 mm、100 mm 等几种尺寸。实际工程设计时往往需要通过绘图确定筛孔数目和排列。

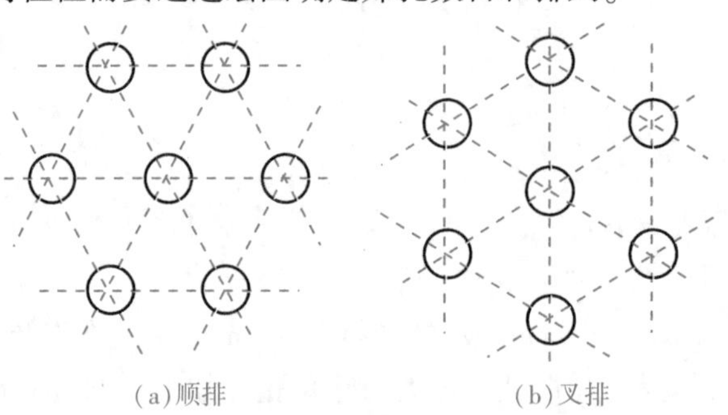

(a)顺排　　(b)叉排

图 8-17　阀孔排列方式

浮阀塔的操作性能以板上所有浮阀处于刚刚全开时最好,此时塔板压降及板上液体的泄漏都较小,而操作弹性较大。浮阀的开度与气体通过阀孔的速度和密度有关,通常以功能因数来表示。功能因数的定义式为:

$$F_o=u_o\sqrt{\rho_v} \tag{8-12}$$

式中　$F_o$——气体通过阀孔时的动能因数;

$u_o$——气体通过阀孔的速度,m/s;

$\rho_v$——气体密度,kg/m$^3$。

对工业生产中的浮阀塔，当板上所有阀刚刚全开时，$F_o$ 的值常在 9~12 之间，设计时，可在该范围之内选取合适的 $F_o$ 值，然后通过式（8-13）计算阀孔气速，之后就可以通过式（8-14）来确定每层塔板上的阀孔数 $N$。

$$u_o=\frac{F_o}{\sqrt{\rho_v}} \tag{8-13}$$

$$N=\frac{V_g}{\frac{\pi}{4}d_o^2u_o} \tag{8-14}$$

式中　$V_g$——气体的流量，$m^3/s$；

$d_o$——阀孔直径，$d_o=39$ mm。

求得阀孔数后，由选定的孔间距，在坐标纸上作图，确切排出在有效传质区内可以布置的阀孔总数，若此数与计算值相近，则按实际孔数重算阀孔气速及动能因数，若 $F_o$ 仍在 9~12 范围，即可认为作图得出的阀孔数能满足要求，否则应调整孔距、阀孔数，重新作图，反复计算。

阀孔数确定后，应核算塔板的开孔率，对常压塔或减压塔，开孔率一般在 10%~14%；对加压塔，常小于 10%。

3.边缘区

边缘区为塔板最外边一排筛孔与塔壁之间的弧条形区域，此区域不开孔，供设置支持塔板的边梁之用，边缘区宽度 $W_c$ 一般取 50~70 mm。为防止液体经边缘区流过而产生“短路”现象，可在塔板上沿塔壁设置挡板，以便将泡沫挡住，使其流向鼓泡区。

4.安定区

开孔区与溢流区之间的不开孔区域为安定区，可分为入口安定区和出口安定区。其中，在液体入塔板处，有一宽度为 $W_S$ 的狭长带不开孔区域，称为入口安定区，其作用是防止下层气体进入降液管或因降液管流出的液流的冲击而漏液。而在靠近溢流堰的一狭长不开孔区域，是为了保证液体在进入降液管前，有一定时间脱除其中所含气体，其宽度为 $W'_S$，该区称为出口安定区。入口安定区的宽度根据塔径来选取：对于塔径小于1.5 m 的塔，$W_S$ 的范围为 60~75 mm；对于塔径大于1.5 m 的塔，$W_S$ 的范围为 80~110 mm。出口安定区的宽度 $W'_S$ 取为 50~100 mm。但对于直径小于 1 m 的塔，因塔板面积小，$W_S$ 可适当减小。

（七）塔板校核

检验初估塔径及各项工艺尺寸是否合理，是否能保证塔的正常操作，应进行流体力学验算。若不合理，应调整塔的参数，使之合理。

1.降液管液泛

为避免发生降液管液泛，必须满足以下条件：

$$H_d\leqslant\varphi(H_T+h_w) \tag{8-15}$$

式中　$H_T$——板间距，m；

$h_w$——堰高，m；

$H_d$——降液管内清液层高度，m；

$\varphi$——泡沫相对密度，无因次。

$\varphi$ 与物系的发泡性有关。对于一般物系，可取 $\varphi$ 为0.5；对于不易发泡物系，可取0.6~

0.7;对于易发泡物系,可取 $\varphi$ 为0.3~0.4。

若 $H_d$ 过大,可减小塔板阻力或增大塔板间距。

当压力不高或蒸气密度不大时,降液管内清液层高度 $H_d$ 为:

$$H_d = h_p + h_w + h_{ow} + h_r = h_p + h_L + h_r \tag{8-16}$$

式中 $h_p$——气体通过塔板的压降,m 液柱;

$h_r$——液体通过降液管的压降,m 液柱;

$h_p$——气体通过干板的压降与通过板上液沫层压降之和,即

$$h_p = h_d + \beta h_L = h_d + \beta(h_w + h_{ow}) \tag{8-17}$$

式中 $h_d$——气体通过干板的压降,m 液柱;

$\beta$——充气系数,可查图 8-18 得到。

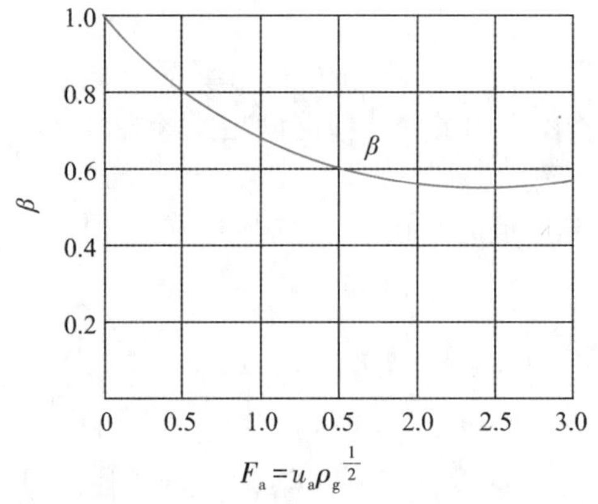


图 8-18 充气系数 $\beta$ 与动能因子 $F_a$ 关系图

图 8-18 的横坐标 $F_a$ 称为气相动能因子,单位为 $kg^{0.5}/(m^{0.5} \cdot s)$,由式(8-18)计算:

$$F_a = u_a \rho_g^{\frac{1}{2}}$$
$$u_a = \frac{V_g}{A_T - 2A_f} \tag{8-18}$$

式中 $u_a$——按气体通过泡沫区截面积($A_T - 2A_f$)计算的气体速率,m/s;

$A_T$——塔的横截面积,$m^2$;

$A_f$——降液管横截面积,$m^2$;

$V_g$——板上气体的体积流量,$m^3/s$;

$\rho_g$——板上气体密度,$kg/m^3$。

气体通过干板的压降即气体穿过筛孔的压降,由于塔板较薄(板厚约为孔径 $d_o$ 的 40%~80%),可忽略其摩擦阻力,只计算流道突然缩小又突然扩大产生的阻力,即:

$$h_d = \frac{1}{2g}\frac{\rho_g}{\rho_l}\left(\frac{u_o}{C_o}\right)^2 \tag{8-19}$$

式中 $u_o$——通过筛孔的气速,$u_o = V_g/(\frac{\pi}{4}nd_o^2)$,m/s;

$g$——重力加速度,9.81 $m/s^2$;

$C_o$——孔流系数，由图 8-19 可以查得。

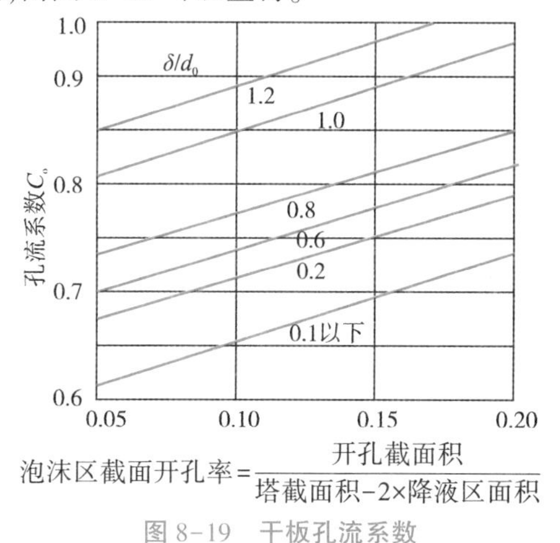


图 8-19　干板孔流系数

$h_r$主要为通过降液管底隙 $h_o$ 时的压降，即：

$$h_r = 0.153\times\left(\frac{V_L}{l_w h_o}\right)^2 \tag{8-20}$$

式中　$V_L$——板上液体体积流量，$m^3/s$。

2.降液管内停留时间

进入降液管的液体是带有气泡的气液混合物，在降液管中应将气体分离出来，以免气泡被夹带到下层塔板，这就要求混合物在降液管内有足够长的分离时间。一般规定在降液管内清液的停留时间不小于 3~5 s，对严重起泡物系，应不小于 7 s。此停留时间可根据液体体积流量与其所通过的空间体积之间的关系计算：

$$\theta = \frac{A_f H_d}{V_L} \geqslant 3\sim5 \tag{8-21}$$

式中　$\theta$——液体在降液管内停留时间，s，

$H_d$——降液管内清液层高度，m；

$A_f$——弓形降液管的横截面积，$m^2$。

若停留时间过小，可增加降液管面积或增大塔板间距。

3.液沫夹带

液沫夹带会导致塔板效率降低，通常塔板上液沫夹带量 $e_v$ 要求低于0.1 kg 液体/kg 干空气体，可按式(8-22)计算：

$$e_v = \frac{5.7\times10^6}{\sigma}\times\left(\frac{u'}{H_T-h_f}\right)^{3.2}$$
$$u' = \frac{V_g}{A_T-A_f} \tag{8-22}$$

式中　$e_v$——液沫夹带量；kg 液体/kg 干气体；

$\sigma$——液体表面张力，N/m；

$h_f$——泡沫层高度，m；

$u'$——以有效分离区面积为基准的气体速率,m/s。

$A_T - A_f$——塔板上方分离空间的截面积。

$h_f$ 可按板上清液的高度 $h_L$ 的2.5倍进行估算。若 $e_v$ 超过允许值,可调整塔板间距或塔径。

4.漏液

液体从筛孔明显泄漏的气体速度称为漏液点气速,以 $u_{ow}$ 表示,它是气速的下限。为了防止塔内严重漏液,又要求塔的操作弹性较大时,需使设计条件下的气速 $u$ 与漏液点气速 $u_{ow}$ 之比值 $k$(此比值称为稳定系数)大于1.5~2.0,由于对漏液点判断标准不一,计算式也很多。筛板塔的漏液点气速可按式(8-23)估算:

$$u_{ow} = 4.4C_o\sqrt{\frac{(0.056+0.013h_L-h_\sigma)\rho_l}{\rho_g}} \tag{8-23}$$

式中 $C_o$——孔流系数;

$h_\sigma$——液体表面张力引起的压降,m 液柱。

液体表面张力引起的压降可按式(8-24)计算:

$$h_\sigma = \frac{4\sigma}{9.81\rho_l d_o} \tag{8-24}$$

式中 $d_o$——筛孔直径,m。

浮阀塔的 $h_\sigma$ 值很小,通常忽略不计。若稳定系数 $k$ 过小,可减小开孔率或降低堰高。

### (八)塔板负荷性能图

前面对塔的各部分尺寸进行了设计计算,又对各项进行了流体力学校核(包括对工艺尺寸的必要调整),可以认为所设计的塔板能在任务规定的气、液负荷下正常操作。当一定物系在塔板结构尺寸已确定的塔内操作时,只有气体和液体的流量是可能变化的因素。对板式精馏塔而言,气液流量随进料量、进料热状况及回流情况不同而异,这些参数的变化均直接影响到塔是否能够正常操作以及能否达到规定的分离要求。为了维持塔的正常操作,生产中必须将气液流量控制在一个由塔板结构条件所决定的许可范围内,这个范围就是塔板的负荷(操作)性能图限定的范围。负荷性能图是以气体的体积流量为纵坐标,液体的体积流量为横坐标,在直角坐标系里标绘,如图 8-20 所示。

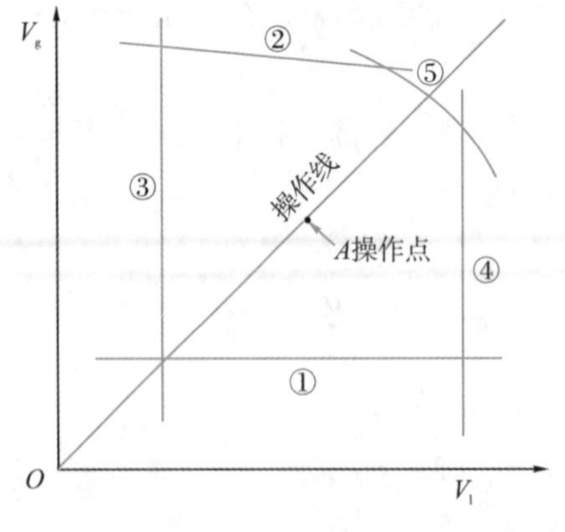


图 8-20 塔板负荷性能图

图中曲线包括两种:一种是气液流量的流体力学上下限;另一种是塔板工作线或实际负荷线。

(1)气液流量的流体力学上下限　气液流量的流体力学上下限是由塔板的结构条件决定的。它包括以下5条线:

①漏液线。漏液线也称为气相负荷下限线,它表示塔板在严重漏液时的气体流量与液体流量之间关系。当气体流量低于此线时,将发生严重漏液。图8-20中的线①为漏液线。结合前述公式即可求出漏液点气速。由此线可见,随液体流量的增加,漏液点气速(及气体流量)将略有增加。

②雾沫夹带线。气液流量超过此线时,将产生过量的液沫夹带,使板效率严重下降。图8-20中的线②为雾沫夹带线。它是以0.1 kg液体/kg干气体液沫夹带量$e_v$为依据确定的,可由式(8-22)求得。由此线可见,液体流量越大,板上清液层与泡沫层高度越高,就越会增加液沫夹带,因此,引起过量液沫夹带的气体流量将有所降低。

③液体流量下限线。液体流量愈低,则板上堰液头高度$h_{ow}$会愈低,一般当$h_{ow} \leq 0.006$ m时,板上液体流动严重不均匀,使塔板效率急剧下降。故可取$h_{ow}$为0.006 m,解出液体流量,即得到图8-20中液体流量下限线③。此线与气体流量无关,故为一条垂直线。

④液体流量上限线。图8-20中线④为液体流量上限线,流量超过此线,对于一定截面积和高度的降液管,其液体停留时间太短,气泡来不及分离,造成气泡夹带返混,严重时可能导致降液管内液泛,从而降低板效率,甚至破坏塔的正常操作。此线由式(8-21)经变换作出,将式(8-21)中的$H_d$用$H_T$代换,得到式(8-25):

$$Q_L = \frac{A_f H_T \times 3600}{3 \sim 5} \tag{8-25}$$

由此算出液体流量的上限,单位$m^3/h$。此值与气体流量无关,故为一条垂直线。

⑤液泛线。图8-20中线⑤为液泛线,当气液负荷过大时,降液管内泡沫层高度有可能过高而引发液泛。液泛线表示降液管中泡沫层高度达到最大允许值时的气液负荷关系。气液负荷超过此线,则塔不能正常操作,此线由式(8-15)得出。在计算时,应注意各量所要求的单位,要特别注意气液体积流量的单位一致性。

以上5条线所围成的区域即为塔板正常操作范围,在此范围内气液两相流量的变化对塔板效率影响不大。

(2)塔板操作线或实际负荷线　此线是由操作要求决定的气液流量关系线。对板式精馏塔的精馏段塔板或提馏段塔板,它都分别是通过原点的一条直线,其斜率为板上气液两相体积流量之比,即$V_g/V_l$,如图8-20中的$OA$线。因为在分离要求一定时,通常回流比也是一定的,即使进料量发生变化,塔板上$V_g/V_l$基本保持一定。所以,实际气液流量的变化必落在这条直线上。当塔在设计工况下操作时,精馏段或提馏段内气液流量为一定值,并落在该段的塔板工作线上,此点称为该段的工作点或设计点,塔板的设计点必须位于气液流量的流体力学上下限所包围的区域内。

对一定的物系,塔板负荷性能图的形状因塔板类型、塔板结构尺寸的不同而异。当塔板类型及各部分结构尺寸已确定,该塔板的负荷性能图便随之确定。设计方案的好坏,可由负荷性能图分析其操作弹性的大小来比较。如图 8-20 所示,塔板工作线 *OA* 与流体力学上下限必有两个交点,此两交点纵坐标(气体流量)或横坐标(液体流量)的最大值与最小值之比即为操作弹性。操作弹性大,其操作范围大,即允许的气液负荷变化范围就大,说明塔的适应能力强。在设计时,应尽量使正常操作下的设计点位于负荷性能图的流体力学上下限线所围区域的中部,以增加对负荷上下变化的适应性。必要时,可根据设计点在图中的位置,调整塔板结构参数,如板间距、塔径、开孔率、降液管尺寸等,使图中流体力学上下限线发生移动,以改善塔板的负荷性能,增加其操作弹性。

对于系统的设备设计,除了主设备外,其附属设备,如精馏塔的塔顶冷凝器、塔底加热釜、连接管路等都需要通过操作工艺参数进行计算设计。

## 第三节　填料塔

在化工、石油化工、轻工、制药、环保及原子能工业等部门,填料塔广泛用于蒸馏、吸收、萃取、吸附等化工单元过程。它作为气液传质设备,已有一百多年历史,随着科学技术特别是石油化工的发展以及节能问题的提出,填料塔日益受到人们的重视,出现了不少高效填料与新型塔内件。

### 一、填料塔的结构及填料特性

#### (一)填料塔的结构

填料塔由塔体、填料、液体分布装置、填料压板(用于防止填料被吹开,有时可不用)、填料支承装置、液体再分布装置等构成,如图 8-21(a)所示。

填料塔操作时,液体自塔上部进入,通过液体分布器均匀喷洒在塔截面上,并沿填料表面呈膜状流下。当塔较高时,由于液体有偏向塔壁面流动的倾向(称为壁流现象),使液体分布逐渐变得不均匀。因而经过一定高度的填料层需要设置液体再分布器,将液体重新均匀分布到下段填料层的截面上,最后液体经填料支承装置由塔下部排出。

气体自塔下部经气体分布装置送入,通过填料支承装置在填料缝隙中的自由空间上升并与下降的液体相接触,最后从塔上部排出。为了除去排出气体中夹带的少量雾状液滴,在气体出口处常装有除沫器。

填料分为散装填料和整砌填料两类,前者大多随机分散堆放,后者在塔中整齐地有规则排列,如图 8-21(b)所示。

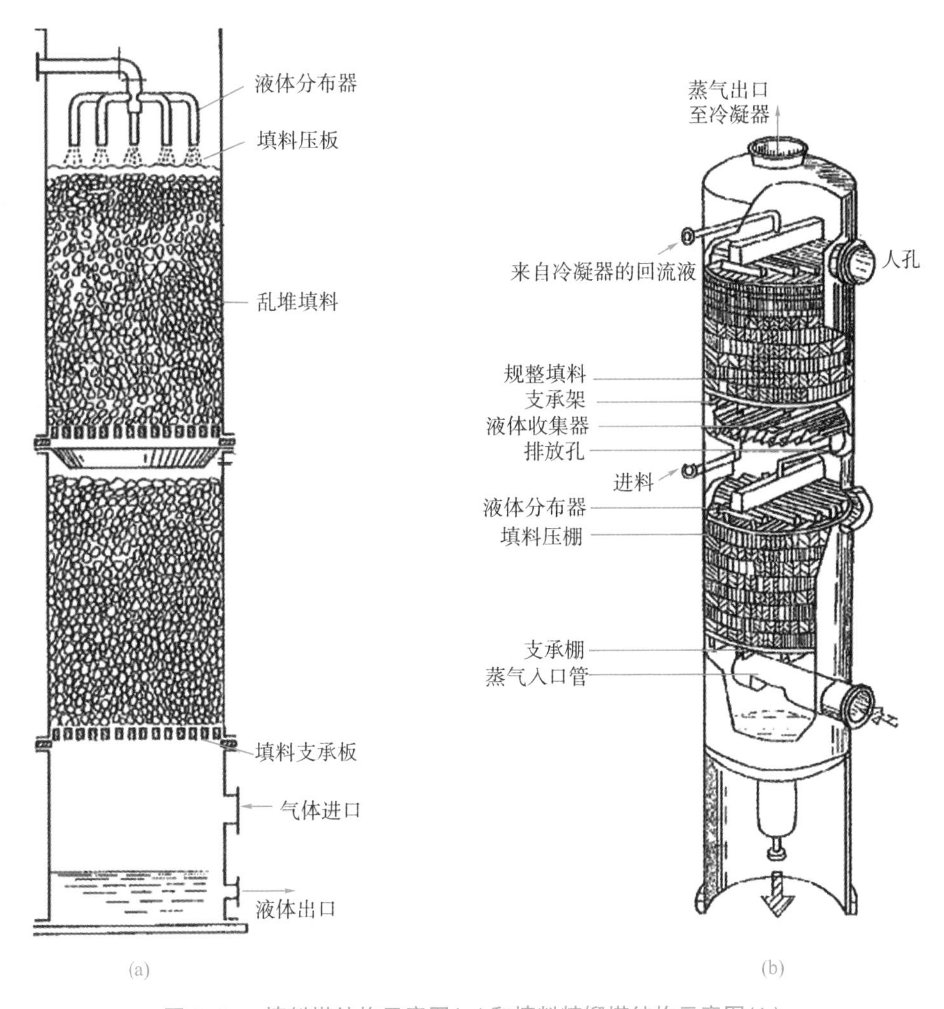


图 8-21　填料塔结构示意图(a)和填料精馏塔结构示意图(b)

## (二)填料及其特性

### 1.填料特性

填料是具有一定几何形体结构的固体元件。填料塔操作性能的优劣,与所选择的填料密切相关。因此,根据填料特性,合理选择填料显得非常重要。填料的主要性能可由以下特征量表示,常用填料的特性见表 8-3。

(1)比表面积 $\alpha$　定义为每单位体积填料的表面积,其单位为 $m^2/m^3$。填料的比表面积越大,能提供的气液接触面积越大。但是由于填料堆积过程中的互相屏蔽,以及填料润湿并不完全,因此实际的气液接触面积一般小于填料的比表面积。

(2)空隙率 $\varepsilon$　定义为单位体积填料层所具有的空隙体积,其单位为 $m^3/m^3$。空隙率越大,气体通过的阻力越小,通过能力越大。

(3)填料因子　在填料被润湿前后,其比表面积 $\alpha$ 与空隙率 $\varepsilon$ 均有所不同,可用干填料因子和湿填料因子来表征这种差别。干填料因子定义为 $\alpha/\varepsilon^3$,单位为 $m^{-1}$。湿填料因子又简称填料因子,用符号 $\varphi$ 表示,可理解为润湿后的 $\alpha/\varepsilon^3$ 值,单位亦为 $m^{-1}$,其值均由实验测定。干、湿填料因子分别用来关联气体通过干填料层与湿填料层时的流动特性,反映了堆积后的填料层的性能。

(4)单位体积内堆积填料的数目 $n$　单位体积内堆积填料的数目与填料尺寸大小有关。对同一种填料,减小填料尺寸则填料数目增加,单位体积填料的造价增加,填料层的比表面积增大而空隙率下降,气体阻力也相应增加。反之,填料尺寸若过大,在靠近壁面处,由于填料与塔壁之间的空隙大,塔截面上这种实际空隙率分布的不均匀性会引起气液流动沿塔截面分布不均,参见塔径的计算。

(5)堆积密度 $\rho_v$　填料的堆积密度是指单位体积填料的质量,单位为 $kg/m^3$。其数值的大小影响到填料支承板的强度设计。此外,填料的壁厚越薄,单位体积填料的质量就越小,即 $\rho_v$ 就小,材料消耗量也低,但应保证填料个体有足够的机械强度,不致压碎或变形。

除以上特性外,还要从经济性、适应性等方面去考察各种填料的优劣,尽量选用造价低、坚固耐用、机械强度高、化学稳定性好及耐腐蚀的填料。

表 8-3　常用散装填料的特性数据

| 填料名称 | 尺寸/mm×mm×mm | 材质及堆积方式 | 比表面积 $\alpha$/($m^2/m^3$) | 空隙率 $\varepsilon$/($m^3/m^3$) | 每 1 $m^3$ 填料个数 | 堆积密度 $\rho_v$/($kg/m^3$) | 干填料因子($\alpha/\varepsilon^3$)/$m^{-1}$ | 填料因子 $\varphi/m^{-1}$ | 备注 |
|---|---|---|---|---|---|---|---|---|---|
| 拉西环 | 10×10×1.5 | 瓷质乱堆 | 440 | 0.70 | 720×10³ | 700 | 1280 | 1500 | 直径×高×厚 |
| | 10×10×0.5 | 钢质乱堆 | 500 | 0.88 | 800×10³ | 960 | 740 | 1000 | |
| | 25×25×2.5 | 瓷质乱堆 | 190 | 0.78 | 49×10³ | 505 | 400 | 450 | |
| | 25×25×0.8 | 钢质乱堆 | 220 | 0.92 | 55×10³ | 640 | 290 | 260 | |
| | 50×50×4.5 | 瓷质乱堆 | 93 | 0.81 | 6×10³ | 457 | 177 | 205 | |
| | 50×50×4.5 | 瓷质整砌 | 124 | 0.72 | 8.83×10³ | 673 | 339 | | |
| | 50×50×1 | 钢质乱堆 | 110 | 0.95 | 7×10³ | 430 | 130 | 175 | |
| | 80×80×9.5 | 瓷质乱堆 | 76 | 0.68 | 1.91×10³ | 714 | 243 | 280 | |
| | 76×76×1.6 | 钢质乱堆 | 68 | 0.95 | 1.87×10³ | 400 | 80 | 105 | |
| 鲍尔环 | 25×25 | 瓷质乱堆 | 220 | 0.76 | 48×10³ | 565 | | | 直径×高 |
| | 25×25×0.6 | 钢质乱堆 | 209 | 0.94 | 61.1×10³ | 480 | | | 直径×高×厚 |
| | 25 | 塑料乱堆 | 209 | 0.90 | 51.1×10³ | 72.6 | | | 直径 |
| | 50×50×4.5 | 瓷质乱堆 | 110 | 0.81 | 6×10³ | 457 | | | |
| | 50×50×0.9 | 钢质乱堆 | 103 | 0.95 | 6.2×10³ | 355 | | 66 | |
| 阶梯环 | 25×12.5×1.4 | 塑料乱堆 | 223 | 0.90 | 81.5×10³ | 97.8 | | 172 | 直径×高×厚 |
| | 33.5×19×1.0 | 塑料乱堆 | 132.5 | 0.91 | 27.2×10³ | 57.5 | | 115 | |

续表 8-3

| 填料名称 | 尺寸/mm ×mm×mm | 材质及堆积方式 | 比表面积 $\alpha$/($m^2/m^3$) | 空隙率 $\varepsilon$/($m^3/m^3$) | 每 1 $m^3$ 填料个数 | 堆积密度 $\rho_v$/($kg/m^3$) | 干填料因子($\alpha/\varepsilon^3$)/$m^{-1}$ | 填料因子 $\varphi/m^{-1}$ | 备注 |
|---|---|---|---|---|---|---|---|---|---|
| 弧鞍形 | 25 | 瓷质 | 262 | 0.69 | $78.1\times10^3$ | 725 | | 360 | |
| | 25 | 钢质 | 280 | 0.83 | $88.5\times10^3$ | 1400 | | | |
| | 50 | 钢质 | 106 | 0.72 | $8.87\times10^3$ | 645 | | 148 | |
| 矩鞍形 | 25×3.3 | 瓷质 | 258 | 0.775 | $84.6\times10^3$ | 548 | | 320 | 名义尺寸×厚 |
| | 50×7 | 瓷质 | 120 | 0.79 | $9.4\times10^3$ | 532 | | 130 | |
| $\theta$ 网环 | 8×8 | 镀锌 | 1030 | 0.936 | $2.12\times10^6$ | 190 | | | 40 目,丝径 0.23~0.25 mm |
| 金属环矩鞍形网 | 10 | 铁丝网 | 1100 | 0.91 | $4.56\times10^6$ | 340 | | | 60 目,丝径 0.152 mm |

## 2.常用填料

早期使用的填料为碎石、焦炭等天然块状物,后来广泛使用瓷环和木栅等人造填料,如图 8-22 所示。据文献报道,目前散装填料中金属环矩鞍形填料综合性能最好,而整砌填料以波纹填料为最优,下面分别介绍。

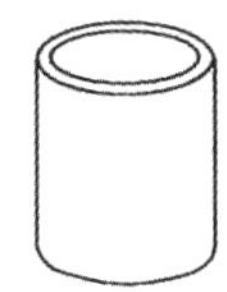

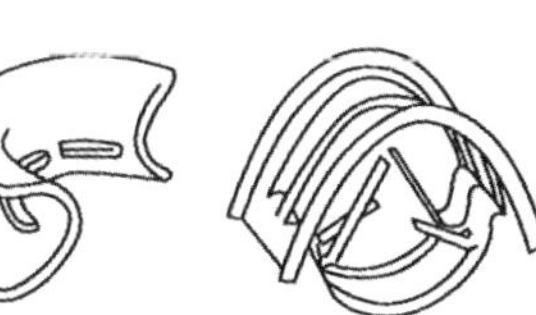

(a)拉西环　(b)鲍尔环　(c)阶梯环　(d)弧鞍形填料　(e)矩鞍形填料　(f)金属环矩鞍形填料

图 8-22　填料示意图

(1)拉西环　拉西环的结构如图 8-22(a)所示。它是具有内外表面的环状实壁填料,其高与直径相等。常用的直径为 25~75 mm,陶瓷环壁厚2.5~9.5 mm,金属环壁厚0.6~1.6 mm。

拉西环形状简单,制造容易,价格最为低廉。但当拉西环横卧放置时,内表面不易被液体润湿且气体不能通过,而且彼此容易重叠,使部分表面互相屏蔽,因而气液有效接触面积与有效空隙率均降低,而流体阻力增大。目前,拉西环填料在工业上应用日趋减少。对拉西环的分析告诉我们,不仅要注意单个填料的性能指标,更要注意填料的堆积性能,即填料层的综合性能,它与填料的结构和形状密切相关。

(2)鲍尔环　鲍尔环填料,如图 8-22(b)所示,开创了壁上开孔、环内带有舌片的环状填料的新纪元。鲍尔环是在金属质拉西环上冲出一排或两排正方形或长方形的金属条,条的一边仍与圆环本体相连,其余边向内弯向环的中心以形成舌片,而在环上形成开孔。无论鲍尔环如何堆积,其气液流通顺畅,气体阻力大大降低,液体有多次聚集、滴落和分散的机会,从而增加了液体的湍动与表面更新的机会,改善了液流分布,并且内外表面均可有效利用。此外,使用鲍尔环填料不会产生严重的偏流和沟流现象。

鲍尔环具有生产能力大、气体流动阻力小、操作弹性较大、传质效率较高等优点,因而被广泛应用。鲍尔环也可用陶瓷或塑料等材料制造。

(3)阶梯环　阶梯环结构与鲍尔环相似,只是长径比略小,其高度通常只有直径的一半,环上也有开孔和内弯的舌片。因阶梯环的一端有向外翻的喇叭口,故散装堆积过程中环与环之间呈点接触,互相屏蔽的可能性大为减少,使床层均匀且空隙率增大,在流动阻力与生产能力上均略优于鲍尔环。其结构如图 8-22(c)所示。

(4)弧鞍形填料　弧鞍形填料又称贝尔鞍填料,如图 8-22(d)所示。它的外形似马鞍,两面及正反两侧都是对称的,使液体在两侧分布同样均匀。但弧鞍形填料容易产生重叠,使有效比表面积减小。另外,因其壁较薄,机械强度低而容易破碎。

(5)矩鞍形填料　矩鞍形填料是在弧鞍形填料的基础上发展起来的。它的内外表面形状不同,填料堆积时不易重叠,填料层的均匀性大为提高,同时机械强度也有所提高。矩鞍形填料处理能力大,气体流动阻力小,是一种性能优良的填料。它的结构、形状比较简单,加工比弧鞍方便,一般用陶瓷制造,结构如图 8-22(e)所示。

(6)金属环矩鞍形填料　人们通过对环状填料及鞍形填料的研究认识到,鞍形填料对流体的分布总是比环状填料好,而通量则比环状填料差。1978年美国 Norton 公司开发了金属环矩鞍形填料,如图 8-22(f)所示,它兼备两类填料的特点,集鲍尔环(壁上开孔有舌片)、矩鞍环(鞍形)和阶梯环(小长径比,且环间呈点接触)的优点于一身。

(7)波纹填料　在处理高沸点物料或热敏性物料时,要求填料塔在减压下操作,填料塔的压降应尽可能得小,以维持塔底的真空度和较低的沸点。由于散装填料阻力较大,所以便出现了具有规则气液道的新型整砌填料,如图 8-23 所示的波纹填料。波纹填料由高度相同但长度不等的若干块波纹薄板搭配排列成波纹填料盘。波纹与水平方向呈 30°或 45°倾角,相邻薄板间的波纹方向相反,相邻盘旋转 90°后重叠放置,每一块波纹填料盘的直径略小于塔体内径,若干块波纹填料盘叠放于塔内。气液两相在各波纹盘内呈曲折流动以增加湍

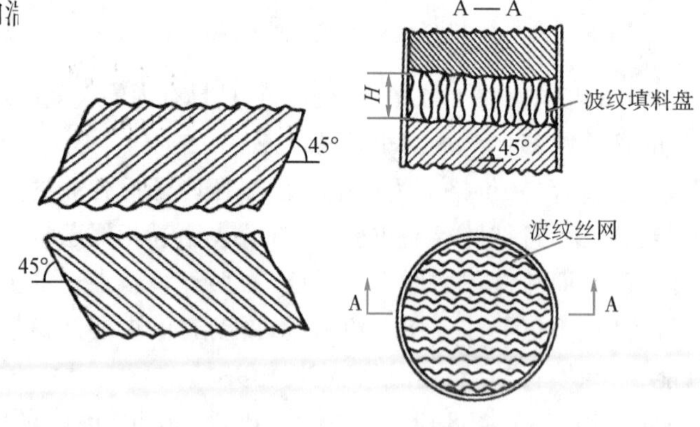


图 8-23　波纹填料的结构

波纹填料具有气液分布均匀、气液接触面积大、通量大、传质效率高、流体阻力小等优点,是一种高效节能的新型填料。这种填料的缺点是造价和安装要求较高,不适于有沉淀物、容易结疤、聚合或黏度较大的物料。此外,填料的装卸、清理也较困难。

波纹填料可用金属板、金属丝网、陶瓷、塑料、玻璃钢等材料制造,可根据不同的操作

温度及物料腐蚀性，选用适当的材质。

表 8-3 给出了几种常用散装填料的特性数据。对于同种填料，尺寸规格不同，其特性有很大差异。对于不同类填料，即使尺寸相同，特性也不相同，应按具体情况选择。一般塔径增大时宜选尺寸较大的填料。

## 二、填料塔内的流体力学特性

填料塔内的流体力学特性包括气体通过填料层的压降、液泛速度、持液量（操作时单位体积填料层内持有的液体体积）及气液两相流体的分布等。

### （一）气体通过填料层的压降

图 8-24 在双对数坐标系下给出了在不同液体喷淋量下单位填料层高度的压降$\frac{\Delta p}{Z}$与空塔气速 $u$ 之间的定性关系。图中最右边的直线为无液体喷淋时的干填料，即喷淋密度［单位面积、单位时间液体的喷淋量，$m^3/(m^2 \cdot s)$］$L=0$ 时的情形，其斜率为1.8～2.0，压降与空塔气速的1.8～2.0次方成正比，其余三条线为有液体喷淋到填料表面时的情形，并且从左至右喷淋密度递减，即 $L_3>L_2>L_1$。由于填料层内的部分空隙被液体占据，使气体流动的通道截面减小，同一气速下，喷淋密度越大，压降也越大。对于不同的液体喷淋密度，各线所在位置虽不相同，但其走向是一致的，线上各有两个转折点，即图中 $A_i$、$B_i$ 各点，$A_i$($A_1$、$A_2$、$A_3$…）点称为“载点”，$B_i$($B_1$、$B_2$、$B_3$…）点称为“泛点”。这两个转折点将曲线分成三个区域。

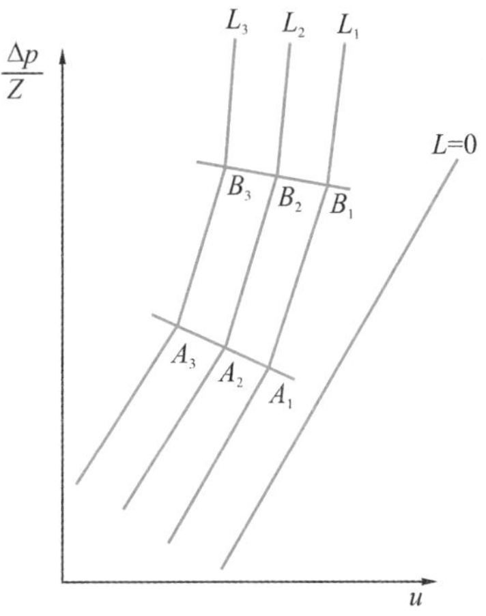


图 8-24 压降与空塔气速关系示意图

#### 1.恒持液量区

这个区域位于 $A_i$点以下，当气速较低时，填料层内持液量几乎与气速无关，填料层内持液量变化不大，$\frac{\Delta p}{Z}$关系近似呈直线，并且基本与干填料线相平行。

#### 2.载液区

此区域位于 $A_i$ 与 $B_i$ 点之间，当气速增加到某一数值时，由于上升气流与下降液体间的摩擦力开始阻碍液体顺畅向下流动，使填料层中的持液量开始随气速的增加而增加，此种现象称为拦液。开始发生拦液现象时的空塔气速称为载点气速。超过载点气速后，$\frac{\Delta p}{Z}$-$u$ 关系线斜率增大,且大于2.0。载点以上气液相互作用加剧,传质速度提高,但有时这个转折点并不明显。

3.液泛区

此区域位于 $B_i$ 点以上,当气速继续增大到这一点后,随着填料层内持液量的增加,液体将被托住而很难向下流动,塔内液体迅速积累而达到泛滥,即发生了液泛,此时对应的空塔气速称为泛点气速,以 $u_f$ 表示。超过泛点气速后的$\frac{\Delta p}{Z}$-$u$ 关系线斜率急剧增大,可达10 以上,气流出现大幅度脉动,并将大量液体从塔顶带出,塔的正常操作被破坏。通常认为泛点气速是填料塔正常操作气速的上限。

(二)泛点气速的计算

影响泛点气速的因素很多,其中包括填料的特性、流体的物理性质以及液气比等。泛点气速的计算方法也很多,目前使用最广泛的是埃克特提出的通用关联图,如图 8-25 所示。

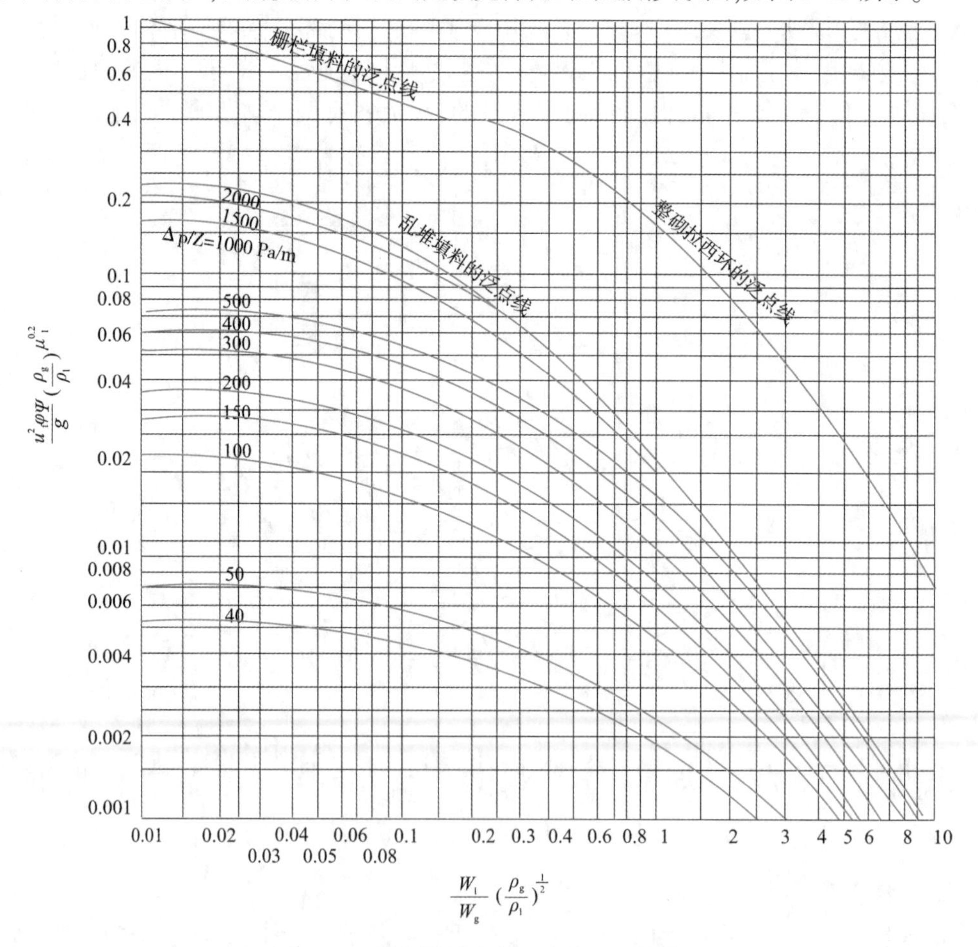


图 8-25 填料塔泛点和压降的通用关联图

填料塔泛点和压降的通用关联图使用说明：

横坐标为$\frac{W_l}{W_g}\left(\frac{\rho_g}{\rho_l}\right)^{1/2}$，纵坐标为$\frac{u_f^2\varphi\psi}{g}\left(\frac{\rho_g}{\rho_l}\right)\mu_l^{0.2}$。

式中　$u_f$——点空塔气速或空塔气速，m/s；

$g$——重力加速度，$m/s^2$；

$\varphi$——湿填料因子，$m^{-1}$；

$\psi$——液体密度校正系数，等于水的密度与液体密度之比，即$\psi=\frac{\rho_{H_2O}}{\rho_l}$；

$\mu_l$——液体的黏度，mPa·s；

$\rho_l,\rho_g$——液体和气体密度，$kg/m^3$；

$W_l,W_g$——液体和气体的质量流量，kg/s。

图中最上方三条线分别表示栅栏、整砌拉西环和乱堆填料的泛点线。泛点线下方的线簇为单位高度乱堆填料的等压降线，$\Delta p/Z$，单位 Pa/m。

通用关联图的应用介绍如下：

(1)求泛点气速。根据已知的气、液两相流量及密度计算出横坐标之值，由此点作垂线与泛点线相交，再由交点作水平线与纵坐标相交，读出纵坐标的数值，从而计算出泛点气速 $u_f$。

(2)根据工艺规定的允许压降值计算空塔气速，或根据选定的空塔气速计算压降。这时需使用乱堆填料的等压降线簇。如已知空塔气速 $u$，计算出纵坐标之值（注意将原纵坐标为 $u_f$ 处换作空塔气速 $u$），同时根据两相密度和流量计算出横坐标，由此纵、横坐标的数值即可在图中找到相对应的点，此点所在的线（通常需内插）读出每米乱堆填料层的压降 $\Delta p/Z$ 值。反之，可根据已知压降和横坐标值，从图中读出纵坐标之值，从而求出空塔气速 $u$（即纵坐标中的 $u_f$）。

### （三）持液量

因填料与其空隙中所持的液体是堆积在填料支承板上的，故在进行填料支承板强度计算时，要考虑填料本身的质量与持液量。持液量小则气体流动阻力亦小，液体在填料塔内的停留时间也减少，此点对处理热敏性物料有利。但要使操作平稳，则一定的持液量还是必要的。

持液量是由静持液量与动持液量两部分组成的。静持液量指填料层停止接受喷淋液体并经过规定的滴液时间后，仍然滞留在填料层中的液体量，其大小取决于填料的类型、尺寸及液体的性质。动持液量指停止气液进料后持于填料层中的液体总量与静持液量之差，表示从填料上滴下的那部分，相当于操作时流动于填料表面之量，其大小不但与前述因素有关，而且还与喷淋密度有关。总持液量由填料类型、尺寸、液体性质及喷淋密度等所决定，可用经验公式或曲线图估算。到了载点附近以后，持液量还随气速的增加而增加。

## 三、塔径计算

填料塔的塔径可按流量与流速之间的关系求出，即

$$D=\sqrt{\frac{4V_g}{\pi u}} \tag{8-26}$$

式中　$V_g$——气体体积流量,$m^3/s$;

$u$——空塔气速,m/s。

空塔气速应小于泛点气速,一般取泛点气速的50%~85%。

由式(8-26)可知,填料塔的直径是由气体的体积流量与空塔气速决定的。气体的体积流量由生产任务规定,而空塔气速是在设计时选取的。选择较小的气速,则压降小,动力消耗小,操作费用低,但塔径增大,设备费用提高,同时,低气速不利于气液两相接触,分离效率低。相反,气速大则塔径小,设备费用可降低,但压降大,操作费用提高。若选用接近泛点的气速,当生产条件稍有波动时,有可能使操作失去控制。所以,适宜空塔气速的选择是一个技术经济问题,有时需要反复计算才能确定。

计算出的塔径也需要进行圆整,圆整方法与板式塔相同。

算出塔径之后,有时应验算塔内的喷淋密度是否大于最小喷淋密度,若喷淋密度过小,填料表面不能充分润湿,会使气液两相有效接触面积降低,造成传质效率下降。必要时可采用液体部分再循环以加大液体流量,或在许可范围内减小塔径,或适当增加填料层高度予以补偿。一般低液气比时不宜使用填料塔。

填料塔的最小喷淋密度与填料结构、比表面积 $a$ 有关,可由填料手册中查得。

为保证填料润湿均匀,减少壁流现象的影响,还需要对塔径 $D$ 与散装填料直径 $d$ 之比做校核。对拉西环要求 $D/d>20\sim30$,鲍尔环 $D/d>10\sim15$,阶梯环 $D/d>8$,鞍形填料 $D/d>8\sim15$。

## 四、填料塔的附件

### (一)填料支承装置

填料支承装置是用来支承填料层及其所持液体的重量,它要有足够高的机械强度,同时支承装置及其附近的气体通道面积应大于填料层的自由截面积,即塔截面上填料的空隙面积,或者说,这一区域的空隙率应大于填料层中的空隙率,否则当气速增大时将首先在支承装置处出现液泛现象。常用的填料支承装置有栅板式和升气管式,如图8-26所示。

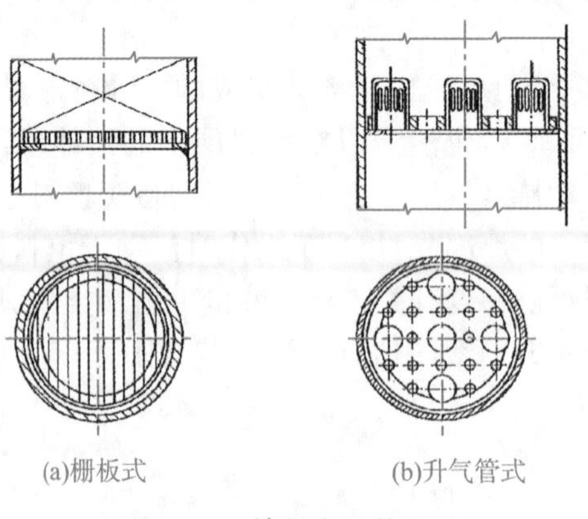

(a)栅板式　　(b)升气管式

图8-26　填料支承装置图

栅板式支承装置是由扁钢条竖立焊接而成的,扁钢条的间距应为填料外径的60%~70%。

升气管式支承装置是为了适应高空隙率填料的要求制造的。气体由升气管上升,通过气道顶部的孔及侧面的齿缝进入填料层,而液体则由支承装置底板上的许多小孔流下,气液分道而行。这种结构的支承装置有足够大的自由截面积,因而在此处不会造成液泛。

(二)液体分布装置

液体分布装置设在塔顶,为填料层提供足够数量并分布适当的喷淋点,以保证液体初始的均匀分布。液体分布装置对填料塔的性能影响很大,若液体初始分布不均匀,则填料层内有效润湿面积会减小,并可能出现偏流和沟流现象,降低塔的传质分离效果,填料塔直径越大,液体分布装置越重要。

液体分布装置开发有多种结构,图 8-27 所示仅为其中的数例。多孔管式分布器[见图 8-27(a)]结构简单,对气体的阻力较小,使用较为广泛。由于器壁上的小孔容易堵塞,因此要求被分布的液体必须清洁。

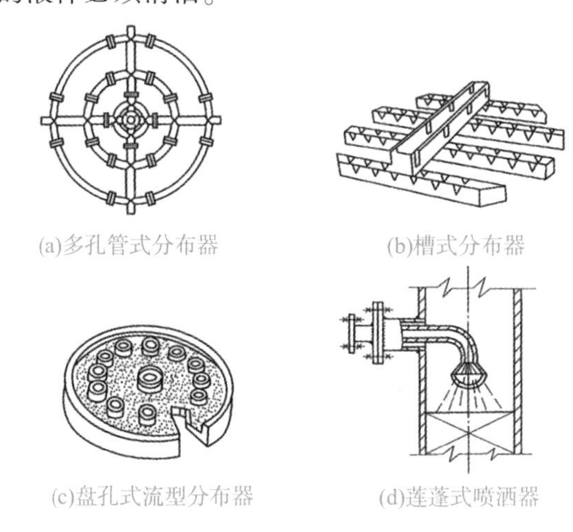


图 8-27　液体分布器示意图

槽式分布器见图 8-27(b),不易堵塞,对气体阻力也小,操作弹性较大,但安装水平要求较高。常用于直径较大和液体流量较大的填料塔中。

盘式孔流型分布器见图 8-27(c),液体分布情况与槽式分布器相近,但气体经盘上的若干升气管以及盘与塔壁间的环状通道上升,阻力较大,适用于气体负荷不太大的场合。

莲蓬式喷洒器见图 8-27(d),是喷嘴型分布器中结构最为简单的一种,一般只用于直径在 600 mm 以下的小塔,处理清洁液体。操作时,流体压头必须维持恒定,否则会改变喷淋角与喷淋半径,影响液体分布的均匀性。

(三)液体再分布装置

为了避免在填料层中液体发生壁流现象而使液体分布不均匀,在填料层中每隔一定距离应设液体再分布装置。也就是说填料层要适当分段,每段填料层高度视填料性能而定,如拉西环壁流倾向较为严重,取为塔径的2.5~3.0倍,鲍尔环和鞍形填料可取为塔径的 5~10 倍,但最高不宜超过 6 m。

最简单的液体再分布装置为截锥式,如图 8-28 所示。在截锥筒的上方加设支承板,截锥下面要隔一段距离再放填料,以便于分段卸出填料。截锥的作用只是使偏流到塔壁的液体重新流到填料层中间,没有多少均布作用,一般只用于直径小于 600 mm 的塔中。

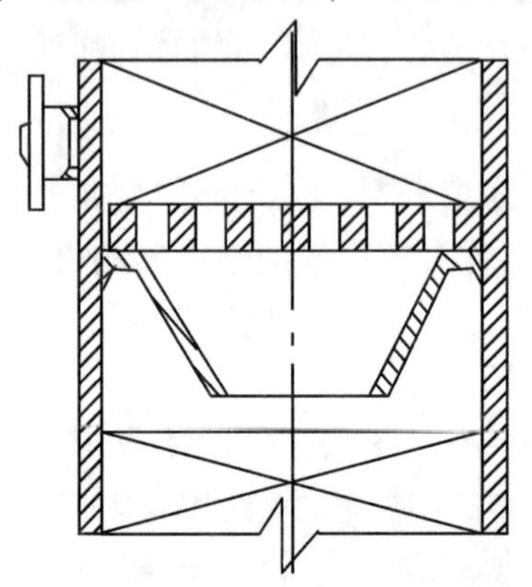

图 8-28　截锥式液体再分布器

### (四) 液体出口装置

液体出口装置应保证塔内气体的液封,防止夹带气体,且能保证液体顺利流出。常压下可用水封装置。

### (五) 气体进口装置(气体分布器)

为了防止液体进入气体管路之中,并使气体分布均匀,应在塔内装设气体进口装置。对于塔径小于 500 mm 的小塔,可将进气管伸至塔截面中心位置,管端做出 45°向下倾斜的切口,如图 8-29(a),或向下的缺口,如图 8-29(b)所示。对于直径较大的塔,气体进口装置可采用盘管式结构,如图 8-29(c)所示。

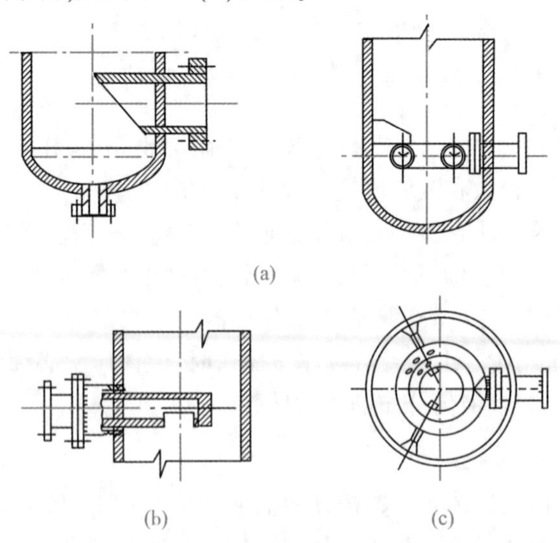


图 8-29　气体进口装置

### (六)气体出口除沫装置

气体出口处既要保证气体流动畅通,又要清除掉被气体夹带的液体雾沫。因此,常需使用各种除雾沫装置,常用的有折板除雾器,见图 8-30;丝网除雾器,见图 8-31;填料除雾器,见图 8-32。

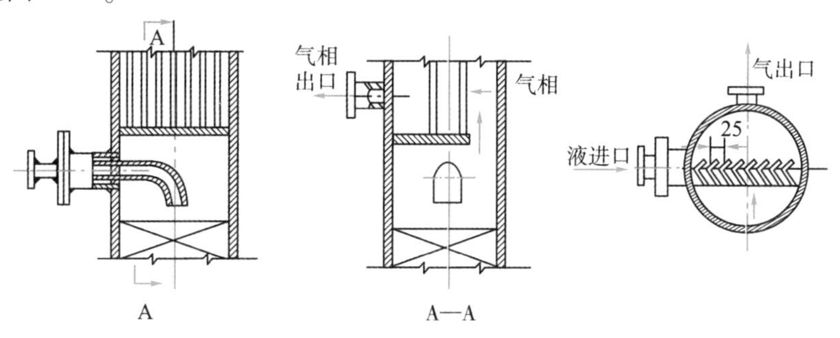


图 8-30　折板除雾器

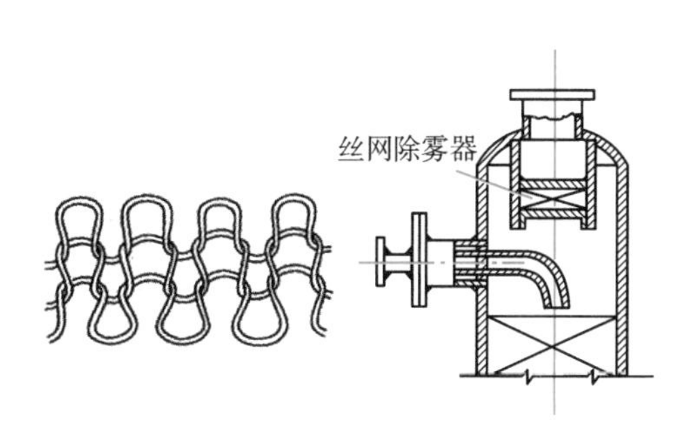


图 8-31　丝网除雾器

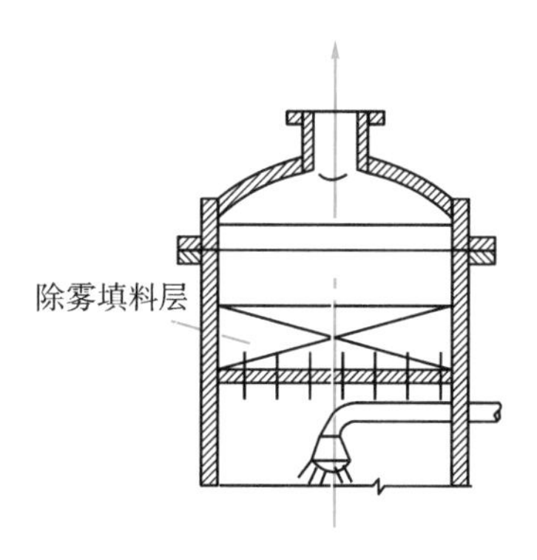


图 8-32　填料除雾器

## 五、板式塔与填料塔的比较

板式塔和填料塔都是用来进行均相混合物分离的气液传质设备。全面了解板式塔与填料塔各自的特点,对于合理选用塔设备是很有帮助的。在此,将板式塔与填料塔各自的特点做一个比较。

1.板式塔的特点

(1)大直径的塔效率高且稳定,设备费用亦低;小塔径(例如小于 300 mm)的板式塔安装检修困难,造价亦高。

(2)不易被堵塞,检修及清洗比较容易。

(3)适用于大液量操作,因为板式塔在每一块塔板上气液为错流,液体流量增大时对气体负荷影响较小。但在液气比较小时,选用适当的气液接触元件,也可以适应。

(4)适合于过程需要中间换热、中间进料或侧线出料多的场合。

(5)压降比较大。

2.填料塔的特点

(1)小直径塔费用低,便于安装。

(2)压降较小,适合于真空操作。

(3)适用于难分离的混合物系统,可以降低塔高。

(4)适用于易起泡物系,因为填料对泡沫有限制和破碎作用。

(5)适用于腐蚀性介质,在此情况下可采用不同材质的耐腐蚀填料。

(6)对热敏性物料,特别是间歇精馏时,宜采用填料塔,因为填料塔内的持液量低。

(7)操作弹性较小,特别是对液体负荷的变化更为敏感。当液体负荷较小时,填料表面不能很好地润湿,传质效果急剧下降;当液体负荷过大时,则易产生液泛。

(8)不宜处理易聚合或含有固体颗粒的物料。

(9)检修及清理比较麻烦。

吸收塔案例

精馏塔案例

## 第四节 设计示例

### 一、填料塔设计示例

以脱除空气中的氨气填料塔的设计为例。

#### (一)设计任务和条件

(1)混合气体处理量$4.5\times10^{4}$ $m^3/h$。

(2)塔顶排放空气中含氨低于0.02%(体积分数)。

(3)操作条件:

| 操作压力 | 常压 |
|---|---|
| 操作温度 | 20 ℃ |
| 工作日 | 300 天/年,24 h 连续运行 |

## (二)设计计算

### 1.设计方案确定

因氨在水中的溶解度大,且水的理化性质稳定,挥发性小,黏度小,对溶质的选择性好,又价廉易得,符合吸收过程对吸收剂的选择要求,故本方案选择水作为吸收剂。因氨气不作为产品,故采用纯溶剂。为提高传质效率,选用逆流吸收流程。

### 2.填料的选择

对于水吸收氨的过程,操作温度及操作压力较低,工业上通常选用散装填料。本次选用塑料阶梯填料。

### 3.基础物性数据

(1)液相物性数据

对低浓度吸收过程,溶液的物性数据可近似取纯水的物性数据。由《化工工艺设计手册》查得 20 ℃时水的有关物性数据如下:

密度:$\rho_1 = 998.2\ \mathrm{kg/m^3}$

黏度:$\mu_1 = 0.001\ \mathrm{Pa \cdot s} = 3.6\ \mathrm{kg/(m \cdot h)}$

表面张力:$\sigma_Z = 72.6\ \mathrm{dyn/cm} = 940\ 896\ \mathrm{kg/h^2}$

20 ℃时　$NH_3$:$H = 0.725\ \mathrm{kmol/(m^3 \cdot kPa)}$

20 ℃时　$NH_3$:$D_L = 7.34\times10^{-6}\ \mathrm{m^2/h}$

20 ℃时　$NH_3$:$D_V = 0.225\ \mathrm{m^2/h}$

(2)气相物性数据

混合气体的平均摩尔质量为:

$M = 5.4\%\times17.03+(1-5.4\%)\times28.95 = 28.306\ 3\ \mathrm{kg/kmol}$

混合气体的平均密度为

$$\rho = \frac{101.3\times28.306\ 3}{8.314\times293.15} = 1.177\ \mathrm{kg/m^3}$$

混合气体黏度可近似取空气黏度。查手册得 20 ℃时,空气的黏度为

$$\mu_V = 1.73\times10^{-5}\ \mathrm{Pa \cdot s} = 6.228\times10^{-2}\ \mathrm{kg/(m \cdot h)}$$

### 4.物料衡算

进塔气相摩尔比:$Y_1 = \dfrac{y_1}{1-y_1} = \dfrac{5.4\%}{1-5.4\%} = 0.057\ 08$

出塔气相摩尔比:$Y_2 = \dfrac{y_2}{1-y_2} = \dfrac{0.02\%}{1-0.02\%} = 0.000\ 2$

进塔惰性气体流量:$V_2 = \dfrac{V_1 T_2}{T_1} = 1\ 770.72\ \mathrm{kmol/h}$

该吸收过程为低浓度吸收,平衡曲线为直线,且进塔液相组成 $X_2 = 0$,则最小液气比为

$$\left(\frac{L}{V}\right)_{\min} = \frac{Y_1-Y_2}{X'_1-X_2} = \frac{Y_1-Y_2}{\dfrac{Y_1}{m}} = 0.750\ 6$$

根据生产实践经验,一般取吸收剂用量为最小用量的1.1~2.0倍是比较合适的,取操作液气比为

$$\left(\frac{L}{V}\right)=1.6\left(\frac{L}{V}\right)_{\min}=1.201$$

吸收剂用量为:

$L=V\times1.200\ 96=1\ 770.72\times1.200\ 96=2\ 126.57\ \text{kmol/h}$

$W_L=L\times18=38\ 278.22\ \text{kg/h}$;$W_V=52\ 969\ \text{kg/h}$;$X_1=0.050\ 9$

5.工艺尺寸的计算

(1)塔径的计算

①空塔气速。

采用泛点气速法,对于散装填料,其泛点率的经验值 $u/u_F=0.5\sim0.85$。

由贝恩-霍根关联式

$$\lg\frac{\mu_F^2}{g}\times\frac{\alpha}{\varepsilon^3}\times\frac{\rho_V}{\rho_L}\mu_L^{0.2}=A-K\left(\frac{L}{V}\right)^{1/4}\left(\frac{\rho_V}{\rho_L}\right)^{1/8}=0.204-1.75\times\left(\frac{38\ 278.22}{52\ 969.5}\right)^{1/4}\left(\frac{1.177\ 1}{998.2}\right)^{1/8}$$

$\mu_F=4.33\ \text{m/s}$

取 $u/u_F=0.8$,则 $u=3.464\ \text{m/s}$。

②塔径 $D=\sqrt{\dfrac{4V_S}{\pi u}}=2.14\ \text{m}$,圆整后,塔径取 $D=2.2\ \text{m}$。

③校核。

泛点速率校核:

$$u=\frac{45\ 000}{0.785\times2.2^2\times3600}=3.29\ \text{m/s}$$

$u/u_F=3.29/4.33=0.76$,则 $u/u_F$ 在允许范围内。

根据填料规格校核:

$D/d=2200/50=44>8$,符合。

液体喷淋密度的校核:

对于直径不超过 75 mm 的散装填料,可取最小润湿速率$(L_w)_{\min}$为$0.08\ \text{m}^3/(\text{m}\cdot\text{h})$。

$$U_{\min}=(L_w)_{\min}a_t=9.136\ \text{m}^3/(\text{m}^2\cdot\text{h})$$

$$U=\frac{L_h}{0.785D^2}=10.09\ \text{m}^3/(\text{m}^2\cdot\text{h})>9.136\ \text{m}^3/(\text{m}^2\cdot\text{h})$$

经过校核,填料塔直径 $D$ 设计为2200 mm 合理。

(2)传质单元数的计算

用对数平均推动力法求传质单元数。

吸收塔的平均推动力为:

$$\Delta Y_m=\frac{\Delta Y_1-\Delta Y_2}{\ln\dfrac{\Delta Y_1}{\Delta Y_2}}=\frac{(Y_1-mx_1)-(Y_2-mx_2)}{\ln\dfrac{Y_1-mx_1}{Y_2-mx_2}}=\frac{(0.057\ 08-0.038\ 33)-(0.000\ 2-0)}{\ln\dfrac{0.057\ 08-0.038\ 33}{0.000\ 2-0}}=0.004\ 086$$

则

$$N_{OG}=\frac{Y_1-Y_2}{\Delta Y_1-\Delta Y_2}\ln\frac{\Delta Y_1}{\Delta Y_2}=\frac{Y_1-Y_2}{\Delta Y_m}=13.92$$

气相总传质单元高度采用修正的恩田关联式计算，得

$$\frac{a_w}{a_t}=1-\exp\left\{-1.45\left(\frac{\sigma_c}{\sigma}\right)^{0.75}\left(\frac{L_G}{a_t\mu_L}\right)^{0.1}\left(\frac{L_G^2a_t}{\rho_L^2g}\right)^{-0.05}\left(\frac{L_G^2}{\rho_L\sigma a_t}\right)^{0.2}\right\}=0.356$$

液体质量通量为

$$u_L=\frac{W_L}{\frac{\pi}{4}D^2}=\frac{382\ 78.22}{0.784\times2.2^2}=100\ 74.81\ \text{kg/(m}^2\cdot\text{h)}$$

气体质量通量为

$$u_V=\frac{W_V}{\frac{\pi}{4}D^2}=\frac{529\ 69.5}{0.784\times2.2^2}=139\ 59.33\ \text{kg/(m}^2\cdot\text{h)}$$

气膜吸收系数：$k_G=C\left(\frac{V_G}{a_t\mu_G}\right)^{0.7}\left(\frac{\mu_G}{D_G\rho_G}\right)^{\frac{1}{3}}\left(\frac{a_tD_G}{RT}\right)(a_td_p)=0.124\ 5\ \text{kmol/(m}^2\cdot\text{h}\cdot\text{kPa)}$

液膜吸收系数：

$$k_L=0.005\ 1\left(\frac{L_G}{a_W\mu_L}\right)^{\frac{2}{3}}\left(\frac{\mu_L}{D_l\rho_L}\right)^{-\frac{1}{2}}\left(\frac{\mu_Lg}{\rho_L}\right)^{\frac{1}{3}}(a_td_p)^{0.4}=0.527\ 3\ \text{m/h}$$

$k_L\alpha=23.5/\text{h}$，$k_G\alpha=8.44\ \text{kmol/(m}^3\cdot\text{h}\cdot\text{kPa)}$

因 $u/u_F=0.76$，进行校正：

$$k'_G\alpha=\left[1+9.5\left(\frac{u}{u_F}-0.5\right)^{1.4}\right]k_G\alpha=19.95\ \text{kmol/(m}^3\cdot\text{h}\cdot\text{kPa)}$$

$$k'_L\alpha=\left[1+2.6\left(\frac{u}{u_F}-0.5\right)^{2.2}\right]k_L\alpha=26.23\ \text{kmol/(m}^3\cdot\text{h}\cdot\text{kPa)}$$

$$K_G\alpha=\frac{1}{\frac{1}{k'_G\alpha}+\frac{1}{Hk'_L\alpha}}=9.71\ \text{kmol/(m}^3\cdot\text{h}\cdot\text{kPa)}$$

则

$$H_{OG}=\frac{V}{K_Y\alpha\Omega}=0.474\ \text{m}$$

$$Z=H_{OG}N_{OG}=6.60\ \text{m}$$

计算出填料层高度后，应留出一定的安全系数，取 $Z'=1.2Z=1.2\times6.60=7.92$ m

设计取填料层高度为：$Z=8.0$ m。

根据实践经验，散装填料分段高度推荐值，对于阶梯环填料，$h/D=8\sim15$，$h_{max}\leqslant6$ m，取 $h/D=8$，则 $h=8\times2.2=17.6$ m。

故填料层可分 2 段。

(3)填料层压降的计算

查 Eckert 通用压降关联图 8-25,得 $\Delta p/Z=981\ \mathrm{Pa/m}$

则全塔填料层压降 $\Delta p=Z\times981=8\times981=7848\ \mathrm{Pa}$

6.辅助设备的设计及选型

(1)液体分布器简要设计与选型　该吸收塔液相负担较大,且塔径为2200 mm 大于1000 mm,槽式液体分布器具有较大的操作弹性和极好的抗污堵性,特别适用于大气液负荷及含有固体悬浮物、黏度大的液体的分离场合,应用范围非常广泛,故选用槽式分布器。

喷淋槽外径 20 mm,数量为 6 根,中心距为 300 mm。分配槽数量为 2 根,即双槽式,中心距为 850 mm。

按 Eckert 建议值,$D\geqslant1200$ mm 时,喷淋点密度为 42 点/$\mathrm{m^2}$。

布液点数:$n=0.785\times2.2^2\times42=160$ 点

按照分布点集合均匀与流量均匀的原则,进行布点设计。

(2)填料支撑装置　填料支撑装置用于支撑塔填料及其所持有的气体、液体的质量,同时起着气液流道及气体均布作用。本次设计塔径较大,宜选用梁型气体喷射式支撑板。

查《化工工艺设计手册》得,塔径2200 mm,选支撑板外径2160 mm,支撑板分块数 7,支撑圈宽度 50 mm,支撑圈厚度 14 mm。支撑板特性:自由截面 105%,采用不锈钢,支撑板允许载荷 107 070 N。

(3)填料压紧装置　本次采用的填料塔采用压紧网板,设置自由截面积为 85%,采用支耳固定。

(4)除沫器　本次设计中采用材质为金属的丝网除沫器。通过除沫器的气速为2.9 m/s,除沫器直径为2300 mm,除沫器高度为 125 mm。

(5)封头　查《化工工艺设计手册》得,一般工业上2200 mm 的塔径封头规格为曲面高度550 mm,直边高度 40 mm,内表面积为5.5 $\mathrm{m^2}$,容积为1.54 $\mathrm{m^3}$,本次设计选用壁厚为 18 mm。

(6)离心泵及风机的选型

①离心泵的计算及选择。

流量计算:

$$L=2\ 126.57\ \mathrm{kmol/h}=\frac{2\ 126.57\times18}{998.2}=38.34\ \mathrm{m^3/h}$$

压头计算:

$$H=h_0+\frac{\Delta p}{\rho g}+\frac{\Delta u^2}{2g}+h_{fx}$$

取 $h_0=12$ m,$\Delta u^2\approx0$,$h_{fx}\approx0$,填料层压降为 $\Delta p=7848$ Pa,

$$H=h_0+\frac{\Delta p}{\rho g}=13.80\ \mathrm{m}$$

由流量和扬程选择 IS80-65-125 型离心泵。

泵的有效功率计算:　　$N_e=HL\rho g=1.439\ \mathrm{kW}$

泵的轴功率核算:　　$N=\dfrac{N_e}{\eta}=1.92\ \mathrm{kW}$,小于3.63 kW

②风机的计算及选型。

$$p_t=\Delta p+\frac{\rho_V u^2}{2}=8.22\ \text{kPa}$$

风量：$Q=4500\times\frac{273}{293}=41\ 928\ \text{m}^3/\text{h}$

选择电动机型号为 Y355M 2—4，机号为 14 的风机。

（7）人孔的选择　根据 HG 20652—1998 和 HG/T 21 515—2014，塔径大于1600 mm、小于3000 mm 的常压人孔，直径应为 500 mm。

（8）法兰的选择　选用乙型平焊法兰。

### 7.塔高的计算

填料层高 8 m，槽式液体分布器高于填料层 1 m，塔底空间高度为 2 m，塔顶空间取 1 m（装了除雾沫器，可以相对低一些），液体再分布器、压紧装置、填料支撑结构的安装空间初步设计为 1 m，则塔总高为 13 m 左右。

### 8.设计结果一览表

表 8-4　设计结果一览表

| 序号 | 项目 | 数值 | 序号 | 项目 | 数值 |
| --- | --- | --- | --- | --- | --- |
| 1 | 混合气摩尔流率/（kmol/h） | 28.306 3 | 9 | 塔径/m | 2.2 |
| 2 | 混合气平均密度/（kg/m³） | 1.177 | 10 | 全塔填料层压降/Pa | 7848 |
| 3 | 混合气黏度/［kg/（m³·h）］ | $6.228\times10^{-2}$ | 11 | 气相浓度对数平均值 | 0.004 086 |
| 4 | 液相密度/（kg/m³） | 998.2 | 12 | 传质单元数 | 13.92 |
| 5 | 液相黏度/［kg/（m³·h）］ | 3.6 | 13 | 实际气速/（m/s） | 3.464 |
| 6 | 液相表面张力/（kg/h²） | 940 896 | 14 | 气相传质单元高度/m | 0.474 |
| 7 | 泛点气速/（m/s） | 4.33 | 15 | 填料层高度/m | 8 |
| 8 | 泛点率 | 0.8 | | | |

## 思考题

8-1　对传质分离设备有哪些性能要求？

8-2　试说明下列各组中概念的意义、影响因素，并比较它们之间的主要区别和特点。

{鼓泡状态、泡沫状态、喷射状态}　{返混、短路、不均匀分布}　{液沫夹带、气泡夹带、漏液}

{恒持液量区、载液区、泛液区}　{载点、泛点}　{非理想流动、不正常流动}

8-3　说明下列各组中名词所反映的结构特征、主要作用,并比较其适用场合。

{板式塔 填料塔}　{单流型塔板 双流型塔板}　{散装填料 整砌填料}　{平直堰 齿形堰}

{拉西环 鲍尔环 阶梯环 弧鞍环 金属环矩鞍}　{泡罩板 筛孔板 浮阀塔板 垂直筛孔板}　{填料支承装置 液体分布装置 液体再分布装置}

8-4　下列塔板结构参数变化时,对塔板操作会发生哪些主要影响?

板间距;塔径;溢流堰高度;溢流堰长度;开孔率;降液管底隙高度

8-5　一个结构尺寸已确定的塔,如果气体流量或液体流量增加,对下列操作参数会有什么影响?

液面落差;液沫夹带量;板上泡沫层高度;降液管内泡沫层高度和停留时间;漏液量;塔板压降;堰上清液层高度

8-6　什么是操作弹性?塔板负荷性能图对塔的设计与操作有何指导意义?图中各线代表什么意义?如何正确设计工作线、设计点与其他各线的关系?可通过改变哪些结构参数使各线位置发生移动?

8-7　对填料的选择有哪些要求?试从拉西环的堆积性能分析其需改进的方向。

## 习题

8-1　试设计苯酚-间苯二酚二元精馏筛板塔,要求如下:

(1)设计条件

常压操作,年处理量 20 000 t,进料苯酚含量为 55%(摩尔分数),年开工时间 300 天,塔顶苯酚含量不低于 96%,塔底苯酚含量不高于 5%,泡点进料,塔顶采用全凝器泡点回流,回流比自选,塔底采用间接饱和蒸汽加热,单板压降不超过 1 kPa。

(2)设计内容

工艺设计(包括全塔物料衡算、热量衡算、塔体工艺尺寸),流体力学验算,负荷性能图。

8-2　试设计水吸收 $SO_2$ 过程的填料塔,要求如下:

(1)设计条件

常压下用清水洗去混于空气中的 $SO_2$,选用聚丙烯阶梯环填料,规格自选,混合气的入塔流量为2300 $m^3/h$,其中 $SO_2$ 的摩尔分数为0.06,要求 $SO_2$ 的吸收率为 96%,因该过程液气比很大,吸收温度基本保持不变,与清水温度相当,年开工时间 300 天。

(2)设计任务

工艺设计(包括全塔物料衡算、填料选择及相关性质确定、塔体工艺尺寸),流体力学验算。

# 第九章 固体物料的干燥

1.掌握

湿空气的性质;湿空气的湿度图及应用;干燥过程的物料衡算和热量衡算;干燥器进出口气体状态的确定;恒定干燥条件下干燥时间的计算。

2.理解

对流干燥流程及必要条件;干燥器的热效率;恒定干燥条件下的干燥动力学;常用干燥器的原理和特点。

3.了解

固体物料的去湿方法;水分在气-固两相间的平衡关系;干燥器的分类、要求及选用。

## 第一节 概述

### 一、固体物料的去湿方法

化工生产中的固体原料、产品或半成品为便于进一步的加工、运输、贮存和使用,常常需要将其中所含的湿分(水或有机溶剂)去除至规定指标,这种操作简称为“去湿”。去湿的方法可分为以下三类:

(1)机械去湿　当物料中带水较多时,可先用离心过滤等机械分离方法以除去其中大量的水。

(2)吸附去湿　使用某种平衡水汽分压很低的干燥剂(如 $CaCl_2$、硅胶等)与湿物料并存,使物料中的水分相继经气相而转入干燥剂内。

(3)供热干燥　向物料供热以汽化其中的水分。供热方式又有多种。工业干燥操作多是用热空气或其他高温气体为介质,使之掠过物料表面,介质向物料供热并带走汽化的湿分,此种干燥常称为对流干燥,是本章讨论的主要内容。

### 二、干燥过程的分类

#### (一)按操作压强分

主要有常压干燥和真空干燥。真空干燥时温度较低、蒸气不易外泄,适宜处理热敏性、易氧化、易爆或有毒物料以及产品要求含水量较低、要求防止污染及湿分蒸气需要回收的情况。加压干燥只在特殊情况下应用,通常是在一定压力下加热后突然减压,水分瞬间发生汽化,使物料发生破碎或膨化时使用。

### (二)按操作方式分

有连续干燥和间歇干燥。工业生产中多为连续干燥,其生产能力大,产品质量较均匀,热效率较高,劳动条件也较好;间歇干燥的投资费用较低,操作控制灵活方便,适用于小批量、多品种或要求干燥时间较长的物料。

### (三)按热量供给方式分

有传导干燥、对流干燥、辐射干燥和介电加热干燥。

(1)传导干燥　将湿物料堆放或贴附于高温的固体壁面上,以传导方式获取热量,使其中的水分汽化,水汽由周围气流带走或用抽气装置抽出,因此它是间接加热。常用饱和水蒸气、热烟道气或电热作为间接热源,其热利用率较高,但与传热壁面接触的物料容易过热,物料层不宜太厚,而且金属消耗量较大。

(2)对流干燥　将高温热气流(热空气或热烟道气等,称为干燥介质)与湿物料直接接触,以对流方式向物料供热,汽化后生成的水汽由干燥介质带走。热气流的温度和湿度调节方便,物料不易过热。对流干燥生产能力较大,相对来说设备投资较低,操作控制方便,是应用最为广泛的一种干燥方式;其缺点是热气流用量大,带走的热量较多,故热利用率比传导干燥要低。

(3)辐射干燥　以辐射方式将热辐射波段(红外或远红外波段)能量投射到湿物料表面,被物料吸收后转化为热能,使水分汽化并由外加气流或抽气装置排出。辐射干燥特别适用于物料表面薄层的干燥。辐射源可按被干燥物件的形状布置,这种情况下,辐射干燥可比传导或对流干燥的生产强度大几十倍,产品干燥程度均匀且不受污染,干燥时间短,如汽车漆层的干燥,但电能消耗大。

(4)介电加热干燥　包括高频干燥、微波干燥等。将湿物料置于高频电场内,利用高频电场的交变作用使液体分子发生频繁的转动,物料从内到外都同时产生热效应,使其中的水分汽化。这种干燥的特点是,物料中水分含量愈高的部位获得的热量愈多,故加热特别均匀。这是由于水分的介电常数比固体物料要大得多,而一般物料内部的含水量比表面高,因此,介电加热干燥时物料内部的温度比表面要高,与其他加热方式不同,介电加热干燥时传热的方向与水分扩散方向是一致的,这样可以加快水由物料内部向表面的扩散和汽化,缩短干燥时间,得到的干燥产品质量均匀,过程自动化程度很高。尤其适用于当加热不匀时易引起变形、表面结壳或变质的物料,或内部水分较难除去的物料。但是,其电能消耗量大,设备和操作费用都很高,目前主要用于食品、医药、生物制品等贵重物料的干燥。

工业上对湿分较高的散粒状物料,常常是先用机械分离除去湿物料中的大部分水分,然后再采用对流干燥获得合格的干燥产品。其他加热方式也往往同对流方式结合使用。本章主要讨论以空气为干燥介质,除去的湿分为水的对流干燥过程。

## 三、对流干燥过程

(1)对流干燥流程　如图 9-1 所示，湿空气经风机送入预热器，加热到一定温度后送入干燥器与湿物料直接接触，进行传质、传热，最后废气自干燥器另一端排出。

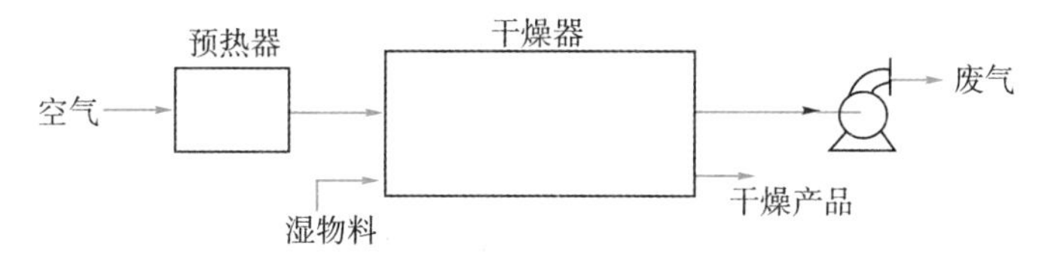


图 9-1　对流干燥流程示意图

干燥若为连续过程，物料被连续地加入与排出，物料与气流接触可以是并流、逆流或其他方式。若为间歇过程，湿物料被成批放入干燥器内，达到一定的要求后再取出。

经预热的高温热空气与低温湿物料接触时，热空气传热给固体物料，若气流的水汽分压低于固体表面水的分压时，水分汽化并进入气相，湿物料内部的水分以液态或水汽的形式扩散至表面，再汽化进入气相，被空气带走。所以，干燥是传热、传质同时进行的过程，但传递方向不同。

(2)干燥过程进行的必要条件　如图 9-2 所示，湿物料表面水汽压力大于干燥介质水汽分压；干燥介质将汽化的水汽及时带走。

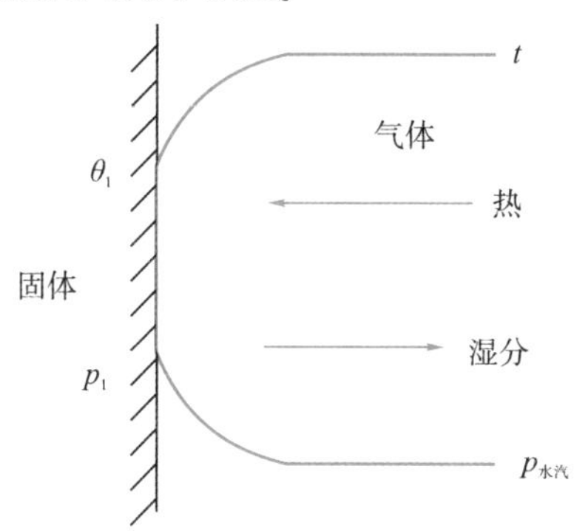


图 9-2　对流干燥过程的热、质传递

为确定干燥过程所需空气用量、热量消耗及干燥时间，而这些问题均与湿空气的性质有关。为此，以下介绍湿空气的性质。

# 第二节　湿空气的性质和湿度图

湿空气是干空气和水汽的混合物，在干燥操作中通常可作为理想气体来处理。在干燥过程中，湿空气的温度、水汽含量、焓等都将发生变化，而干空气的质量是不变的，因此，在讨论湿空气性质和干燥过程计算中常取干空气作为物料基准。

## 一、湿空气的性质

湿空气的状态参数除总压 $p$、温度 $t$ 之外,与干燥过程有关的还有以下参数。

(1)水汽分压 $p_{水汽}$ 与露点温度 $t_d$　空气中的水汽分压直接影响干燥过程的平衡与传质推动力。测定水汽分压的实验方法是测量露点,即在总压不变的条件下将空气与不断降温的冷壁相接触,直至空气在光滑的冷壁表面上析出水雾,此时的冷壁温度称为露点温度 $t_d$。壁面上析出水雾表明,水汽分压为 $p_{水汽}$ 的湿空气在露点温度下达到饱和状态。因此,测出露点温度 $t_d$ 便可从手册中查得此温度下的饱和水蒸气压,此即为空气中的水汽分压 $p_{水汽}$。显然,在总压 $p$ 一定时,露点与水汽分压之间有单一函数关系。

(2)空气的湿度　为了便于进行物料衡算,常将水汽分压 $p_{水汽}$ 换算成湿度。空气的湿度 $H$ 定义为每千克干空气所带有的水汽量,单位是 kg/kg 干空气,即

$$H=\frac{M_{水}}{M_{气}}\times\frac{p_{水汽}}{p-p_{水汽}}=0.622\times\frac{p_{水汽}}{p-p_{水汽}} \tag{9-1}$$

式中　$p$——总压,kPa;

$M_{水}$——水的摩尔质量,18 g/mol;

$M_{气}$——空气的摩尔质量,29 g/mol。

由上式可知,湿度是总压和水汽分压的函数。

饱和湿度 $H_s$:空气中的水汽分压为该温度下水的饱和蒸气压 $p_s$ 对应的湿度。

$$H_s=0.622\times\frac{p_s}{p-p_s} \tag{9-2}$$

饱和湿度是总压和温度的函数。

(3)相对湿度　将空气中的水汽分压 $p_{水汽}$ 与一定总压及一定温度下空气中水汽分压可能达到的最大值之比定义为相对湿度,以 $\varphi$ 表示。

当总压为101.3 kPa,空气温度低于 100 ℃时,空气中水汽分压的最大值应为同温度下的饱和蒸气压 $p_s$,此时 $p_s\leqslant p$,有

$$\varphi=\frac{p_{水汽}}{p_s} \tag{9-3}$$

当空气温度较高,该温度下的饱和蒸汽压 $p_s$ 会大于总压。但因空气的总压已指定,水汽分压的最大值等于总压,有

$$\varphi=\frac{p_{水汽}}{p} \tag{9-4}$$

从相对湿度的定义可知,相对湿度 $\varphi$ 表示了空气中水分含量的相对大小。$\varphi=1$,表示空气已达饱和状态,不能再接纳任何水分;$\varphi$ 值愈小,表明空气尚可接纳的水分愈多。

(4)湿空气的比体积　当需知气体的体积流量(如选择风机、计算流速)时,常使用气体的比体积。湿空气的比体积 $v_H$ 是指 1 kg 干气及所带的 $H$ kg 水汽所占的总体积,单位为 $m^3$/kg 干空气。

通常条件下,气体比体积可按理想气体定律计算。在常压下 1 kg 干空气的体积为:

$$\frac{22.4}{M_{气}}\times\frac{t+273}{273}=2.83\times10^{-3}(t+273)$$

$H$ kg 水汽的体积为：

$$H\times\frac{22.4}{M_{水}}\times\frac{t+273}{273}=4.56\times10^{-3}H(t+273)$$

常压下温度为 $t$ ℃、湿度为 $H$ 的湿空气的比体积为：

$$v_{\mathrm{H}}=(2.83\times10^{-3}+4.56\times10^{-3}H)(t+273) \tag{9-5}$$

干燥过程中空气的湿度一般并不太大，上式中湿度 $H$ 较小。除有特殊需要外，用绝干空气的比体积代替湿空气的比体积所造成的误差并不大。

结合湿度和比体积的定义，可以知道湿空气的密度 $\rho=(1+H)/v_{\mathrm{H}}$。

（5）湿空气的比热容　指以 1 kg 干空气为基准的湿空气（湿度为 $H$）温度升高 1 ℃所需的热量，其单位为 kJ/(kg 干空气·℃)，即 $c_{pg}+c_{pv}H$ 为湿空气的比热容，又称为湿比热容 $c_{p\mathrm{H}}$。

$$c_{p\mathrm{H}}=c_{pg}+c_{pv}H \tag{9-6}$$

式中　$c_{pg}$——干空气比热容，为1.01 kJ/(kg·℃)；

$c_{pv}$——蒸汽比热容，水汽为1.88 kJ/(kg·℃)。

（6）湿空气的焓　为便于进行过程的热量衡算，定义湿空气的焓 $I$ 为每千克干空气及其所带 $H$ kg 水汽所具有的焓，其单位为 kJ/kg 干空气。焓的基准状态可根据计算方便而定，本章取气体的焓以 0 ℃的气体为基准，水汽的焓以 0 ℃的液态水为基准，故有

$$I=(c_{pg}+c_{pv}H)t+r_0H$$

式中　$r_0$——0 ℃时水的汽化热，取2500 kJ/kg。

对空气-水系统有：

$$I=(1.01+1.88H)t+2500H \tag{9-7}$$

（7）湿球温度　测量水汽含量的简易方法是测量空气的湿球温度 $t_{\mathrm{w}}$，如图 9-3 所示。湿球温度是大量空气与少量水长期接触后水面的温度，当空气传给水的显热等于水分因分压差而汽化所需的潜热时，水温不再变化，此时的水温即为湿球温度 $t_{\mathrm{w}}$。它是空气湿度（$H$）和干球温度（$t$）的函数。

$$\alpha(t-t_{\mathrm{w}})=k_{\mathrm{H}}(H_{\mathrm{w}}-H)r_{\mathrm{w}}$$

上式变形可得：

$$t_{\mathrm{w}}=t-\frac{k_{\mathrm{H}}}{\alpha}r_{\mathrm{w}}(H_{\mathrm{w}}-H) \tag{9-8}$$

其中 $H_{\mathrm{w}}=0.622\times\dfrac{p_{\mathrm{s}}}{p-p_{\mathrm{s}}}$。

式中　$k_{\mathrm{H}},\alpha$——气相的传质系数与热系数，单位分别为 kg/(m$^2$·s)与 W/(m$^2$·℃)；

$H_{\mathrm{w}},r_{\mathrm{w}}$——湿球温度 $t_{\mathrm{w}}$ 下的饱和湿度与汽化热，单位分别为 kg/kg 干空气与 kJ/kg；

$p_{\mathrm{s}}$——湿球温度 $t_{\mathrm{w}}$ 下的饱和蒸气压，kPa。

对空气-水系统，当被测气流的温度不太高、流速大于 5 m/s 时，$\alpha/k_{\mathrm{H}}$ 为一常数，其值

约为1.09 kJ/(kg·℃),故

$$t_w = t - \frac{r_w}{1.09}(H_w - H) \tag{9-9}$$

由湿球温度的原理可知,空气的湿球温度 $t_w$ 总低于干球温度 $t$。$t_w$ 与 $t$ 差距愈小,表示空气中的水分含量愈接近饱和;对饱和湿空气,$t_w = t$。

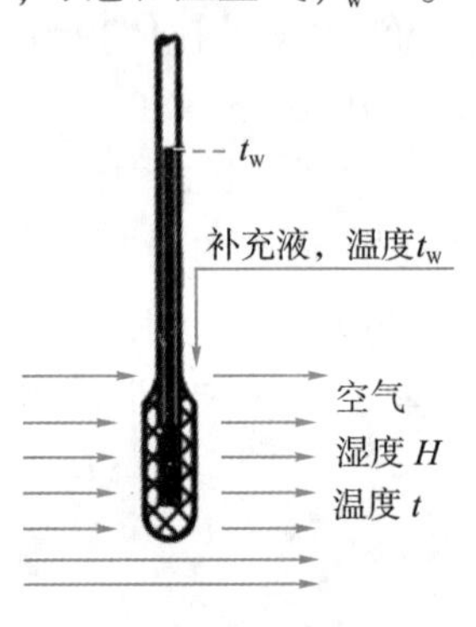


图 9-3　湿球温度的测量

(8)绝热饱和温度　如图 9-4 所示,若一定温度 $t$ 和湿度 $H$ 的不饱和空气在绝热增湿塔(或称绝热饱和器)内与大量水逆流密切接触,水用泵循环经喷洒器喷出,操作条件达到稳定时,塔内水的温度将达到某一恒定的数值。若设备保温良好,可认为与周围环境是绝热的,则热量只在气、液两相间进行传递。若某截面水温下的饱和湿度高于空气的湿度,水将汽化进入空气中,水汽化所需的热量由空气温度降低而提供。因此,空气的温度下降而湿度增加。按照热量衡算关系,空气降温所放出的热量全部用于水汽化需要的热值,并且又随水汽回到空气中,对空气来说,其焓值基本上没有变化,因此,这种空气的绝热增湿(或称绝热饱和)过程近似可看作等焓过程。如果空气与水接触时间足够长,空气出口将被水汽饱和,此时空气的出口温度就等于循环水的温度而不再下降,这个温度称为该空气的绝热饱和温度,用 $t_{as}$ 表示,其对应的饱和湿度为 $H_{as}$,循环水的温度也恒定为 $t_{as}$。操作中为了保证循环水量不变,需要向循环水中加入温度为 $t_{as}$ 的水以补充水在塔中的汽化量。以温度 $t_{as}$ 为基准对空气绝对热增湿塔做焓衡算。进入绝热增湿塔的湿空气的焓为

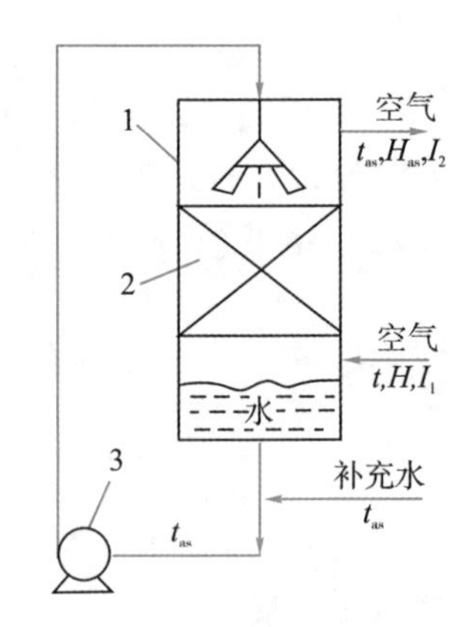


1—塔身;2—填料;3—循环泵

图 9-4　空气绝热增湿塔

$$I_1 = (c_{pg} + c_{pv}H)t + r_0 H$$

离开绝热增湿塔的湿空气的焓为

$$I_2 = (c_{pg} + c_{pv}H_{as})t_{as} + r_0 H_{as}$$

塔内为绝热过程,即 $I_1 = I_2$,则

$$(c_{pg} + c_{pv}H)t + r_0 H = (c_{pg} + c_{pv}H_{as})t_{as} + r_0 H_{as}$$

一般 $H$ 及 $H_{as}$ 值很小,故可认为 $c_{pg} + c_{pv}H \approx c_{pg} + c_{pv}H_{as} \approx c_{pH}$,整理得

$$t_{as}=t-\frac{r_0}{c_{pH}}(H_{as}-H) \tag{9-10}$$

实验测定表明，对湍流状态下的空气-水系统，$\alpha/k_H\approx1.09$，此值与常用温度范围内湿空气的比热容 $c_{pH}$ 值很接近，对比湿球温度和绝热饱和温度定义式，可得 $t_{as}\approx t_w$。

必须强调指出的是，湿空气的湿球温度 $t_w$ 和绝热饱和温度 $t_{as}$ 是两个完全不同的概念。前者是由温差引起的传热速率与湿度差引起的汽化传质速率达到动平衡的结果，空气状态并不发生变化，它是湿物料表面达到的温度；而后者则是在一定条件下，空气经历绝热冷却增湿过程时，对进出口状态变化进行热量衡算的静力学结果。但在一定总压下，它们都是空气的 $t$、$H$ 的函数。对空气-水系统，两者在数值上近似相等，如果物系不是空气-水系统，其 $\alpha/k_H\neq c_{pH}$，此时 $t_w$ 不再等于 $t_{as}$。

从上述讨论可知，表示湿空气性质的特征温度有干球温度 $t$、露点温度 $t_d$、湿球温度 $t_w$ 和绝热饱和温度 $t_{as}$。对于露点温度和绝热饱和温度，空气都是饱和状态，但空气经历的过程是不同的，前者是等温过程，后者是等焓过程。对空气-水系统，它们之间的关系如下：

不饱和空气，$t>t_{as}=t_w>t_d$；饱和空气，$t=t_{as}=t_w=t_d$。

【例 9-1】在总压 $p=1$ atm 下，湿空气的相对湿度为0.6，干球温度为 30 ℃。试计算以下各参数：(1) 湿度 $H$；(2) 露点温度 $t_d$；(3) 焓 $I$；(4) 将上述空气加热到 100 ℃所需的热量（质量流量为 100 kg 干空气/h，以干气计）；(5) 送入预热器的体积流量。

解：(1) $p=1$ atm，$t=30$℃，查水蒸气表 $p_s=4241$ Pa

$$H=0.622\times\frac{p_{水汽}}{p-p_{水汽}}=0.622\times\frac{\varphi p_s}{p-\varphi p_s}$$
$$=0.622\times\frac{0.6\times4241}{101\ 325-0.6\times4241}$$
$$=0.016\ \text{kg 水/kg 干空气}$$

(2) $p_d=p_{水汽}=\varphi p_s=0.6\times4241=2545$ Pa

查水蒸气表得：$t_d=21.4$ ℃

(3) $$I=(1.01+1.88H)t+2500H$$
$$=(1.01+1.88\times0.016)\times30+2500\times0.016$$
$$=71.2\ \text{kJ/kg 干空气}$$

(4) 预热器中加入的热量

$$Q=100\times(1.01+1.88\times0.016)\times(100-30)$$
$$=7280\ \text{kJ/h}$$
$$=2.02\ \text{kW}$$

(5) 体积流量

$$V=mv_H=100\times(2.83\times10^{-3}+4.56\times10^{-3}H)(t+273)$$
$$=100\times(2.83\times10^{-3}+4.56\times10^{-3}\times0.016)\times(30+273)$$
$$=88\ \text{m}^3/\text{h}$$

## 二、湿空气的湿度图及其应用

### (一)湿度图

用公式计算湿空气的性质比较烦琐,有时还要用到试差(如计算 $t_w$)。若将湿空气的各种性质绘成图,在图上查取湿空气的有关参数,则比较简便。另外,空气的状态变化过程在图中表示亦比较形象直观。

在总压 $p$ 一定时,上述湿空气的各个参数($t$、$p_{水汽}$、$H$、$\varphi$、$I$、$t_w$ 等)中,只要两个参数是独立的,即规定两个互相独立的参数,湿空气的状态即被唯一地确定。工程上为方便起见,将诸参数之间的关系在平面坐标上绘制成湿度图。目前,常用的湿度图有两种,即 $H-T$ 图和 $I-H$ 图,本教材主要介绍 $I-H$ 图。

$I-H$ 图是以总压 $p=100$ kPa 为前提画出的,$p$ 偏离较大时此图不适用。纵坐标为 $I$(kJ/kg 绝干气),横坐标为 $H$(kg 水汽/kg 绝干气),注意两坐标的交角为 135°(不是 90°),目的是使图中各种曲线群不至于拥挤在一起,从而可提高读图的准确度。水平轴(辅助坐标)的作用是将横轴上的湿度值 $H$ 投影到辅助坐标上,便于读图,而真正的横坐标 $H$ 在图中并没有完全画出,如图 9-5 所示。

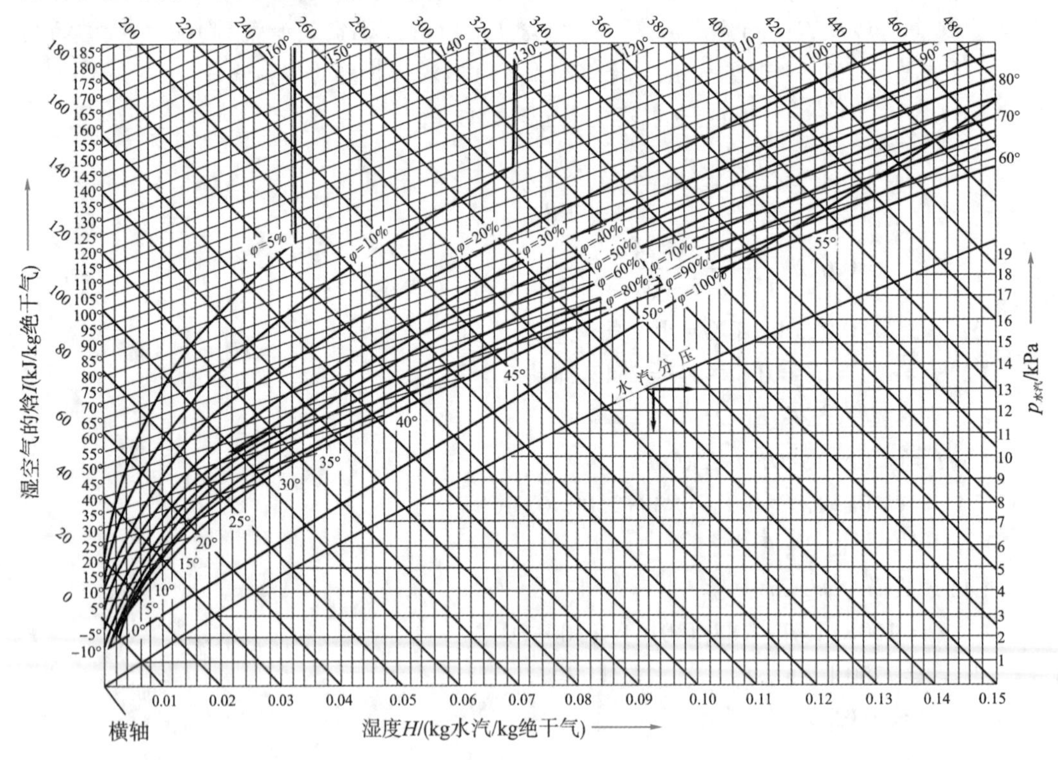


图 9-5　空气-水系统的焓-湿度图(总压 100 kPa)

(1)等 $H$ 线(等湿度线)　等 $H$ 线为一系列平行于纵轴的直线。注意:①同一等 $H$ 线上不同点,$H$ 值相同,但湿空气的状态不同(在一定 $p$ 下必须有两个独立参数才能唯一确

定空气的状态)；②根据露点温度 $t_d$ 的定义，$H$ 相同的湿空气具有相等的 $t_d$，因此在同一条等 H 线上湿空气的 $t_d$ 是不变的，换句话说 $H$、$t_d$ 不是彼此独立的参数。

(2)等 $I$ 线(等焓线)　等 $I$ 线为一系列平行于横轴(不是水平辅助轴)的直线。注意：①同一等 $I$ 线上不同点，$I$ 值相同，但湿空气状态不同；②前已述及，湿空气的绝热增湿过程近似为等 $I$ 过程，因此，等 $I$ 线也就是绝热增湿过程线，在同一等 $I$ 线上，$H$ 增大则 $t$ 减小或 $H$ 减小则 $t$ 增大，但 $I$ 不变。

(3)等 $t$ 线(等温线)　将式 $I=(1.01+1.88H)t+2500H$ 改写为 $I=1.01t+(1.88t+2500)H$，当 $t$ 一定时，$I$-$H$ 为直线。各直线的斜率为$(1.88t+2500)$，$t$ 增大，斜率增大，因此各等 $t$ 线不是平行的直线。

(4)等 $\varphi$ 线(等相对湿度线)

$$H=0.622\times\frac{\varphi p_s}{p-\varphi p_s}$$

$p$ 固定，当 $\varphi$ 一定时，$p_s=f(t)$，假设一个 $t$，求出 $p_s$，可算出一个相应的 $H$，将若干个$(t,H)$点连接起来，即为一条等 $\varphi$ 线。注意：①当 $H$ 一定时，$t$ 增大，$\varphi$ 减小，吸收水汽能力增大。所以湿空气进入干燥器之前须先经过预热以提高其温度和焓值，除了有利于载热外，同时也是为了降低相对湿度而有利于载湿。②$\varphi=100\%$的线称为饱和曲线，线上各点空气为水蒸气所饱和，此线上方为未饱和区($\varphi<1$)，在这个区域的空气可以作为干燥介质。此线下方为过饱和区域，空气中含雾状水滴，不能用于干燥物料。③$I$-$H$ 图是以总压 $p=100$ kPa 为前提绘制的，因此当 $\varphi$ 一定，$t\geqslant99.7$ ℃时，$p_s=100\ \text{kPa}=p$，$H$ 为常数，等 $\varphi$ 线(图中 $\varphi=5\%$与 $\varphi=10\%$两条线)垂直向上为直线，与等 $H$ 线重合。

(5)$p_{水汽}$线(水蒸气分压线)　$p_{水汽}$线标于 $\varphi=100\%$线的下方，表示 $p_{水汽}$与 $H$ 之间的关系。由 $H=0.622\times\dfrac{p_{水汽}}{p-p_{水汽}}$得，$p_{水汽}=\dfrac{Hp}{0.622+H}$。

### (二)湿度图的应用

$I$-$H$ 图中的任意一点 $A$ 代表一个确定的空气状态，其 $t$、$t_w$、$H$、$\varphi$、$I$ 等均为定值。已知湿空气的两个独立参数，即可确定一个空气的状态 $A$，其他参数可通过 $I$-$H$ 图查得。

①$t$-$H$、$t$-$t_w$、$t$-$t_d$、$t$-$\varphi$ 是相互独立的两个参数，可确定唯一的空气状态点 $A$；

②$t_d$-$H$、$p_{水汽}$-$H$、$t_d$-$p_{水汽}$(都在同一条等温线上)、$t_w$-$I$(在同一条等 $I$ 线上)，不是彼此独立的参数，不能确定空气的状态点 $A$。

(1)加热与冷却过程　湿空气被加热时的状态可用 $I$-$H$ 图上的线段 $AB$ 表示[如图 9-6(a)所示]。由于总压与水汽分压没有变化，空气的湿度不变，$AB$ 为一条垂直线。温度升高，空气的相对湿度减少，表示它接纳水汽的能力增大。

图 9-6(b)表示温度为 $t_1$ 的空气的冷却过程。当冷却温度 $t_2$ 高于空气的露点温度 $t_d$，则此冷却过程为等湿度过程，如图中 $AC$ 线段所示。若冷却终温 $t_3$ 低于露点，则必有部分水汽凝结为水，空气的湿度降低，如图中 $ADE$ 所示。

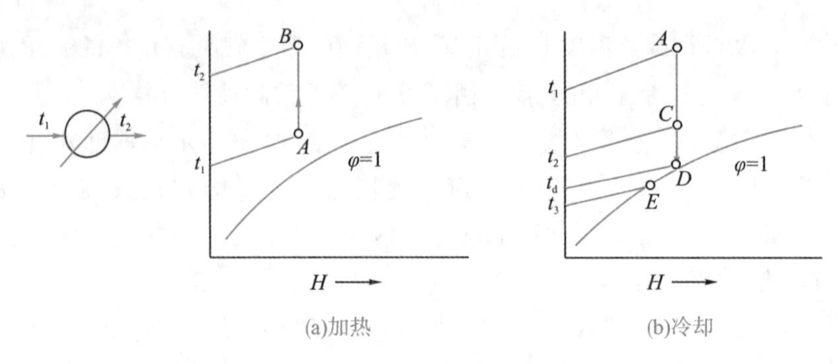


图 9-6　加热、冷却过程的图示

(2)绝热增湿过程　设温度为 $t$、湿度为 $H$ 的不饱和空气流经一管路或设备,见图 9-7(a),在设备内向气流喷洒少量温度为 $\theta$ 的水滴。这些水接收来自空气的热量后全部汽化为蒸汽而混入气流之中,致使空气温度下降、湿度上升。当不计热损失时,空气给水的显热全部变为水分汽化的潜热返回空气,称为绝热增湿过程。过程结束时空气的焓相比初态略有增加,此增量为所加入的水在 $\theta$ 温度下的显热,相比空气的焓 $I$ 其值甚小,一般可以忽略不计,如图 9-7(b)中 $AB$ 线段所示。

如果喷水量足够,两相接触充分,出口气体的湿度可达饱和值 $H_{as}$,见图 9-7(b)中的 $C$ 点。若规定加入水的温度 $\theta$ 与出口饱和气的温度相同,该出口气温称为绝热饱和温度 $t_{as}$。

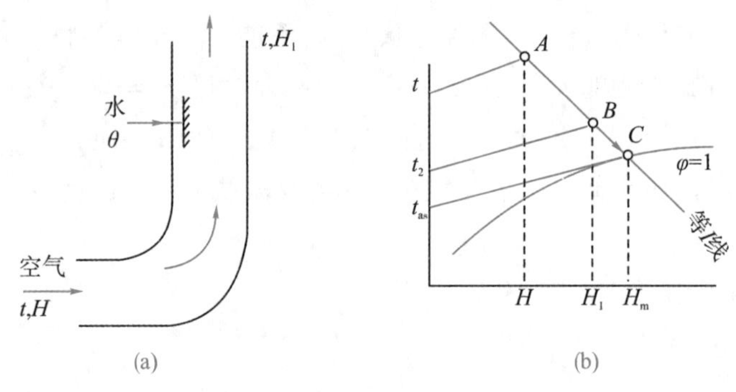


图 9-7　绝热增湿过程

(3)两股气流的混合　如图 9-8 所示,设有两股气流混合。气流 1 有关参数如下:$V_1$(kg 干空气/s),$H_1$,$I_1$。气流 2 有关参数如下:$V_2$(kg 干空气/s),$H_2$,$I_2$。该两股气混合后的气流 3 有关参数如下:$V_3$(kg 干空气/s),$H_3$,$I_3$。混合后的空气状态由物料衡算和热量衡算获得,则

总物料衡算:　$$V_1+V_2=V_3$$

水分衡算:　$$V_1H_1+V_2H_2=V_3H_3$$

焓衡算:　$$V_1I_1+V_2I_2=V_3I_3$$

若气流 1 和气流 2 的状态对应点 $A$ 和点 $B$,则混合后的气体状态点 $C$ 可由杠杆规则定出:$\dfrac{V_1}{V_2}=\dfrac{\overline{BC}}{\overline{AC}}$($C$ 点在 $A$、$B$ 的连线上)。

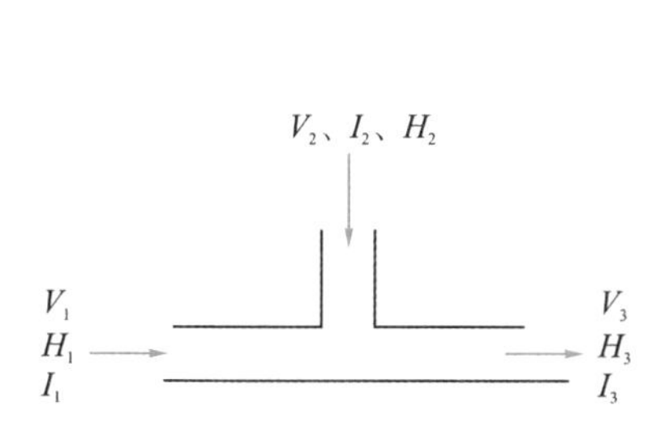


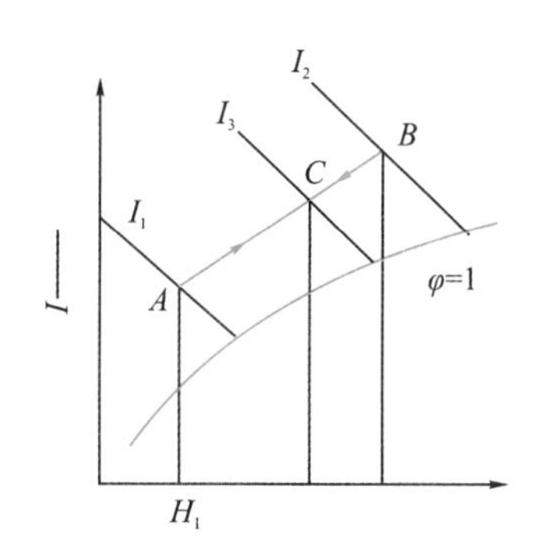


图 9-8　两相气流的混合

【例 9-2】测出湿空气的 $t=100$ ℃，$t_w=35$ ℃，求该湿空气的状态点 $A(t,H)$。

解：因为 $t_w=t_{as}$，$t_{as}$在饱和线（$\varphi=100\%$）上，据此可确定 $I$。因绝热饱和过程近似为等焓过程，所以，等焓线与过 $t$ 的等温线的交点是该湿空气的状态点 $A$。

参见图 9-5，由 $t_w=35$ ℃的等温线与 $\varphi=100\%$的等 $\varphi$ 线的交点，得 $I=140$ kJ/kg 绝干空气，再由 $I=140$ kJ/kg 绝干空气的等焓线与 $t=100$ ℃的等温线相交，得空气的湿度 $H=0.015$ kg/kg 绝干空气。因此，该湿空气的状态点 $A$ 为：$t=100$ ℃，$H=0.015$ kg/kg 绝干空气。

【例 9-3】已知湿空气的 $t=30$ ℃，$H=0.024$ kg/kg 绝干空气，求该湿空气的其他参数 $\varphi$、$I$、$t_{as}$、$t_d$、$p_{水汽}$。

解：参见图 9-5，在 $H-I$ 图上，$t=30$ ℃的等温线与 $H=0.024$ kg/kg 绝干空气的等湿线的交点，即为湿空气的状态点 $A$。由通过 $A$ 点的等 $\varphi$ 线，得出 $\varphi=85\%$；由通过 $A$ 点的等 $I$ 线，得 $I=91$ kJ/kg 绝干空气；由该等 $I$ 线与 $\varphi=100\%$的等 $\varphi$ 线的交点，得 $t_{as}=28$ ℃；由 $H=0.024$ kg/kg 绝干空气的等 $H$ 线与 $\varphi=100\%$的等 $\varphi$ 线的交点，得 $t_d=27$ ℃；由该等 $H$ 线与蒸气分压线的交点，得 $p_{水汽}=3.8$ kPa。

## 第三节　连续干燥过程的物料衡算与热量衡算

干燥器及辅助设备的计算或选型常以物料衡算、热量衡算、速率关系及相平衡关系作为计算手段。通过物料衡算和热量衡算，可以确定干燥过程蒸发的水分量、热空气消耗量及所需热量，从而确定预热器的传热面积、干燥器的工艺尺寸、风机的型号等。

### 一、干燥过程的物料衡算

（1）湿物料的性质

1）干基含水量 $X$　在干燥过程中，绝干物料的质量没有变化，故常用湿物料中的水分与绝干物料的质量比表示湿物料中水的浓度，称为干基含水量，用 $X$ 表示

$$X=\frac{\text{湿物料中水分质量}}{\text{绝干物料质量}}$$

其单位为 kg 水/kg 绝干物料。

2)湿基含水量 $\omega$　湿基含水量 $\omega$ 为水分在湿物料中的质量百分数,即

$$\omega=\frac{\text{物料中水分质量}}{\text{湿物料总质量}}\times100\%$$

通过两者定义式,不难得到其换算关系为 $X=\frac{\omega}{1-\omega}$或者 $\omega=\frac{X}{1+X}$。

3)湿物料的比热容 $c_{pm}$

仿照湿空气比热容的计算方法,湿物料的比热容可用加和法写成如下形式

$$c_{pm}=c_{ps}+c_{pL}X \tag{9-11}$$

式中　$c_{pm}$——湿物料的比热容,kJ/(kg 绝干料·℃);

$c_{ps}$——绝干物料的比热容,kJ/(kg 绝干料·℃);

$c_{pL}$——物料中所含水分的比热容,取为4.187kJ/(kg 水·℃)。

(2)物料衡算

如图 9-9 所示,为一典型的对流干燥器,各参数及其变化如图所示。以干燥器为控制体,对水分做物料衡算可得

$$W=G_c(X_1-X_2)=V(H_2-H_1) \tag{9-12}$$

式中　$W$——干燥过程中被除去的水分,kg/s;

$V$——干空气流量,kg 干空气/s;

$H_1,H_2$——空气进、出干燥器的湿度,kg 水/kg 干空气;

$G_c$——绝干物料流量,kg 干料/s;

$X_1,X_2$——物料进、出干燥器的干基含水量,kg 水/kg 干料。

湿物料流量与绝干物料流量 $G_c$ 的关系为

$$G_c=G_1(1-\omega_1)=G_2(1-\omega_2) \tag{9-13}$$

式中　$G_1,G_2$——进、出干燥器的湿物料流量,kg/s;

$\omega_1,\omega_2$——进、出干燥器的湿基含水量,kg 水/kg 湿物料。

干燥器中物料失去的水分 $W$ 又可以表示为

$$W=G_1-G_2=G_1\frac{\omega_1-\omega_2}{1-\omega_2} \tag{9-14}$$

$H_1=H_0$(空气在预热器中加热,湿度不变)时

$$V=\frac{W}{H_2-H_1}=\frac{W}{H_2-H_0} \tag{9-15}$$

$H_0$ 已知,$W$ 可求出,求 $V$ 关键在于确定出干燥器出口空气湿度 $H_2$,必须结合后面的干燥器热量衡算才能确定 $H_2$。

实际空气(新鲜空气)质量流量:$V'$(kg 湿空气/s)$=V(1+H_0)$。

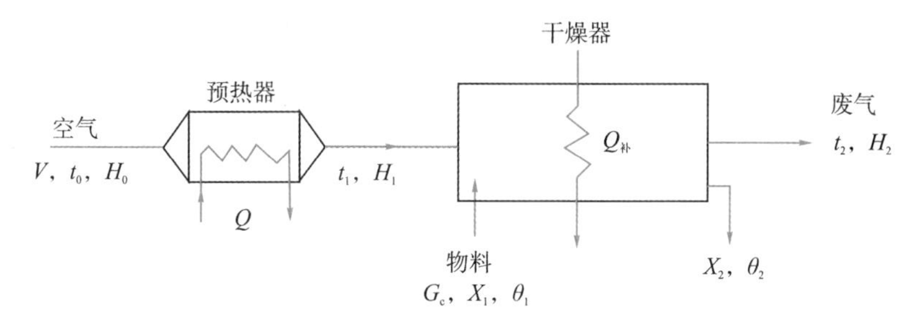


图 9-9　干燥过程的物料与热量衡算

## 二、干燥过程的热量衡算

### (一)预热器的热量衡算

以图 9-9 中的预热器为控制体做热量衡算可得

$$Q=V(I_1-I_0)=Vc_{pH1}(t_1-t_0) \tag{9-16}$$

$$I_1=(1.01+1.88H_1)t_1+2500H_1$$

$$I_0=(1.01+1.88H_0)t_0+2500H_0$$

$$H_1=H_0,c_{pH1}=c_{pH0}$$

式中　$Q$——空气在预热器中获得的热量，kW；

$I_0$，$I_1$——空气进、出预热器的焓，kJ/kg 干空气；

$c_{pH1}$——湿空气的比热容，kJ/(kg · ℃)。

### (二)干燥器的热量衡算

以图 9-9 所示的干燥器为控制体做热量衡算可得

$$VI_1+G_cc_{pm1}\theta_1+Q_补=VI_2+G_cc_{pm2}\theta_2+Q_损 \tag{9-17}$$

式中　$Q_补$——干燥器中的补充加热量，kW；

$Q_损$——干燥器中的热损失，kW；

$c_{pm}$——湿物料的比热容，kJ/(kg 绝干料 · ℃)。

## 三、干燥器进出口气体状态的确定

热空气进入干燥器的状态，一般根据物料的性质与干燥的具体要求，按经验定出空气进口温度 $t_1$，而 $H_1=H_0$，$H_0$ 由当地大气状态确定(应取当地夏季的最高平均值)。

热空气通过干燥器时，与湿物料间进行热、质同时传递，空气温度降低而湿度增加，有时需在干燥器中补充加热，干燥器又有一定的热量损失，故要确定空气出干燥器的状态较为复杂。根据空气在干燥器中焓值的变化情况可将干燥过程分为等焓干燥和非等焓干燥两类。

(1)等焓干燥过程　当热空气流与湿物料在常压干燥器中相互接触时，若满足下列条件：①干燥器内不补充热量，即 $Q_补=0$；②干燥器保温良好，热损失可忽略不计，即 $Q_损=0$；③湿物料进、出干燥器的温度变化较小，可以忽略。

由 $VI_1+G_c c_{pm1}\theta_1+Q_{补}=VI_2+G_c c_{pm2}\theta_2+Q_{损}$ 可得 $I_1=I_2$，说明此条件下空气在干燥器内经历近似等焓过程，即可认为进入干燥器的空气状态是沿等 $I$ 线变化的，所以只要确定出口废气的另一个独立状态参数(如规定出口废气的温度 $t_2$ 或相对湿度值)，出干燥器的废气状态(以及其余的状态参数)即被完全确定，如图 9-10 中的 $BC$ 线所示。

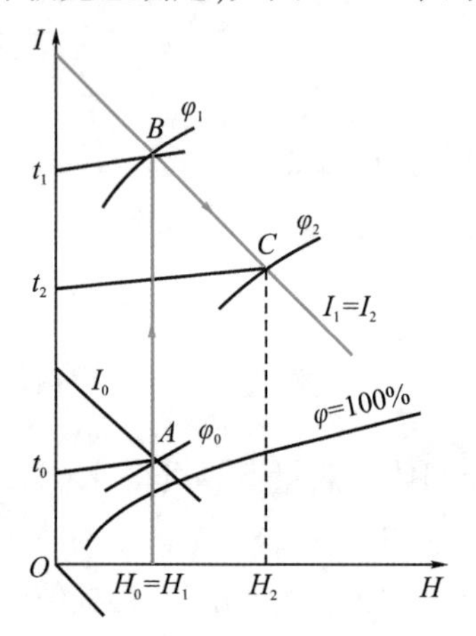


图 9-10 等焓干燥过程中湿空气的状态变化示意图

(2)非等焓干燥过程　实际干燥操作过程常为非等焓干燥过程(又称非绝热干燥过程)，通常又可分为以下三种情况。

①湿空气状态变化示意线在过点 $B$ 的等焓线的下方。此类干燥过程，干燥器中补充的热量和损失的热量需满足以下条件，向干燥器补充的热量 $Q_{补}$ 小于热损失 $Q_{损}$ 与物料带走热量 $G_c(c_{pm2}\theta_2-c_{pm1}\theta_1)$ 之和。

将上述条件结合干燥器热量衡算式 $VI_1+G_c c_{pm1}\theta_1+Q_{补}=VI_2+G_c c_{pm2}\theta_2+Q_{损}$ 可得

$$I_1>I_2$$

以上说明，空气离开干燥器时的焓 $I_2$ 小于进干燥器时的焓 $I_1$，这种过程的操作线 $BC_1$ 应在 $BC$ 线的下方，如图 9-11 所示。

②湿空气状态变化示意线在过点 $B$ 的等焓线上方。

若向干燥器补充的热量 $Q_{补}$ 大于热损失 $Q_{损}$ 与物料带走热量 $G_c(c_{pm2}\theta_2-c_{pm1}\theta_1)$ 之和，结合热量衡算式 $VI_1+G_c c_{pm1}\theta_1+Q_{补}=VI_2+G_c c_{pm2}\theta_2+Q_{损}$ 可得

$$I_1<I_2$$

以上说明，空气离开干燥器时的焓 $I_2$ 大于进干燥器时的焓 $I_1$，这种过程的操作线 $BC_2$ 应在 $BC$ 线的上方，如图 9-11 所示。

③湿空气状态变化示意线在过点 $B$ 的等温线。

若向干燥器补充的热量足够多，恰使干燥过程在恒定温度条件下进行，即空气在干燥过程中维持恒定的温度 $t_1$，这种过程的操作线为过点 $B$ 的等温线，如图 9-11 的 $BC_3$ 线所示。

非等焓干燥过程中空气离开干燥器时的状态点可用计算法或图解法确定。

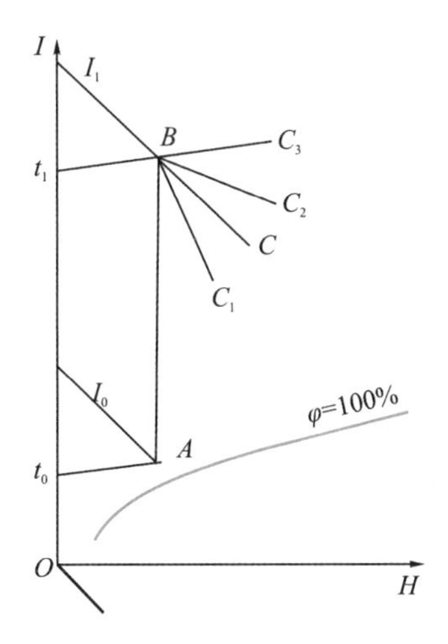


图 9-11　非等焓干燥过程中湿空气的状态变化示意图

## 四、干燥器的热效率

(1)空气在干燥器中放出热量的分析　为分析空气在干燥器中放出热量的有效利用程度，把焓 $I_1$、$I_2$ 及湿物料比热容 $c_{pm1}$ 用各自定义式代入热量衡算式 $VI_1+G_c c_{pm1}\theta_1+Q_{补}=VI_2+G_c c_{pm2}\theta_2+Q_{损}$，整理后可得

$$Vc_{pH1}(t_1-t_2)=Q_1+Q_2+Q_{损}-Q_{补}$$

式中，等号左边表示气体在干燥器中放出的热量，由等式右方的四部分决定。其中干燥器中汽化水分并将之从进口态的水变成出口态的蒸气所消耗的热用 $Q_1=Wr_0+Wc_{pv}t_2-Wc_{pl}\theta_1$ 表示；物料由于温度升高所带走的热量用 $Q_2=G_c c_{pm2}(\theta_2-\theta_1)$ 表示。

空气在预热器中所获得的热量 $Q$ 可分解为两部分

$$Q=Vc_{pH1}(t_1-t_0)=Vc_{pH1}(t_1-t_2)+Vc_{pH1}(t_2-t_0)=Vc_{pH1}(t_1-t_2)+Q_3$$

其中 $Q_3=Vc_{pH1}(t_2-t_0)$ 为废气离开干燥器时带走的热量。

综合以上式子，得干燥过程热量衡算式

$$Q+Q_{补}=Q_1+Q_2+Q_3+Q_{损}$$

干燥过程中空气受热和放热的热量分配如图 9-12 所示。

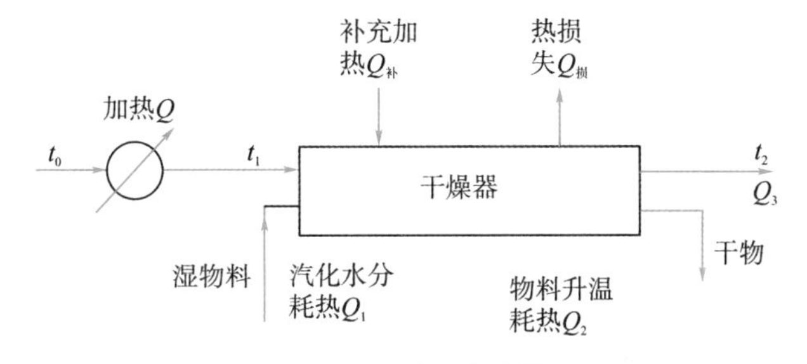


图 9-12　干燥过程的热量分配

(2)干燥器的热效率 $\eta$　干燥过程中热量的有效利用程度是决定过程经济性的重要方面。由上式可知空气在预热器及干燥器中加入的热量($Q+Q_{补}$)消耗于四个方面，其中

$Q_1$ 直接用于干燥的目的，$Q_2$ 是为了达到规定的含水量所不可避免的。因此，干燥过程热量利用的经济性可用如下定义的热效率 $\eta$ 来表示

$$\eta=\frac{Q_1+Q_2}{Q+Q_{补}}$$

$\eta<1$，$\eta$ 越大表示干燥过程热利用程度越高，经济性越好。若热损失可忽略，干燥器内亦未补充热量，$Q_{补}=Q_{损}=0$（等焓、理想、绝热干燥），则

$$\eta=\frac{Q_1+Q_2}{Q+Q_{补}}=\frac{Vc_{pH1}(t_1-t_2)}{Vc_{pH1}(t_1-t_0)}=\frac{t_1-t_2}{t_1-t_0} \tag{9-18}$$

（3）提高 $\eta$ 的措施

1）降低废气的温度 $t_2$　$t_2$ 减小，$\eta$ 增大，但干燥速率 $N_A$ 减小，干燥时间 $\tau$ 增大，设备容积 $\overline{V}$ 增大。另一方面 $t_2$ 不能过低以至接近饱和状态，这样，气流易在设备及管道出口处散热而析出水滴，将使已干燥的产品返潮，且易造成管路堵塞和设备材料腐蚀。通常为安全起见，需

$$t_2=t_{w,1}+(20\sim50\ ℃)$$

式中　$t_{w,1}$——空气进入干燥器时的湿球温度。

判别干燥产品能否返潮可用下述方法：湿空气中的水蒸气分压 $p_V<p_S$，不会返潮；$p_V>p_S$，会返潮。

2）提高空气的预热温度 $t_1$　$t_1$ 增大，$I_1$ 增大，$Q=V(I_1-I_0)$。对一定 $Q$，$I_1$ 增大，$V$ 减小，废气带走的热量 $Q_3$ 减小，$\eta$ 增大。但 $t_1$ 增大除受热源能位的限制外，还应以物料不致在高温下受热破坏为限。对不能经受高温的物料，采用中间加热的方式，即在干燥器内设置一个或多个中间加热器，此法往往可以避免进入干燥器的空气要预热到很高的温度（保证产品的质量），减少总能量供给，降低空气用量，$\eta$ 增大。

3）减少干燥过程的各项热损失

①做好干燥设备和管道的保温工作。$Q_{损}$ 减小，$Q+Q_{补}$ 减小，$\eta$ 增大。这是传热过程中最佳保温层厚度问题。

②防止干燥系统的渗漏。干燥系统如有热风漏出或有冷风漏入，均会使干燥器热效率 $\eta$ 减小。为防止系统渗漏，一个比较适合的方法就是送风机在干燥系统之前，而吸风机在系统之末，经合理选用与调整两个风机的工作点，以使在操作时保持干燥器正好处于零压状态，这样就可以避免因冷风漏入或热风漏出所造成的 $\eta$ 减小。

4）采用部分废气循环操作　可用废气预热空气或冷物料，回收废气的热量。也可采用废气部分循环操作，以减少空气用量，提高干燥操作的热效率。废气循环操作时空气进入干燥器的温度低，特别适合热敏性物料，而且可利用低品位热源。但废气循环操作使干燥过程的传质、传热推动力降低。

【例 9-4】现有一常压连续干燥器，生产能力1000 kg/h（以干燥产品计）；物料水分由12%降为3%（均为湿基），物料温度由15 ℃上升到28 ℃，干物料比热容为1.3 kJ/(kg · ℃)；空气初温 25 ℃，湿度为0.01 kg 水/kg 干空气，经预热器后升温到70 ℃，废气温度45 ℃。假设空气在干燥器内焓值不变，干燥过程热损失忽略不计。

求：(1)在 $I\text{-}H$ 图上画出空气状态变化过程；

(2)实际空气用量(初始状态下)；

(3)干燥器内应补充的热量；

(4)若空气在干燥器的后续设备中温度下降到 20 ℃，试分析物料是否返潮。

解：(1)如图 9-13 所示。$t_0=25$ ℃，$H_0=0.01$；$t_1=70$ ℃，$H_1=0.01$；$t_2=45$ ℃，求 $H_2$。

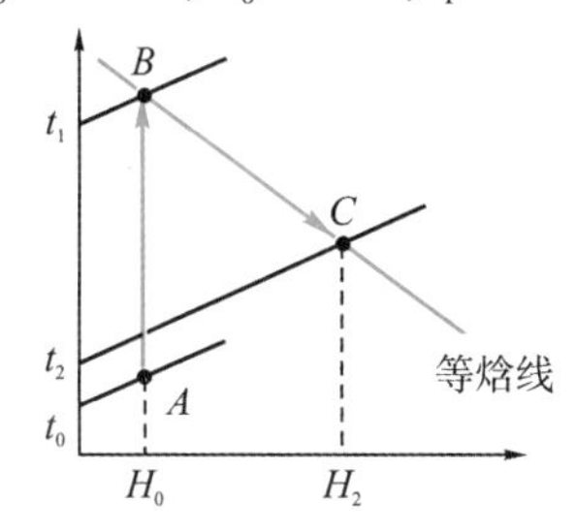


图 9-13 空气状态变化示意图

(2)空气用量 $V'$ 计算。

$$W=G_2\frac{\omega_1-\omega_2}{1-\omega_1}=1000\times\frac{0.12-0.03}{1-0.12}=102.3\ \text{kg/h}$$

$H_2$ 可根据等温线 $t_2$ 与等焓线 $I_1=I_2$ 交点确定，也可根据公式计算。

气体进入干燥器前状态：$H_1=H_0=0.01$

$$\begin{aligned}I_1&=(c_{pg}+c_{pv}H_1)t_1+r_0H_1\\&=(1.01+1.88\times0.01)\times70+2500\times0.01\\&=97\ \text{kJ/kg 干空气}\end{aligned}$$

等焓过程：$I_2=I_1=97$ kJ/kg 干空气

$$I_2=(1.01+1.88H_2)t_2+2500H_2$$

$$H_2=\frac{I_2-1.01t_2}{1.88t_2+2500}=\frac{97-1.01\times45}{1.88\times45+2500}=0.02\ \text{kg 水/kg 干空气}$$

干空气用量：$V=\dfrac{W}{H_2-H_1}=\dfrac{102.3}{0.02-0.01}=10\ 230\ \text{m}^3/\text{h}$

实际空气用量：$V'=V(1+H_0)=10\ 230\times(1+0.01)=10\ 332.3$ kg/h

(3)干燥器补充热量计算。

对干燥器进行热量衡算得：$VI_1+G_c c_{pm1}\theta_1+Q_{补}=VI_2+G_c c_{pm2}\theta_2+Q_{损}$

由于为等焓干燥，且过程热损失忽略不计，则：$Q_{补}=G_c(c_{pm2}\theta_2-c_{pm1}\theta_1)$

干基含水量：$X_1=\dfrac{\omega_1}{1-\omega_1}=\dfrac{0.12}{1-0.12}=0.136$

$$X_2=\frac{\omega_2}{1-\omega_2}=\frac{0.03}{1-0.03}=0.031$$

由于 $c_{ps}=1.3$ kJ/(kg·℃)，$c_{pL}=4.187$ kJ/(kg·℃)

则 $c_{pm1}=c_{ps}+c_{pL}X_1=1.3+4.187\times0.136=1.869$ kJ/(kg·℃)

$c_{pm2}=c_{ps}+c_{pL}X_2=1.3+4.187\times0.031=1.430$ kJ/(kg·℃)

$G_c=G_2(1-\omega_2)=1000\times(1-0.03)=970$ kg 干料/h

$Q_{补}=G_C(c_{pm2}\theta_2-c_{pm1}\theta_1)$

$=970\times(1.43\times28-1.896\times15)=11\ 252$ kJ/h

$=3.13$ kW

(4)分析物料的返潮情况。

由湿度定义式 $H=0.622\times\dfrac{p_{水汽}}{p-p_{水汽}}$ 变形可得:$p_{水汽}=\dfrac{pH}{0.622+H}$

$t_2=45$ ℃时,干燥器出口废气水汽分压 $p_2$ 为

$$p_2=\frac{101.3\times0.02}{0.622+0.02}=3.156\text{ kPa}$$

当 $t_2=45$ ℃时,水饱和蒸气压 $p_s=9.584$ kPa,$p_s>p_2$,即此时空气温度尚未达到气体的露点,不会返潮;

当 $t_2=20$ ℃时,水饱和蒸气压 $p_s=2.335$ kPa,$p_2>p_s$,此时达到空气露点,物料可能返潮。

# 第四节 干燥过程的平衡关系和速率关系

## 一、水分在气-固两相间的平衡关系

### 1.水分与物料的结合方式

根据水分与物料的结合方式,可分为:

(1)附着水分　指湿物料表面的机械附着水分,它的存在与液体水相同。因此,其特征是:在任何温度下,湿物料表面上附着水分的蒸气压 $p_M$ 等于同温度下纯水的饱和蒸气压 $p_s$,即 $p_M=p_s$。

(2)毛细管水分　指湿物料内毛细管中所含的水分。由于物料的毛细管孔道大小不一,孔道在物料表面上开口的大小也各不相同。直径较小的毛细管中的水分,根据物理化学表面现象知识可知,由于凹表面曲率的影响,其平衡蒸气压 $p_e$ 低于同温度下纯水的饱和蒸气压 $p_s$,即 $p_e<p_s$,而且水的蒸气压将随着干燥过程的进行而下降,因为此时已逐渐减少的水分是存留于更小的毛细管中,这类物料称为吸水性物料。

(3)溶胀水分　指物料细胞壁或纤维皮壁内的水分,是物料组成的一部分,其蒸气压低于同温度下纯水的蒸气压 $p_e<p_s$。

(4)化学结合水分　如结晶水等,是靠化学结合力,$p_e<p_s$。这种水分的除去,不属于干燥的范围。

### 2.结合水分与非结合水分

根据物料中水分除去的难易,可分为结合水分和非结合水分。

干燥传质推动力可表示为 $\Delta p=p_e-p_v$,对一定 $p_v$,$p_e$ 增大,$\Delta p$ 增大,易干燥。

$p_e=p_s$ 的水分(附着水分和直径大的毛细管中的水分),$\Delta p$ 大,易干燥除去,称为非结

合水分。

$p_e < p_s$ 的水分（溶胀水分和直径小的毛细管中的水分），$\Delta p$ 小，难干燥除去，称为结合水分。

3.平衡蒸气压曲线

一定温度下湿物料的平衡蒸气压 $p_e$ 与含水量 $X$ 的关系大致如图 9-14(a)所示。

物料中只要有非结合水分存在，不论其数量有多少，其平衡蒸气压 $p_e$ 不变，总等于纯水的饱和蒸气压 $p_s$。当含水量减少时，非结合水分不复存在，此后首先除去结合较弱的水，余下的是结合较强的水，因而平衡蒸气压 $p_e$ 逐渐下降。

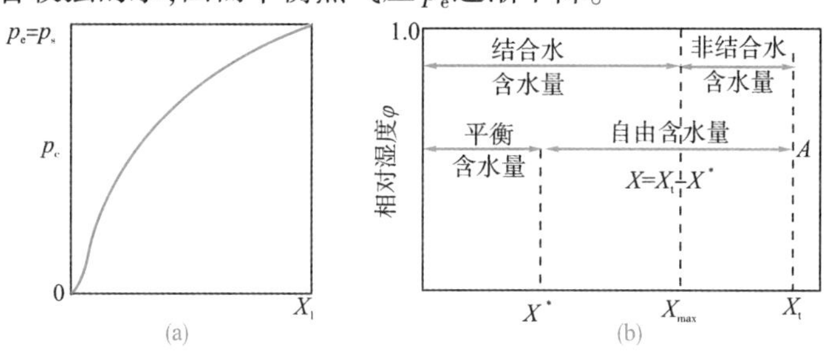


图 9-14　平衡蒸气压曲线

结合水分与非结合水分都很难用实验的方法直接测定，但是根据它们的特点，可利用平衡关系外推得到。为此可将上述平衡曲线用另一种形式表示，即以湿空气的相对湿度 $\varphi(\varphi=\dfrac{p_v}{p_s})$ 代替平衡蒸气压 $p_e$ 作为纵坐标，如图 9-14(b)所示。当 $\varphi=\dfrac{p_v}{p_s}<1$ 时，即 $p_v<p_s$，均为结合水分。平衡时，$p_e=p_v<p_s$，平衡含水量 $X^*$ 为结合水分。总水分 $X_t$，结合水分 $X_{max}$，非结合水分 $X_t-X_{max}$。

图 9-15 为几种物料的平衡曲线。在一定温度下，物料结合水分与非结合水分的划分只取决于物料本身的特点，而与空气的状态无关。

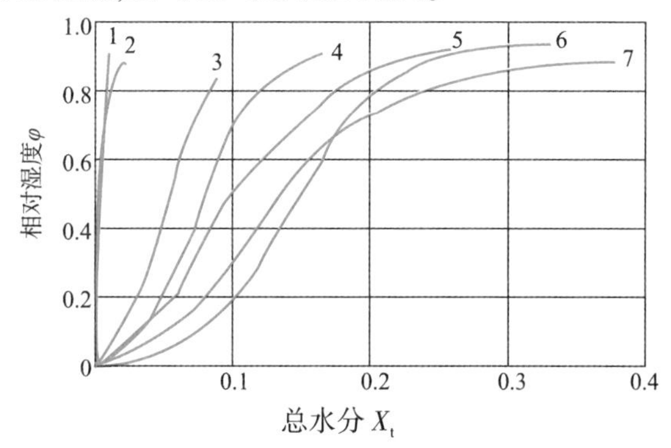


1—石棉纤维板；2—聚氯乙烯粉（50 ℃）；3—木炭；4—牛皮纸；5—黄麻；6—小麦；7—土豆

图 9-15　室温下几种物料的平衡曲线

4.平衡水分与自由水分

在一定的干燥条件下，根据物料所含水分能否用干燥的方法除去，可分为平衡水分和自由水分。

若将某物料与一定状态的空气($t,\varphi$)接触,当物料表面的平衡蒸气压 $p_e>p_v$,则物料被除去水分,进行干燥过程;当 $p_e<p_v$,则物料吸收水分,进行吸湿过程;当 $p_e=p_v$ 时,则物料中的水分与空气中的水分处于平衡状态,即物料中的水分不再因与空气接触时间的延长而发生变化,此时物料中所含水分称为该物料在一定状态下的平衡水分 $X^*$。平衡水分因物料种类不同而有很大的差别(如图 9-15 中 1、2 两种物料的 $X^*$ 接近零,而 3、4、5、6、7 几种物料 $X^*$ 就较高);同一种物料的平衡水分也因空气状态不同而异(如空气 $t$ 相同,但 $\varphi$ 变,则 $X^*$ 也变)。

由图 9-15 还可以看出,当空气的 $\varphi=0$ 时,任何物料的平衡水分 $X^*$ 均等于零。由此可知,只有使物料与相对湿度 $\varphi=0$ 的绝干空气相接触,才有可能获得绝干的物料。若物料与一定相对湿度 $\varphi$ 的空气进行接触,物料中总有一部分水分不能被除去,这部分水分就是平衡水分 $X^*$,因此,平衡水分代表物料在一定空气状态下能被干燥的限度。

物料中所含的水分大于平衡水分 $X^*$ 的那部分水分称为自由水分。自由水分是能用干燥的方法除去的水分。

自由水分 $X=X_t-X^*=(X_t-X_{max})+(X_{max}-X^*)$,平衡水分 $X^*$、自由水分 $X$ 的划分不仅与物料的特性有关,而且还取决于空气的状态,即使同一种物料,若空气的状态不同,则其平衡水分 $X^*$ 和自由水分 $X$ 的值也不相同。

## 二、恒定干燥条件下的干燥过程

### (一)干燥动力学实验

将湿物料试样置于恒定空气流中进行干燥,例如大量空气流过小块固体物料。在干燥过程中气流的温度 $t$、相对湿度 $\varphi$ 及流速保持不变,物料表面各处的空气状态基本相同。随着干燥的进行,水分被不断汽化,湿物料的质量减少,可以记取物料试样的自由含水量 $X$ 与时间 $\tau$ 的关系,如图 9-16(a)所示,此曲线称为干燥曲线。随着干燥时间的延长,物料的自由含水量趋近于零。

物料的干燥速率 $N_A$ 即水分汽化速率可用单位时间、单位面积(气、固接触界面)被汽化的水量表示,即

$$N_A=-\frac{G_c\mathrm{d}X}{A\mathrm{d}\tau} \tag{9-19}$$

式中 $N_A$——干燥速率,kg/(m$^2$·s);

$G_c$——试样中绝对干燥物料的质量,kg;

$A$——试样暴露于气流中的表面积,m$^2$;

$X$——物料的自由含水量,$X=X_t-X^*$,kg 水/kg 干料。

由干燥曲线求出各点斜率 $\mathrm{d}X/\mathrm{d}\tau$,按式(9-19)计算物料在不同自由含水量时的干燥速率,由此可得干燥速率曲线 $N_A=f(X)$,如图 9-16(b)所示。

干燥曲线或干燥速率曲线是恒定的空气条件(指一定的流速、温度、湿度)下获得的。对指定的物料,空气的温度、湿度不同,速率曲线的位置也不同。

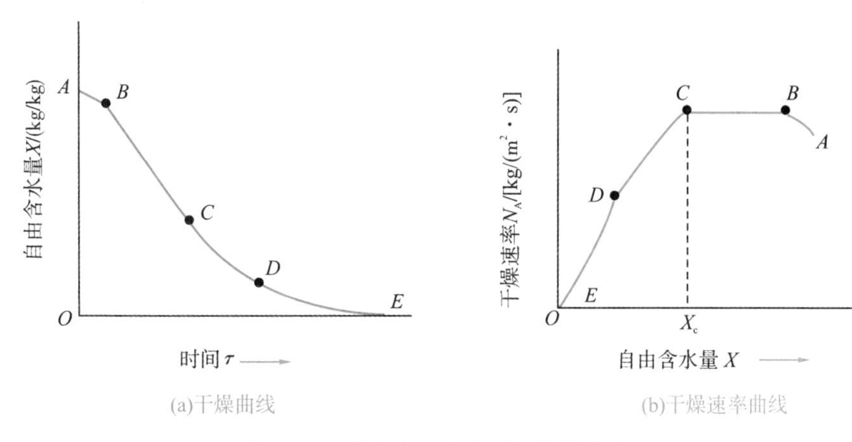


(a)干燥曲线　(b)干燥速率曲线

图 9-16　恒定空气条件下的干燥实验

### (二)恒速干燥阶段 BC 段

如图 9-16(b)中 BC 段所示,在此阶段,物料表面湿润,除去的均为非结合水分;物料表面温度恒定,等于湿球温度 $t_w$;恒速段干燥速率由水的表面汽化速率控制,又称表面汽化控制阶段,与物质种类无关。

$$N_A = k_H(H_w - H) \tag{9-20}$$

式中　$H_w$——物料在表面温度 $t_w$ 下空气的饱和湿度。

该过程空气传给物料的热量(显热)恰好等于水分汽化所需热量(潜热)。

干燥初期,如图 9-16(b)中 AB 段所示,称为预热段,该阶段物料表面温度较低,对应的饱和湿度较小,传质推动力和传质速率相比恒速段都较小。由于该阶段时间较短,预热段常常并入恒速段处理。

### (三)降速干燥阶段 CDE 段

在降速阶段,干燥速率的变化规律与物料性质及其内部结构有关。降速的原因大致有如下几个。

(1)实际汽化表面减少　随着干燥的进行,由于多孔物质外表面水分的不均匀分布,局部表面的非结合水已先除去而成为"干区"。此时尽管物料表面的平衡蒸气压未变,但实际汽化面积减小,以物料全部外表面计算的干燥速率将下降。如图 9-16(b)中 CD 段所示,称为第一降速阶段。

(2)汽化面的内移　当多孔物料全部表面都成为干区后,水分的汽化面逐渐向物料内部移动。此时固体内部的热、质传递途径加长,造成干燥速率下降,如图 9-16(b)中 DE 段所示,称为第二降速阶段。

(3)平衡蒸气压下降　当物料中非结合水已被除尽,所汽化的已是各种形式的结合水时,平衡蒸气压将逐渐下降,传质推动力减小,干燥速率也随之降低。

### (四)临界含水量

固体物料在恒速干燥终了时的含水量为临界含水量 $X_c$,而从中扣除平衡含水量后则称为临界自由含水量。临界含水量不但与物料本身的结构、分散程度有关,也受干燥介质条件(流速、温度、湿度)的影响。物料分散越细,临界含水量越低。恒速阶段的干燥速率越大,临界含水量越高,即降速阶段开始得越早。必须注意,物料干燥至临界含水量时,物料仍含少量非结合水。临界含水量只是恒速阶段和降速阶段的分界点,不是非结合水与结合水的分界点。

### (五)干燥操作对物料性状的影响

在恒速阶段,物料表面温度维持在湿球温度,因此,即使在高温下易于变质、破坏的物料仍然允许在恒速阶段采用较高的气流温度,以提高干燥速率和热的利用率。在降速阶段,物料温度逐渐升高,物料性质可因脱水而产生各种物理的、化学的乃至生物的变化,故在干燥后期须注意不使物料温度过高。

## 三、恒定干燥条件下干燥时间的计算

### (一)恒速阶段的干燥时间 $\tau_1$

如物料在干燥之前的自由含水量 $X_1$ 大于临界含水量 $X_c$,则干燥必先有一恒速阶段。忽略物料的预热阶段,恒速阶段的干燥时间 $\tau_1$ 由 $N_A=\dfrac{G_c\mathrm{d}X}{-A\mathrm{d}\tau}$积分求出。

$$\int_0^{\tau_1}\mathrm{d}\tau=-\frac{G_c}{A}\int_{X_1}^{X_c}\frac{\mathrm{d}X}{N_A}$$

因干燥速率 $N_A$ 为一常数,则

$$\tau_1=\frac{G_c}{A}\times\frac{X_1-X_c}{N_A} \tag{9-21}$$

速率 $N_A$ 由实验决定,也可按传质或传热速率式估算,即

$$N_A=k_H(H_w-H)=\frac{\alpha}{r_w}(t-t_w) \tag{9-22}$$

式中 $H_w$——湿球温度 $t_w$ 下的气体的饱和湿度。

传质系数 $k_H$ 的测量技术不如传热系数测量那样成熟与准确,在干燥计算中常用经验的传热系数进行计算。气流与物料的接触方式对传热系数影响很大,以下是几种典型接触方式的传热系数经验式。

(1)空气平行于物料表面流动[图 9-17(a)]

$$\alpha=0.014\ 3G^{0.8} \tag{9-23}$$

式中 $\alpha$——传热系数,kW/(m$^2$·℃);

$G$——气体的质量流速,kg/(m$^2$·s)。

上式的试验条件为 $G=0.68\sim8.14$ kg/(m$^2$·s),气温 $t=45\sim150$ ℃。

(2)空气自上而下或自下而上穿过颗粒堆积层[图 9-17(b)]

$$\alpha=0.018\ 9\frac{G^{0.59}}{d_p^{0.41}}\left(\frac{d_pG}{\mu}>350\right) \tag{9-24}$$

$$\alpha=0.011\ 8\frac{G^{0.49}}{d_p^{0.41}}\left(\frac{d_pG}{\mu}<350\right) \tag{9-25}$$

式中　$G$——气体质量流速，$kg/(m^2 \cdot s)$；

$d_p$——具有与实际颗粒相同表面的球的直径，m；

$\mu$——气体黏度，Pa·s。

（3）单一球形颗粒悬浮于气流中［图 9-17（c）］

$$\frac{\alpha d_p}{\lambda}=2+0.65Re_p^{1/2}Pr^{1/3} \tag{9-26}$$

$$Re_p=\frac{d_p u\rho}{\mu}$$

式中　$u$——气体与颗粒的相对运动速度；

$\rho,\mu,Pr$——气体的密度、黏度和普朗特数。

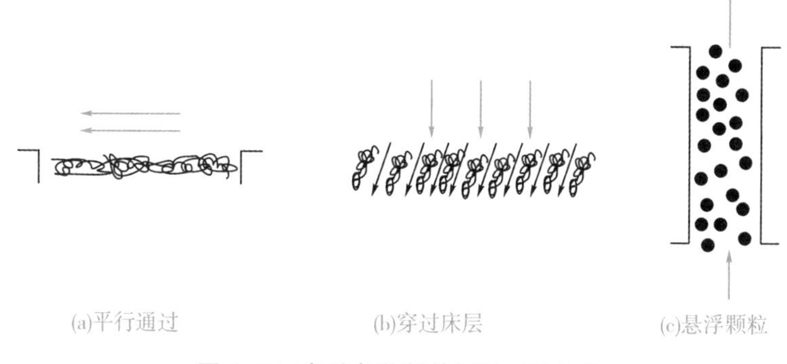


图 9-17　气流与物料的相对运动方式

（二）降速阶段的干燥时间 $\tau_2$

当 $X<X_c$ 时，$X$ 减小，$N_A$ 减小，此阶段称为降速干燥阶段，物料从 $X_c$ 减至 $X_2(X_2>X^*)$ 所需时间 $\tau_2$ 为

$$\tau_2=\int_0^{\tau_2}\mathrm{d}\tau=-\frac{G_c}{A}\int_{X_2}^{X_c}\frac{\mathrm{d}X}{N_A}$$

若有 $N_A \sim X$ 的干燥数据可用数值积分法或图解积分法求 $\tau_2$，或假定在降速段 $N_A$ 与物料的自由含水量 $X-X^*$ 成正比，即采用临界点 $C$ 与平衡水分点 $E$ 连接的直线 $CE$（图中虚线）来代替降速段干燥速率曲线 $CDE$，即 $N_A=K_X(X-X^*)$，式中 $K_X$ 为比例系数，单位为 $kg/(m^2 \cdot s \cdot \Delta X)$，即 $CE$ 直线斜率，如图 9-18 所示。

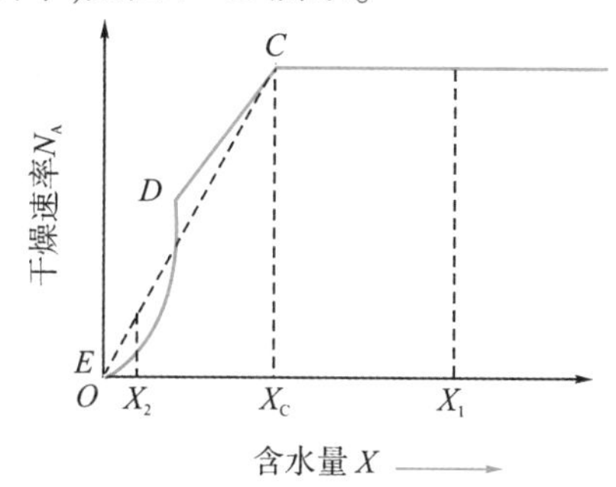


图 9-18　将降速干燥速率曲线处理为直线

$$K_X=\frac{N_{A,C}}{X_c-X^*}$$

$$N_{A,C}=\frac{\alpha}{r_w}(t-t_w)=k_H(H_w-H)$$

则 $\tau_2=-\frac{G_c}{AK_X}\int_{X_c}^{X_2}\frac{dX}{X-X^*}=\frac{G_c}{AK_X}\int_{X_2}^{X_c}\frac{dX}{X-X^*}$

$$\tau_2=\frac{G_c}{AK_X}\ln\frac{X_c-X^*}{X_2-X^*} \tag{9-27}$$

当 $X^*=0$ 时,此式还原为 $\tau_2=\frac{G_c}{AK_X}\ln\frac{X_c}{X_2}$

将 $N_{A,C}=K_c(X_c-X^*)$ 代入 $\tau_1$ 的表达式 $\tau_1=\frac{G_c}{A}\times\frac{(X_1-X_c)}{N_A}$ 得

$$\tau_1=\frac{G_c}{AK_X}\times\frac{X_1-X_c}{X_c-X^*}$$

总干燥时间:

$$\tau=\tau_1+\tau_2=\frac{G_c}{AK_X}\left(\frac{X_1-X_c}{X_c-X^*}+\ln\frac{X_c-X^*}{X_2-X^*}\right)$$

$$\frac{\tau_1}{\tau_2}=\frac{X_1-X_c}{X_c-X^*}/\ln\frac{X_c-X^*}{X_2-X^*}$$

【例 9-5】某湿物料 5 kg,均匀地平摊在长0.4 m、宽0.5 m 的平底浅盘内,并在恒定的空气条件下进行干燥,物料初始含水量为 20%(湿基,下同),干燥2.5 h 后含水量降为 7%,已知在此条件下物料的平衡含水量为 1%,临界含水量为 5%,并假定降速阶段的干燥速率与物料的自由含水量(干基)成直线关系,试求:

(1)将物料继续干燥至含水量为 3%,所需要总干燥时间为多少?

(2)现将物料均匀地平摊在两个相同的浅盘内,并在同样的空气条件下进行干燥,只需1.6 h 即可将物料的水分降至 3%,问物料的临界含水量有何变化?恒速干燥阶段的时间为多长?

解:(1)绝干物料量

$$G_c=G(1-w)=5\times(1-0.2)=4\ \text{kg}$$

物料初始干基含水量

$$X_1=\frac{w_1}{1-w_1}=\frac{0.2}{1-0.2}=0.25\ \text{kg 水/kg 干料}$$

临界干基含水量

$$X_c=\frac{w_c}{1-w_c}=\frac{0.05}{1-0.05}=0.052\ 6\ \text{kg 水/kg 干料}$$

平衡干基含水量

$$X^*=\frac{w^*}{1-w^*}=\frac{0.01}{1-0.01}=0.010\ 1\ \text{kg 水/kg 干料}$$

物料干燥2.5 h时干基含水量

$$X_2=\frac{w_2}{1-w_2}=\frac{0.07}{1-0.07}=0.075\ 3\ \text{kg 水/kg 干料}$$

因 $X_2>X_c$，故干燥2.5 h 全部为恒速阶段，其干燥速率

$$N_A=\frac{G_c}{A\tau_1}(X_1-X_2)=\frac{4}{0.4\times0.5\times2.5}(0.25-0.075\ 3)=1.40\ \text{kg/(m}^2\cdot\text{h)}$$

干燥终了时的干基含水量

$$X_3=\frac{w_3}{1-w_3}=\frac{0.03}{1-0.03}=0.030\ 9\ \text{kg 水/kg 干料}$$

将物料干燥至此所需的总时间

$$\tau=\tau_1+\tau_2=\frac{G_c}{AN_A}(X_1-X_c)+\frac{G_c(X_c-X^*)}{AN_A}\ln\frac{X_c-X^*}{X_3-X^*}$$

$$=\frac{4}{0.4\times0.5\times1.4}(0.25-0.052\ 6)+\frac{4\times(0.052\ 6-0.010\ 1)}{0.4\times0.5\times1.4}\ln\frac{0.052\ 6-0.010\ 1}{0.030\ 9-0.010\ 1}$$

$$=3.25\ \text{h}$$

(2)物料平铺在2个盘里时，厚度减薄，面积 $A$ 加倍，由于空气条件不变，故恒速 $N_A$ 不变。设此时临界含水量为 $X'_c$，由总干燥时间1.6 h 可得：

$$\tau'=\frac{G_c}{A'N_A}(X_1-X'_c)+\frac{G_c(X'_c-X^*)}{AN_A}\ln\frac{X'_c-X^*}{X_3-X^*}$$

$$1.6=\frac{4}{0.4\times0.5\times2\times1.4}(0.25-X'_c)+\frac{4\times(X'_c-0.010\ 1)}{0.4\times0.5\times2\times1.4}\ln\frac{X'_c-0.010\ 1}{0.030\ 9-0.010\ 1}$$

试差得 $X'_c=0.05$kg 水/kg 干料

恒速阶段的干燥时间：

$$\tau'_1=\frac{G_c}{A'N_A}(X_1-X'_c)=\frac{4}{0.4\times0.5\times2\times1.4}\times(0.25-0.05)=1.43\ \text{h}$$

结论：从以上数据看出，干燥面积加倍，物料变薄，临界含水量降低，总的干燥时间减少。

# 第五节　干燥器

## 一、对干燥器的要求

(1)对被干燥物料的适应性　湿物料的外表形态很不相同，从大块整体物件到粉粒体，从黏稠溶液或糊状团块到薄膜涂层，物料的化学、物理性质也有很大区别，煤粉、无机盐等物料能经受高温处理，药物、食品、合成树脂等有机物则易于氧化、受热变质。与气、液系统对加工设备的要求不同，能够适应被干燥物料的外观性状是对干燥器的基本要求，也是选用干燥器的首要条件。

(2)设备的生产能力　设备的生产能力取决于物料达到指定干燥程度所需的时间。物料在降速阶段的干燥速率缓慢,费时较多。缩短降速阶段的干燥时间不外乎从两方面入手:一方面降低物料的临界含水量,使更多的水分在速率较高的恒速阶段除去;另一方面提高降速阶段本身的速率。将物料尽可能地分散,可以兼达上述两个目的。

(3)能耗的经济性　干燥是一种能耗较多的单元操作,设法提高干燥过程的热效率是至关重要的。在对流干燥中,提高热效率的主要途径是减少废气带热。干燥器结构应能提供有利的气、固接触,在物料耐热允许的条件下应使用尽可能高的入口气温,或在干燥器内设置加热面进行中间加热。这两者均可降低干燥介质的用量,减少废气的带热损失。

## 二、干燥器的分类

干燥器除可按操作压强(常压、真空)、操作方式(间歇、连续)和加热方式(对流、传导、辐射、介电)分类以外(见第一节),还可按湿物料的运动特点、气流的运动方式和结构特征分类。了解这些分类的基本特点,有助于针对不同的干燥要求选择适当的干燥方式和干燥器结构,并可以指明不同干燥器的改进方向。

### (一)按湿物料在干燥器中的运动特点分类

(1)相对静止式干燥器　湿物料之间不发生相对运动,故物料与热源的接触面积是一定的。这类干燥器对物料的适应性很广,物料在干燥器内的停留时间相同,但物料不同部位的干燥条件较难保持一致,特别在对流干燥条件下,干燥介质的分布难以完全均匀,介质状态也在不断变化。这类干燥器又可分为湿物料完全静止与湿物料发生整体移动两种。前者如厢式干燥器,它必然是间歇操作;后者则可以连续操作,包括输送机式干燥器(物料在固定的干燥室内由不同的输送机构带动而发生整体移动,例如洞道式干燥器、输送带式干燥器)、滚筒式干燥器(物料在干燥旋转滚筒外部表面上一起运动)等。

(2)搅动式干燥器　外力的作用使湿物料各部分之间发生不同程度的相对运动,物料的搅动使干燥器内空间各处的干燥条件变得比较均匀,有利于物料与热源的接触,提高干燥强度。但由于物料受到的搅动往往具有一定的随机性,因此,物料在干燥器内的停留时间与被加热的时间不能保证完全均匀。

这类干燥器随搅动方式不同可分为立式干燥器(颗粒物料凭借本身重力逐渐下降并与热气流接触)、机械搅拌式干燥器(器身固定,内部设有不同形式的机械搅拌装置,使物料发生相对运动与混合)、回转式干燥器(器身旋转使物料发生相对运动)、流化床式和气流式干燥器(利用气流速度使颗粒物料分散悬浮并做相对运动)、振动式干燥器(干燥器本身在偏心轮作用下发生往复运动,同时自下而上通入气流,使颗粒物料在机械力和气流双重作用下半悬浮地跳跃前进,因而它兼有流化床式和输送机式干燥器的某些长处)。

(3)喷雾式干燥器　它专用于处理液态物料的直接干燥,即将液体雾化成细滴分散到热气流中,使液滴迅速汽化,因而它主要使用对流加热方式。

### (二)按气流运动方式分类

在以上这些干燥器中,对流干燥是最常遇到的。在连续干燥时,按物料与气流间的总体流动方式可分为并流干燥、逆流干燥和错流干燥三种。

(1)并流干燥　含水量高的初始湿物料首先与高温低湿度的干燥介质相遇,干燥推动

力最大,随物料向前移动,推动力逐渐减小。由于物料在干燥前期属于恒速干燥阶段,其表面温度不会超过空气的湿球温度,而废气出口处的温度最低、湿度最高,故出口处的物料含水量就不可能降得很低,温度也不会过高。因此这种操作适于湿物料允许快速干燥(非结合水含量高)而干物料又不耐高温的场合,以及干物料吸湿性低或最终含水量较高的场合。

(2)逆流干燥　这时整个干燥器内的干燥推动力比较均匀,故较宜于物料能耐高温、但湿物料不宜快速干燥(如陶瓷坯料)以及要求产品含水量较低的场合。

(3)错流干燥　常用于颗粒物料如谷物等的干燥。颗粒物料总体移动方向与气流方向垂直。这时由于干燥推动力普遍较高,干燥能力及强度较大,但由于气流量增加,故热效率通常较低。

读者可结合本节对干燥器的分类特征进一步理解和分析它们的优缺点和应用场合。

在生产实践中,往往根据具体情况对气体运动方式采用不同的组合,也常利用废气循环来调节干燥介质的状态以求达到最佳的效果。下面将以一些典型干燥器为例说明其结构特征。

## 三、常用干燥器简介

(1)厢式干燥器　图 9-19 所示为一常压厢式干燥器,又称盘架式干燥器。湿物料置于厢内支架上的浅盘内,浅盘装在小板车上推入厢内。空气由入口进入干燥器与废气混合后进入风扇,出来的混合气一部分由废气出口放空,大部分经加热器加热后沿挡板均匀地掠过各层湿物料表面,增湿降温后的废气再循环进入风扇。湿物料经干燥一定时间,达到产品质量要求后由干燥器中取出。

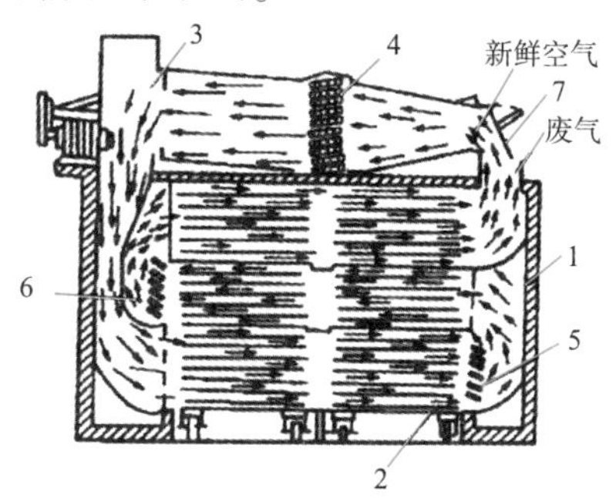


1—干燥室;2—小板车;3—送风机;4、5、6—空气预热器;7—调节门

图 9-19　厢式干燥器

厢式干燥器的优点是:结构简单,制造较容易,设备投资小,适应性较大,可以同时干燥多种不同物料。适用于干燥小批量的粒状、片状、颗粒状物料和较贵重的物料,或易碎、脆性物料;干燥程度可以通过改变干燥时间和干燥介质状态来调节。

其缺点是:由于料层是静止的,气流并行掠过各层表面,故产品的干燥程度不均匀,生产能力低,装卸物料劳动强度大,操作条件较差。为提高干燥

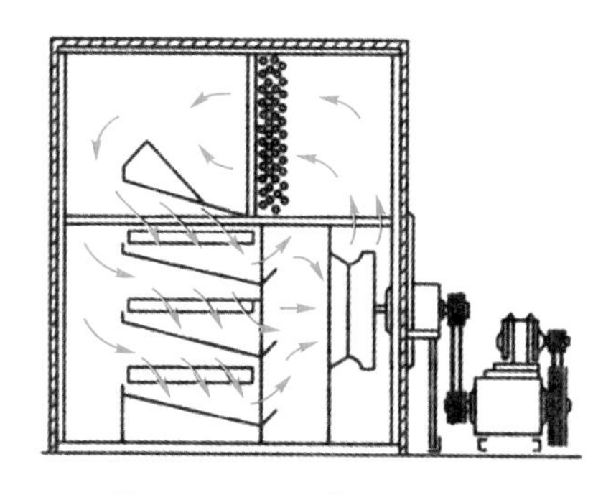

图 9-20　穿流式干燥器

的均匀性和干燥速率,可改成穿流式,如图 9-20 所示,即在浅盘底部开出许多通气小孔,使干燥介质穿过料层,但结构相对较复杂。

(2)直接式回转圆筒干燥器　它是一种连续操作的对流回转式干燥器,主要用于干燥块状或粒状物料。如图 9-21 所示,其主体是与水平面稍成倾斜的慢速旋转圆筒,直径一般为0.3~6 m,长度与直径之比通常为 4~8。物料自高端加入,低端排出。为使物料均匀分散并与干燥介质密切接触,也可使物料向排出口逐渐移动,在筒壁装有各种形式的抄板,用以升举和洒落物料,如图 9-22 所示,具体情况如下:(a)最普遍使用的形式,利用抄板将颗粒状物料扬起,而后自由落下;(b)弧形抄板,没有死角,适于容易黏附的物料;(c)将回转圆筒的截面分割成几个部分,每回转一次可形成几个下泻物料流;(d)物料与热风之间的接触比(c)更好;(e)适用于易破碎的脆性物料;(f)在(c)(d)结构上进一步优化,适用于大型装置。转筒干燥器常用的干燥介质是热空气,也可用烟道气或其他气体。干燥介质与物料在筒内可做总体上并流或逆流流动。气流速度通常较低,以减少粉尘的飞扬和随气流带出。若物料粒径为 1 mm 左右,气速为0.3~1.0 m/s 为宜;物料粒径为 5 mm,气速以小于 3 m/s 为宜。

物料在干燥器内的停留时间可因调节转筒的转速而改变,以保证产品的含水量降至要求值。通常转筒转速为0.5~4 r/min,物料在干燥器内的停留时间为 5 min~2 h。

转筒干燥器的主要优点是:生产能力和生产强度大,操作稳定可靠,流体阻力小,产品质量均匀。

其缺点是:结构复杂,设备笨重,金属消耗大,热利用率低,传动与密封部分安装维修比较复杂,占地面积大,物料在筒内上下起落易于破碎,并使出口气体带尘等。为保证产品洁净,避免受到介质污染,也可设计成通过壁面传导的间壁加热方式。

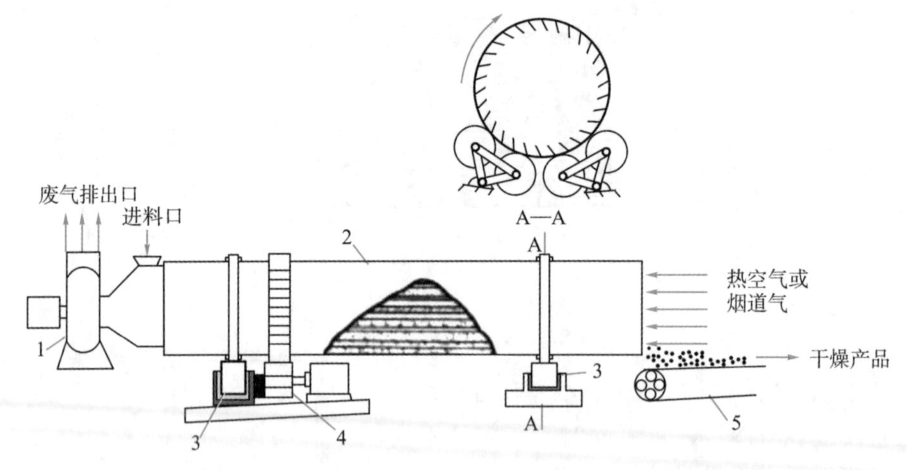


1—鼓风机;2—转筒;3—支撑装置;4—驱动齿轮;5—带式输送器

图 9-21　用热空气直接加热的逆流操作转筒干燥器

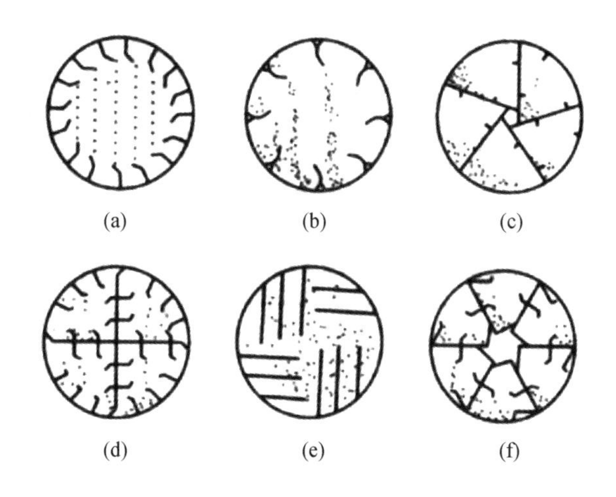


图 9-22 抄板

(3)气流干燥器　它是并流操作的连续对流干燥器,主要用于分散状物料的干燥,如图 9-23 所示。其主体为直径约0.2~0.85 m 的直立干燥管,管长约 10~20 m。空气由风机吸入,经预热器预热至指定温度后进入干燥管底部。湿物料经料斗由螺旋加料器连续送入干燥管,在干燥管中被高速上升的热气流分散并呈悬浮状和热气流一起向上运动,物料被迅速加热使其中水分不断汽化,到干燥管上端达到规定的干燥要求。干燥管空截面气速一般可达 10~20 m/s,也有高达 20~40 m/s,干燥产品随气流进入旋风分离器与废气分离后被收集,主要用于适宜并流干燥的晶体或小颗粒物料,如聚氯乙烯、硫酸铵、氯化钾等。

气流干燥器的主要优点如下:

①生产强度高。由于物料粒子分散于气流中,干燥表面积大,粒子与热气流间有一定的相对速度,体积对流传热系数可达2.3~7 kW/($m^3$·℃),比转筒干燥器可增加约一个数量级。干燥介质允许采用较高的入口温度,粒子所需干燥时间短,约在0.2~5 s,故适用于热敏性物料除去其非结合水分。

②热能利用较好,由于允许采用高温气体,空气消耗量相对较小,同时气流干燥器的散热面积小,热损失也小,故热效率较高。

③结构简单,设备紧凑,操作连续稳定、方便,造价低,占地面积小。

气流干燥器的主要缺点如下:

①由于气流速度与固体混合物流动阻力大,需要消耗较高的输送动力。

②物料对器壁的磨损比较严重,物料也易被破碎或粉化。

③细粉物料回收较为困难,要求配置高效的粉尘捕集装置。

④由于物料在干燥器内停留时间短,不适用于需要除去较多结合水分的情况。

⑤对原料的适应性和操作调节性能较差。

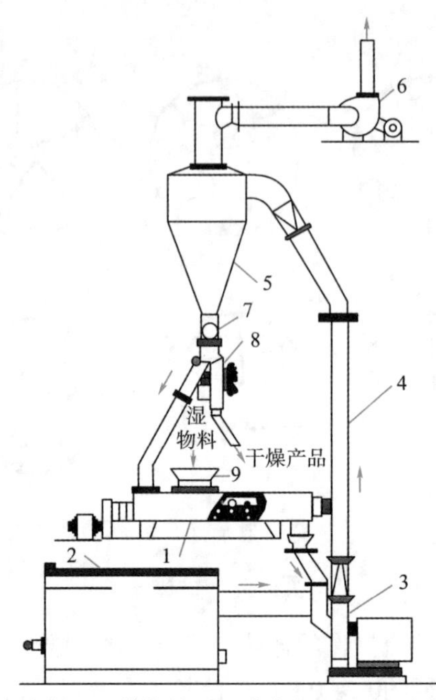


1—螺旋桨式输送混合器;2—燃烧炉;3—球磨机;4—直立圆筒;5—旋风分离器;
6—风机;7—星式加料器;8—流动固体物料分配器;9—加料斗

图 9-23　气流干燥器

(4)沸腾床干燥器(又称流化床干燥器)　沸腾床干燥和气流干燥都是流态化技术在干燥过程中的应用,都适用于分散状物料。如图 9-24 所示是一种单层圆筒沸腾床干燥器。散粒状湿物料由进料器加入到筒内多孔分布板上方,空气由风机抽入,经加热后自下而上通过分布板与物料层接触。当按空截面计算的气流速度较低时,颗粒层静止堆积于分布板上,气流在颗粒间的空隙中通过,这样的颗粒层称为固定床。当气速继续增大时,颗粒开始松动,床层略有膨胀,但颗粒间仍保持接触。气速再增高超过某一定值时,颗粒开始在床层中悬浮,此时形成的气固两相混合床层称为流化床。在流化床中,颗粒做剧烈的不规则运动,大体是在中央上升而沿器壁流下,但并不脱离床层,因此床层有一个起伏的上界面,床层内部除有较均匀的气固混合相外还有含固体量很少的气泡穿过床层,这些都与液体沸腾情况有些类似,故又称为沸腾床。由固定床转为流化床时的空截面气速称为临界流化速度。气速增大,流化床层随之膨胀增高。若气速再增至与颗粒间的相对速度等于颗粒的自由沉降速度时,颗粒即同气流一起向上运动而转变为相当于气流干燥的状态,此时的空截面气速称为带出速度。可见沸腾床干燥器中的适宜气速应在临界流化速度与带出速度之间,这时颗粒在热气流中上下翻动,互相混合和碰撞,与热气流间进行迅速的热、质传递,使物料干燥。流化床层宏观地具有类似液体的流动性,因此,经干燥后的颗粒产品可由床层侧面出料管溢流卸出,气流则由顶部排出,经旋风分离器回收其中夹带的小颗粒和粉尘。

沸腾床干燥器的主要优点是:颗粒在器内平均停留时间比在气流干燥器内长,而且进出物料的速度、气流的温度和速度调节都比较方便,因而产品的最终含水量可较低,对物料适应性较好；由于气固两相间接触良好，床内温度比较均匀，其体积对流传热系数与气流干燥器中相仿，但气体流速比气流干燥中低得多，因此器壁的磨损和物料的破碎程度较轻，除尘负荷和流体阻力较小；结构简单、紧凑，造价低，可动部件少，维修费用较低，便于连续操作，也可以间歇操作。

其主要缺点是：物料的干燥程度不够均匀，这是由于在沸腾床中可能出现局部物料的短路和返混，使物料在床内的停留时间有较大的区别。

当散状物料干燥存在降速阶段时，采用沸腾干燥较为有利。对干燥要求较高或所需干燥时间较长的物料，可采用图 9-25 所示的卧式多室沸腾床干燥器。它可按干燥要求向各室中通入不同状态的干燥介质，物料从一室溢流至下一室，使干燥停留时间趋于均匀。

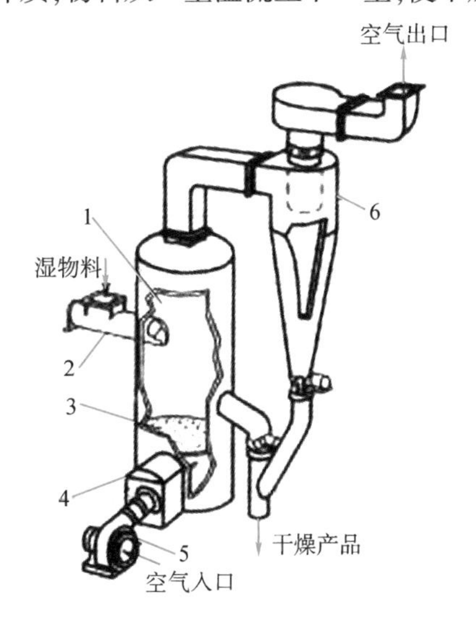


1—沸腾室；2—进料器；3—分布板；4—加热器；5—风机；6—旋风分离器

图 9-24　单层圆筒沸腾床干燥器

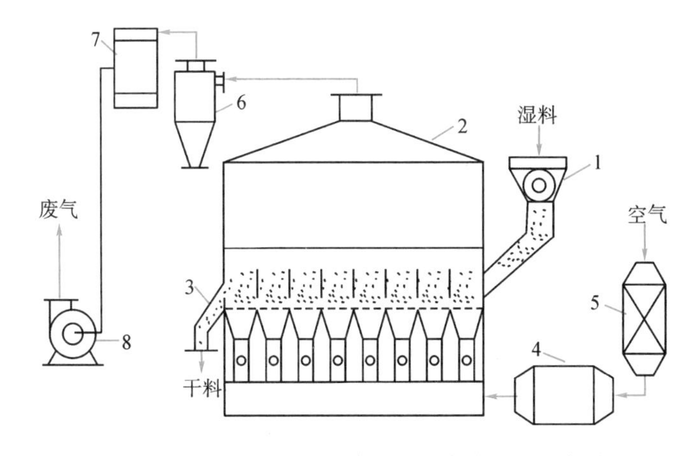


1—摇摆式颗粒进料器；2—干燥器；3—卸料器；4—加热器；5—空气过滤器；6—旋风分离器；7—袋滤器；8—风机

图 9-25　卧式多室沸腾床干燥器

(5)喷雾干燥器　喷雾干燥是用特制的喷雾器将料液(溶液、乳浊液、悬浮液、浆料等)喷成细雾滴分散于热气流中,使水分迅速蒸发而得到粉状干燥产品。如图 9-26 所示为一种喷雾干燥的流程图,干燥介质可用热空气或烟道气,根据需要,温度可达 500~1000 K。

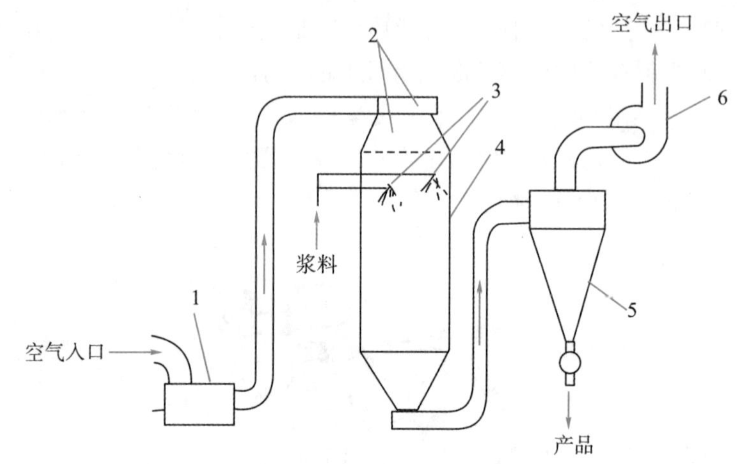


1—燃烧炉;2—空气分布器;3—压力式喷嘴;4—干燥塔;5—旋风分离器;6—风机

图 9-26　喷雾干燥设备流程图

喷雾干燥的主要优点如下:

①由料液直接得到粉粒状产品。通常可用于处理含水量在 40%~60%甚至高达 90%的物料,可省去如蒸发、结晶、分离、粉碎等某些中间过程,从而简化了生产流程。

②干燥时间很短。物料以极细雾滴分散在气流中,干燥表面积很大,因而干燥过程很快,一般只需几秒至几十秒。

③干燥过程中液滴的温度不高,产品质量好。这是由于液滴在高温气流中表面温度仍接近气流的湿球温度,因而适用于热敏性物料的干燥。

④可利用喷雾器与气流参数的改变,调节雾滴的大小、汽化速度快慢与停留时间长短,得到所要求的一定大小的实心或空心的具有良好的分散性、流动性和易溶性的干燥颗粒。

⑤操作过程控制方便,适宜于连续化、自动化的大规模生产。

⑥能改善生产环境和劳动条件。喷雾是在密闭的干燥塔内进行的,可以避免粉尘飞扬,对有臭气的物料,还可采用封闭循环的生产流程,防止对大气的污染。

其主要缺点如下:

①设备庞大,体积对流传热系数小。为避免液滴喷到干燥器壁上产生物料粘壁现象,一般干燥室直径较大(可达数米),为保证物料在器内的停留时间,干燥室一般也较高(可达 4~10 m),所以其容积汽化强度小,体积对流传热系数约为 23~93 $W/(m^3 \cdot ℃)$。

②干燥介质用量大,热效率低,输送能耗也较大。

③回收物料微粒的废气分离装置要求高。当生产粒径很小的产品时,废气中将会夹带 20%左右的粉尘,需用高效的分离装置,因而使后处理设备结构较复杂,投资费用增加。

虽然如此,由于喷雾干燥器具有某些不可替代的特点,在化工、轻工、食品、医药等工业中应用比较广泛，如乳粉、洗涤剂粉的干燥等。

喷雾器是喷雾干燥器的关键部分，它影响到产品的质量和能量消耗。喷雾分散度愈高，干燥效能愈大；雾化愈均匀，产品的含水量也愈均匀。在实际生产中，如果液滴尺寸分布不匀，往往会出现大液滴没干透，而小液滴已经过干的现象。因而，雾化器必须既保证料液的分散度，又能使粒度变化控制在较窄范围内。常用的喷雾器一般有三种形式。

①压力式喷雾器。高压下的料液（3~20 MPa）通过特制喷嘴转化为高速旋转的状态并高速喷出，形成细雾。这种喷雾器的单个生产能力和操作弹性都比较低，喷嘴也容易被磨损、腐蚀或堵塞，产品粒度不够均匀；但价格较低廉，动力消耗较低，可制备粗颗粒产品。

②转盘式喷雾器。料液经不同结构的高速转盘受到强大的离心力作用而分散，一般转盘转速为4000~20 000 r/min，圆盘圆周速度为 100~160 m/s。这种形式的喷雾器生产能力较大，产品粒度比较均匀，调节性能较好，适应性较强，但产品颗粒较粗，价格和安装要求都较高。

③气流式喷雾器。用表压为 200~700 kPa 的压缩空气通过喷嘴将液体喷出，利用气流的高速运动（一般为 200~300 m/s），使气流与料液间存在相当高的相对速度和剪切力，料液先形成液膜并继续被拉成丝状再分裂成细小的雾滴。这类喷雾器可用来处理黏度较大的料液，并可制备细粒状产品，但动力消耗很大。

（6）滚筒式干燥器　滚筒式干燥器是间接加热的连续干燥器，单滚筒式和双滚筒式适用于溶液、悬浮液、胶体溶液等流动性物料的干燥，而多滚筒式则用于连续薄层物料如纸张、织物等的干燥。如图 9-27 所示为一种双滚筒式干燥器。滚筒内通有加热蒸汽，通过筒壁将热散传给湿物料。两滚筒旋转方向相反，图中湿物料由上部加入，随着滚筒缓慢旋转，被干燥物料呈薄膜状附着于滚筒外而被干燥，干燥后的产品由刮刀刮下。滚筒转速视干燥所需时间而定。由于湿物料不存在相对运动，故筒壁上的料层厚度有一定的限制，一般为0.3~5 mm，可用两滚筒间的空隙来调节。滚筒干燥器与喷雾干燥器相比，具有动力消耗低、投资少、维修费用低、干燥温度和时间易调节等优点，但其生产能力小，劳动条件较差。

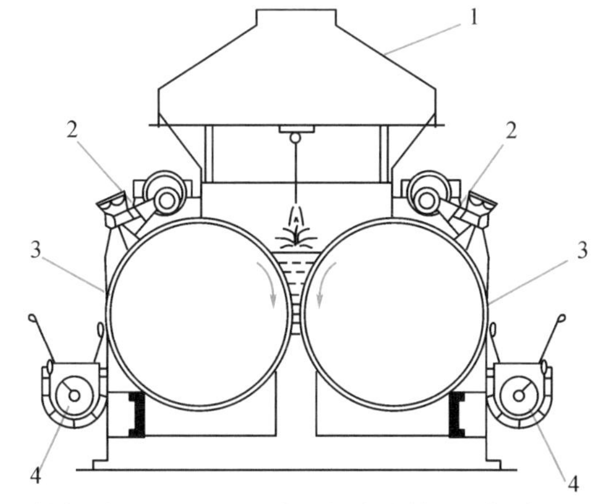


1—排气罩；2—刮刀；3—蒸汽加热滚筒；4—螺旋输送器

图 9-27　双滚筒式干燥器

(7)红外线辐射干燥器　利用表面涂有特殊辐射材料(如 $TiO_2$、ZrO 和 $Fe_2O_3$等金属氧化物)的辐射器发出的近红外线(波长为0.76~3 μm)或远红外线(波长为 3~1000 μm)直接投射在被干燥的物料上,被物料吸收后转变成热能使水分汽化。物料不同,对红外线的吸收能力也不同。如氢、氮、氧等双原子的分子不吸收红外线,而水、溶剂、树脂等有机物则能较好地吸收红外线。此外,红外辐射首先在物料表层被吸收,转化的热能以传导等方式向物料内部传递。因此,红外线干燥器主要用于薄层物料或物料表层的干燥,如油漆表面的干燥,并可与其他加热方式结合使用。

红外线干燥器的设备简单,操作方便灵活,可以适应干燥物品几何形状的变化(例如沿物料表面不同位置设置红外辐射源);能保持干燥系统的密闭性,以避免干燥过程中溶剂或毒物挥发对人体的危害,以及避免空气中的尘粒污染。因此,广泛应用于化工产品、药品、食品加工以及机械、印染等行业,但其能量消耗较大。

## 四、干燥器的选用

在化工生产中,为完成一定的干燥任务,需要选择适宜的干燥器形式。目前干燥器的选型还带有很大的经验性,通常应考虑以下几个方面:

①物料和产品的特点。如物料的形态和性质、颗粒的粒度和强度、初始含水量及水分存在形式,物料是否有毒、易燃、易氧化,产品要求的最终含水量,最高允许温度,产品是否允许污染等。物料的干燥特性一般应先经过实验测定。

②与生产过程有关的条件。如物料处理量、生产能力、干燥要求以及干燥操作前后工序的情况,除去的水分是否需要回收等。

③干燥器的操作性能和经济指标。

经上述三方面的综合考虑,对各类干燥器进行比较筛选,然后进行小试或中试,寻找最适宜的操作条件,最后根据设备投资费用和操作费用进行经济核算,从中选出最适宜的干燥器类型,并确定其规格和尺寸。

在表 9-1 中列出了不同结构形式干燥器适用的物料状态和处理量,可供选型参考。

表 9-1　主要干燥器的选择

| 湿物料的状态 | 物料的实例 | 处理量 | 适用的干燥器 |
| --- | --- | --- | --- |
| 液体或泥浆状 | 洗涤剂、树脂溶液、盐溶液、牛奶等 | 大批量 | 喷雾干燥器 |
| | | 小批量 | 滚筒干燥器 |
| 泥糊状 | 染料、颜料、硅胶、淀粉、黏土、碳酸钙等的滤饼或沉淀物 | 大批量 | 气流干燥器<br>带式干燥器 |
| | | 小批量 | 真空转筒干燥器 |
| 粒状(0.01~20 μm) | 聚氯乙烯等合成树脂、合成肥料、磷肥、活性炭 | 大批量 | 气流干燥器<br>转筒干燥器<br>沸腾床干燥器 |
| | | 小批量 | 转筒干燥器<br>厢式干燥器 |

续表 9-1

| 湿物料的状态 | 物料的实例 | 处理量 | 适用的干燥器 |
| --- | --- | --- | --- |
| 块状(20~100 mm) | 煤、焦炭、矿石等 | 大批量 | 转筒干燥器 |
| | | 小批量 | 厢式干燥器 |
| 片状 | 烟叶、薯片 | 大批量 | 带式干燥器<br>转筒干燥器 |
| | | 小批量 | 穿流式干燥器 |
| 短纤维 | 醋酸纤维、硝酸纤维 | 大批量 | 带式干燥器 |
| | | 小批量 | 穿流式干燥器 |
| 一定大小的物料或制品 | 陶瓷器、胶合板、皮革等 | 大批量 | 隧道干燥器 |
| | | 小批量 | 高频干燥器 |

## 思考题

9-1　按照热能供给湿物料的方式，干燥可分为几类？并分别说明各自的特点。

9-2　物料干燥过程分为几个阶段？各阶段的特点是什么？

9-3　在测量湿球温度时，为什么要求空气流速需大于 5 m/s？

9-4　何谓平衡水分、自由水分、结合水分和非结合水分？它们之间有何相互关系？

9-5　为什么湿空气进入干燥器前都先经过预热器预热？

9-6　临界湿含量与哪些因素有关？

9-7　在连续干燥器前用预热器加热空气，被加热空气所获得的热量按其去向可分为哪四项？干燥器热效率定义为哪些项之比？

9-8　干燥器内部无补充加热的情况下，进干燥器的气体状态一定，干燥任务一定，气体离开干燥器的温度、湿度与干燥器热效率有何关系？

## 习　题

**一、填空题**

9-1　一定湿度 $H$ 的气体，总压 $p$ 加大时，露点温度 $t_d$________；而当气体温度 $t$ 升高而 $H$ 保持不变时，则 $t_d$________。

9-2　提高进入干燥器中空气的温度，则空气的湿含量 $H$________，相对湿度 $\varphi$________，焓 $I$________。

9-3　当空气的 $t=t_d=t_w$，说明空气的相对湿度 $\varphi$ 为________。

9-4　在一定空气状态下,用对流干燥方法干燥湿物料时,能除去的水分为________。

9-5　物料在恒速干燥阶段,其表面温度始终保持在空气的________。

9-6　在一定空气状态下干燥某物料,能用干燥方法除去的水分为________,首先除去的水分为________,不能用干燥方法除去的水分为________。

9-7　湿空气经预热后相对湿度 $\varphi$ 将________。对易龟裂的物料,常采用________的方法来控制进干燥器的 $\varphi$ 值。干燥操作的必要条件是________,干燥过程是________相结合的过程。

9-8　平衡含水量与空气的状态及________有关,要减少湿物料的平衡含水量,可以通过改变________来实现。

9-9　对不饱和湿空气加热升温,则其湿球温度 $t_w$ 将________,相对湿度 $\varphi$ 将________,露点温度 $t_d$ 将________,空气的湿度 $H$ 将________。

9-10　空气的绝热饱和温度 $t_{as}$ 与湿球温度 $t_w$ 有本质区别,$t_{as}$ 是________状态下的温度,$t_w$ 是________状态下的温度。但空气-水系统两温度在数值上相等,是因为________。

9-11　用空气干燥某湿物料时,当空气湿度增加时,物料的平衡水分将________。

9-12　在相同湿度、相同干燥面积和相同干燥形式下,对不同的湿物料进行干燥时,在除去物料的________水分阶段,干燥速率相同;在________湿含量以下,干燥速率不相同。

9-13　已知某湿物料量为 150 kg/h,水分含量为 20%,现要将其干燥至含水 2%,需要脱除的水量应为________ kg/h。

9-14　已知湿空气总压为101.3 kPa,相对湿度为 50%,温度为 40 ℃,该温度下水的饱和蒸气压 $p_s$ 为7375 Pa,则湿度 $H$ 是________ kg 水/kg 干空气。

9-15　常压下(101.3 kPa)某一 20 ℃(20 ℃下水蒸气饱和蒸气压为2.33 kPa)的湿空气中水气分压为1.2 kPa,则该湿空气的湿度 $H$ 为________,相对湿度 $\varphi$ 为________。

9-16　在恒定干燥条件下,将含水 35%(湿基)的湿物料进行干燥,开始时干燥速率恒定,当干燥至含水 8%(干基)时,干燥速率开始下降,再继续干燥至物料恒重,并测得此时物料含水量为0.08%(干基),则物料的临界含水量为________(干基),平衡含水量为________(干基),自由含水量为________(干基)。

**二、计算题**

9-1　对常压下温度为 30 ℃、湿度为0.01 kg 水汽/kg 干空气的空气。试求:

(1)该空气的相对湿度及饱和湿度。

(2)若保持温度不变。加入绝干空气使空气总压上升为303.9 kPa(绝压),该空气的相对湿度及饱和湿度;

(3)若保持温度不变,将常压空气压缩至303.9 kPa(绝压),则在压缩过程中每千克干空气可析出多少水?已知 30 ℃水的饱和蒸气压为4242 Pa。

[答:(1)37.79%,0.027 2 kg 水/kg 干空气;(2)37.79%,0.008 8 kg 水/kg 干空气;

(3)0.001 2 kg 水/kg 干空气]

9-2　在常压逆流干燥器中,湿物料的流率为0.166 7 kg/s,将其由初始含水量为50%,干燥至含水量为9%(均为湿基)。温度为5 ℃、湿度为0.000 5 kg 水/kg 干空气的常压新鲜空气在预热器中被加热到 165 ℃后,送入干燥器;空气离开干燥器时的温度为50 ℃。该干燥器消耗的热量比理想干燥时消耗的热量大 10%。忽略预热器和干燥器的热损失,干燥器无补充热量。试求:(1)预热器的热负荷;(2)干空气用量。

湿空气的焓 $I$ 与湿度 $H$ 的关系 $I=(1.01+1.88H)t+2500H$。

[答:(1)298.2 kJ/s;(2)1.844 kg 干空气/s]

9-3　在常压绝热干燥器内干燥某湿物料,湿物料的流量为 600 kg/h,从含水量 20%干燥至 2%(均为湿基含水量)。温度为 20 ℃、湿度为0.013 kg 水/kg 绝干空气的新鲜空气经预热器升温至 100 ℃后进入干燥器,空气出干燥器的温度为 60 ℃。

(1)完成上述任务每小时需要多少千克绝干空气?

(2)空气经预热器获得了多少热量?

(3)在恒定干燥条件下对该物料测得干燥速率曲线如图 9-28 所示,已知恒速干燥段时间为 1 h,求降速阶段所用的时间。

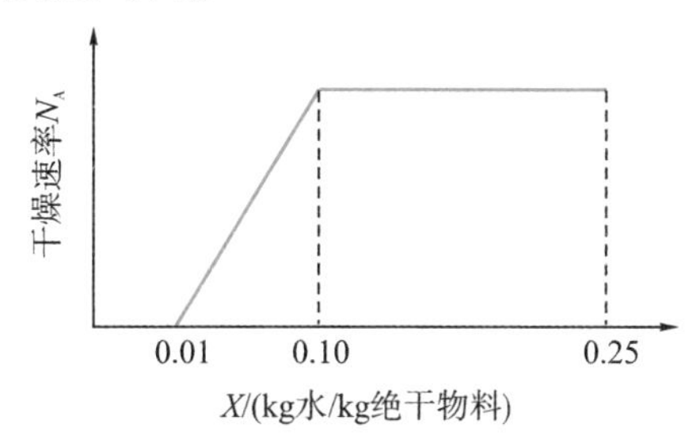


图 9-28　干燥速率曲线

[答:(1)6935 kg 绝干空气/h;(2)$5.739\times10^5$ kJ/h;(3)1.294 h]

9-4　在常压连续干燥器中将处理量为0.417 kg/s 的湿物料自含水量为 47%干燥至5%(均为湿基),采用废气循环操作,新鲜空气与废气混合后经预热器加热,再送入干燥器。循环比(废气中绝干空气质量与混合气中绝干空气质量之比)为0.8。新鲜空气的湿度 $H_0$ 为0.011 6 kg/kg 绝干空气,温度为 22 ℃,废气的湿度 $H_2$ 为0.078 9 kg/kg 绝干空气,温度为 52 ℃。假设干燥过程为绝热过程,预热器的热损失可忽略不计。试计算干燥过程的耗热量,并在 $H-I$ 图上定性画出湿空气的状态变化过程。已知:绝干空气比热容为1.01 kJ/(kg · K);水蒸气的比热容为1.88 kJ/(kg · K);0 ℃时水蒸气潜热为2490 kJ/kg。

[答:560.19 kJ/s,画图略]

9-5　常压下,湿空气在温度为 20 ℃、湿度为0.01 kg 水气/kg 绝干空气的状态下被预热至 120 ℃后进入等焓干燥器,废气出口湿度为0.03 kg 水气/kg 绝干空气,物料的含水量由 20%干燥至 5%(均为湿基含水量),物料的处理量为1000 kg/h,求:

(1)废气的出口温度 $t_2$(℃);

(2)绝干空气的消耗量 $V$(kg 绝干空气/h);

(3)预热器的加热量 $Q$(kJ/h)。

[答:(1)69.04 ℃;(2)7895干空气/h;(3)$8.122\times10^5$ kJ/h]

9-6 常压下已知 25 ℃时硝化纤维物料在空气中的固相水分的平衡关系,其中相对湿度 $\varphi=100\%$时,$X^*=0.18$ kg 水/kg 干物料;$\varphi=60\%$时,$X^*=0.105$ kg 水/kg 干物料。设硝化纤维含水量为0.25 kg 水/kg 干物料,若与 $t=25$ ℃、$\varphi=60\%$的恒定空气条件长时间充分接触,问该物料的平衡水分量和自由水分量为多少?结合水分和非结合水分含量为多少?

[答:0.105 kg 水/kg 干物料;0.145 kg 水/kg 干物料;0.18 kg 水/kg 干物料;0.07 kg 水/kg 干物料]

9-7 在一常压气流干燥器中干燥某种湿物料,已知数据如下:空气进入预热器的温度为 15 ℃,湿含量为0.007 3 kg 水/kg 绝干空气,焓为 35 kJ/kg 绝干空气;空气进干燥器的温度为 90 ℃,焓为 109 kJ/kg 绝干空气;空气出干燥器温度为 50 ℃,湿含量为0.023 kg 水/kg 绝干空气;进干燥器物料含水量为0.15 kg 水/kg 绝干物料,出干燥器物料含水量为0.01 kg 水/kg 绝干物料,干燥器生产能力为 237 kg/h(按干燥产品计)。试求:

(1)绝干空气的消耗量(kg 绝干空气/h);

(2)进预热器前风机的流量($m^3$/h);

(3)预热器加入热量(kW)(预热器热损失可忽略)。

[答:(1)2092 kg 绝干空气/h;(2)1726 $m^3$/h;(3)$1.548\times10^5$ kW]

9-8 在常压下用湿空气干燥某湿物料。已知湿空气的流量为1000 kg/h,进预热器时的温度为 20 ℃,相对湿度为 60%,进干燥器时的温度为 107 ℃,离开干燥器时的湿度为0.03 kg/kg 绝干空气,试求以下两种情况下空气出干燥器的温度。

(1)理想干燥过程;

(2)不向干燥器补充热量,加热物料消耗的热量为 15 000 kJ/h,干燥器的热损失为 3 kW。已知 20 ℃时水的饱和蒸气压为2.334 kPa。

[答:(1)53.24 ℃;(2)29.05 ℃]

9-9 在一常压逆流干燥器中,用热空气将某湿物料的含水量由 8%干燥至0.5%(均为湿基);干燥介质为 20 ℃的湿空气,经预热器后被加热到 90 ℃,其中所含水汽分压为0.98 kPa,离开干燥器废气的温度为 45 ℃。假设本干燥过程为理想干燥过程。

(1)计算空气经过干燥器的湿度变化量;

(2)若向干燥系统提供的热量为 500 kW,计算湿物料的处理量。

[答:(1)0.017 85 kg 水/kg 干空气;(2)1.655 8 kg/s]

# 第十章
# 液-液萃取

1.掌握

萃取过程原理;部分互溶体系的液-液相平衡关系;单级、多级萃取过程的计算。

2.理解

溶剂选择原则;影响萃取操作的因素。

3.了解

萃取操作的流程与工业应用;萃取设备的选用及设计;其他萃取技术。

## 第一节 概述

本章将讨论分离均相液相混合物的另一种单元操作——萃取,或称为溶剂萃取或溶剂抽提。它利用液体混合物中各组分在所选定的溶剂(萃取剂)中溶解度的差异来达到分离各组分的目的,即萃取剂的加入使原本为均相的混合液分成两相,实现组分在两相间的再分配,从而实现原混合液中组分的分离。在这一点上与吸收相类似,即需要使用外来的质量分离剂——萃取剂,区别是萃取操作涉及的是液-液两相间的传质过程。一般说来,要实现液-液萃取过程,进行接触的两种液体必须能够形成两相,即它们必须是互不混溶或基本上互不混溶的(至少要存在足够范围的两相区),因此,可以进一步把液-液萃取过程定义为物质从一液相转入与其不互溶的另一液相的传质过程。在此,两液相可以是水相,也可以是有机相,其中被传递的物质称为被萃取组分。

本章主要讨论双组分均相混合液的萃取分离。以(A+B)双组分均相混合液为例,若A为目标产物(溶质),则B认为是原溶剂。将一定量的萃取剂(S)与原料液(A+B)加至混合器中充分搅拌混合,如图10-1所示。由于萃取剂S与B不互溶或部分互溶,并且A在S中的溶解度更大,所以当三种混合物进入到澄清器静置后,分为两个液相,同时实现A在两相之间的重新分配。密度低的相在上层,称为轻相,通常以萃取剂S为主,其中溶入大量的A和少量的B,称为萃取相,用E表示;密度高的在下层,称为重相,通常以原溶剂B为主,其中含有剩余的A和溶入的少量S,称为萃余相,用R表示。通过加入溶剂萃取,实现组分A在萃取相中的富集,通过分离萃取相可以得到高浓度的A,萃取剂S可循环使用;如果B也是目标产品,萃余相也可回收,通过分离萃余相可以得到高浓度的B,

从而实现 A 和 B 的分离。

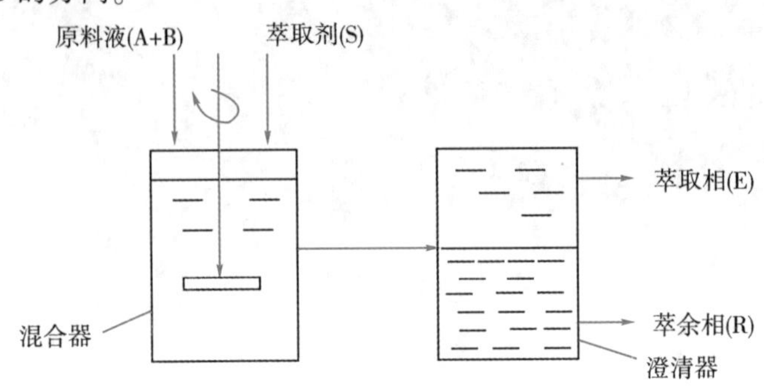


图 10-1　萃取原理示意图

图 10-2 为稀乙酸水溶液的分离过程。稀乙酸连续加入萃取塔顶,萃取溶剂醋酸异丙酯自塔底加入,进行逆流萃取,离开塔顶的萃取相加入恒沸精馏塔。在恒沸精馏塔中醋酸异丙酯与水形成非均相恒沸物,水被醋酸异丙酯带至塔顶,塔底可获得无水乙酸。塔顶蒸出的恒沸物经冷凝后分层,上层酯相一部分作回流,另一部分可作为萃取溶剂循环使用。离开萃取塔底的萃余相主要是水,含有少量溶剂,恒沸精馏塔顶分层器放出的水层中也含有少量溶剂,将两者合并加入提馏塔。在提馏塔内,溶剂与水的恒沸物从塔顶蒸出,废水则从塔底排出。

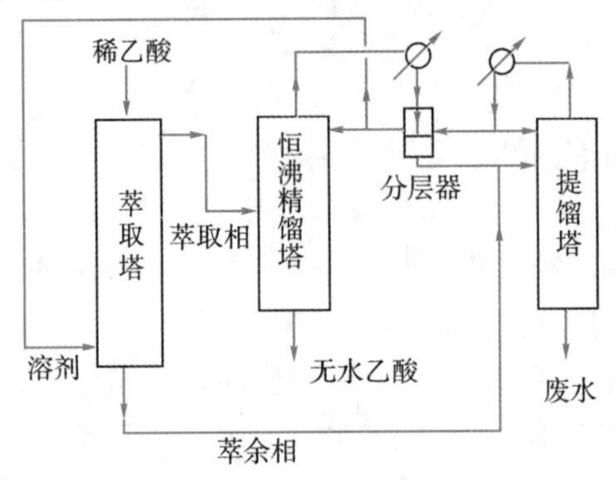


图 10-2　萃取提浓乙酸流程示意图

萃取操作在 20 世纪初才工业化,通常应用于普通精馏不奏效或者是使用精馏能耗巨大的情况,比如:分离沸点相近或形成恒沸物的混合液;分离热敏性混合液;稀溶液中溶质的回收或含量极少的贵重物质的回收;多种离子的分离;高沸点有机物的分离。

萃取过程的实施,要解决如下共性问题:

(1)萃取体系的选择。

(2)萃取工艺和操作条件的确定。

(3)萃取方式的确定和萃取流程的建立。

(4)萃取设备的选型和设计。

除了萃取的工艺和操作条件,本章对以上这些问题均有相关论述。

# 第二节　液-液相平衡

在进行萃取设计之前，首先要有萃取热力学和萃取动力学的基础。热力学平衡状态是动力学过程的极限，即萃取过程的极限是液-液相平衡，传质推动力的计算也要通过相平衡组成来表达。因此，同吸收和蒸馏一样，有必要首先进行液-液相平衡关系的研究，以掌握液-液相平衡关系的表达和计算。对于萃取过程，液-液相平衡是指萃取相和萃余相的平衡。在萃取操作中至少涉及三个组分 A、B、S，三元物系的相平衡用三角形相图表示。

## 一、三角形相图

三角形相图可以采用等边三角形、等腰直角三角形和不等腰直角三角形，用来在平面上表示三个组成的坐标系。本章以等腰直角三角形坐标系为例，若不另做说明，组成都以质量含量表示。

### （一）三角形相图的绘制与读图

三角形相图上的三个顶点 $A$、$B$、$S$ 表示三个纯物质，在萃取体系中分别表示纯溶质、纯原溶剂和纯萃取剂。如图 10-3 所示，习惯上 $A$ 点在三角形的上顶点，$B$ 点在直角边的下端点。三角形各边上的任意点表示一种二元混合物的组成，如 $E$(0.4的 $A$，0.6的 $B$)、$F$(0.3的 $B$，0.7的 $S$)、$D$(0.4的 $A$，0.6的 $S$)。三角形内的任意点表示某三元混合液的总组成。以下重点描述如何确定三角形相图中某点的组成，如 $M$ 点。分别作平行于坐标轴的线 $EMD$、$KMF$、$HMG$。

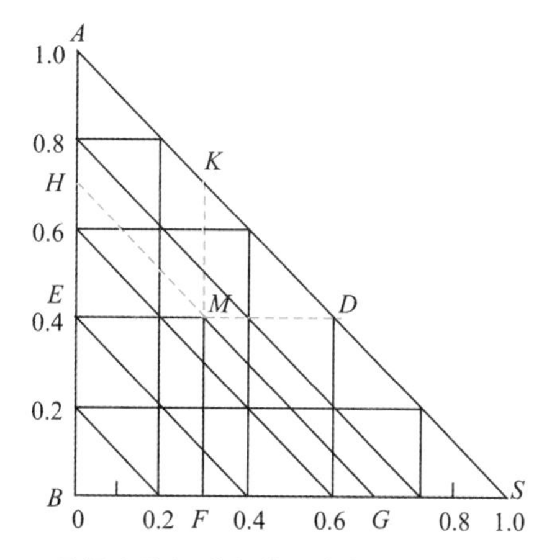


图 10-3　三元混合物组成在等腰直角三角形坐标系的表示法

$E$、$D$ 点 A 的含量：$w_{EA}=\dfrac{BE}{BA}=\dfrac{SD}{SA}=w_{DA}$，故 $M$ 点的 A 含量：$w_{MA}=0.4$。

$K$、$F$ 点 S 的含量：$w_{KS}=\dfrac{KA}{SA}=\dfrac{BF}{BS}=w_{FS}$，故 $M$ 点的 S 含量：$w_{MS}=0.3$。

$H$、$G$ 点 B 的含量:$w_{HB}=\frac{HA}{BA}=\frac{GS}{BS}=w_{GB}$,故 $M$ 点的 B 含量:$w_{MB}=0.3$。

因为 $w_{MA}+w_{MB}+w_{MS}=1.0$,即三角形相图上的任一点的总组成满足组成归一化方程。换言之,平行于 $BA$ 线与 $SA$ 和 $BS$ 的交点表示 S 的含量。同理,平行于 $BS$ 并和 $BA$ 和 $SA$ 的交点表示 A 的含量,平行于 $SA$ 并和 $BA$ 和 $BS$ 的交点表示 B 的含量。更简单的,可由 $M$ 点分别作 $BA$ 和 $BS$ 的垂线 $ME$ 和 $MF$,由 $E$ 点读出 A 含量,由 $F$ 点读出 S 的含量,根据归一化方程得到 $B$ 含量。

### (二)杠杆定律(物料衡算)在三角形相图中的应用

设有组成为($w_{RA}$,$w_{RB}$,$w_{RS}$)的溶液 $R$ kg 与组成为($w_{EA}$,$w_{EB}$,$w_{ES}$)的溶液 $E$ kg 混合,如图 10-4 所示。

则混合后的物料衡算:

$$R+E=M \tag{10-1}$$

$$Rw_{RA}+Ew_{EA}=Mw_{MA} \tag{10-2}$$

$$Rw_{RS}+Ew_{ES}=Mw_{MS} \tag{10-3}$$

得:

$$\frac{E}{R}=\frac{w_{MA}-w_{RA}}{w_{EA}-w_{MA}}=\frac{w_{MS}-w_{RS}}{w_{ES}-w_{MS}} \tag{10-4}$$

式(10-4)表示混合后组成必在 $R$ 点和 $E$ 点连线上,由相似形原理得:

$$E\cdot EM=R\cdot RM\Rightarrow\frac{E}{R}=\frac{RM}{EM} \tag{10-5}$$

上式说明,物料衡算在等分的三角形相图上符合杠杆定律,并可在图上直接读出它们的量与组成间的关系。下面介绍如何用杠杆定律在三角形相图上作图、进行物料衡算。

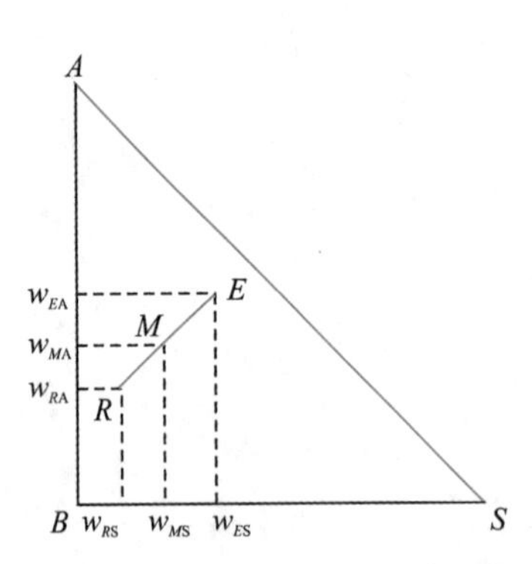


图 10-4　三角形相图中的物料衡算与杠杆定律

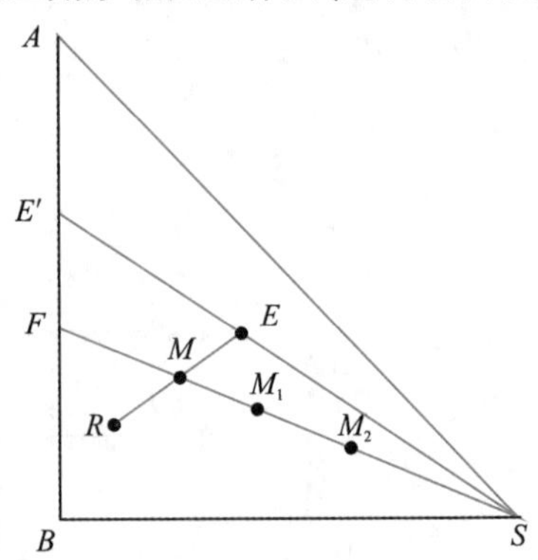


图 10-5　混合物的和点与差点

(1)混合物的和点

如图 10-5 所示,当向质量为 $F$ 的某溶液(由 A、B 组成的二元混合物)中加入质量为 $S$ 的纯溶剂(萃取剂)后,混合物的组成点 $M$ 必在 $FS$ 的连线上。根据杠杆定律可得 $S$ 和 $F$ 之间的关系满足:

$$\frac{S}{F}=\frac{FM}{MS} \tag{10-6}$$

当$F$量一定时,$M$点位置取决于加入萃取剂量$S$,随着$S$含量的增大,混合物的组成点向$S$点移动,如$M$、$M_1$、$M_2$,这些点表示$F$和$S$混合后的组成点,称为混合物的和点。

对S和B部分互溶的体系,当$F$和$S$混合后,静置会分层,分别为萃取相E和萃余相R,此时$M$点也是$E$和$R$的和点。

(2)混合物的差点　图10-5上$E$点表示萃取相的组成,当萃取剂量$S$完全除去时,可得只含组分A和B的萃取液$E'$点,则$E'$为$E$和$S$的差点。

【例10-1】将含A、B组成分别为0.5(质量分数,下同)的400 kg混合液与含A、C组成分别为0.2、0.8的混合液600 kg进行混合,试在三角形坐标中表示:

(1)两混合液混合后的总组成点$M_1$,并由图读出其总组成;

(2)由图解方法确定混合物$M_1$脱除200 kg的C组分获得混合物$M_2$的量和组成;

(3)将混合物$M_2$的C组分完全脱除后所得混合物$M_3$的量及组成。

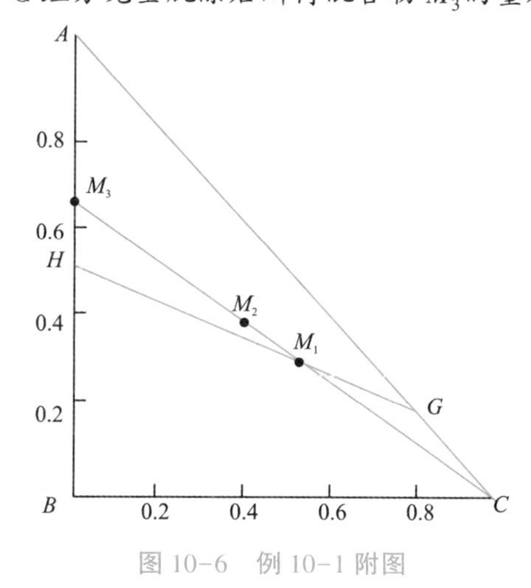


图10-6　例10-1附图

解:　(1)A、B和A、C的混合物分别用$H$、$G$表示,如图10-6所示。

因为,　$H=400\ \text{kg}, G=600\ \text{kg}$,

所以,　$M_1=H+G=1000\ \text{kg}$

点$M_1$的位置可由杠杆定律确定:

$$M_1H=\frac{G\times GH}{M_1}=\frac{600GH}{1000}=0.6GH$$

$M_1$的组成为:　$w_{M_1\text{A}}=0.32, w_{M_1\text{B}}=0.13, w_{M_1\text{C}}=0.55$

(2)点$M_2$为$M_1$与点$C$的差点,所以

$$M_2=M_1-200=800\ \text{kg}$$

点$M_2$的位置可由杠杆定律确定:

$$CM_2=\frac{M_1\times M_1C}{M_2}=\frac{1000}{800}\times M_1C=1.25M_1C$$

所以,点$M_2$的组成为:$w_{M_1\text{A}}=0.4, w_{M_1\text{B}}=0.2, w_{M_1\text{C}}=0.4$。

(3)如果将点$M_2$的C组分完全脱除,得到的混合物$M_3$中只有A、B组分,则点$M_3$必

在 $AB$ 线边上。即 $CM_2$ 延长线与 $AB$ 线交于 $M_3$ 点,从图 10-6 可读出 $M_3$ 点的组成为:$w_{M_1A}=0.65$,$w_{M_1B}=0.35$。

## 二、部分互溶物系的相平衡

根据萃取操作中各组分的互溶性,可将三元系统分为以下三种情况,即

(1)溶质 A 可完全溶解于组分 B 和萃取剂 S 中,但 B 与 S 不互溶。

(2)溶质 A 可完全溶解于组分 B 及 S 中,但 B 与 S 为部分互溶。

(3)组分 A、B 可完全互溶,但 B、S 及 A、S 都部分互溶。

通常将前两种情况中的物质称为第Ⅰ类物质,在工业萃取中,很多情况的萃取体系中属于第Ⅰ类,当在一定压强和温度下达到液-液相平衡时,系统可能是单一液相,也可能是两个液相,由具体物系和组成而定。而第三种物系情况就要复杂得多。本节主要讨论第Ⅰ类物系的相平衡。

### (一)溶解度曲线、平衡联结线及临界混溶点

部分互溶的三元(A、B、S)物系的相平衡关系用溶解度曲线来表示,溶解度曲线在恒定压强和温度下由实验测得,实际测定有不同的方法,这里介绍一种,具体步骤如下:

若有 B、S 组成的部分互溶的混合液 H,达到平衡后分为两液层,其组成点分别为 $D$ 和 $Q$,$D$ 中的 S 组分较少而 B 组分较多,$Q$ 则相反。当向此混合液 H 中加入少量 A 后,按和点的规律,总组成点将沿 $HA$ 线移动至 $H_1$ 点,达到平衡后也将分成两液相点 $R_1$ 与 $E_1$。由图 10-7 可见,A 在此两相中的分配也并不相同;继续加入 A,可得到相应的 $H_2$、$R_2$、$E_2$,$H_3$、$R_3$、$E_3$,…。由实验作图看出,随着 A 加入量的增加(表现为 $H_i$ 点沿 $HA$ 线向上移动),R 中 S 量增加(表现为 $R_i$ 点向右移动),而 E 中 B 量增加(表现为 $E_i$ 点向左移动),即 B 与 S 间的互溶度增加了。直至 A 加到某一量(即图中 $P$ 点)时,两液相组成无限趋近而变为一相,分层现象消失。再加入 A,混合液将继续保持单一液相状态。

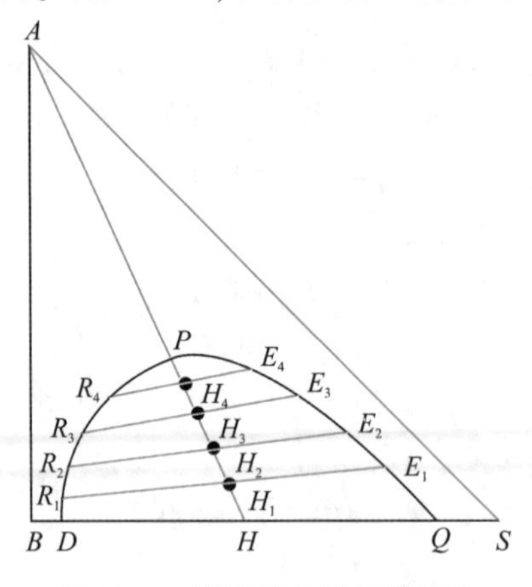


图 10-7 溶解度曲线与联结线

联结 $D$、$R_1$、$R_2$、$R_3$、…、$P$、…、$E_3$、$E_2$、$E_1$、$Q$ 各点得到的曲线称为该三元物系的溶解度曲线。各互成平衡的两液相 $R$ 和 $E$,称为共轭相;其相应的组成称为共轭相组成。$R_i$ 和 $E_i$ 点的连线称为平衡联结线(或称共轭线),$P$ 点称为临界混溶点。

由以上结果可知,溶解度曲线把三角形相图分成两个区域:曲线与底边($BS$)所围成的区域为两相区(即曲线内的任意点均分离为平衡的两液相);曲线以外的区域为单相区。萃取操作只能在两相区进行。

在两相区内可作出无数条平衡联结线,当压强与温度一定时,其共轭相组成是一一对应的;在同一条联结线上的任一总组成点,其对应的平衡两相 R 与 E 的相组成一定,但 R 与 E 的量不同,其相对量可由杠杆定律确定;换言之,平衡的 R、E 两相所对应的混合组成(总组成)点必在 RE 连线上。根据相律,对三组分两相系统,$f=3-2+2=3$,因此,在两相区内只要温度、压强和一个平衡相组成已知,这个系统的状态即可完全确定。

临界混溶点是在一定溶质含量下两共轭相变为一相的临界点。显然,三元混合物在临界混溶点只存在单相,不能再用萃取方法分离。

常见物系的共轭相组成的实验数据可在有关书籍及手册中查取。

### (二)平衡联结线的内插——辅助曲线

用实验方法通常只能得到有限的一些平衡联结线数据。要想了解该物系任一对共扼相组成时,可应用辅助曲线图解内插求取。辅助曲线具体作法如图 10-8 所示。若已知四条联结线 $E_1R_1$、$E_2R_2$、$E_3R_3$和 $E_4R_4$,过 $E_1$、$E_2$、$E_3$、$E_4$作 $AB$ 边的平行线,过 $R_1$、$R_2$、$R_3$、$R_4$作 $BS$ 边的平行线,由此可得到相应的四个交点 $K_1$、$K_2$、$K_3$、$K_4$,联结这些交点 $K_i$ 及 $P$、$Q$ 两点得到的曲线称辅助曲线。

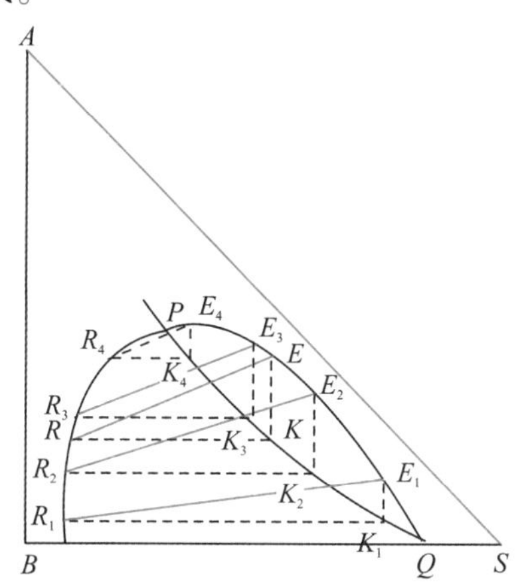


图 10-8 辅助曲线的作法及其应用

借助辅助曲线,可从已知的 E 相(或 R 相)组成,用图解内插法求出与该相平衡的另一相组成。例如,已知 $R$ 点求其相对应的 $E$ 点:可通过 $R$ 点作平行于 $BS$ 的水平线,交辅助线于 $K$ 点,再由 $K$ 点作平行于 $AB$ 边的线,与溶解度曲线相交即可得到 $E$ 点,$RE$ 线即为内插的联结线。

## 三、分配系数和分配曲线

### (一)分配系数

为了表达在一定温度条件下,溶质 A 在平衡的两液相中的分配关系,将溶质 A 在两

个液相中的组成之比,称为分配系数,即

$$k_A=\frac{\text{组分 A 在 E 相中组成}}{\text{组分 A 在 R 相中组成}}=\frac{w_{EA}}{w_{RA}}=\frac{y}{x} \tag{10-7}$$

式中 $y=w_{EA}$——组分 A 在 E 相中的质量分数;

$x=w_{RA}$——组分 A 在 R 相中的质量分数。

同理,对于 B 组分也可写出其分配系数的表达式

$$k_B=\frac{\text{组分 B 在 E 相中组成}}{\text{组分 B 在 R 相中组成}}=\frac{w_{EB}}{w_{RB}} \tag{10-7a}$$

$k$ 本质上表示的是液-液相平衡常数,只不过在萃取当中称为分配系数而已。$k$ 值愈大,表明被萃取物 A 在萃取剂中的分配越多,则每次萃取的分离效果愈好。一般情况下,$k_A$ 不是常数,它是温度和组成的函数。不同物系具有不同的 $k_A$ 值;同一物系的 $k_A$ 既随温度而变,又随平衡两相的组成而变化,但如组成变化范围不大时,$k_A$ 可视为常数,其值由溶解度实验确定。

在溶解度曲线上,当 $k_A=1$ 时,联结线为水平线,其斜率为零即 $w_{EA}=w_{RA}$;若 $k_A>1$,联结线的斜率大于 1,即 $w_{EA}>w_{RA}$;若 $k_A<1$,联结线的斜率小于 1。实际在萃取操作中,总是希望 $k_A$ 大于 1,$k_B$ 小于 1。

### (二)分配曲线

分配系数表示在某一平衡状态下的数值,将多个平衡状态下的分配系数以 $y-x$ 作图,可得分配曲线,即分配曲线可以根据试验得到的溶解度曲线得到。将三角形相图上各联结线两端点的对应组成 $w_{EA}$、$w_{RA}$ 值转移到 $x-y$ 的直角坐标上,如图 10-9 所示,可得到相应的坐标点 $N_i$。对于临界混溶点,其 $y=x$。将各 $N_i$ 点和 $P$ 点联结成的曲线称为分配曲线。反过来,也可以利用分配曲线进行内插求取三角形相图中的其他对应的联结线。

分配曲线本质上表示了液-液平衡关系,反映了所关心的溶质 A 在平衡两相中的组成关系,即相平衡关系。它能比较清楚地反映分配系数的变化情况,换句话说,溶解度曲线表示的是液-液平衡后的组成关系,而分配曲线表示的是液-液平衡后两相组成的相对关系。溶解度曲线和分配曲线是进行萃取图解计算的依据。

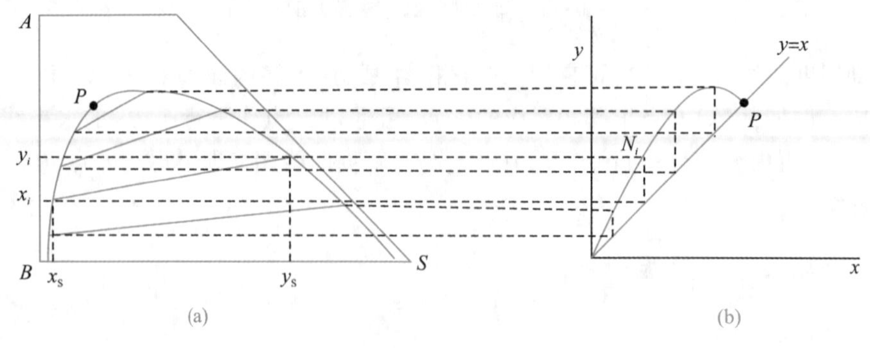


图 10-9 由溶解度曲线转化为分配曲线的做法

# 第三节　萃取剂的选择

萃取操作是否经济合理，适宜的萃取剂是关键。在选择萃取剂时要考虑如下因素。

## 一、萃取剂的选择性

我们总是希望在萃取操作中对B的分配系数愈大愈好，即要求萃取剂S对被萃取组分A的溶解能力大，而对B的溶解能力小。分配系数只表示溶质在两相中的分配情况，并未反映原溶剂B在两相中的分配情况，所以引入萃取剂的选择性系数$\beta$：

$$\beta=\frac{\text{A 在 E 相中的质量分数/B 在 E 相中的质量分数}}{\text{A 在 R 相中的质量分数/B 在 R 相中的质量分数}}=\frac{w_{EA}/w_{EB}}{w_{RA}/w_{RB}}=\frac{w_{EA}/w_{RA}}{w_{EB}/w_{RB}} \quad (10-8)$$

$$\beta=\frac{w_{EA}/w_{RA}}{w_{EB}/w_{RB}}=\frac{k_A}{k_B} \quad (10-8a)$$

换句话说，萃取剂的选择性系数等于A和B的分配系数之比。由式(10-8a)可知，$\beta$和蒸馏的相对挥发度$\alpha$具有相似的含义，只是说法不同而已。它表示A、B在萃取剂中的易分离程度，$\beta$值越大，A越多地分配在萃取相中，越有利于A和B的分离。选择性好的萃取剂，可减少萃取剂用量，降低其回收费用。

选择性系数为分配系数的比值，影响分配系数的因素如温度和浓度也影响选择性系数。

## 二、萃取剂与原溶剂的互溶度

下面以图10-10为例，说明萃取剂与原溶剂的互溶度大小。实际上，S与B的互溶性也可通过B的分配系数$k_B$的大小来反映。

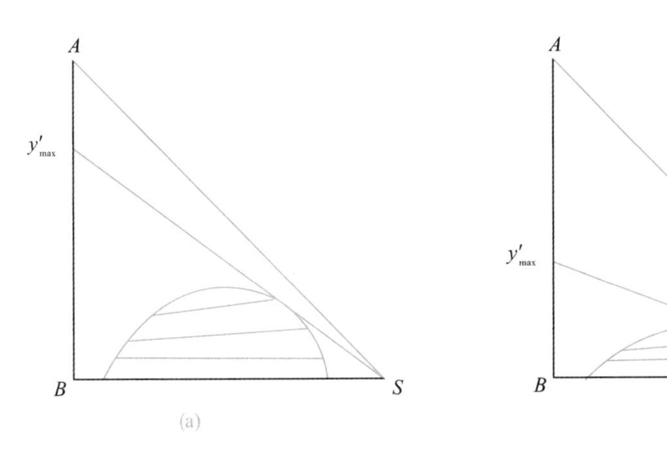


图10-10　萃取剂与原溶剂的互溶度

若采用S和S′两种萃取剂对(A+B)混合液在相同温度下进行萃取,得到如图10-10所示的两个形状相似的相图,其中图10-10(a)表明B-S互溶度小,两相区大,求差点可知,此时能得到较高的$y'_{max}$;图10-10(b)表示B-S互溶度大,两相区小,故能得到的$y'_{max}$较小。不仅如此,互溶性增加,将使萃取液与萃余液中各组分分离更加困难。因此,应当选择对原溶剂B的互溶度小的萃取剂。

对同一物系,当温度降低时,S与B的互溶度减小,即两相区增加,对萃取有利,如图10-11所示;但温度降低会使溶液黏度增加,不利于两相间的分散、混合和分离,因此萃取操作温度应做适当的选择。

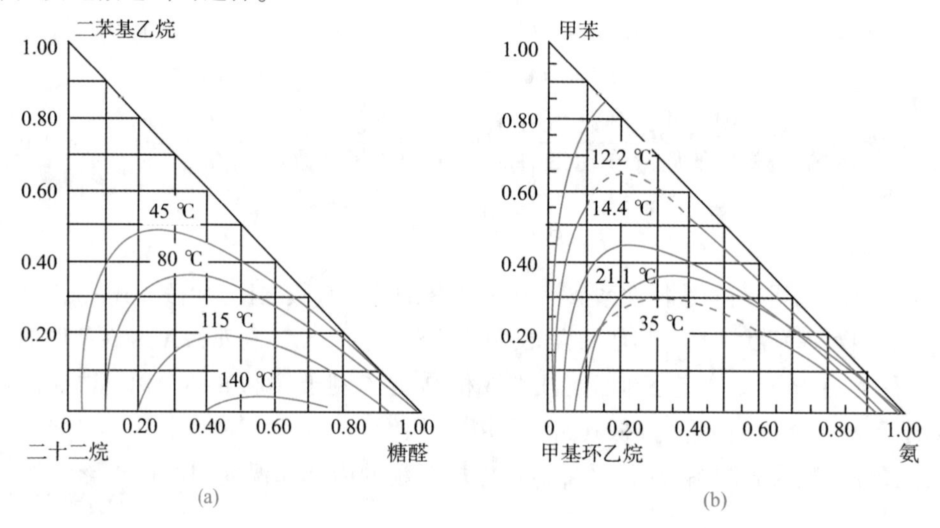


图10-11　温度对互溶度的影响

## 三、萃取剂的回收

萃取剂通常需回收后循环使用,萃取剂回收的难易直接影响萃取的操作费用。用蒸馏方法回收萃取剂时,萃取剂与其他被分离组分间的相对挥发度要大,并且不应形成恒沸物。若被萃取的溶质A是不挥发的或挥发度很低的物质,可采用蒸发或闪蒸方法回收萃取剂,此时希望萃取剂的比汽化焓较低,以减少热量消耗。

所选用的萃取剂应具有合适的密度,保证与原溶剂间适宜的密度差,使两相易于分层;应具有合适表面张力,以有利于传质和快速形成稳定的相界面;应具有合适的黏度,低黏度有利于两相的混合传质与分离。此外,还应满足化学稳定性好、腐蚀性小、无毒、不易燃易爆、价廉易得、蒸气压低(以减小汽化损失)等要求。这些也和选择吸收剂的要求类似,应根据实际物系的情况、分离要求和技术经济比较来做出合理的选择。

【例10-2】丙酮和乙酸乙酯的混合液具有恒沸点,用一般蒸馏方法不能达到较完全的分离。由于丙酮易溶于水,故可选择水作为萃取剂,用萃取方法进行分离。物系在30 ℃下的相平衡数据如表10-1所示。试求与各对平衡数据相应的分配系数和选择性系数,并对此萃取剂(水)做出评价。

表 10-1　丙酮(A)-乙酸乙酯(B)-水(S)在 30 ℃下的相平衡数据(质量分数)

| 序号 | R 相(乙酸乙酯相)组成 | | | E 相(水相)组成 | | |
|---|---|---|---|---|---|---|
| | 丙酮(A) | 乙酸乙酯(B) | 水(S) | 丙酮(A) | 乙酸乙酯(B) | 水(S) |
| 1 | 0 | 0.965 | 0.035 | 0 | 0.074 | 0.926 |
| 2 | 0.048 | 0.910 | 0.042 | 0.032 | 0.083 | 0.885 |
| 3 | 0.094 | 0.856 | 0.050 | 0.060 | 0.080 | 0.860 |
| 4 | 0.135 | 0.805 | 0.060 | 0.095 | 0.083 | 0.822 |
| 5 | 0.166 | 0.772 | 0.062 | 0.128 | 0.092 | 0.780 |
| 6 | 0.200 | 0.732 | 0.070 | 0.148 | 0.098 | 0.754 |
| 7 | 0.224 | 0.700 | 0.076 | 0.175 | 0.102 | 0.723 |
| 8 | 0.260 | 0.650 | 0.090 | 0.198 | 0.122 | 0.680 |
| 9 | 0.278 | 0.620 | 0.102 | 0.212 | 0.118 | 0.670 |
| 10 | 0.326 | 0.540 | 0.134 | 0.264 | 0.150 | 0.586 |

解：以序号 2 为例

$$k_A = \frac{y}{x} = \frac{0.032}{0.048} = 0.667, k_B = \frac{y}{x} = \frac{0.083}{0.910} = 0.091\ 2$$

$$\beta = \frac{k_A}{k_B} = \frac{0.667}{0.091\ 2} = 7.31$$

其他序号的计算结果见表 10-2。

表 10-2　例 10-2 的计算结果

| 序号 | 1 | 2 | 3 | 4 | 5 | 6 | 7 | 8 | 9 | 10 |
|---|---|---|---|---|---|---|---|---|---|---|
| $k_A$ | 0 | 0.667 | 0.638 | 0.704 | 0.771 | 0.740 | 0.781 | 0.762 | 0.763 | 0.810 |
| $\beta$ | 0 | 7.31 | 6.83 | 6.83 | 6.47 | 5.51 | 5.36 | 4.06 | 4.01 | 2.91 |

由以上计算结果可知，$\beta$ 值均比 1 大得多，从选择性来看，可以用水作为萃取剂从乙酸乙酯溶液中萃取丙酮，但各种平衡组成下 $k_A$ 均小于 1，即用水只能将部分丙酮萃取出来，而且水与乙酸乙酯的互溶性较好，因而乙酸乙酯在水相中的损失相当大，这说明对此物系，水并不是一个最佳萃取剂，考虑到水较价廉易得，因此也可作为一种待选的萃取剂。

# 第四节 萃取过程的计算

萃取过程计算原则上包括物料衡算、热量衡算、相平衡计算和传质过程速率计算。但物质在两液相间传递时的热效应通常较小,过程基本是等温的,故一般可不做热量衡算。另外,我们认为萃取操作很快达到平衡,所以不进行传质过程速率计算。

萃取操作可在分级接触式设备(如板式塔)或连续接触式设备(如填料塔)中进行,本节以级式接触萃取过程的计算为例进行介绍。在级式接触萃取过程计算中,无论是单级还是多级萃取操作,均假设各级为理论级,即离开每级的 E 相与 R 相互为平衡。萃取理论级的概念与蒸馏中的理论板类似。萃取理论级也是一种理想状态,因为要使液-液两相充分混合接触传质达到平衡,又使混合两相彻底分离,理论上均需无限长的时间,在实际生产中是达不到的。应用理论级的概念是为了便于对过程进行分析,并用理论级作为萃取设备操作效率的比较标准。在设计计算时,可先求出所需的理论级数,再根据实际经验得出的级效率(如同板式塔中的板效率)或当量理论级高度(相当于填料塔中的等板高度),求取所需的实际萃取级数。级效率一般需针对具体的设备通过实验测定。

## 一、单级萃取过程

单级萃取流程如图 10-12 所示。一般多用于间歇操作,简单分离。该流程中有一个混合器 1、一个澄清器 2 和两个萃取剂分离设备 3 和 4。

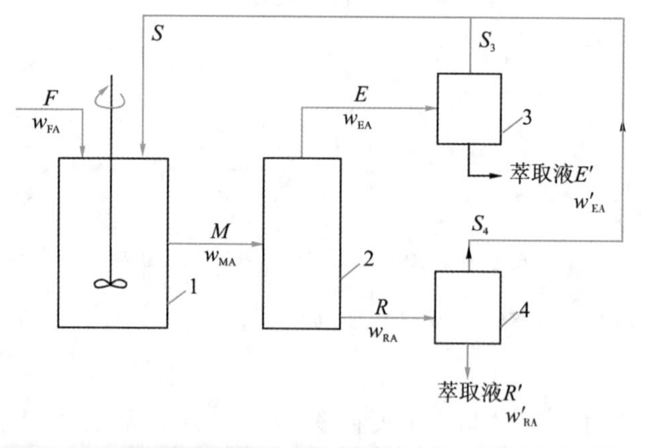


图 10-12　单级萃取流程

### (一)解析法

只考虑萃取,不考虑萃取后的溶剂分离回收,对设备 1 和 2 做物料衡算:

总物料衡算:$F+S=R+E$

组分 A 物料衡算:$Fw_{FA}+S=Rw_{RA}+Ew_{EA}$

组分 S 物料衡算:$S=Rw_{RS}+Ew_{ES}$

相平衡：$k_A=\frac{w_{EA}}{w_{RA}}, k_B=\frac{w_{EB}}{w_{RB}}, k_S=\frac{w_{ES}}{w_{RS}}$

E 相归一化方程：$w_{EA}+w_{EB}+w_{ES}=1.0$

R 相归一化方程：$w_{RA}+w_{RB}+w_{RS}=1.0$

变量：$F,S,R,E,w_{FA},w_{EA},w_{EB},w_{RA},w_{RB},w_{RS},w_{ES},N$

操作问题：已知 $F,w_{FA},S,N$

设计问题：已知 $F,w_{FA},w_{RA},w_{RB}$

变量数 12 个，方程数 8 个，已知变量 4 个，方程有唯一解。但是，由于三元物系的液-液平衡关系的数学表达式和物料衡算式联立求解时计算比较烦琐，可在已知的物系三角形相图上图解法求解。

定义萃取率如下：

$$\rho=\frac{\text{被萃取剂萃取到萃取相的组分 A 的量}}{\text{原料中被萃取组分 A 的量}}$$

对单级萃取过程：

$$\rho=\frac{E_{WEA}}{F_{WEA}}$$

（二）图解法

在三角形相图上，应先根据已知的平衡关系画出溶解度曲线、平衡联结线和辅助曲线。单级萃取过程的各物流及组成间的关系如图 10-13 所示。

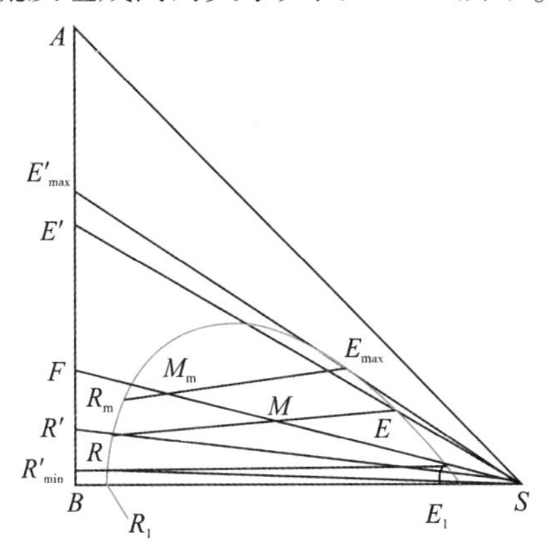


图 10-13 单级萃取在相图上的表示

原料液 F 组成点 $F$ 在 $AB$ 线边上，加入纯萃取剂 S（图中所示点 $S$ 为纯萃取剂）进行萃取，混合液的总组成点 $M$（即 $F$ 与 $S$ 的和点）必在 $FS$ 线上，即有：

$$S+F=M, \frac{S}{F}=\frac{FM}{SM}$$

F 和 S 充分接触、静止分层获得 E 和 R，且 E 和 R 达到平衡。故 $E$ 和 $R$ 的组成点必在过 $M$ 点的平衡联结线上，即

$$R+E=M, \frac{E}{R}=\frac{RM}{EM}$$

分出的E相和R相中的萃取剂应回收循环使用。若将萃取剂S从E中全部脱除得到萃取液$E'$,按差点的概念,$E'=E-S$,连接$SE$线并延长交$AB$边线即可得到交点$E'$,显然萃取液$E'$点为(A+B)的二元溶液,其中A的质量分数比原料液F大为增加;同理,若将R中的溶剂S全部脱除可得萃余液,即图中$R'$,$R'=R-S$,故$R'$为$SR$的延长线与$AB$边线的交点,由图可见,A的质量分数比F低得多。即经过一个萃取理论级后,原料液点$F$分为由$E'$和$R'$表示的两个新的(A+B)溶液系统,使$F$得到一次部分分离。根据物料衡算与杠杆定律:

$$R'+E'=F,\frac{E'}{R'}=\frac{R'F}{E'F}$$

那么,对原料液F经过一次理论级萃取后可能得到溶质A的最大萃取液组成和最小萃余液组成是多少呢?

由图10-13可见,随加入S的减少,$M$点将沿$SF$线向左上方移动,对应的平衡联结线也将向上移动,$SEE'$的斜率绝对值也将增加,$E'$将向上移动,直至和过$S$点作溶解度曲线的切线(切点为$E_{max}$)$SE_{max}E'_{max}$线重合为止,这时得到的$E'=E'_{max}$,其中A的组成达到最大,和点为$M_m$,平衡联结线为$R_mM_mE_{max}$。

类似地,若加大$S$,则$M$点将沿$FS$线向下移动,当萃取剂加入量最大时,$F$与$S$的和点的极限点应为$E_1$($M$点与$E_1$重合),由过$E_1$的联结线可得到$R_1$,将$R_1$中的S脱除即得到萃余液$R'_{min}$,其中A的组成达到最小。

【例10-3】25 ℃时丙酮-水-三氯乙烷系统的溶解度数据列于表10-3中,组成均为质量分数。原料液(丙酮-水溶液)中含丙酮50%,总质量为100 kg,用三氯乙烷作萃取剂。试求:(1)加入多少千克三氯乙烷后,混合液总量$M$中三氯乙烷总组成为32%?混合液总量$M$中丙酮与水的总组成为多少?(2)混合液分层后,得到萃余相$R$(水相)的组成为:水71.5%,丙酮27.5%,三氯乙烷1%,与R平衡的萃取相E的组成是多少?(3)在原料液F中加入多少千克三氯乙烷才能使混合物开始分层?

表10-3　丙酮(A)-水(B)-三氯乙烷(S)在25 ℃下的平衡组成

| 序号 | 萃余相(水相)组成(质量分数) | | | 萃取相(三氯乙烷相)组成(质量分数) | | |
|---|---|---|---|---|---|---|
| | 丙酮(A) | 水(B) | 三氯乙烷(S) | 丙酮(A) | 水(B) | 三氯乙烷(S) |
| 1 | 0.059 6 | 0.935 2 | 0.005 2 | 0.087 5 | 0.003 2 | 0.909 3 |
| 2 | 0.100 0 | 0.894 0 | 0.006 0 | 0.150 0 | 0.006 0 | 0.844 0 |
| 3 | 0.139 7 | 0.853 5 | 0.006 8 | 0.207 8 | 0.009 0 | 0.783 2 |
| 4 | 0.190 5 | 0.801 6 | 0.007 9 | 0.276 6 | 0.013 3 | 0.710 1 |
| 5 | 0.276 3 | 0.713 3 | 0.010 4 | 0.393 9 | 0.024 0 | 0.582 1 |
| 6 | 0.357 3 | 0.626 7 | 0.016 0 | 0.482 1 | 0.042 6 | 0.475 3 |
| 7 | 0.460 5 | 0.502 0 | 0.037 5 | 0.574 0 | 0.089 0 | 0.337 0 |

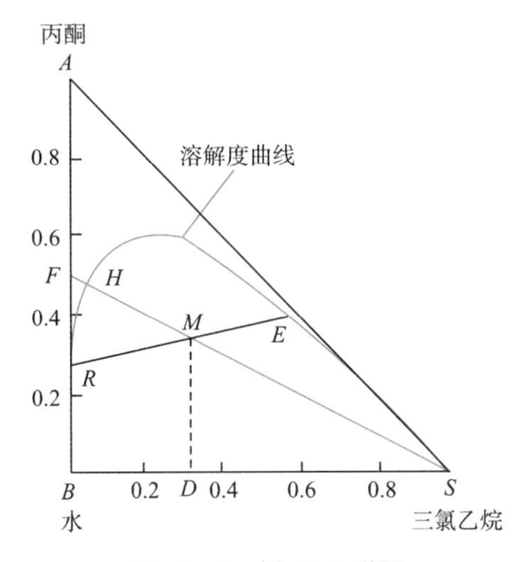


图 10-14　例 10-3 附图

解:(1)首先按照表格中数据在三角形相图中绘出溶解度曲线(图 10-14)。标出 $F$ 点,联结 $FS$ 线,根据 $w_{MS}=0.32$,在 $BS$ 边上找到 $D$ 点,过 $D$ 点作垂线交 $FS$ 于 $M$ 点,此即为 $F$ 和 $S$ 的和点。

$S+F=M,\dfrac{S}{F}=\dfrac{FM}{SM}=\dfrac{0.32}{1-0.32}=0.47,S=0.47F=47\ \text{kg}$

总组成:已知三氯乙烷组成 $w_{MS}=0.32$,M 中 A 和 B 的组成比应与原溶液相同,即

$$\frac{w_{MA}}{w_{MB}}=\frac{w_{FA}}{w_{FB}}=\frac{0.5}{0.5}=1$$

根据组成归一化方程:$w_{MS}+w_{MA}+w_{MB}=1,w_{MA}+w_{MB}=1-w_{MS}=1-0.32=0.68$

可得:$w_{MA}=w_{MB}=0.34$

(2)已知 $R$ 点,在溶解度曲线上找到此点,连接 $RM$ 并延长交溶解度曲线即为 $E$ 点。从图上可以读出 $E$ 点的组成:$w_{EA}=0.39,w_{ES}=0.586,w_{EB}=0.024$。

(3)从 $S=0$ 开始逐渐增加 $S$ 量($S=0$ 时和点是 $F$),和点将从 $F$ 点开始沿 $FS$ 线向右下方移动,当 $S$ 加入量增至其和点刚跨过溶解度曲线上的 $H$ 点时,混合液即开始分层,$H$ 点所对应的组成 $w_{HS}=0.043$,故三氯乙烷加入量必须超过以下计算值才能使混合物分层。

$$\frac{S}{F}=\frac{FH}{SH}=\frac{0.043}{1-0.043}=0.045,S=0.045F=4.5\ \text{kg}$$

## 二、多级错流萃取过程

当单级萃取得到的萃余相中的溶质 A 的组成高于要求值时,为了充分回收溶质,可再次在萃余相中加入新鲜萃取剂进行萃取,即将若干个单级萃取器按萃余相流向串联起来,得到如图 10-15(a)所示的多级错流萃取流程(图中为 3 级)。

图 10-15(b)表示了多级错流萃取的图解计算过程,它是单级萃取过程图解法的多次重复。在第 1 级中,$S$ 和 $F$ 混合后的总组成点为 $M_1$,落在 $FS$ 的连线上,通过 $M_1$点的平衡联结线的两端点分别为萃取相 $E_1$和萃余相 $R_1$;$R_1$在第 2 级中与新鲜 $S$ 接触混合,其总

组成点 $M_2$ 在 $R_1S$ 连线上,根据平衡联结线分出 $R_2$ 与 $E_2$;同理,可得 $M_3$、$R_3$、$E_3$。若 $R_3$ 中的组成仍不满足工艺要求,可再增加萃取级数。因此,图解计算时画出的平衡联结线数目即为所求的理论级数。

多级错流萃取时,由于每一级都加入新鲜萃取剂,使过程推动力增加,有利于萃取传质,并可降低最后萃余相中的溶质浓度;但萃取剂用量大,其回收和输送的能耗也增加,因此,这一流程的应用受到一定限制。但在物系的分配系数 $k_A$ 很大或萃取剂为水不需回收等情况下可以使用。

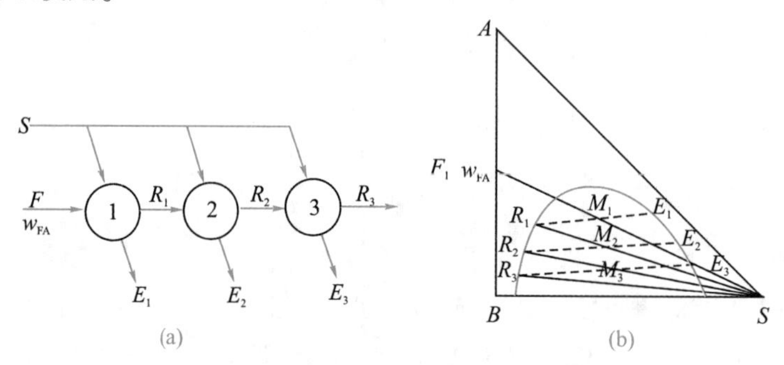


图 10-15 多级错流萃取及图解计算

## 三、多级逆流萃取过程

### (一)多级逆流萃取流程

当原料液中的两个组分均为过程的目的产物,并希望较充分地加以分离时,一般均采用多级逆流萃取操作。如图 10-16 所示,原料液 $F$ 由第 1 级中加入,顺次通过各级,最终萃余相 $R_N$ 由最后一级,即第 $N$ 级排出;新鲜萃取剂 $S$ 则从第 $N$ 级加入,沿相反方向通过各级,最终萃取相 $E_1$ 由第一级排出。$R_N$ 与 $E_1$ 可分别送入溶剂回收设备回收萃取剂循环使用。

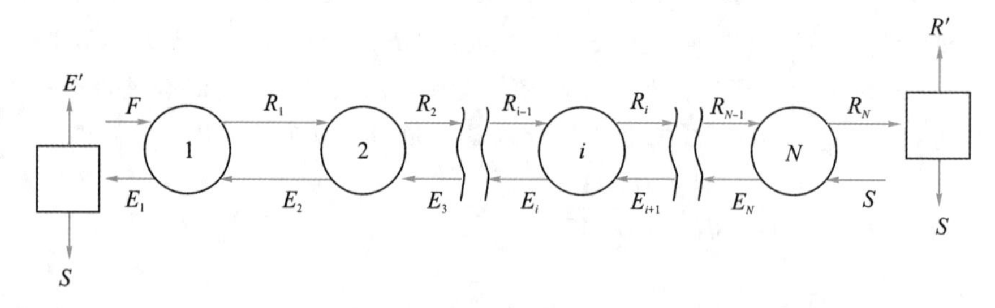


图 10-16 多级逆流萃取流程

多级逆流萃取操作一般是连续的,其分离效率高,溶剂用量较少,故在工业上得到广泛应用。

### (二)多级逆流萃取理论级数的求取——溶解度曲线图解法

在多级逆流萃取计算中,一般已知物系的平衡关系、原料液量 $F$ 及其组成和最终萃余相的组成(或最终萃取相组成),选定溶剂用量 $S$ 及其组成,然后运用各级的物料衡算

与相平衡关系求所需的理论级数 $N$ 和离开各级的萃取相与萃余相的量和组成。通常采用三角形坐标图解法。即：根据三元物系在某操作压强、温度条件的平衡数据，在三角形相图上画出溶解度曲线、平衡联结线、并作出辅助曲线，按物料衡算和相平衡关系进行图解求取理论级数(图 10-17)。作图原理及过程如下：

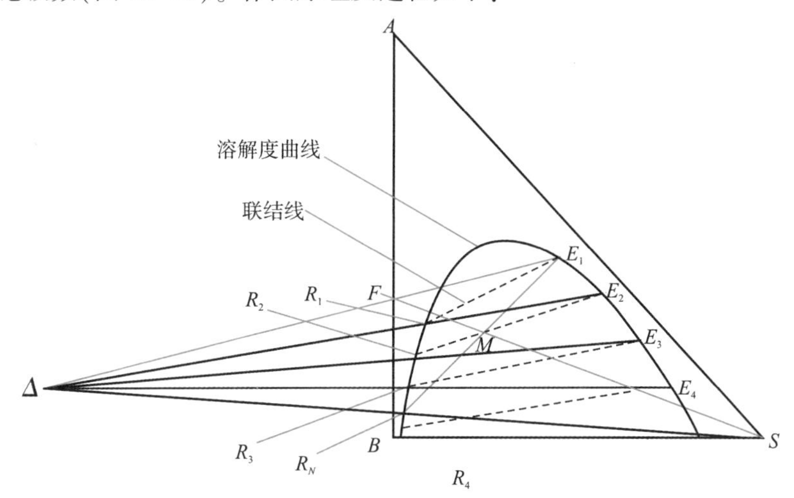


图 10-17　多级逆流萃取理论级的图解计算

首先列总物料衡算，即对 $N$ 个理论级做总衡算，可得

$$F+S-E_1+R_N=M \tag{10-9}$$

式中，$M$ 既是输入系统的原料液 $F$ 和萃取剂 $S$ 之和($F$ 与 $S$ 的和点)，又是输出系统的 $E_1$ 和 $R_N$ 之和($E_1$ 与 $R_N$ 的和点)。

(1)作图确定 $E_1$ 点的步骤

①根据已知原料液组成确定 $F$ 点，选定适宜的溶剂比 $S/F$，根据杠杆原理确定和点 $M$ 点。

②在溶解度曲线上确定最终萃余相组成点 $R_N$，联结 $R_NM$ 并延长交溶解度曲线于 $E_1$ 点，此为最终萃取相的组成点。

(2)多级逆流萃取操作的操作线方程

第 1 级物料衡算：$F+E_2=E_1+R_1$ 或 $F-E_1=R_1-E_2$

第 2 级物料衡算：$R_1+E_3=R_2+E_2$ 或 $R_1-E_2=R_2-E_3$

…………

第 $N$ 级物料衡算：$R_{N-1}+S=R_N+E_N$ 或 $R_{N-1}-E_N=R_N-S$

由以上各级衡算式可得

$$F-E_1=R_1-E_2=R_2-E_3=\cdots=R_{N-1}-E_N=R_N-S=\Delta \tag{10-10}$$

式(10-10)为多级逆流萃取操作的操作线方程。式中 Δ 为该系统的常数，它表示进入该级的萃余相的流量与离开该级的萃取相的流量之差为一常量，即 Δ 是 $F$ 与 $E_1$、$R_1$ 与 $E_2$、…、$R_N$ 与 $S$ 的差点，可看作是通过每一级的“净流量”。由上可知 Δ 是个虚拟量，其位置在三角形坐标图之外。当萃取剂用量较小，即当 $S<R_N$ 时，Δ 的位置落在三角形坐标图

的左侧,如图 10-17 所示;反之,若萃取剂用量较大,即 $S>R_N$时,$\Delta$ 的位置将落在三角形坐标图的右侧。

(3)作图求多级逆流萃取理论级数

对任意 $i$ 级,$E_iR_{i-1}\Delta$(或 $R_{i-1}E_i\Delta$)表明第 $i$ 级与第($i-1$)级间的相对物流量与组成关系,故称该直线为 $i$ 与 $i-1$ 级间的操作线,各级间的操作线都交于 $\Delta$ 点,故 $\Delta$ 点又称为操作线的共点。而离开各级的物流 $E_i$、$R_i$ 都是平衡联结线的端点。因此,只要根据物料衡算关系定出 $\Delta$ 之后,根据溶解度曲线和操作线方程,在三角形相图上交替画出相应的联结线和操作线即可求出所需的理论级数。具体作法如下:

a.联结 $E_1F$ 和 $SR_N$,并延长交于 $\Delta$ 点;

b.利用辅助曲线(图中未示),作过 $E_1$点的联结线,得到与 $E_1$相平衡的 $R_1$点;

c.联结 $\Delta R_1$并延长交溶解度曲线于 $E_2$ 点,过此点作联结线得到与之平衡的 $R_2$ 点;

d.重复上述步骤,直至 $R_i$ 相对于 $AB$ 边的位置等于或低于 $R_N$的位置为止,即 $w_{R_i,A} \leqslant w_{R_N,A}$,此时 $R_i$ 的组成满足设计要求。

画出的平衡联结线数即需要的理论级数。在图 10-17 中共画出 4 条联结线,说明有 4 个理论级即可完成给定的分离要求。同时每个平衡级的 $R_i$ 和 $E_i$ 的组成和流量也可以确定。

需要说明的是,$\Delta$ 的具体位置可能在三角形坐标图的左侧或右侧,由物系的联结线的倾斜方向、原料液组成和数量、萃取剂用量大小等因素确定,但其图解步骤相同。

### (三)多级逆流萃取理论级数求取——分配曲线图解法

当采用逆流操作所需理论级数较多时,在三角形相图上进行图解画出的联结线多而密集,作图困难,误差也较大。此时可在 $x-y$ 直角坐标图上画出相应的平衡线(即分配曲线)及操作线,用与精馏过程相似的图解法求理论级数。前已述及,根据溶解度曲线,可以得到相应的分配曲线,或者说分配曲线和溶解度曲线是液-液相平衡的不同表示方法而已。

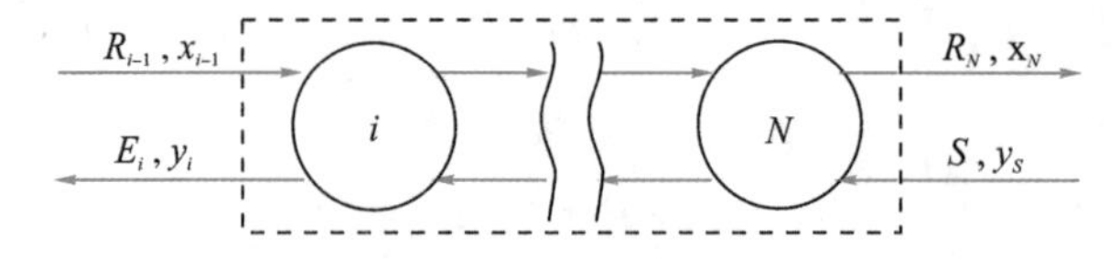


图 10-18　多级逆流萃取物料衡算($x-y$ 坐标系)

在 $x-y$ 图上的操作线推导如下:在任意 $i$ 级和最后一级($N$ 级)间做物料衡算。如图 10-18 中虚线所示范围。

总物料衡算:
$$R_{i-1}+S=E_i+R_N \tag{10-11}$$

A 组分物料衡算:
$$R_{i-1}x_{i-1}+Sy_S=E_iy_i+R_Nx_N \tag{10-12}$$

式中　$x_{i-1}$——离开 $i-1$ 级萃余相中进入 $i$ 级 A 的质量分数;

$y_i$——离开 $i$ 级的萃取相中 A 的质量分数;

$y_S$——萃取剂中 A 的质量分数。

联立：
$$y_i=\frac{R_{i-1}x_{i-1}}{E_i}+\frac{S}{E_i}y_S-\frac{R_N}{E_i}x_N \tag{10-13}$$

一般 $S$、$y_S$、$R_N$、$x_N$ 已知，由于在各萃取级中萃取相与萃余相的流量都在变化，故式(10-13)在 $x-y$ 图中为一曲线，称为操作线。

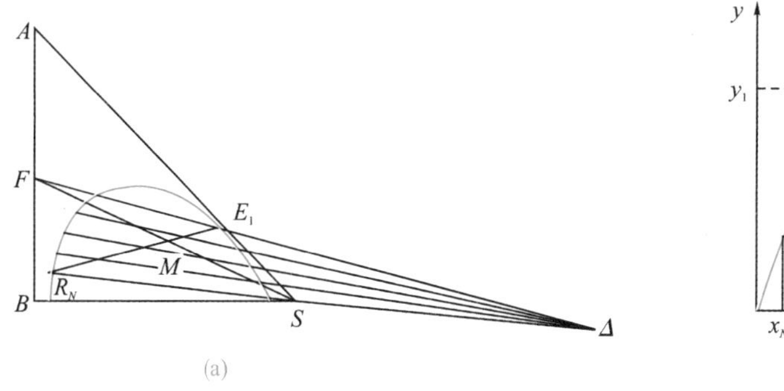


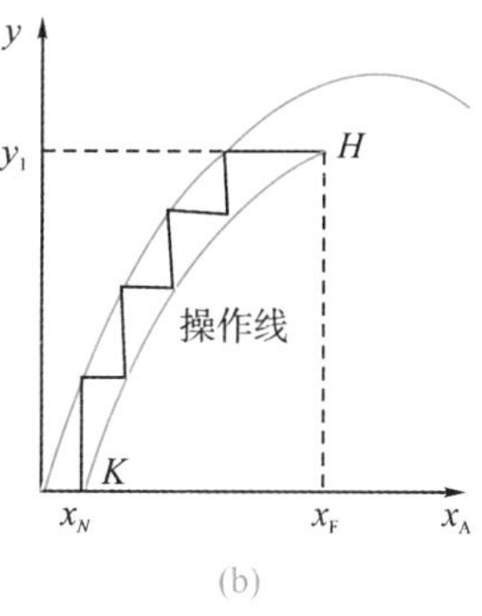


图 10-19　用分配曲线法求理论级数

通常采用图解法画操作线，即将三角形相图上的操作线转绘到 $x-y$ 图上。从三角形相图上 $R_NS$ 及 $FE_1$ 作延长线得到 $\Delta$ 点，过 $\Delta$ 在 $E_1$ 和 $R_N$ 范围内作若干条任意直线与溶解度曲线相交，得到若干组交点($R_{i-1}$，$E_i$)，将这些交点的对应组成($x_{i-1}$，$y_i$)标绘到 $x-y$ 图上得若干对应点，将它们联结起来即得到在 $x-y$ 图上逆流萃取的操作线。

由图 10-19(b)可见，操作线为曲线，其起点的坐标为($x_F$，$y_1$)，即 $H$ 点，而终点坐标为($x_N$，$y_S$)，即 $K$ 点。由 $H$ 点起，在平衡线(分配曲线)与操作线间作水平线与垂直线段构成梯级，直至 $x_i \leqslant x_N$ 为止，画出的梯级数即为所需的理论级数。图 10-19(b)中得到 4 个梯级，说明此逆流萃取过程需要 4 个萃取理论级。

## 四、完全不互溶物系的萃取过程

当 B 和 S 完全不互溶或互溶度极小时，在整个萃取过程，S 和 B 可看作不变量，只有 A 在两相间进行转移，这种情况与单组分吸收过程类似，计算比较简单。

### (一)组成与相平衡表示方法

由于 B 和 S 不互溶，各相中的 A 的组成可用质量比表示

萃取相(E)中溶质 A 的组成(质量比)：$Y=\dfrac{\text{溶质 A 的质量(kg)}}{\text{萃取剂 S 的质量(kg)}}$

萃余相(R)中溶质 A 的组成(质量比)：$X=\dfrac{\text{溶质 A 的质量(kg)}}{\text{原溶剂 B 的质量(kg)}}$

液-液相平衡可在 $X-Y$ 坐标中以分配曲线表示。

### (二)单级萃取过程计算

当原料液(A+B)与 S 互相接触时，A 从 B 向 S 中转移，B 和 S 在两液相中的量不变，最后两相达到平衡，如图 10-20 所示。

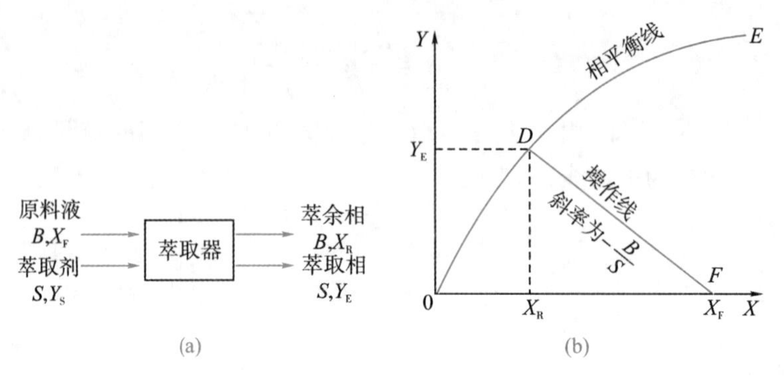


图 10-20 完全不互溶物系(B 和 S)的单级萃取

对萃取器进行 A 组分的物料衡算:

$$BX_F+SY_S=BX_R+SY_E$$

$$B(X_F-X_R)=S(Y_E-Y_S) \tag{10-14}$$

$$\frac{B}{S}=\frac{Y_E-Y_S}{X_F-X_R}, Y_E=-\frac{B}{S}(X_R-X_F)+Y_S \tag{10-14a}$$

对于单级完全不互溶体系,萃取率:$\rho=\frac{SY_E}{BX_E}$。

式(10-14a)称为单级萃取过程的操作线方程,在 $X-Y$ 坐标图中为一直线,加上液-液平衡关系,即可求解。当已知 $B$、$X_F$、$Y_S$ 及选定萃取剂用量 $S$ 以后,此时斜率和其中一点已知,可直接在 $X-Y$ 图上画出操作线,操作线与平衡线的交点即为($Y_E$,$X_R$),读图可得。具体做法为,已知 $Y_S$(当为纯萃取剂时,$Y_S=0$)、$X_F$,在图上得到 $F$ 点,根据式(10-14a),过 $F$ 点作斜率为$-B/S$ 的直线交平衡线 $OE$ 于 $D$ 点,如图 10-20(b)所示。当规定 $X_R$,求取相应的 $Y_E$与萃取剂 $S$ 用量时,用图解法求解更方便。先确定 $F$ 点($X_F$,$Y_S$),由于已知 $X_R$,可直接在平衡线 $OE$ 上找到 $D$ 点($X_R$,$Y_E$),连接 $D$ 和 $F$ 点可得操作线,由该线斜率值求出 $S$ 用量。

### (三)多级错流萃取过程计算

多级错流萃取是上述单级萃取的多次重复。图 10-21 所示为 B、S 溶剂完全不互溶物多级(四级)错流萃取流程。对每一级的萃取相与萃余相,其中 $S$ 与 $B$ 应为常量。计算可按下列方法进行。

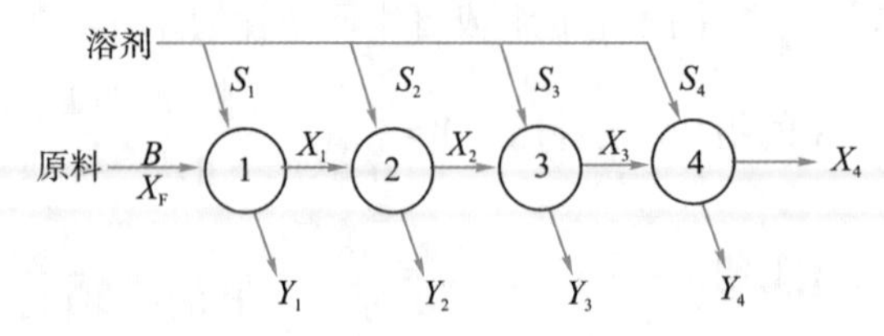


图 10-21 互不相溶物系多级错流萃取

(1)解析法 若在操作范围内,分配系数为常数,且 $Y_S=0$,则在 $X-Y$ 坐标中,分配曲线可认为为一通过原点的直线。则可用类似吸收中的表示式:

$$Y=mX \tag{10-15}$$

对第 1 级做 A 组分的物料衡算：　$Y_1=-\dfrac{B}{S}(X_1-X_F)+Y_S$　　(10-16)

若 $Y_S=0$，并将平衡关系 $Y_1=mX_1$ 代入可得：　$X_1=\dfrac{X_F}{\dfrac{mS}{B}+1}$　　(10-17)

令 $b=mS/B$，称为萃取因子，则　$Y_1=\dfrac{mX_F}{b+1}$　　(10-18)

同理，对于第 2 级：$X_2=\dfrac{X_1}{b+1}=\dfrac{X_F}{(b+1)^2}$，$Y_2=\dfrac{mX_F}{(b+1)^2}$

依次推导至第 $N$ 级：　$X_N=\dfrac{X_F}{(b+1)^N}$　　(10-19)

$$Y_N=\frac{mX_F}{(b+1)^N}\tag{10-20}$$

于是可求出经过 $N$ 个理论级错流萃取后的萃余相组成 $X_N$ 和相应的萃取相组成 $Y_N$。也可应用式(10-19)求出使溶液由 $X_F$ 降至指定的 $X_N$ 值所需的理论级数 $N$。

多级错流萃取率：$\rho=\dfrac{\sum_{n=1}^{N}SY_n}{BX_F}=\dfrac{BX_F-BX_N}{BX_F}=\dfrac{X_F-X_N}{X_F}$

由式(10-19)得：$\rho=1-\dfrac{1}{(b+1)^N}$

(2)图解法　若平衡线为曲线，可采用图 10-22 所示的图解法。

若 $Y_S=0$，则第 1 级的操作线方程：　$Y_1=-\dfrac{B}{S}(X_1-X_F)$　　(10-21)

依次可得第 2，3，…，$N$ 级：$Y_2=-\dfrac{B}{S}(X_2-X_1)$

$$\vdots$$

$$Y_N=-\frac{B}{S}(X_N-X_{N-1})\tag{10-22}$$

由上式可知，各操作线的斜率均为 $-B/S$，分别通过 $X$ 轴上的点 $(X_F,0)$，$(X_1,0)$，$(X_{N-1},0)$。具体图解步骤如下：

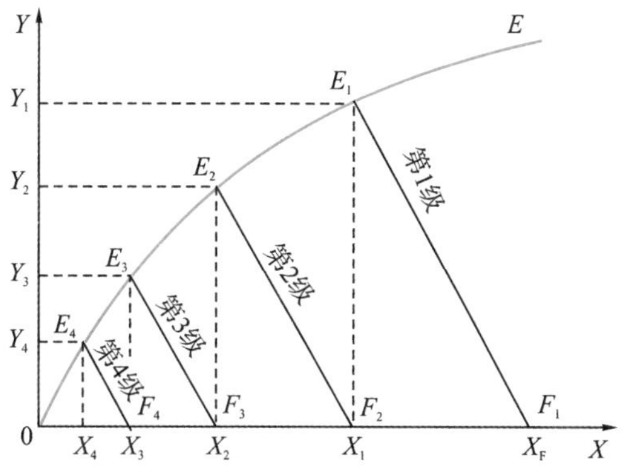


图 10-22　互不相溶物系多级错流萃取的图解法

①根据相平衡数据，首先绘出平衡线 $OE$；

②过 $X$ 轴上已知点 $F_1(X_F,0)$ 作斜率为 $-B/S$ 的直线，得第 1 级操作线，交平衡线于 $E_1(X_1,Y_1)$，即得出第 1 级的萃取相与萃余相组成 $Y_1$ 与 $X_1$；

③由 $E_1$ 作垂线交 $X$ 轴于 $F_2(X_1,0)$，过 $F_2$ 作第 2 级操作线，交平衡线于 $E_2(X_2,Y_2)$；

④依次作操作线，直至萃余相组成等于或小于规定值 $X_N$ 为止，如图 10-21 中所示共为 4 级。

若入口萃取剂中 $Y_S \neq 0$，可按操作线方程：

$$Y_i=-\frac{B}{S}(X_i-X_{i-1})+Y_S \tag{10-23}$$

及平衡线，用类似上述步骤图解求理论级数。

【例 10-4】含丙酮 20% 的水溶液，流量为 800 kg/h。按错流萃取流程，用 1,1,2-三氯乙烷作萃取剂，每一级的三氯乙烷用量均为 320 kg/h。要求萃余相中的丙酮含量降到 5%（以上均为质量分数）。求萃取相、萃余相的组成和所需理论级数。物系的相平衡数据见表 10-3。

解：由平衡数据（表 10-3）可知，当水相中丙酮量小于 20% 时，水与三氯乙烷的互溶度很小，可近似按互不相溶情况处理并使用 $X-Y$ 图解法。忽略萃余相（水相）中的三氯乙烷的量和萃取相（三氯乙烷相）中的水量，将表 10-3 中序号 1~4 的质量分数换算成质量比，即

$$X=\frac{x}{1-x},\ Y=\frac{y}{1-y}$$

结果列在表 10-4 中。

表 10-4　以质量比 $X-Y$ 表示的平衡关系

| 序号 | $X$ | $Y$ | 序号 | $X$ | $Y$ |
|---|---|---|---|---|---|
| 1 | 0.063 3 | 0.095 9 | 3 | 0.162 4 | 0.262 3 |
| 2 | 0.111 1 | 0.176 5 | 4 | 0.235 3 | 0.382 4 |

将 $X-Y$ 数据绘制在 $X-Y$ 坐标中，得到如图 10-23 中的 $OE$ 线，此平衡线近似为通过原点的直线，斜率为1.62。

即 $Y=mX=1.62X$，$m=1.62$。

(1) 解析法求解

已知：$F=800$ kg/h，$x_F=0.2$，$S=320$ kg/h，$x_N=0.05$

原料中水量($B$)：$B=800\times(1-0.2)=640$ kg/h

原料液丙酮的质量比：$X_F=\dfrac{x_F}{1-x_F}=\dfrac{0.2}{1-0.2}=0.25$

萃余相丙酮质量比：$X_N=\dfrac{x_N}{1-x_N}=\dfrac{0.05}{1-0.05}=0.052\ 6$

萃取因数：$b=\dfrac{mS}{B}=\dfrac{1.62\times320}{640}=0.81$

按式(10-19)，有 $X_N=\dfrac{X_F}{(b+1)^N}$，$\dfrac{X_F}{X_N}=(b+1)^N$，$N=\dfrac{\ln\dfrac{X_F}{X_N}}{\ln(b+1)}$

代入数值，得 $N=2.63$，取 $N=3$ 时，萃余相 A 组分的质量比：

$$X_N=\frac{X_F}{(b+1)^N}=\frac{0.25}{1.81^3}=0.042\ 2$$

萃余相流量：$R_N=B+BX_N$，$R_3=B+BX_3=640\times1.042\ 2=667$ kg/h

萃取相中 A 的质量比：$Y_N=0.068\ 4$

萃取相流量：$E_N=S+SY_N$，$E_3=341.89$ kg/h

(2)图解法求理论级数 $N$

在图 10-23 中，找出点 $F_1(0.25,0)$，过 $F_1$ 点作斜率为-2 的直线，交 $OE$ 线于 $E_1$ 点；自 $E_1$ 点作垂线，交 $X$ 轴于 $F_2$ 点，过 $F_2$ 再作斜率为-2 的直线交 $OE$ 于 $E_2$ 点；继续作图得到 $F_3$ 和 $E_3$ 点，得萃余相组成 $X_3=0.042<X_N$，故 3 个理论级可以满足分离要求。

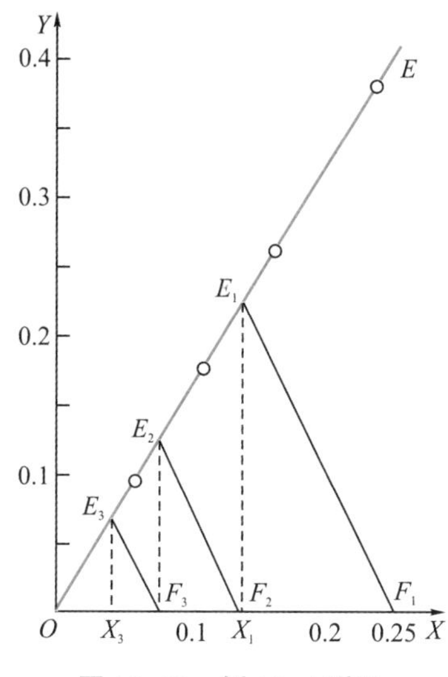


图 10-23　例 10-4 附图

(四)多级逆流萃取过程计算

如图 10-24 所示，各级萃余相中量 $B$ 不变，萃取相中量 $S$ 不变。

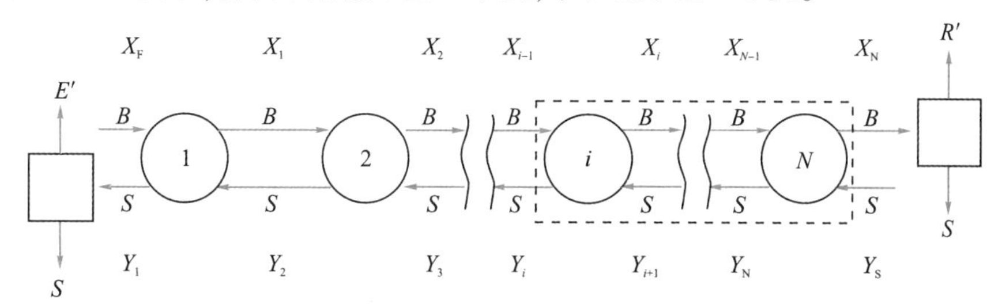


图 10-24　互不相溶体系多级逆流萃取流程

(1)解析法

假设分配系数为常数,即 $Y=mX$

对任意一级 $i$ 做物料衡算得:$BX_{i-1}+SY_{i+1}=BX_i+SY_i$

变形:

$$\frac{B}{S}=\frac{Y_i-Y_{i+1}}{X_{i-1}-X_i}=\frac{m(X_i-X_{i+1})}{X_{i-1}-X_i}$$

$$\frac{B}{mS}=\frac{1}{b}=\frac{Y_i-Y_{i+1}}{X_{i-1}-X_i}=\frac{X_i-X_{i+1}}{X_{i-1}-X_i}$$

对每一级做物料衡算直到 $N-1$ 级得:

$$\frac{1}{b}=\frac{X_1-X_2}{X_F-X_2}=\frac{X_2-X_3}{X_1-X_2}=\frac{X_3-X_4}{X_2-X_3}=\cdots=\frac{X_{N-1}-X_N}{X_{N-2}-X_{N-1}}$$

对最后一级做物料衡算得: $$\frac{1}{b}=\frac{X_N}{X_{N-1}-X_N}$$

对全体系做物料 A 衡算得: $$Y_1=\frac{B}{S}(X_F-X_N)$$

推出: $$X_1=\frac{1}{b}(X_F-X_N)$$

$N-1$ 个式子相乘得: $$\left(\frac{1}{b}\right)^{N-1}=\frac{X_{N-1}-X_N}{X_F-X_1}$$

$$\rho=\frac{SY_1}{BX_F}=\frac{SmX_1}{BX_F}=\frac{bX_1}{X_F}=\frac{X_F-X_N}{X_F}=1-\frac{X_N}{X_F}$$

$$\frac{X_N}{X_F}=1-\rho$$

$$\left(\frac{1}{b}\right)^{N-1}=\frac{X_{N-1}-X_N}{X_F-X_1}=\frac{bX_N}{X_F-\frac{1}{b}(X_F-X_N)}=\frac{bX_N}{X_F-\frac{\rho X_F}{b}}=\frac{b^2(1-\rho)}{(b-\rho)}$$

当已知萃取率时,由下式得到一定萃取率下所需要的理论级数:

$$N=\frac{\ln\left(\frac{b-\rho}{1-\rho}\right)}{\ln b}-1$$

当已知理论级数,求最后逆流萃取率时:

$$\rho=\frac{b^{N+1}-b}{b^{N+1}-1}$$

(2)图解法

用虚线框出范围,作第 $i$ 级至第 $N$ 级的溶质组分衡算:$BX_{i-1}+SY_S=BX_N+SY_i$

若 $Y_S=0$

$$Y_i=\frac{B}{S}(X_{i-1}-X_N) \tag{10-24}$$

式中 $X_{i-1}$,$X_N$——离开第 $i-1$ 级、$N$ 级的萃余相组成,质量比(kgA/kgB);

$Y_i$——离开第 $i$ 级萃取相组成,质量比(kgA/kgS)。

对全系统做溶质 $A$ 的物料衡算：$Y_1=\dfrac{B}{S}(X_F-X_N)$

故操作线必过点$(X_F,Y_1)$和$(X_N,0)$，即图中的 $P_1$ 和 $S$ 点，且斜率为 $B/S$。

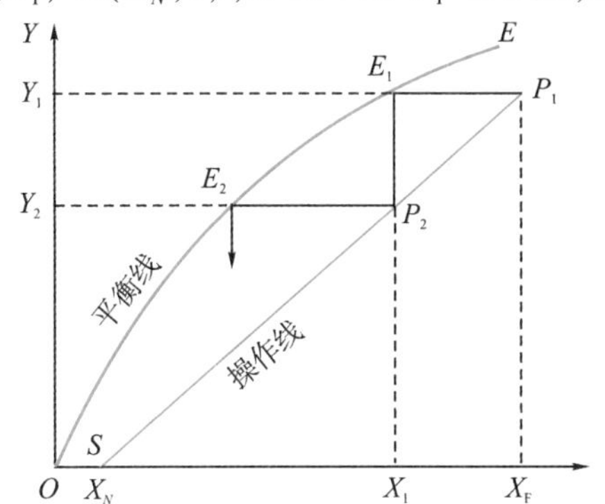


图 10-25　B、S 不互溶时多级逆流萃取的图解法

在 $X-Y$ 坐标系中画出平衡线 $OE$ 和操作线 $SP_1$ 后，按梯级法作图，自 $P_1$ 起作水平线交 $OE$ 线于 $E_1$，得到与 $Y_1$ 相平衡的 $X_1$，从 $E_1$ 作垂线交操作线于 $P_2$ 点，由 $P_2$ 点作平行线与 $OE$ 线相交，得出离开第 2 级萃取相的组成 $Y_2$，依次在 $OE$ 与 $SP_1$ 线间作梯级，直至 $X_N$ 等于或低于规定的最终萃余相组成为止。所得的梯级数即为 S、B 不互溶的三元系统逆流萃取的理论级数。

由图 10-25 可知，当要求 $X_N$ 一定，减少萃取剂用量 $S$ 时，操作线斜率 $B/S$ 将增大，向平衡线靠拢，理论级数将增多；当 $S$ 减小至操作线与平衡线相交，此时所需理论级数将趋于无穷多，类似吸收中的最小液气比，这时的 $S/B$ 称为最小溶剂比，用$(S/B)_{min}$表示。显然，操作的实际溶剂比必须大于最小溶剂比，才能达到规定的分离要求。适宜溶剂比的选择仍应由设备投资费与操作费总和来权衡。

### (五) 多级错流和逆流萃取比较

由于错流萃取各级中传质推动力较大，因而在同样的级数和工艺条件下，错流萃取的萃取率高而出口浓度较低。逆流萃取的情况正好相反。在实际生产中，可以酌情选择。

【例 10-5】　将例 10-4 中的三级错流萃取流程改为三级逆流萃取流程，原料液、萃余液的浓度 $X_F=0.25$，$X_N=X_3=0.042\,2$ 不变，试比较两种流程所需的萃取剂流量，并求逆流流程的最小萃取剂流量。

解：如图 10-26 所示，在 $X-Y$ 图中作平衡线 $OE$，由例 10-4 知，它是斜率为 $m=1.62$ 的直线。操作线的一个端点 $S(X_3,0)$ 可由已知量作出；但另一端点 $P_1(X_F,Y_1)$ 的 $Y_1$ 取决于点 $S$。决定操作线位置高低的条件是操作线与平衡线之间的梯级数应刚好为 3。对此，作图需进行试差。图 10-26 试差结果：对点 $P_1$，$Y_1=0.264$。

于是，可算出操作线的斜率

$$\frac{B}{S}=\frac{Y_1-0}{X_F-X_3}=\frac{0.264-0}{0.25-0.042\,2}=1.27$$

因此,萃取剂的流量为:$S=B/1.27=640/1.27=504$ kg/h

在例 10-4 的错流流程中,每一级的萃取剂用量为 320 kg/h,三级共 960 kg/h,每一级萃取相的产品浓度较低。可见,为达到同样的效果,逆流时的萃取剂用量只有错流的 504/960=52.5%,且最终萃取相中产品浓度高。但是,逆流时萃取级中的推动力较小,相界面积或接触时间应适当增加。

与吸收最小液气比类似,萃取也有最小溶剂比。小于此比值,不论理论级数有多少,都达不到分离要求。对溶剂 B 与 S 互不相溶的情况,求最小溶剂比$(S/B)_{\min}$的方法与吸收相同。因多级逆流流程图 10-24 右端 $Y_S=0$ 及 $X_3$ 都不变,所以,图 10-26 只有操作线的端点 $S$ 不变;而左端 $X_F=0.25$ 不变,但 $Y_1$ 则随溶剂比 $S/B$ 的减少而增大。所以,操作线端点 $P_1$ 垂直上移,直到与平衡线相交于 $E$ 点,从操作线斜率可得最小溶剂比$(S/B)_{\min}$。从图 10-26 查得 $Y_{1\min}=0.405$,操作线 $SE$ 的斜率为

$$\frac{B}{S_{\min}}=\frac{Y_{1\min}-0}{X_F-X_3}=\frac{0.405}{0.25-0.042\ 2}=1.95$$

$$\left(\frac{S}{B}\right)_{\min}=\frac{1}{1.95}=0.513$$

$$S_{\min}=640/1.95=328\ \text{kg/h}$$

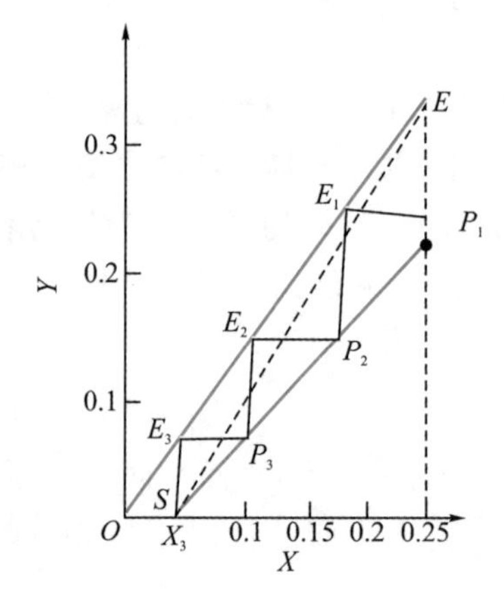


图 10-26　例 10-5 附图

## 第五节　液-液萃取设备

### 一、概述

液-液萃取操作是两液相间的传质过程。与气液间的传质过程(如吸收与蒸馏)类似,为获得较高的相际传质效果,要求在萃取设备内能使两相密切接触并伴有较高程度的湍动。当两相充分混合后还需使两相达到较完善的分离,所以萃取设备应具有充分混

合与完全分离的能力。但是,由于液-液萃取中两相间的密度差较小,实现两相的密切接触和快速分离要比气-液系统困难得多,出现了多种结构形式的萃取设备,比如各种外加能量的萃取设备,或者同样是塔器,塔体积相对要小,塔内件和蒸馏塔也不同。根据两相的接触方式,萃取设备可分为逐级接触式和微分接触式两大类;根据有无外功输入,又可分为有外加能量和无外加能量两种。工业上常用萃取设备的分类情况见表 10-5。以下主要介绍一些较常用的塔类萃取设备。

表 10-5　萃取设备分类

| 流体分散的动力 | | 逐级接触式 | 微分接触式 |
|---|---|---|---|
| 重力差 | | 筛板塔 | 喷洒塔<br>填料塔 |
| 外加能量 | 脉冲 | 脉冲混合——澄清器 | 脉冲填料塔<br>液体脉冲筛板塔 |
| | 旋转搅拌 | 混合——澄清器<br>夏贝尔(Sheibel)塔 | 转盘塔(RDC)<br>偏心转盘塔(ARDC)<br>库尼(Kühni)塔 |
| | 往复搅拌(振动) | | 往复(振动)筛板塔 |
| | 离心力 | 卢威离心萃取机 | POD 离心萃取机 |

## 二、塔类萃取设备简介

习惯上,将高径比很大的萃取装置统称为塔式萃取设备(萃取塔)。轻相自塔底进入,由塔顶溢出;重相自塔顶加入,由塔底导出;两相在塔内做逆流流动。塔的中部为萃取操作的工作段,两端分别用于分散相液滴的凝集分层和连续相中夹带的分散相微细液滴的分离。为了获得满意的萃取效果,塔设备应具有分散装置,使两相间较好地混合。同时,塔顶塔底均应有足够的分离段,使两相很好分层。根据两相混合和分离所采用的措施不同,又分为填料塔、筛板塔、转盘塔、脉冲填料塔和振动筛板塔等。除筛板塔外,萃取塔大都属于微分接触传质设备。下面重点介绍几种工业上常用的萃取塔。

### (一)填料萃取塔

其结构与气-液传质系统的填料塔基本相同,填料类型也基本相同,依靠两相的密度差在塔内发生相对运动。分散相可为轻相或重相,由入口处的分散装置产生。

填料塔内液-液两相的传质表面积实际上就是分散相的表面积,它与填料表面积基本无关。填料的作用是:①使分散相液滴不断破裂与再生,使液滴表面不断更新;②减少连续相的返混,并使连续相在塔截面上的速度分布较为均匀。为避免分散相液体在填料表面大量黏附而凝聚,填料应选用能被连续相优先润湿的材料制作。在操作前应先用连续相液体对填料预润湿后再通入分散相液体。一般瓷质填料易被水溶液优先润湿,塑料填料易被大部分有机液体优先润湿,而金属填料则需通过实验来确定其润湿能力。

填料萃取塔优点是:结构简单,操作方便,造价低廉,适于处理腐蚀性液体。其主要缺点是:级效率较低,不能处理含固体的悬浮液,两相通过能力有限。故当处理量较小,要求理论级数不多(小于3级)时,在工业上仍有应用。

在普通填料萃取塔内两相依靠密度差而逆向流动,相对速度较小,界面湍动程度低,限制了传质速率的进一步提高。为增大塔内液体的湍动,防止分散相液滴的凝聚,也可在填料塔外附设脉动发生装置,如图10-27所示的脉冲填料塔。它借助活塞的往复运动使塔内液体产生脉冲运动,即周期性的变速,由于轻相惯性小加速容易,当两相间的相对速度增大,扰动增加,液滴尺寸随之减小,两相传质速率有所提高。

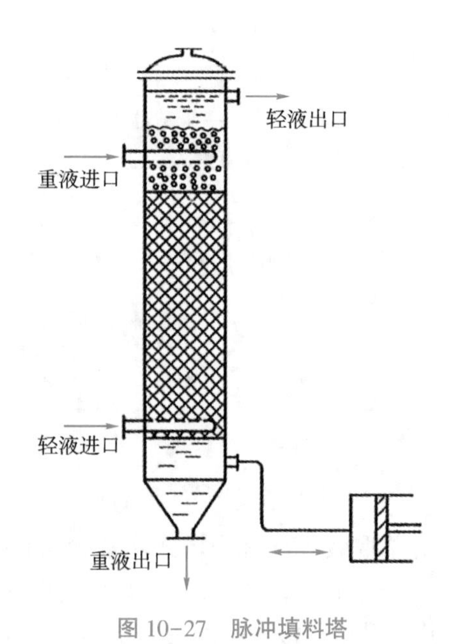


图10-27　脉冲填料塔

### (二)筛板萃取塔

其结构与气-液传质设备中的筛板塔类似,轻重两相依靠密度差在塔内做总体的逆流流动,而在每块板上两相呈错流接触,故属分级接触式设备。

(1)若分散相为轻相,则如图10-28(a)所示。重相作为连续相沿板面横向流过,与分散相接触并由降液管流至下层塔板,直至塔底排出。液滴穿过重相液层后,在每层板的上层空间发生凝集形成清液层,在密度差作用下继续穿过上层筛板,被筛孔再次分散于重相中,直至塔顶分层后排出。可见,每一块筛板及板上空间的作用相当于一级混合澄清器。

为使液滴较小,一般筛孔也较小,通常为3~6 mm。对于液-液系统,降液管内的液滴夹带现象比气-液系统中的气泡夹带更易发生,影响更大。为避免出现严重的液滴夹带,通常在降液管前的狭长区域不开孔,且降液管面积要足够大,使管内连续相的流速小于某一允许直径的液滴(例如0.8 mm)的沉降速度。由于板上连续相的液层较厚,一般可不设出口堰。

(2)若分散相为重相,其结构如图 10-28(b)所示,将降液管改为升液管,轻相送到板间的上半部空间并横向流过,与经上板筛孔分散后下降的重相液滴呈错流接触,在板间下半部重相液滴凝集成层,再经下板筛孔分散下降,轻相则继续沿升液管上升。

与填料萃取塔相比,在筛板塔内,分散相液体的分散与凝集多次发生,筛板的存在又可抑制塔内的轴向返混,故筛板塔萃取级效率相对较高,板数愈多,相当于接触级愈多。筛板塔的结构也较简单,造价低,生产能力大,在工业上应用较广。筛板塔也可采用塔外脉动发生装置,以强化两相间的接触传质。

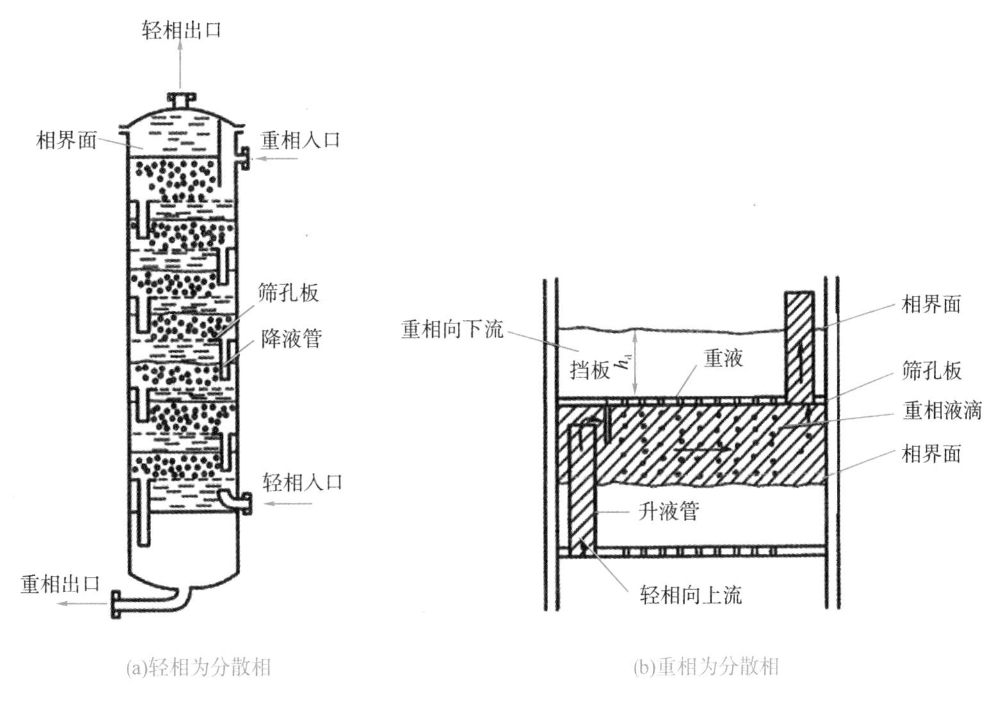


图 10-28 筛板萃取塔

(三)转盘萃取塔

如图 10-29 所示,其结构是在塔体内壁按一定高度间距安装一组环形板(称为固定环),环形板将塔内分隔出若干小的空间,而在中心旋转轴上,在两固定环的中间以同样间距安装若干圆形转盘。为了便于安装和维修,转盘的直径应略小于固定环的内径。当中心轴旋转起来时,每个分隔空间中心的转盘相当于一个搅拌器,因而可以增大分散程度和相际接触面积以及湍动程度,而固定环板则起到抑制塔内纵向(轴向)返混的作用。因此,转盘塔的萃取效率较高。两相在垂直方向上的流动仍依靠密度差为推动力,在塔的上下端分别为轻相和重相的分层区,因此转盘塔本质上属于微分接触式设备。

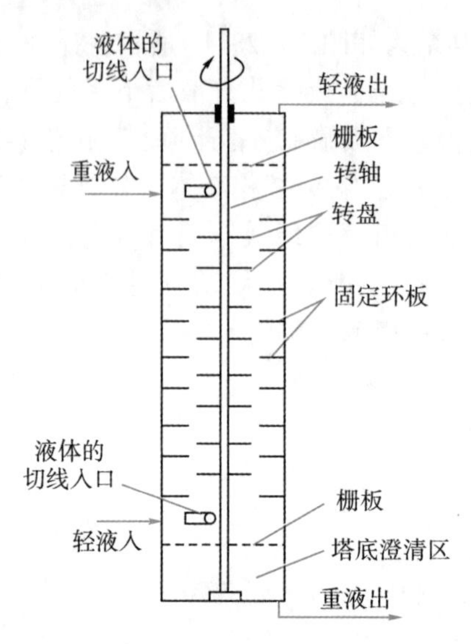


图 10-29　转盘萃取塔

转盘塔操作方便,传质效率高,结构也不甚复杂,处理量与操作弹性大,在石油炼制和石油化工等行业中被广泛应用。

转盘和固定环的尺寸、固定环间距、转盘转速以及两相的流量比等均对塔的生产能力和萃取效率有一定的影响。近年来偏心转盘塔得到了广泛应用。其基本结构如图 10-30 所示。带转盘的转轴安装在塔体的偏心位置,塔内另一边每间隔一定距离设置由垂直挡板和环形水平挡板确定的澄清区,而随轴偏心转动的转盘和水平挡板视为混合区,其中间隔设置的横向水平挡板将偏心区分割成许多小室,而每个小室内的转盘起混合搅拌器的作用。

偏心转盘萃取塔既保持原有转盘萃取塔良好的分散作用,同时,分开的澄清区可以使分散相液滴反复进行凝聚再分散,减少了轴向混合,提高了萃取效率。此外,这种类型萃取塔的尺寸范围很广(72~4000 mm 塔径,塔高可达 30 m),对物系的性质(密度差、黏度、界面张力等)适应性很强,并适用于含有悬浮固体或乳化的物料。

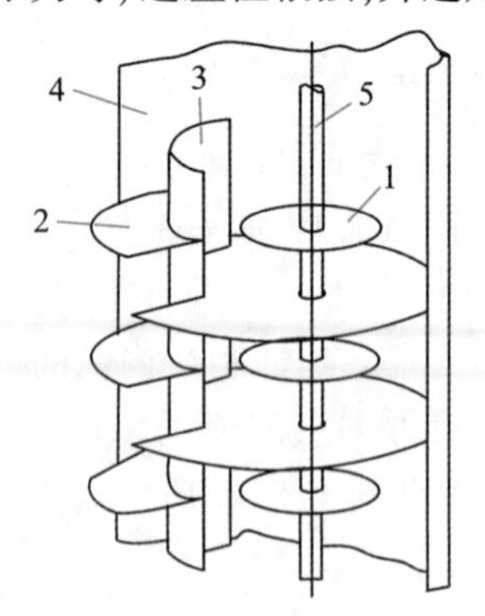


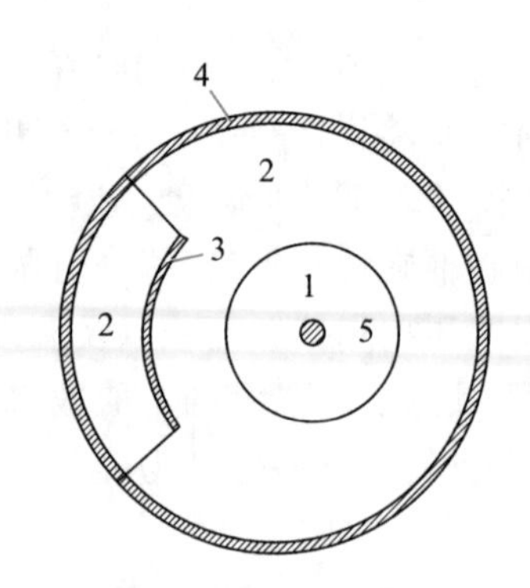


1—转盘;2—水平挡板;3—垂直挡板区;4—外壳区;5—转轴

图 10-30　偏心转盘塔内部结构

### (四)振动(往复)筛板塔

如图 10-31 所示,它是将多层筛板按一定板间距固定在中心轴上,筛板上不设溢流管且不与塔体相连,属于微分接触式设备。中心轴由塔外的曲柄连杆机构驱动,操作时带动筛板以一定的频率和振幅做垂直的上下往复运动,产生机械搅拌作用。当筛板向上运动时,筛板上侧的液体经筛孔分散并向下喷射;当筛板向下运动时,筛板下侧液体向上喷射,从而增加相际接触面积及湍动程度。振动筛板上的筛孔比前述的筛板萃取塔的孔径要大些,开孔率达 50%左右,故流体阻力较小。由于筛板要随中心轴做上下运动,筛板与塔内壁间要保持一定的间隙。

振动筛板塔的操作维修方便,结构简单可靠,通量大,传质效率高,可用于处理易乳化、含固体物及腐蚀性强的物系,是一种性能较好的液-液传质设备,在化工生产中的应用日益广泛。但其机械传动要求较高,塔的放大也有一定限制。

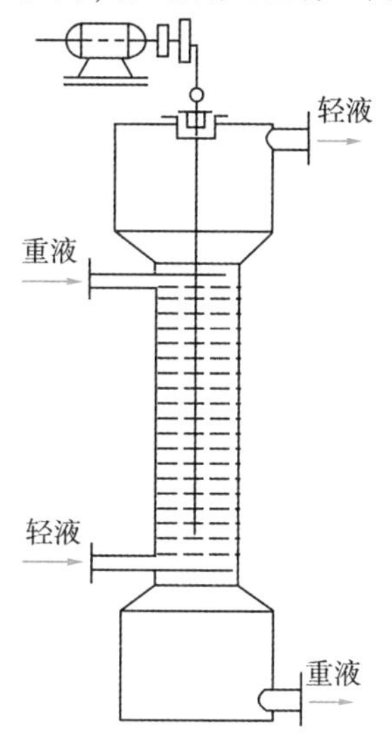


图 10-31　振动筛板塔

## 三、液-液萃取设备选择

萃取设备的类型多,必须根据具体对象、分离要求和客观实际条件来选用。

### (一)萃取设备选用时的考虑因素

(1)物系的性质(密度差、界面张力和黏度)　物系的物理和物理化学性质对设备的选择非常重要。液滴的大小及其运动情况和相间界面张力 $\sigma$ 与两相密度差 $\Delta\rho$ 的比值有关。若比值较大,则液滴变大,使传质速率降低,故宜选用有外能输入的设备;而对比值较小的物系可选用无外能输入的设备,以降低操作费用。如界面张力过小,液层易发生乳化时,而一般有外能输入的设备效果不好时,则可考虑采用离心萃取器。物系的黏度对液滴大小和湍动程度也有影响,当黏度较大时,也应选用有外能输入的设备。另外:

①当物系有较强腐蚀性时,可选用结构简单的填料塔或脉冲填料塔。

②对含固体悬浮物或易生成沉淀的物系,为避免堵塞,应选用混合澄清器和转盘塔,也可用脉冲塔或振动筛板塔,而不宜用填料塔和离心萃取器。

③对稳定性差,要求停留时间短的物系,可选用离心萃取器。对要求停留时间较长的物系,宜选用混合澄清器。

(2)所需的萃取理论级数　若分离需要的理论级数不多(≤3级),各种萃取设备均可选用;当理论级数较多时,可选用有机械能输入的转盘、脉冲或振动筛板塔以及多级混合澄清器。

(3)生产能力　对于中、小生产能力,可用填料塔、脉冲塔;处理量较大时,可选用转盘塔、筛板塔、振动筛板塔;混合澄清器则可适用于各种生产能力。

### (二)分散相的选择

在液-液萃取中,两相流量比由液-液平衡关系和分离要求决定,但在设备内用哪一相作为分散相是可以选择的,而分散相的选择也对设备结构和操作产生影响。选择时可参考下列原则:

①为增加相际接触面积,一般应选流量较大的一相作为分散相。

②若两相流量相差很大,此时可选流量小的一相为分散相。

③为增加设备的通过能力,减小塔径,可将黏度大的流体作为分散相。因为连续相液体的黏度愈小,液滴在塔内的下降或浮升速度愈大。

④对于填料塔、筛板塔等设备,连续相优先润湿填料或筛板很重要。此时应选润湿性差的液体为分散相。

到目前为止,萃取过程的应用日益广泛,但由于物系的多样性与过程的复杂性,萃取设备的选择和设计还带有很大的经验性,往往要先经过实验室和中间实验进行萃取剂与萃取方案的筛选,并与其他液体混合物的分离方法进行技术经济比较,才能得出适宜的结论,并将设备放大到工业规模。表10-6是萃取设备选择的一般依据。

表10-6　萃取设备的选择

| | | 喷洒塔 | 填料塔 | 筛板塔 | 转盘塔 | 往复筛板<br>脉冲筛板 | 离心<br>萃取器 | 混合<br>澄清器 |
|---|---|---|---|---|---|---|---|---|
| 工艺条件 | 理论级多 | × | △ | △ | ○ | ○ | △ | △ |
| | 处理量大 | × | × | △ | ○ | × | △ | ○ |
| | 两相流量比大 | × | × | × | △ | △ | ○ | ○ |
| 物系性质 | 密度差小 | × | × | × | △ | △ | ○ | ○ |
| | 黏度高 | × | × | × | △ | △ | ○ | ○ |
| | 界面张力大 | × | × | × | △ | △ | ○ | △ |
| | 腐蚀性强 | ○ | ○ | △ | △ | △ | × | × |
| | 有固体悬浮物 | ○ | × | × | ○ | △ | × | △ |
| 设备费用 | 制造成本 | ○ | △ | △ | △ | △ | × | △ |
| | 操作费用 | ○ | ○ | ○ | △ | △ | × | × |
| | 维修费用 | ○ | ○ | △ | △ | △ | × | △ |
| 安装场地 | 面积有限 | ○ | ○ | ○ | ○ | ○ | ○ | × |
| | 高度有限 | × | × | × | △ | △ | ○ | ○ |

注:○——适用;△——可以;×——不适用。

## 思考题

10-1　如何确定三角形相图上各点的组成？为什么相图可以利用杠杆定律？是否在图中每一条直线上的任意三点间的相对量与组成关系都可用杠杆定律来表示？

10-2　溶解度曲线与 $y-x$ 图有什么区别？在使用上哪个更有用？

10-3　在 $x-y$ 图上或 $X-Y$ 图上的分配曲线与操作线的相对位置应该是怎样的？对一定的分离要求，如何设法减少理论板数？

10-4　试对比蒸馏、吸收和液-液萃取三种单元操作的分离原理及下列概念的等同性：

平衡线，分配曲线；挥发度，分配系数，平衡常数；相对挥发度，选择性系数；最小液气比，最小溶剂比；解吸因数，萃取因数。

10-5　试说明下列各组名词的概念和意义，并比较它们的异同。

萃取相，萃余相，萃取液，萃余液；和点，差点；溶解度曲线，分配曲线，操作线，平衡联结线；共轭相，临界混溶点，互溶度；分配系数，选择性系数。

## 习题

10-1　以异丙醚为萃取剂，从组成为 50%（质量分数）的乙酸水溶液中萃取乙酸。在单级萃取器中，用 600 kg 异丙醚萃取 500 kg 乙酸水溶液。试求：

①在三角形相图上绘出溶解度曲线与辅助线，绘出 $x-y$ 图；

②确定原料液与萃取剂混合后，其混合液组成点的位置；

③由三角形相图求出此混合液分为两个平衡液层-萃取相 E 和萃余相 R 的组成与量；

④将 E 和 R 中的萃取剂脱除后，萃取液 E′和 R′的组成及量；

⑤乙酸萃出的百分率（回收率）。

乙酸（A）-水（B）-异丙醚（S）的平衡数据如下（均为质量分数）：

表 10-7　乙酸-水-异丙醚的平衡数据

| 序号 | 萃余相组成（质量分数） | | | 萃取相组成（质量分数） | | |
|---|---|---|---|---|---|---|
| | 乙酸（A） | 水（B） | 异丙醚（S） | 乙酸（A） | 水（B） | 异丙醚（S） |
| 1 | 0.006 9 | 0.981 | 0.012 | 0.001 8 | 0.005 | 0.993 |
| 2 | 0.014 0 | 0.971 | 0.015 | 0.003 7 | 0.007 | 0.989 |
| 3 | 0.026 9 | 0.957 | 0.016 | 0.007 9 | 0.008 | 0.984 |
| 4 | 0.064 2 | 0.917 | 0.019 | 0.019 3 | 0.010 | 0.971 |
| 5 | 0.133 0 | 0.844 | 0.023 | 0.048 2 | 0.019 | 0.933 |
| 6 | 0.255 0 | 0.711 | 0.034 | 0.114 0 | 0.039 | 0.847 |
| 7 | 0.370 0 | 0.586 | 0.044 | 0.216 0 | 0.069 | 0.715 |
| 8 | 0.443 0 | 0.451 | 0.106 | 0.311 0 | 0.108 | 0.581 |
| 9 | 0.464 0 | 0.371 | 0.102 | 0.212 0 | 0.118 | 0.670 |

[答:①略;②混合点的坐标设为 $M$,组成为:$w_{MA}=0.23$,$w_{MB}=0.23$,$w_{MS}=0.54$;③$E=780$ kg,组成为:$w_{EA}=0.158$,$w_{EB}=0.055$,$w_{ES}=0.787$;$R=320$ kg,组成为:$w_{RA}=0.32$,$w_{RB}=0.645$,$w_{RS}=0.035$;④$E'=166$ kg,(0.742,0.258),$R'=309$ kg,(0.332,0.668);⑤0.493]

10-2 已知三元均相混合物 D 的组成如图所示(0.4,0.2,0.4),质量为 60 kg,若将 D 中的萃取剂 S 全部脱除,问 $P$ 点的组成和质量为多少?

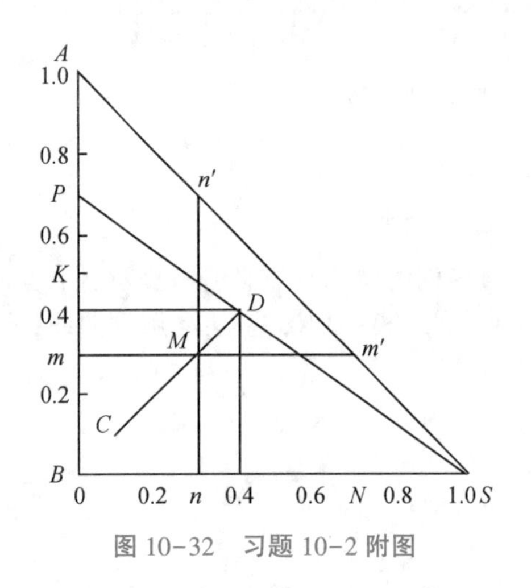


图 10-32 习题 10-2 附图

[答:组成为0.667,0.333;质量 36 kg]

10-3 在单级萃取装置中,用纯水萃取含乙酸 30%(质量分数,下同)的乙酸-庚醇-3 混合液1000 kg,要求萃余相中乙酸组成不大于 10%。操作条件下的平衡数据见表 10-8、表 10-9。试求:

①水的用量;

②萃余相的量及乙酸的萃余率(即萃余相中的乙酸占原料液中乙酸的质量分数)。

表 10-8 乙酸-庚醇-3 醇-水的溶解度数据(质量分数)

| 乙酸(A) | 庚醇-3(B) | 水(S) | 乙酸(A) | 庚醇-3(B) | 水(S) |
|---|---|---|---|---|---|
| 0 | 96.4 | 3.6 | 48.5 | 12.8 | 38.7 |
| 3.5 | 93.0 | 3.5 | 47.5 | 7.5 | 45.0 |
| 8.6 | 87.2 | 4.2 | 42.7 | 3.7 | 53.6 |
| 19.3 | 74.3 | 6.4 | 36.7 | 1.9 | 61.4 |
| 24.4 | 67.5 | 7.9 | 29.3 | 1.1 | 69.6 |
| 30.7 | 58.6 | 10.7 | 24.5 | 0.9 | 74.6 |
| 41.4 | 39.3 | 19.3 | 19.6 | 0.7 | 79.7 |
| 45.8 | 26.7 | 27.5 | 14.9 | 0.6 | 84.5 |
| 46.5 | 24.1 | 29.4 | 7.1 | 0.5 | 92.4 |
| 47.5 | 20.4 | 32.1 | 0.0 | 0.4 | 99.6 |

表 10-9　平衡联结线(乙酸的质量分数)

| 水层 | 庚醇-3 层 | 水层 | 庚醇-3 层 |
|---|---|---|---|
| 6.4 | 5.3 | 38.2 | 26.8 |
| 13.7 | 10.6 | 42.1 | 30.5 |
| 19.8 | 14.8 | 44.1 | 32.6 |
| 26.7 | 19.2 | 48.1 | 37.9 |
| 33.6 | 23.7 | 47.6 | 44.9 |

[答:①$S=1283$ kg;②807 kg,0.269]

10-4　以异丙醚在逆流萃取器中使乙酸水溶液的乙酸含量由 30%降到 5%(质量分数)。萃取剂可看作纯态,其用量为原料液的两倍。试应用三角形相图图解法求出所需萃取理论级数。操作条件下的物系平衡数据见表 10-7。

[答:$N=7$]

10-5　具有两个理论级的逆流萃取装置中,用流量为 60 kg/h 的纯溶剂 S 从两组分混合液中萃取溶质。原料液的流量 $F=150$ kg/h,其中溶质的质量比组成为0.25。操作条件下,组分 B、S 可视作完全不互溶,以质量比组成表示的分配系数 $k_A=1$。试求最终萃余相的组成 $X_2$。

[答:0.142 9]

第十一章

# 其他新型分离方法

1.掌握

膜分离的基本原理,各种膜分离过程的特点和应用范围;吸附速率方程与吸附平衡方程,常用吸附剂的种类;分子蒸馏分离方法的原理。

2.理解

膜材料的种类及制备方法,膜分离的设备和工业应用;各种吸附剂的制备方法和使用;分子蒸馏的设备和工业应用。对于特定的分离物系,能够正确选择合适的新型分离方法。

3.了解

膜组件的种类和功能;多级吸附过程的特点;分子蒸馏分离技术与其他分离技术在原理上的区别。

## 第一节 膜分离

### 一、膜分离概述

膜分离技术被公认为20世纪末至21世纪中期最有发展前途的高新技术之一。膜分离技术目前已广泛应用于各个工业领域,并已使海水淡化、烧碱生产、乳品加工等多种传统的工业生产发生了根本性的变化。膜分离技术已经形成了一个相当规模的工业技术体系。

膜分离现象在大自然中,特别是在生物体内广泛存在,但人类对其认识、利用、模拟直至人工制备的历史却很漫长。1748年,Nollet 看到水自发地扩散透过猪膀胱壁进入酒精中而发现了渗透现象。19 世纪中叶,Graham 发现了透析现象。20 世纪 30 年代,德国建立了世界上首座生产微滤膜的工厂,用于过滤微生物等微小颗粒。20 世纪 50 年代,原子能工业的发展促使离子交换膜应运而生,并在此基础上发展了电渗析工业。20 世纪 60 年代初,由于海水淡化的需求,Loeb 和 Sourirajan 利用相转化制膜法(后人简称为 L-S 制膜法)制备了世界上第一张实用的反渗透膜。从此,膜分离技术得到全世界的广泛关注。

膜分离过程按照其开发的年代先后有微孔过滤（Micro-Filtration，20 世纪 30 年代）、透析（Dialysis，20 世纪 40 年代）、电渗析（Electro-Dialysis，20 世纪 50 年代）、反渗透（Reverse-Osmosis，20 世纪 60 年代）、超滤（Ultra-Filtration，20 世纪 70 年代）、气体分离（Gas-Separation，20 世纪 80 年代）和纳滤（Nano-Filtration，20 世纪 90 年代）。

膜分离兼有分离、浓缩、纯化和精制的功能，与蒸馏、吸附、吸收、萃取、深冷分离等传统分离技术相比，具有以下特点：

①分离效率较高。在按物质颗粒大小分离的领域，以重力为基础的分离技术最小极限是微米，而膜分离可以分离的颗粒大小为纳米级。与扩散过程相比，在蒸馏过程中物质的相对挥发度的比值大都小于 10，难分离的混合物有时刚刚大于 1，而膜分离的分离系数则要大得多。如乙醇浓度超过 90%的水溶液已接近恒沸点，蒸馏很难分离，但渗透汽化的分离系数为几百。再如氮气和氢气的分离，常规方法不仅要在非常低的温度下进行，而且氢气、氮气的相对挥发度很小。在膜分离中，用聚砜膜分离氮气和氢气，分离系数为 80 左右，聚酰亚胺膜则超过 120。这是因为蒸馏过程的分离系数主要取决于混合物中各物质的物理和化学性质，而膜分离过程还受高聚物材料的物性、结构、形态等因素的影响。

②多数膜分离过程的能耗较低。大多数膜分离过程都不发生相变化，而相变化的潜热很大。另外，很多膜分离过程是在室温附近进行的，被分离物料加热或冷却的能量很小。

③多数膜分离过程的工作温度为室温，特别适合热敏物质的处理。膜分离在食品加工、医药工业、生物技术等领域有其独特的优势。例如，在抗生素的生产中，一般用减压蒸馏法除水，很难完全避免设备的局部过热现象，在局部过热区域抗生素受热，或者被破坏或者产生有毒物质，它是引起抗生素针剂副作用的重要原因。用膜分离水，可以在室温甚至更低的温度下进行，确保不发生局部过热现象，大大提高了药品使用的安全性。

④膜分离设备本身没有运动部件，工作温度又接近室温，所以很少需要维护，可靠度很高。操作十分简便，从开动到得到产品的时间很短，可以在频繁地启、停工作。

⑤膜分离过程的规模和处理能力可在很大范围内变化，效率、设备单价、运行费用等变化不大。

⑥膜分离因为分离效率高，设备体积通常比较小，可以直接接入已有的生产工艺流程，不需要对生产线进行大的改变。例如，在合成氨生产中，只需在尾气排放口接上氮氢膜分离器，利用原有的反应气中压力，就可将尾气中的氢气浓度浓缩到原料气浓度，用管子直接输送到生产车间就可作为氢气原料使用，在不增加原料和其他设备的情况下可提高产量 4%左右。

但是，膜分离技术也存在一些不足之处，如膜的强度较差，使用寿命不长，易于被沾污而影响分离效率等。

## 二、膜的分离特性

膜的性能包括物化稳定性及膜的分离透过性两个方面。膜的物化稳定性是指膜的强度、允许使用压力、温度、pH 以及对有机溶剂和各种化学药品的抵抗性，它是决定膜的使用寿命的主要因素。

膜的分离特性主要包括分离效率、渗透通量和通量衰减系数三个方面。

(1)分离效率　对于不同的膜分离过程和分离对象可以有不同的表示方法。在微滤、超滤、纳滤、反渗透等过程,其分离的目的是脱除溶液中的微粒、某些高分子物质或盐类等,使用脱除率或截留率 $R$ 表示分离程度:

$$R=\left(1-\frac{C_p}{C_m}\right)\times 100\% \tag{11-1}$$

式中　$C_m$,$C_p$——高压侧膜表面处溶液的浓度和膜的透过液浓度。

而通常实际测定的是溶质的表现分离率 $R_{obs}$,定义为:

$$R_{obs}=\left(1-\frac{C_p}{C_b}\right)\times 100\% \tag{11-2}$$

式中　$C_b$——高压侧主体溶液浓度。

$C_b$和 $C_m$的差别取决于浓差极化的程度。

对于由两个或多个组分构成的混合物的膜分离过程,其分离程度更通用的表示方法是使用分离系数(分离因子)$\alpha$ 或$\beta$:

$$\alpha=\frac{y_A}{1-y_A}\Big/\frac{x_A}{1-x_A} \tag{11-3}$$

$$\beta=\frac{y_A}{x_A} \tag{11-4}$$

式中　$x_A$,$y_A$——原料液(气)与透过液(气)中组分 A 的摩尔分数。

(2)渗透通量　通常用单位时间内通过单位膜面积的透过物量 $J$ 表示:

$$J=\frac{V}{St} \tag{11-5}$$

式中　$V$——透过液的体积或质量;

$S$——膜的有效面积;

$t$——运转时间。

实验室 $J$ 通常以 $cm^3/(cm^2\cdot h)$ 为单位,工业生产常以 $L/(m^2\cdot d)$ 为单位。

(3)通量衰减系数　膜的渗透通量由于过程的浓差极化、膜的压密以及膜孔堵塞等原因将随时间而衰减,可用下式表示:

$$J_t=J_1 t^m \tag{11-6}$$

式中　$J_t$,$J_1$——膜运转 $t$ 小时和 1 小时后的渗透通量;

$t$——运转时间;

$m$——通量衰减系数,将式(11-6)两边取对数,得到线性方程,在双对数坐标系上作直线,其直线斜率即为 $m$。

对于任何一种膜分离过程,总希望分离效率高,渗透通量大,而实际上这两者往往不能兼得。一般来说,渗透通量大的膜,分离效率低,而分离效率高的膜,渗透通量小。故常常需在两者之间寻找最佳的折中方案。

## 三、膜的分类

微滤(MF)、超滤(UF)、纳滤(NF)与反渗透(RO)都是以压力差为推动力的膜分离技术，当膜两侧施加一定压差时，可使大部分溶剂及小于膜孔径的组分透过膜，而微粒、大分子、盐等被膜截留下来，从而达到分离的目的。四种膜分离技术的主要区别为被分离物质粒子或分子的大小不同，所用膜的结构与性能不同，见表 11-1。

表 11-1　膜的分类

| 过滤方式 | 微滤(MF) | 超滤(UF) | 纳滤(NF) | 反渗透(RO) |
| --- | --- | --- | --- | --- |
| 滤膜分类 | 滤网/PP 棉等 | 超滤膜 | 纳滤膜 | 反渗透膜 |
| 滤膜精度 | 0.1~1.0 μm | 0.01~0.1 μm | 0.001~0.01 μm | <0.001 μm |
| 工作能耗 | 不用电 | 不用电 | 部分用电 | 用电 |
| 产品名称 | 前置过滤膜 | 超滤净水器 | 纳滤净水器 | RO 纯水机 |

微滤膜截留的是粒径大于0.1 μm 以上的微粒。在微滤过程中，通常采用对称微孔膜，膜的孔径范围为0.05~10 μm，所施加于过程的压差范围为0.05~0.2 MPa；超滤分离的组分是大分子或直径不大于0.2 μm 的微粒。反渗透常被用于截留溶液中的盐或其他小分子物质。溶液的渗透压不能忽略。反渗透的操作压差依被处理溶液的溶质大小及其浓度而定，通常压差在 2 MPa 左右，也可高达 10 MPa，甚至 20 MPa。在反渗透和超滤过程中所采用的大多为致密的非对称膜或复合膜。介于反渗透与超滤之间为纳滤过程，其膜的脱盐率取决于膜性质及被分离物质的大小，纳滤的操作压差通常比反渗透低，为0.5~3.0 MPa，因其截留的组分为纳米级大小，故称纳滤，用于分离溶液中相对分子质量为几百至几千的物质。

超滤和微滤分离的范围处于纳滤与常规过滤之间。它们的操作原理都是筛分作用，通过膜的筛分作用将溶液中大于膜孔的微粒或大分子溶质截留，使小分子溶质和溶剂透过，从而实现分离的目的。膜孔的大小和形状对分离起主要作用，但膜表面的物化性质对分离性能也有重要影响。

超滤和微滤具有无相变、无须加热、设备简单、占地少、能耗低等优点。此外，由于操作压力低，对输送泵与设备管道材质的要求相对较低。在食品、医药、环保和生物等领域均有广泛应用。

(1)微滤(micro filtration，MF)　微滤是利用微孔膜的筛分作用，在静压差推动下，将滤液中大于膜孔径的微粒、细菌及悬浮物质等截留下来，达到除去滤液中微粒与澄清溶液的目的。微滤基本上属于固液分离，渗透通量远大于反渗透、纳滤和超滤。目前，在反渗透、纳滤、超滤和微滤这四种膜分离技术中，以微滤的应用最广，经济价值最大。

做滤膜的孔隙度较高，一般为 35%~90%。孔径比较均匀，其最大孔径与平均孔径之差一般为 3~4 μm，孔径基本呈正态分布。微滤膜厚度较薄，一般为 10~200 μm，过滤时对物料的吸附量小。用于制造微滤膜的膜材料分高分子材料和无机材料。按其疏水性能又可分为亲水性材料和疏水性材料。重要的微滤膜有硝酸纤维素膜(CN)、乙酸纤维素膜(CA)、混合纤维素膜(CA/CN)、亲水聚偏氟乙烯膜(PVDF)、聚四氟乙烯膜(PTFE)、亲水聚砜膜等。

一般认为微滤的分离机理为筛分机理,膜的物理结构起决定性作用。此外,吸附和电性能等因素对截留也有影响。

膜表面层截留分三种情况:①膜表面的机械截留作用,即筛分作用;②膜表面的吸附和电性能对微粒起吸附截留作用;③微粒在膜表面微孔口的架桥作用,在微孔的入口处,较小微粒因架桥作用也同样被截留。

膜内部网络结构也有筛分作用,一种情况是进入膜内的较小微粒堵住内孔而存留在膜内;另一种情况是较小微粒与微孔壁之间相互作用使之附着于微孔中,二者均起截留和过滤作用。

由上述分离机理可以推论,随着微滤过程的进行,膜的通量将下降,其原因不外乎浓差极化或凝胶层的形成、孔堵塞和微粒的吸附。应采用有效的措施使膜的渗透通量在较长的时间内保持较高。

微滤在所有膜分离过程中应用最普遍,总销售额最大。制药行业的过滤除菌是其最大的市场,电子工业用高纯水制备次之。微滤还日益广泛地用于食品、水处理和生物等工业领域。

(2)超滤(ultra filtration,UF)　商品化的超滤膜多为非对称膜,膜的表层是超薄活化层,通常厚度为0.1~1 μm,孔径为5~20 nm,对溶液的分离起主要作用;支撑层为多孔结构,厚度为75~125 μm,孔径约为0.4 μm,具有很高的透水性。

超滤膜的分离特性主要指膜的渗透通量和截留率,它们与膜的孔径有关。因为超滤膜主要用于分离大分子物质,所以切割分子量能够反映超滤膜孔径的大小,表征超滤膜的截留性能。切割分子量定义为90%能被膜截留的物质的分子量。如某膜的截留分子量为20 000,说明相对分子质量大于20 000的所有溶质有90%能被该膜所截留。超滤膜的切割分子量和纯水通量反映膜的分离能力和透水能力,须通过实验测定。

已经商品化的超滤膜材料有十几种,超滤膜材料可分为有机高分子材料的有:乙酸纤维素、聚砜、芳香聚酰胺、聚丙烯腈-聚氯乙烯共聚物、聚偏氟乙烯等。无机材料主要包括多孔金属、多孔陶瓷、分子筛等。无机膜的主要优点是热稳定性很高,耐有机溶剂性能好。

(3)纳滤(nano filtration,NF)　纳滤是近年开发的介于超滤和反渗透之间的压力驱动膜分离过程,因其能够截留纳米级物质,故得名纳滤。由于纳滤膜的分离特性与反渗透类似,因此也被称为低压反渗透膜。此类膜为非对称膜,但有更多的微孔。例如皮层为聚(醚)酰胺或聚哌嗪酰胺。纳滤膜膜面或膜内一般带有负电基团,如—COOH、—$SO_3H$ 等荷电载体,其荷电的密度约为0.4~2 meq/g。比较常用的反渗透膜和纳滤膜对某些有机物的截流性能可知,反渗透膜几乎可完全截留相对分子质量为150的有机物,而纳滤膜对相对分子质量大于200的有机物及二价离子才有较高的截留作用。

纳滤膜用于分离多价离子和比较大的单价离子,例如重金属离子。较小的单价离子(例如 $Na^+$、$K^+$、$Cl^-$)大部分能够透过膜。对盐的渗透性主要取决于其阴离子的价态,通常单价阴离子的盐能大量渗透通过膜,其脱除率在30%~90%;而对2价或高价阴离子的盐则易于截留,可高达90%以上。对阴离子的截留率按 $NO_3^-$、$Cl^-$、$OH^-$、$SO_4^{2-}$、$CO_3^{2-}$ 顺序递增;而阳离子的截留率按 $H^+$、$Na^+$、$K^+$、$Ca^{2+}$、$Mg^{2+}$、$Cu^{2+}$ 顺序递增。例如纳滤膜可以脱除50%的 NaCl 和 90%的 $CaSO_4$。

纳滤膜两侧的压降相对是比较低的,压降通常在0.5~2 MPa。另外,纳滤膜的结垢速度也比反渗透膜低。然而,原料的预处理可以延缓膜的污染,定期清理是必要的。

纳滤过程的代表性应用包括:①水的软化(脱除 $Ca^{2+}$、$Mg^{2+}$);②离子交换或电渗析之前的水预处理;③脱除水中重金属,使水再利用;④食物的浓缩;⑤食物的脱盐等。

(4)反渗透(reverse osmosis,RO)　反渗透是利用反渗透膜选择性透过溶剂(通常是水)而截留离子物质的性质,以膜两侧静压差为推动力,克服溶剂的渗透压,使溶剂通过膜而实现混合物分离的过程。

反渗透过程的操作压差一般为1.5~10.5 MPa,截留组分为$(1\sim10)\times10^{-10}$ m 的小分子溶质,还可从液体混合物中除去全部悬浮物、溶解物和胶体。目前随着超低压反渗透膜的开发,已经可以在小于 1 MPa 压力下进行部分脱盐,适用于水的软化和选择性分离。

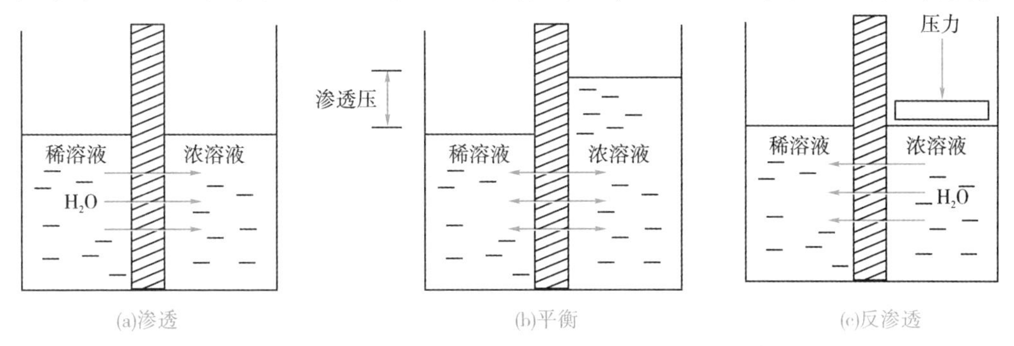


图 11-1　渗透与反渗透

反渗透的原理用图 11-1 说明。在图 11-1(a)中,溶质在溶剂中溶解成的浓溶液与相同溶质和溶剂组成的稀溶液被一个致密半透膜分开,由于膜两侧存在浓度差,稀溶液中的水穿过膜到浓溶液一侧(注意,溶质不能透过膜),该过程称为“渗透”。渗透持续到平衡建立,如图 11-1(b)所示。在平衡状态,溶剂在两个方向上的流率相等,溶液浓度不再变化,膜两侧建立起压差,该压差为渗透压。尽管膜两侧发生浓度变化,但溶剂传递的方向不对,导致溶液的混合。然而,若向浓溶液一侧加压,则溶剂会在反方向上传递,从浓溶液穿过膜到稀溶液,如图 11-1(c)所示。该过程被称为“反渗透”,能用于从溶质-溶剂混合物分离出溶剂。

在反渗透过程的设计中,溶液的渗透压数据是必不可缺的。对于非电解质理想溶液,可用扩展的范特霍夫渗透压公式来计算。

$$\pi = RT\sum_{i=1}^{n} c_{si} \qquad (11-7)$$

式中　$\pi$——渗透压,Pa;

$c_{si}$——溶液中溶质 $i$ 的物质的量浓度,$mol/m^3$ 溶液;

$T$——温度,K;

$n$——溶液中的组分数。

在实际应用中,常用以下简化方程计算

$$\pi = Bx_s \tag{11-8}$$

式中　$x_s$——溶质摩尔分数;

$B$——常数。某些溶质-水体系的 $B$ 值可在文献中查到。

膜一般应具备以下性能:高渗透通量和高脱盐率;高机械强度、耐压密性和良好的柔韧性;良好的化学稳定性,耐氯、酸、碱腐蚀和抗微生物侵蚀;强抗污染性,适用 pH 范围广;可在较高温度下使用;制备简单,价格低廉,便于工业化生产。

目前主要的反渗透膜材料有:

①乙酸纤维素类　该类反渗透膜为非对称膜,开发较早,尽管在水通量、耐碱性、耐细菌等方面不如聚酰胺膜,但因其具有优良的耐氯性、耐污染性而使用至今。

②芳香族聚酰胺类　分线性芳香族聚酰胺与交联芳香族聚酰胺,前者为非对称膜,后者为复合膜。这类膜具有高交联密度和高亲水性,有优良的脱盐率和有机物截留率、高水通量、抗氧化等性能,可用于超纯水制造、海水淡化等方面。

③聚哌嗪酰胺类　又分为线性聚哌嗪酰胺膜与交联聚哌嗪酰胺膜。该膜具有产水量大、耐氯、耐过氧化氢等特点,可用于对脱盐性能要求高的净水处理和食品工业等行业。

反渗透的操作温度一般低于 50 ℃。目前反渗透广泛应用于水底脱盐,生产饮用水。其他的应用包括:①食品的脱水和浓缩;②血液细胞的浓缩;③工业废水的处理,除去重金属离子;④电镀过程液体的处理,得到金属离子浓缩液和用作冲洗水的渗透液;⑤从纸浆造纸工业废液分离硫酸盐和硫酸氢盐;⑥染料工业废水处理;⑦无机盐废水处理等。

(5)渗析(dialysis,D)　渗析是最早被发现和研究的一种膜分离过程,它是以浓度差为推动力,利用溶液中不同溶质透过膜的扩散速率的差异达到分离的过程。

渗析过程描述为:含有需分离溶质 A 与 B 的原液在膜的一侧,另一侧为渗析液(水或溶液),在原液与渗析液间存在差异的浓度差,溶质就从原液侧通过膜向渗析液侧扩散。如两溶质的扩散速率不同,溶质 A 扩散快,则溶质 A 将更多地通过膜扩散到渗析液中,从而使溶质从原液中分离出来。显然,溶质 A 与 B 的扩散速率相差越大,A 与 B 的分离越完全,渗析液中溶质 B 的相对含量越少。另外,因为原液与渗析液同溶质的浓度差,在渗透压的作用下,水将通过膜向原液侧渗透。

渗析膜按材料性质可分为荷电膜与非荷电膜两类。荷电膜在膜上具有固定电荷,常用的是阴离子交换膜,这种膜上带有正的固定电荷,因为它对阳离子有排斥作用,故显示对阴离子有较高的渗透通量和选择透过性,另外,与其他阳离子比较,$H^+$ 在阴离子交换膜上的吸引量要高得多,因此当用阴离子交换膜作为渗析膜时,酸能顺利地通过膜,而盐则大部分被截留。所以应用阴离子交换膜作为渗析膜可以将溶液中的酸与盐分离。

非荷电膜不带固定电荷,是中性膜。过程原理是利用溶质分子大小的差异,小分子透过膜上微孔,大分子被藏留。目前,凡借助外力驱动的渗析过程已被纳滤、超滤、微滤、电渗析等方法取代,难以使用外力的,例如血液透析仍在应用。

(6)液膜分离(liquid membrane separation,LMS)　液膜分离过程于1968年首次用于碳氢化合物的分离,主要分为乳状液膜、支撑液膜与反萃相预分散支撑液膜三种。当两个互不相溶的液相组成的稳定乳液分散于连续的外部相中时，即形成了乳状液膜。外部相中的目标物质穿过液膜进入内部相，遵循两种传质机理：物质在膜中的扩散，以及依靠载体转运的载体促进运输。支撑液膜是将液膜相嵌入到固体多孔支撑体中作为分离的介质，其过程遵循载体促进运输的机理。有机液膜溶液用量少是支撑液膜的重要优点，然而有机溶液的逐渐渗漏会导致液膜的不稳定。反萃相预分散支撑液膜是对支撑液膜的进一步改进，其分离过程中有机溶液从膜孔中延伸出来，对支撑体孔中的溶液提供恒定速度的供给，从而解决了支撑液膜中溶液渗漏的问题，极大地提高了支撑液膜的稳定性。乳状液膜的应用包括废水中锌、苯酚、氰化物等物质的去除处理等，支撑液膜主要用于金属离子的去除、抗生素及一些生化药剂的回收以及核工业废水处理等。反萃相预分散支撑液膜的应用领城与支撑液膜近似，同时在生化过程中有很大的应用潜力。

（7）膜蒸馏（membrane distillation，MD）和渗透蒸馏（pervaporation，PV）　膜蒸馏过程在非等温条件下进行。当一张微孔疏水膜把温度不同的水溶液分开时，由于膜的疏水性，液态的水不会进入微孔，但高温侧水溶液在膜表面产生的蒸汽，在膜两侧蒸气压差的推动下透过微孔进入低温侧，实现物质的分离。这要求膜材料应具有热稳定性、高疏水性、多孔性等性质，目前膜蒸馏常用的膜材料有聚丙烯、聚偏氟乙烯及聚四氟乙烯。膜蒸馏主要分为直接接触式膜蒸馏、气体吹扫膜蒸馏、空气间隙式膜蒸馏及真空膜蒸馏。

渗透蒸馏与膜蒸馏非常相似，微孔膜也起到使膜两侧溶液传质传热的作用，同时推动力都为膜两侧蒸气压差。不同点在于膜蒸馏中蒸气压差主要由膜两侧的温度差引起。而渗透蒸馏是由于使用具有较高渗透压的渗透液引起的。膜蒸馏及渗透蒸馏可应用于纯水制备、污水处理、农产品及生物溶液的分离与纯化。

## 四、膜组件及应用

在本章中所论述的各种聚合物膜材料，可以根据实际应用的需要加工成如图 11-2 所示的 3 种形状。平板膜的典型尺寸为 1 m×1 m，厚度为 200 μm，其中致密活性层厚度为 50~500 nm，如图 11-2（a）所示。管式膜的典型尺寸为直径0.5~5.0 cm，长度可达6 m，其中致密活性层可以在管外侧面，亦可在管内侧面，并用玻璃纤维、多孔金属或其他适宜的多孔材料作为膜的支撑体，如图 11-2（b）所示。中空纤维膜的典型尺寸为：内径 100~200 μm，纤维长约 1 m，活性层厚度0.1~1.0 μm，如图 11-2（c）所示。

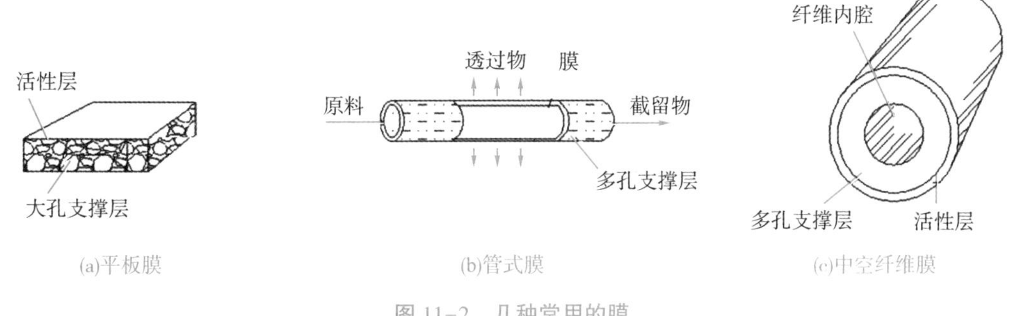


图 11-2　几种常用的膜

图 11-3 是由以上各种形状的膜组装成的结构紧凑的膜组件。其中图 11-3（a）为典型的

板框式膜组件。板框式膜组件的膜片可以做成圆形的、方形的或矩形的。另外,平板膜也可以做成如图 11-3(b)所示的螺旋卷式膜组件,其结构类似于螺旋板式换热器。螺旋卷式膜组件的典型结构是由中间为多孔支撑材料和两边是膜的“双层结构”装配而成的。其中三个边缘被密封而粘接成膜袋,另一个开放的边缘与一根多孔的产品收集管相连接,在膜袋外部的进料侧再垫一层网眼型间隔材料(隔网),即膜-多孔支撑体-进料侧隔网依次叠合,绕中心管紧密地卷在一起,形成一个膜卷,再装进圆柱形压力容器内,构成一个螺旋卷式膜组件。图 11-3(c)是用于气体混合物分离的中空纤维式膜组件,其结构类似于管壳式换热器。加压的原料气体由膜件的一端进入壳侧,在气体由进口端向另一端流动的同时,渗透组分经纤维管渗透至另一侧。管式膜组件的结构如图 11-3(d)所示,其结构与管壳式换热器类似,但原料多进入管内,而透过物在壳侧流动。管式膜组件通常装填的膜管数可达 30 以上。

上述各种膜组件的特性参见表 11-2。表中填充密度是指单位体积膜组件具有的膜表面积。显然,中空纤维式膜组件的填充密度最大。尽管板框式膜组件造价高,其填充密度也不很大,但在所有的工业膜分离中被普遍采用(气体分离除外)。螺旋卷式膜组件由于低造价和其良好的抗污染性能亦被广泛采用。中空纤维式膜组件由于具有很高的填充密度和低造价,在膜污染小和不需要进行膜清洗的场合应用普遍。

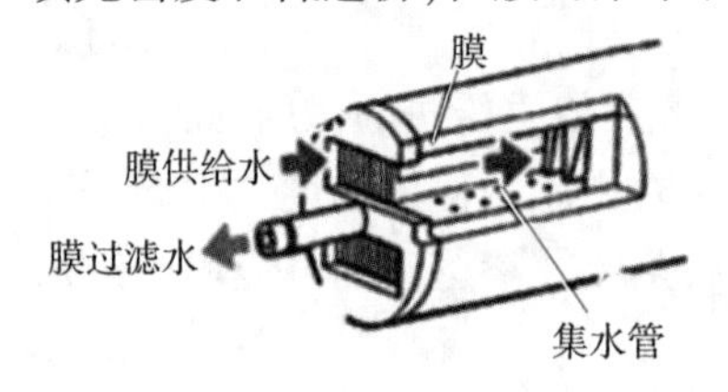


(a)褶式滤膜组件(平板膜:MF)

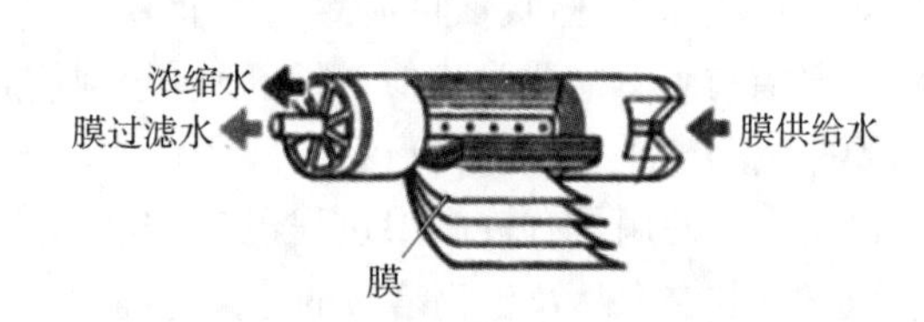


(b)卷式滤膜组件(平板膜: MF)

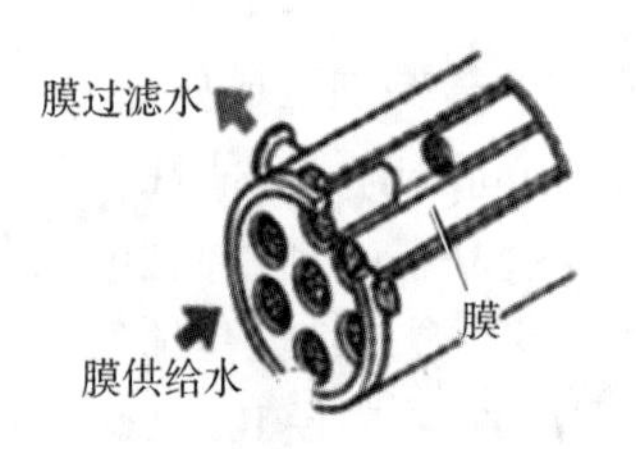


(c)单体型滤膜组件(陶瓷)

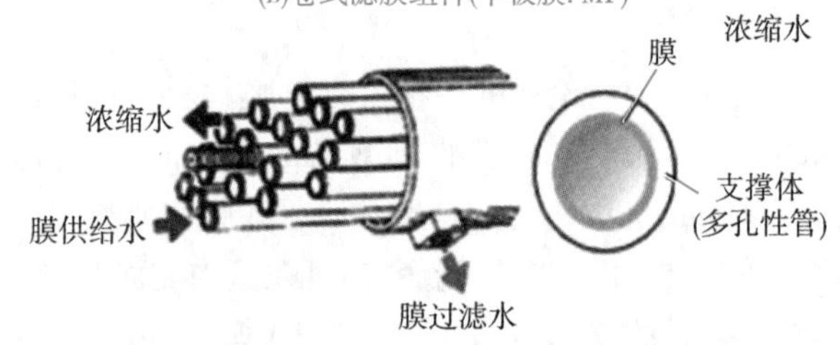


(d)管式滤膜组件(软管式膜:RO、UF)

图 11-3　常用的几种膜组件

表 11-2　膜组件的特性比较

| 项目 | 板框式 | 螺旋卷式 | 管式 | 中空纤维式 |
| --- | --- | --- | --- | --- |
| 填充密度/($m^2/m^3$) | 30~500 | 200~800 | 30~200 | 500~9000 |
| 抗污染性能 | 好 | 中等 | 很好 | 差 |
| 膜清洗 | 易 | 可 | 简单 | 难 |
| 相对造价 | 高 | 低 | 高 | 低 |
| 主要应用 | MF、UF、PV、RO、D | MF、UF、PV、RO、D | UF、RO | UF、PV、RO、D |

## 第二节　吸附

吸附是利用某些固体能够从流体(气体或液体)混合物中选择性地凝聚一定组分在其表面上的能力,使流体混合物中的组分彼此分离的单元操作过程。吸附是分离和纯化流体混合物的重要单元操作之一,广泛应用于化工、炼油、轻工、食品及环保等领域。

### 一、吸附现象与吸附剂

(1)吸附现象　当气体或液体与某些固体接触时,在固体的表面上,气体或液体分子会不同程度地变浓变稠,这种固体表面对气体或液体分子的吸着现象称为吸附,其中的固体物质称为吸附剂,而被吸附的物质称为吸附质。

为什么固体具有把气体或液体分子吸附到自己表面上来的能力呢?这是由于固体表面上的质点也和液体的表面一样,处于力场不平衡状态,表面上具有过剩的能量(即表面能)。这种不平衡的力场由于吸附质的吸附而得到一定程度的补偿,从而降低了表面能(表面自由焓),故固体表面可以自动地吸附那些能够降低其表面能的物质。吸附过程所放出的热量,称为该物质在此固体表面上的吸附热。

(2)物理吸附与化学吸附　按吸附的作用力的性质,可将吸附分为两类:物理吸附与化学吸附。

物理吸附是指当气体或液体分子与固体表面分子间的作用力为分子间力时产生的吸附,它是一种可逆过程。当固体表面分子与气体或液体分子间的引力大于气体或液体内部的分子间力时,气体或液体分子将附着在固体表面上。从分子运动论的观点来看,这些吸附于固体表面上的分子由于分子运动,也会从固体表面脱离而逸入气体或液体中去,其本身并不发生化学反应。当温度升高时,气体或液体分子的动能增加,分子将不易滞留在固体表面上,而越来越多地逸入气体或液体中去,这就是所谓的脱附。这种吸附-脱附的可逆现象在物理吸附中均存在。工业上利用这种现象,通过改变操作条件,使吸附质脱附,达到吸附剂再生并回收吸附质或分离的目的。

化学吸附的作用力是吸附质与吸附剂分子间的化学结合力。这种化学键作用比物理吸附的分子间力要大得多,其热效应也远大于物理吸附热。化学吸附往往是不可逆的。人们发现,同一种物质,在低温时,它在吸附剂上进行的是物理吸附;随着温度升高到一定程度,就开始产生化学变化,转为化学吸附。有时两种吸附会同时发生。化学吸附在催化反应过程中起重要作用。

(3)吸附剂　目前工业上最常用的吸附剂有活性炭、硅胶、活性氧化铝和分子筛等。

活性炭是最常用的吸附剂,由木炭、坚果壳、煤等含碳原料经炭化与活化制得,其吸附性能取决于原始成炭物质及炭化、活化等的操作条件。活性炭可用于溶剂蒸气的回收、各种气体物料的纯化、水的净化等。

硅胶是另一种常用吸附剂,它是一种坚硬的由无定形的 $SiO_2$ 构成的多孔结构的固体颗粒,其分子式为 $SiO_2 \cdot nH_2O$。硅胶制备过程是:用硫酸处理硅酸钠水溶液生成凝胶,所得凝胶用水洗去硫酸钠后,进行干燥即得硅胶。依制造过程条件的不同,可以控制微孔尺寸、空隙率和比表面积的大小。硅胶主要用于气体干燥、气体吸收、液体脱水、色谱分析和催化剂等。

活性氧化铝又称活性矾土,为一种无定形的多孔结构物质,通常由氧化铝(以三水合物为主)加热、脱水和活化而得。活性氧化铝对水有很强的吸附能力,主要用于液体与气体的干燥,如汽油、煤油、芳烃和氯化碳氢化物的脱水,空气、甲烷、氯气、氯化氢及二氧化硫等的干燥。

分子筛是近几十年发展起来的沸石吸附剂。其组成为 $M_{\frac{2}{n}}O \cdot Al_2O_3 \cdot ySiO_2 \cdot \omega H_2O$(含水硅酸盐),其中 M 为ⅠA 或ⅡA 族金属元素,$n$ 为金属离子的价数,$y$ 与 $\omega$ 分别为 $SiO_2$ 与 $H_2O$ 的分子数。沸石有天然沸石和合成沸石两类。自几十年前发现天然沸石的分子筛作用和它在分离过程中的应用以来,人们已采用人工合成方法,仿制出上百种合成分子筛。

分子筛为晶体且具有多孔结构,其晶格中有许多大小相同的空穴,可包藏被吸附的分子。空穴之间又有许多直径相同的孔道相连,因此,分子筛能使比其孔道直径小的分子通过孔道,吸附到空穴内部,而比其孔径大的分子则被排斥在外面,从而使分子大小不同的混合物分离,起到筛分分子的作用。

由于分子筛突出的吸附性能,它在吸附分离中的应用十分广泛,如各种气体和液体的干燥,烃类气体或液体混合物的分离。分子筛还可用于从天然气中去除 $H_2S$ 和其他硫化物,从空气和天然气中去除 $CO_2$。特制的分子筛可用于从石油馏分中分离正烷烃,从混合二甲苯中分离对二甲苯等。与其他吸附剂相比,分子筛的显著优点是吸附质在被处理的混合物中浓度很低时及在较高的温度时,仍有较好的吸附能力。

一些常用吸附剂的主要特性如表 11-3 所示。

表 11-3　一些常用吸附剂的主要特征

| 吸附剂 | 孔径/nm | 孔隙率 | 颗粒密度(g/mL) | 比表面积($m^2/g$) |
|---|---|---|---|---|
| 活性炭: | | | | |
| 小孔 | 1.0~2.5 | 0.4~0.6 | 0.5~0.9 | 400~1200 |
| 大孔 | >3.0 | — | 0.6~0.8 | 200~600 |
| 硅胶: | | | | |
| 小孔 | 2.2~2.6 | 0.47 | 1.09 | 750~850 |
| 大孔 | 10.0~15.0 | 0.71 | 0.62 | 320 |
| 活性氧化铝 | 1.0~7.5 | 0.50 | 1.25 | 320 |
| 分子筛 | 0.3~1.0 | 0.2~0.5 | — | 600~700 |
| 吸附树脂 | 4.0~25.0 | 0.4~0.55 | — | 80~700 |

除了上述常用的四种吸附剂外,还有其他一些吸附剂,如吸附树脂、活性黏土等。吸附树脂是具有巨型网状结构的合成树脂,如苯乙烯和二乙烯苯的共聚物、聚苯乙烯、聚丙烯酸脂等。吸附树脂主要应用于处理水溶液,如废水处理、维生素分离等,吸附树脂的再生比较容易,但造价较高。

## 二、工业吸附方法与设备

(1)吸附方法与设备分类　工业吸附过程通常包括两个步骤:先是气体或液体混合物与吸附剂接触,吸附剂吸附吸附质后,与气体或液体混合物中不被吸附的部分进行分离,这一步为吸附操作;然后对吸附了吸附质的吸附剂进行处理,使吸附质脱附出来,并使吸附剂重新获得吸附能力,这一步为吸附剂的脱附与再生操作。有时不用回收吸附质与吸附剂,则这一步骤改为更换新的吸附剂。在多数工业吸附装置中,都要考虑吸附剂的多次使用问题,因而吸附操作流程中,除吸附设备外,还须具有脱附与再生设备。

按照原料气体或液体混合物中被吸附组分含量的不同,可将吸附分为纯化吸附过程和分离吸附过程。尽管在二者之间没有严格的界定,但通常认为当原料气体或液体混合物中被吸附组分的质量分数大于10%时,为分离吸附过程。工业上应用最广的吸附设备型式和操作方法列于表11-4。表中所列设备可大致分成三种操作方法:①搅拌槽固-液接触吸附操作;②固定床周期性间歇操作;③模拟移动床连续操作。限于篇幅,关于各种吸附操作方法的工艺流程及设备细节在此不再一一介绍,读者可参阅有关吸附方面的专著。

表11-4　工业上应用最广的吸附设备型式和操作方法

| 进料相态 | 吸附装置 | 吸附剂再生方法 | 主要应用 |
|---|---|---|---|
| 液体 | 搅拌槽、固定床、模拟移动床 | 加热脱附、置换脱附 | 液体纯化、液体混合物分离 |
| 气体 | 固定床、流化床-移动床组合装置 | 变温脱附、变压脱附、真空脱附、置换脱附 | 气体纯化、气体混合物分离 |

(2)搅拌槽吸附过程的计算　吸附过程计算的基础是物料衡算和吸附平衡方程。在此,仅以搅拌槽吸附过程为例讨论吸附过程的计算问题。

搅拌槽是一种典型的间歇操作的接触吸附装置。将被处理的液体与吸附剂加入搅拌槽中,通过搅拌使固体吸附剂悬浮,与液体均匀接触,液体中的吸附质被吸附。经过足够长的时间后,再将浆液送至压滤机过滤,从液体中分离出固体吸附剂及所吸附的物质。搅拌槽式接触吸附亦称接触过滤,其操作方式有单级吸附和多级吸附,多级吸附又分为多级错流吸附和多级逆流吸附。

①单级吸附。单级吸附操作的流程如图11-4所示,对吸附质进行质量衡算得

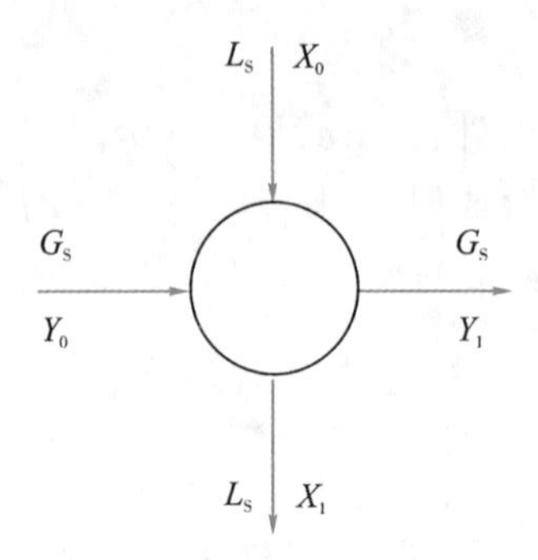


图 11-4　单级吸附操作流程图

$$G_s(Y_0-Y_1)=L_s(X_1-X_0) \tag{11-9}$$

式中　$G_s$——纯溶剂的量,kg;

$L_s$——纯吸附剂的量,kg;

$Y_0,Y_1$——吸附质在进、出搅拌槽的溶液中的质量比,kg 吸附质/kg 溶剂;

$X_0,X_1$——吸附质在进、出搅拌槽的吸附剂中的质量比,kg 吸附质/kg 吸附剂。

式(11-9)为单级吸附操作线方程,是端点为 $A(X_0,Y_0)$ 和 $B(X_1,Y_1)$,斜率为$(-L_s/G_s)$的一条直线。如果离开该级的固、液两相之间达到平衡,则出口点 $B(X_1,Y_1)$落在平衡线上。因此,操作线与平衡线的交点 $B$ 表示离开搅拌槽的溶液和吸附剂达到平衡后的状态。

若吸附平衡曲线可用 Freundlich 公式表示,且溶液的浓度较低,则吸附平衡方程可写成

$$Y^*=mX^n \tag{11-10}$$

当 $X_0=0$,将式(11-10)代入式(11-9)得

$$L_s/G_s=\frac{Y_0-Y_1}{(Y_1/m)^{\frac{1}{n}}} \tag{11-11}$$

②多级错流吸附。多级错流吸附操作流程如图 11-5 所示,被处理的原料液经过多个搅拌槽,且每个槽中均补充新鲜吸附剂。很显然,欲达到同样的分离要求,级数越多,吸附剂用量越小,但设备及操作费用越大。下面以两级为例讨论。

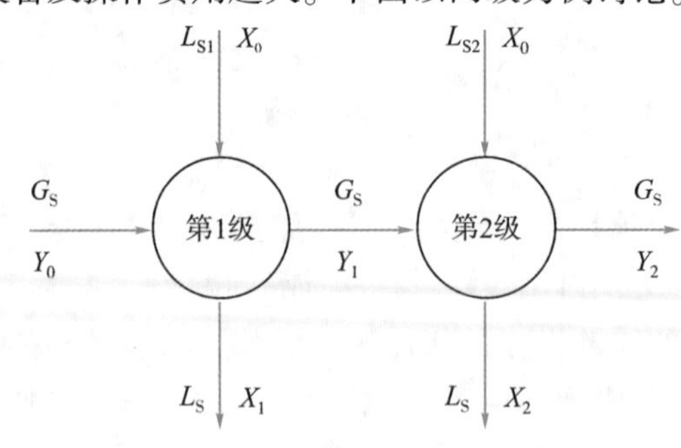


图 11-5　多级错流吸附操作流程图

对吸附质进行物料衡算,得

第 1 级:
$$G_s(Y_0-Y_1)=L_{s1}(X_1-X_0) \tag{11-12}$$

第 2 级：$$G_s(Y_1-Y_2)=L_{s2}(X_2-X_0) \tag{11-13}$$

设每一级都为理论级，且吸附平衡符合 Freundlich 吸附等温线方程，则将式(11-10)与式(11-12)及式(11-13)联立(令 $X_0=0$)，得

$$\frac{L_{s1}+L_{s2}}{G_s}=m^{\frac{1}{n}}\left[\frac{(Y_0-Y_1)}{Y_1^{1/n}}+\frac{(Y_1-Y_2)}{Y_2^{1/n}}\right] \tag{11-14}$$

为了获得最小吸附剂用量，可令

$$\frac{\mathrm{d}[(L_{s1}+L_{s2})/G_s]}{\mathrm{d}Y_1}=0 \tag{11-15}$$

当分离物系和分离要求一定，$m$、$n$、$Y_0$、$Y_2$ 均为常数，将式(11-14)对 $Y_1$ 求导，得

$$\left(\frac{Y_1}{Y_2}\right)^{1/n}-\frac{1}{n}\frac{Y_0}{Y_1}=1-\frac{1}{n} \tag{11-16}$$

即当满足式(11-16)时，总吸附剂用量为最小。因此由式(11-16)求出 $Y_1$，再根据式(11-12)、式(11-13)和式(11-14)求出吸附剂用量。

③多级逆流吸附。多级逆流吸附操作可以进一步节省吸附剂，其流程如图 11-6 所示。设逆流操作的级数为 $N$，以整个流程为体系对吸附质进行物料衡算，得

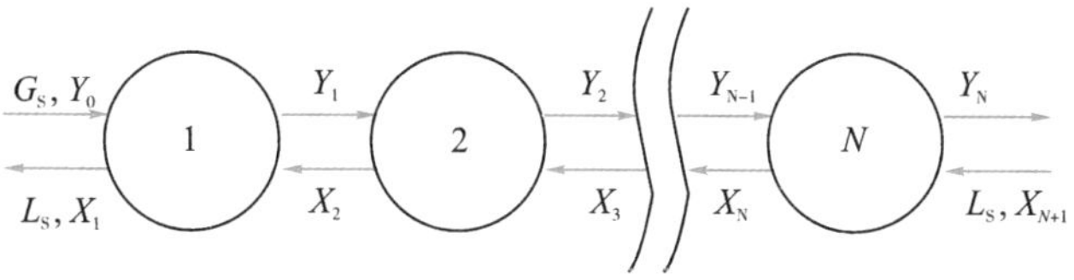

图 11-6　多级逆流吸附操作流程图

$$G_s(Y_0-Y_N)=L_s(X_1-X_{N+1}) \tag{11-17}$$

式(11-17)即为多级逆流吸附操作线方程是一条通过点$(X_{N+1},Y_N)$和点$(X_1,Y_0)$、斜率为 $L_s/G_s$ 的直线。

如果物系的平衡关系符合 Freundlich 吸附等温线方程，且所用吸附剂中不含吸附质($X_{N+1}=0$)，则对于典型的二级逆流吸附，可由操作线方程和平衡方程导出下式：

$$\frac{Y_0}{Y_2}-1=\left(\frac{Y_1}{Y_2}\right)^{1/n}\left(\frac{Y_1}{Y_2}-1\right) \tag{11-18}$$

由式(11-18)求出离开第一级的液相组成 $Y_1$，再用操作线方程和平衡方程可以求出吸附剂用量等其他参数。

【例 11-1】含 48%(质量分数)蔗糖的糖浆，用活性炭在 80 ℃进行脱色。经实验测得该温度下的吸附平衡数据(以糖浆中所含的蔗糖量为基准)如表 11-5 所示。

表 11-5　80 ℃下吸附平衡数据

| 活性炭加入量/(kg 活性炭/kg 蔗糖) | 0 | 0.005 | 0.01 | 0.015 | 0.02 | 0.03 |
|---|---|---|---|---|---|---|
| 脱色度/% | 0 | 47 | 70 | 83 | 90 | 95 |

已知原始糖浆的色度为 20 色度单位,现要求将色度降低至0.5色度单位。设该吸附平衡符合 Freundlich 吸附等温线方程,试求:(1) 采用单级接触吸附处理 100 kg 糖浆,需加入多少新鲜活性炭?(2) 若采用两级错流操作,则处理1000 kg 糖浆所需的最小总活性炭量为多少?(3) 若改用两级逆流操作,则处理1000 kg 糖浆需加入多少活性炭?

解:(1) 单级操作　将表的实验结果转化为等温吸附平衡数据,如表 11-6 所示。

表 11-6　　等温吸附平衡数据

| 活性炭加入量/(kg 活性炭/kg 蔗糖) | 0 | 0.005 | 0.01 | 0.015 | 0.02 | 0.03 |
|---|---|---|---|---|---|---|
| 平衡时色度 $Y^*$/(色度单位/kg 蔗糖) | 20 | 10.6 | 6.0 | 3.4 | 2.0 | 1.0 |
| $X$/(色度单位/kg 活性炭) | 0 | 1800 | 1400 | 1107 | 900 | 633 |

采用 Freundlich 吸附等温线方程对上表的平衡数据进行拟合,得

$$Y^*=4.421\times10^{-7}X^{2.27}$$

当 $Y^*=0.5$,由 Freundlich 吸附等温方程可求出 $X_1=467$,代入式(11-9)得

$$L_s=G_s\frac{Y_0-Y_1}{X_1-X_0}=1000\times\frac{20-0.5}{467-0}=41.8\ \text{kg}$$

(2) 两级错流操作　将已知条件 $Y_0=20$, $Y_2=0.5$, $n=2.27$代入式(11-16)得

$$\left(\frac{Y_1}{0.5}\right)^{1/2.27}-\frac{1}{2.27}\times\frac{20}{Y_1}=1-\frac{1}{2.27}$$

解得

$$Y_1=4.33$$

由 Freundlich 吸附等温方程可求出 $X_1=1211$, $X_2=467$。将以上结果代入式(11-12)与式(11-13)得

第 1 级
$$L_{s1}=G_s\frac{Y_0-Y_1}{X_1}=\left(1000\times\frac{20-4.4}{1211}\right)\text{kg}=12.9\ \text{kg}$$

第 2 级
$$L_{s2}=G_s\frac{Y_1-Y_2}{X_2}=\left(1000\times\frac{4.4-0.5}{467}\right)\text{kg}=8.4\ \text{kg}$$

$$L=L_{s1}+L_{s2}=(12.9+8.4)\ \text{kg}=21.3\text{kg}$$

(3) 两级逆流操作　将 $Y_0=20$, $Y_2=0.5$代入式(11-18),得

$$\frac{20}{0.5}-1=\left(\frac{Y_1}{0.5}\right)^{1/2.27}\left(\frac{Y_1}{0.5}-1\right)$$

解得

$$Y_1=6.72$$

由 Freundlich 吸附等温方程可求出 $X_1=1458$,将此结果代入(11-17)(注意式中 $N=2$)得

$$L_s = G_s \frac{Y_0 - Y_2}{X_1 - X_3} = 1000 \times \frac{20-0.5}{1458-0} = 13.4\ \text{kg}$$

由上面计算数据看出，获得相同的脱色效果，两级逆流操作吸附剂用量要少很多。

吸附器案例

## 第三节　分子蒸馏

分子蒸馏技术是一种特殊的液、液分离技术，它产生于20世纪20年代，是伴随着人们对真空状态下气体运动理论的深入研究以及真空蒸馏技术的不断发展而逐渐兴起的一种新的分离技术。目前，分子蒸馏技术已成为分离技术中的一个重要分支，广泛用于天然产物、食品、石油化工、农药、塑料工业等领域的有机物的分离。

### 一、分子蒸馏技术原理

常规蒸馏是基于不同物质的沸点差异进行的分离，而分子蒸馏是基于不同物质分子运动的平均自由程的差异而实现分离的。当两个分子距离较远时，它们之间表现为相互吸引的作用，而当它们接近到一定程度时，它们之间的作用会变为相互排斥，随着距离的进一步接近，排斥力会迅速增加。即分子由接近至排斥而分离的过程就是分子的碰撞过程。两分子碰撞过程中，它们的质心的最短距离就是两分子的有效直径。一个分子在相邻两次分子碰撞之间所经历的路程称为分子运动自由程。任何一个分子在运动过程中，其自由程是在不断变化的，在一定的外界条件下，不同物质的分子自由程是不同的，在某时间间隔内，分子自由程的平均值称为该分子的平均自由程。温度、压力及分子的有效直径是影响分子运动平均自由程的主要因素。

根据分子运动理论，液体混合物受热后分子运动加剧，当接收到足够能量时，就会从液面逸出变成气态分子。随着液面上方气态分子的增加，有一部分气态分子又会返回液相，在外界条件一定时，气液两相最终会达到动态平衡。不同种类的分子，由于其有效直径不同，从统计学观点看，其平均自由程也不同，即不同种类物质分子逸出液面后不与其他分子碰撞的飞行距离不同。分子蒸馏正是依据不同种类物质分子逸出液面后在气相中的运动平均自由程不同来实现不同物质的相互分离的。

图11-7是分子蒸馏分离原理示意图。液体混合物沿加热板自上而下流动，受热后获得足够能量的分子逸出液面，因为质量轻的分子的运动平均自由程大，质量重的分子的运动平均自由程小，如果在离液面距离小于轻分子的运动平均自由程而大于重分子的运动平均自由程的地方设置一冷凝板，则气相中的轻分子可以到达冷凝板被冷凝，移出气液平衡体系，体系为了达到新的动态平衡，则不断有轻分子从混合物液面逸出；相反，气相中的重分子不能到达冷凝板，不会被冷凝而移出体系，所以，重分子很快达到气液平衡，表观上不会有重分子继续逸出液面。于是，不同质量的分子被分离开。显然，上述分离实现的两个基本条件是：第一，轻重分子的平均自由程必须有差异，差异越大则越容易分离；第二，蒸发面（液面）与冷凝板间的距离必须介于轻分子和重分子的平均自由程之间。

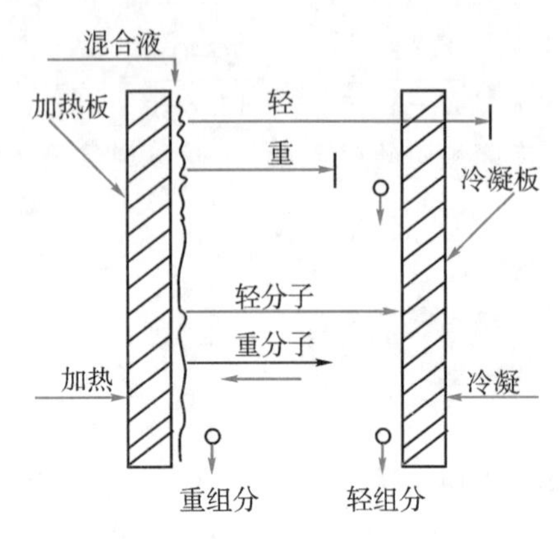


图 11-7　分子蒸馏分离原理示意图

分子蒸馏是一种非平衡状态下的蒸馏,其原理与常规蒸馏完全不同,它具有许多常规蒸馏方法所没有的优点。

(1)蒸馏压力低　为了获得足够大的分子运动平均自由程,必须降低蒸馏压力。同时,由于分子蒸馏装置独特的结构形式,其内部压降极小,可获得0.1~100 Pa 的高真空度。常规真空蒸馏虽然也可获得较高的真空度,但由于其内部结构上的制约,其真空度只能达利 5 kPa 左右。

(2)物质受热时间短　分子蒸馏装置中加热面与冷凝面之间的间距很小(小于轻分子运动平均自由程),由液面逸出的轻分子几乎不发生碰撞即可到达冷凝面,所以受热时间很短。如果采用成膜式(如刮膜、离心成膜)分子蒸馏装置,使混合物溶液的液面形成薄膜状,这时,液面与加热面几乎相等,物料在设备中停留时间很短,蒸余物料的受热时间也很短。常规真空蒸馏受热时间为分钟级,而分子蒸馏受热时间为秒级。

(3)操作温度低　因为物质分子只要离开液面,即可实现分离,不需将溶液加热至沸腾,所以分子蒸馏是在远低于物质沸点的温度下进行蒸馏操作的。

(4)分离度高　分子蒸馏常常用来分离常规蒸馏难以分离的混合物。即使两种方法都能分离的混合物,分子蒸馏的分离程度也要比常规蒸馏高,比较一下它们的挥发度即可看出。常规蒸馏的相对挥发度为 $\alpha$:

$$\alpha=\frac{p_1}{p_2} \tag{11-19}$$

而分子蒸馏的挥发度 $\alpha_\tau$ 为

$$\alpha_\tau=\frac{p_1}{p_2}\sqrt{\frac{M_1}{M_2}} \tag{11-20}$$

式中　$M_1, M_2$——轻组分和重组分的分子质量;

$p_1, p_2$——轻组分和重组分物质的饱和蒸气压。

因为式(11-20)中 $M_2/M_2>1$,所以,$\alpha_\tau>\alpha$。从式(11-20)中还可看出,轻、重分子之间的质量差异越大,它们的分离程度也越大。

## 二、分子蒸馏装置

分子蒸馏装置主要包括蒸发系统、物料输入输出、加热系统、真空和控制系统等几部分，其构造框图如图 11-8 所示。蒸发系统以分子蒸馏蒸发器为核心，可以是单级蒸发器，也可以是多级。除蒸发器外，通常还带一级或多级冷阱。物料输入、输出系统主要包括计量泵和物料输送泵，完成连续进料和排料。加热系统的加热方式常用的有电加热、导热油加热和微波加热。真空系统是保证足够真空度的关键部分。控制系统可以实现对整个装置的运行控制。实验室所用分子蒸馏装置多为玻璃装置，也有适合工业化放大实验的小型金属装置。

分子蒸馏装置的核心部件蒸发器从结构上可以分为降膜式、离心式和刮膜式三大类。

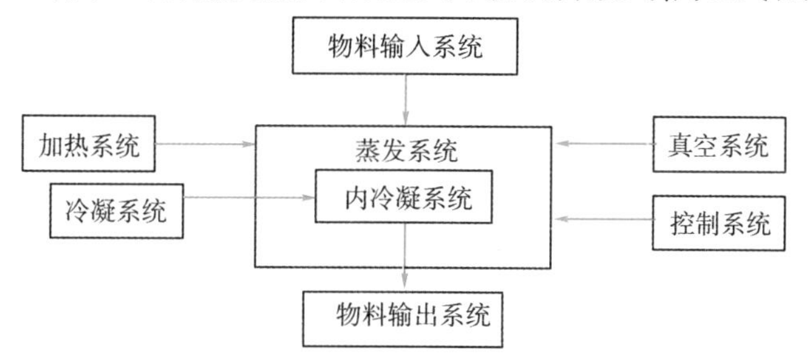


图 11-8　分子蒸馏装置构造框图

图 11-9 是一种自由降膜式分子蒸馏蒸发器的构造示意图。混合液由上部入口进料，经液体分布器使混合液均匀分布在蒸发面上，形成薄膜。液膜被加热后，由液相逸出的蒸气分子进入气相。轻分子抵达冷凝表面而被冷凝，沿冷凝面下流至蒸出物出口；重分子在到达冷凝面之前即返回液相或凝聚后流至蒸余物出口。该蒸发器的特点是结构简单，无转动密封件，易操作；不过，与刮膜式蒸发器相比，液膜仍较厚，蒸发速率不够高。

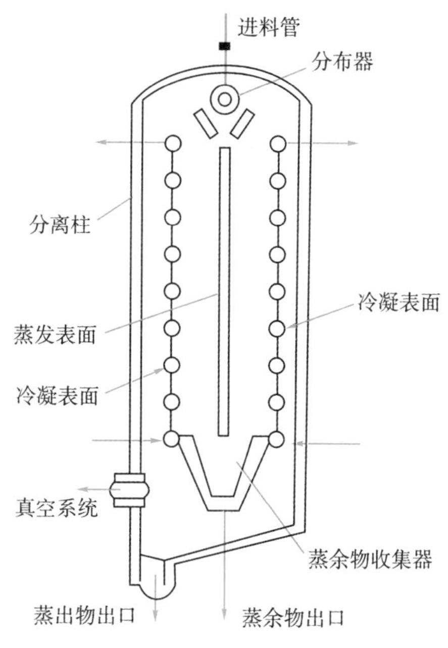


图 11-9　自由降膜式分子蒸馏蒸发器的构造示意图

图 11-10 是一种离心式分子蒸馏蒸发器的构造示意图。真空室与水平面呈 45°~60°倾斜放置。这种蒸发器的最大特点是蒸发面和冷凝面的间距可调,实际工作中可以根据被分离物质的分子运动平均自由程随意调节。离心式蒸发器的特点是液膜薄,蒸发效率高,生产能力大;但机械构造复杂,工业推广会受到一定限制。

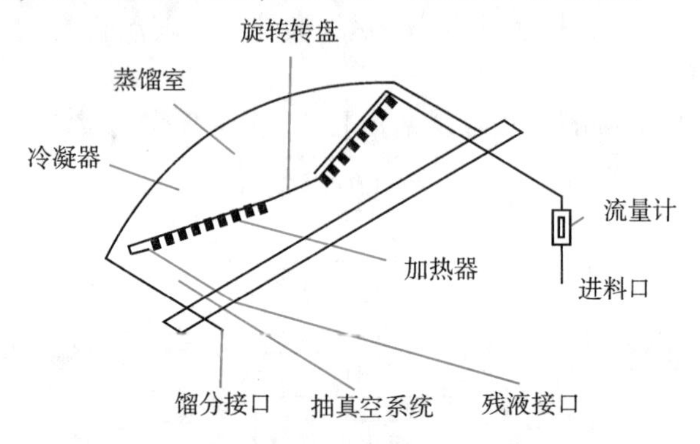


图 11-10　离心式分子蒸馏蒸发器的构造示意图

图 11-11 是一种旋转刮膜式分子蒸馏蒸发器的构造示意图。它是在自由降膜式的基础上增加了刮膜装置。混合液从上部进料口输入后,经导向盘将液体分布在塔壁上。由于设置了刮膜装置,因而在塔壁上形成了薄而均匀的液膜,使蒸发速率提高,分离效率也相应提高。不过,由于增加了刮膜装置,仪器结构变得复杂,特别是刮膜装置为旋转式,高真空下的动密封问题值得注意。

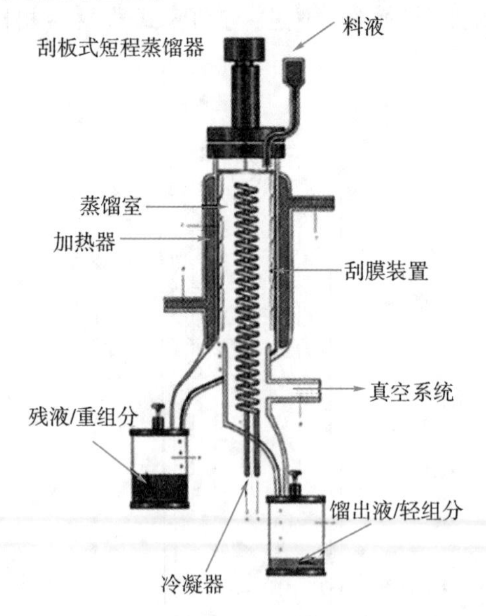


图 11-11　旋转刮膜式分子蒸馏蒸发器的构造示意图

## 三、分子蒸馏技术的应用

分子蒸馏技术的原理和特点决定了它所适用分离的对象物质。分子蒸馏适合分离分子量差别较大的液体混合物,如同系物分离。异构体不仅分子量相同,而且多数情况下物理和化学性质差异也不很大,所以,分子蒸馏技术不适合异构体分离。分子蒸馏适合分离高沸点、热敏性、易氧化(或易聚合)的物质,如中药有效成分、天然产物的分离等。对于分子量相同或相近的物质,如果它们的沸点等性质或分子结构差异较大,同样也可采用分子蒸馏,因为分子蒸馏设备比较昂贵,运行成本也比较高,所以只适合高附加值物质的分离。

一个分离问题往往能用多种分离技术解决,选择分离方法的基本原则是既经济又有效。分子蒸馏技术在工业上可用来解决很多分离问题,以下几种场合比较适合采用该技术。

(1)脱除热敏性物质中的轻分子组分　许多热敏性工业产品中存在分子量较小的气味不纯物、残留溶剂或小分子杂质。采用分子蒸馏技术即可解决这些轻分子的分离问题。例如,香精香料、大蒜油、姜油等的脱臭,溶剂萃取得到的天然产品的脱溶剂等。

(2)产品脱色和防杂质　产品的色泽多为重组分所致,其他重组分杂质也经常共存。可采用分子蒸馏技术进行产品脱色和精制。

(3)需要避免和减少热敏物质的损伤与破坏的分离问题　很多热敏性物质也可以采用传统的、投资小的高真空蒸馏,但它对热敏性物质的损伤要比分子蒸馏大得多。

(4)需要避免环境污染的分离问题　如传统脱除甘油三酯中游高脂肪酸的方法是先用 NaOH 使游离脂肪酸皂化,然后水洗得到纯的甘油三酯。该方法不仅使甘油三酯大量被皂化而降低产品收率,而且所使用的化学试剂污染产品,排放的废水污染环境。若采用分子蒸馏技术,在避免环境污染的前提下,既可得到高品质的甘油三酯,同时还可得到游离脂肪酸副产品。

(5)产品与催化剂的分离　分离催化剂既是为了保证产品质量,也是为了催化剂的循环使用。传统分离方法可能会在分离过程中使催化剂破坏或失活。遇到这种情况,则可采用分子蒸馏技术。

分子蒸馏的主要应用领域见表 11-7。

表 11-7　分子蒸馏的主要应用领域

| 应用领域 | 分离对象物质举例 |
| --- | --- |
| 天然产物 | β-胡萝卜素的提取;维生素 E、维生素 A 的提取以及浓缩分离;鱼油中提取二十碳五烯酸、二十二碳六烯酸;辣椒红色素的提取;亚麻酸的提取;螺旋藻成分的分离 |
| 中药 | 广藿香油的纯化;当归脂溶性成分的分离;独活成分的分离 |
| 医药工业 | 氨基酸、葡萄糖衍生物等的制备 |
| 食品 | 鱼油精制脱酸脱臭;混合油脂的分离;油脂脱臭;大豆油脱酸 |
| 香料香精 | 桂皮油、玫瑰油、桉叶油、香茅油等的精制 |
| 石油化工 | 制取高黏度润滑油 |
| 农药 | 氯菊酯、增效醚、氧化乐果等农药的纯化 |
| 塑料工业 | 磷酸酯类的提纯;酚醛树脂中单体酚的脱除;环氧树脂的分离提纯;塑料稳定剂脱臭 |

## 思考题

11-1　什么是膜分离？常用的膜分离技术有哪几种？

11-2　微滤、超滤和纳滤有哪些共性？在分离原理、膜结构、膜材料、应用对象等方面各有什么特点？

11-3　调研国内纯净水生产的主要分离技术有哪些。

11-4　什么是吸附现象？吸附分离的基本原理是什么？

11-5　工业上常用的吸附剂有哪几种？各有什么特点？什么是分子筛？

11-6　分子蒸馏和常规蒸馏在原理上有何不同？在应用上各有什么特点？

# 参考文献


[1]张浩勤,陆美娟.化工原理(下册)[M].3 版.北京:化学工业出版社,2018.

[2]柴诚敬,贾绍义,张凤宝,等.化工原理(下册)[M].2 版.北京:高等教育出版社,2015.

[3]王志魁,刘丽英,刘伟.化工原理[M].4 版.北京:化学工业出版社,2016.

[4]杨祖荣,刘丽英,刘伟.化工原理[M].3 版.北京:化学工业出版社,2015.

[5]丁忠伟,刘伟,刘丽英.化工原理(下册)[M].北京:高等教育出版社,2018.

[6]黄婕,刘玉兰,熊丹柳.化工原理学习指导与习题精解[M].北京:化学工业出版社,2015.

[7]齐鸣斋,熊丹柳,叶启亮.化工原理(下册)[M].北京:高等教育出版社,2014.

[8]赵思明,熊善柏,刘茹,等.食品工程原理[M].2 版.北京:科学出版社,2016.

[9]姚玉英.化工原理(下册)[M].天津:天津科学技术出版社,2005.

[10]张洪流.化工原理(下册)[M].上海:华东理工大学出版社,2006.

[11]贾绍义,柴诚敬.化工传质与分离过程[M].2 版.北京:化学工业出版社,2007.

[12]大连理工大学.化工原理(下册)[M].3 版.北京:高等教育出版社,2015.

[13]陈敏恒,丛德滋,方图南,等.化工原理(下册)[M].4 版.北京:化学工业出版社,2015.

[14]丁忠伟,杨祖荣.化工原理学习指导[M].2 版.北京:化学工业出版社,2014.

[15]冯霄,何潮洪.化工原理(下册)[M].2 版.北京:科学出版社,2007.

[16]叶世超,夏素兰,易美桂,等.化工原理(下册)[M].北京:科学出版社,2002.

[17]埃克尔特,德雷克.传热与传质[M].徐明德,译.北京:科学出版社,1963.

[18]凯斯 W M.对流传热与传质[M].北京:高等教育出版社,2007.

[19]伍钦.传质与分离工程[M].广州:华南理工大学出版社,2005.

[20]修伍德 T K,皮克福特 R L,威尔基 C R.传质学[M].时钧,李盘生,等译.北京:化学工业出版社,1988.

[21]李汝辉.传质学基础[M].北京:北京航空学院出版社,1987.

[22]王维德.Maxwell-Stefan 方程及其在相间传质中的应用[J].化学工程,2002,30(4):1-5.

[23]王维德.浓度对传质系数的影响及多元物系传质研究[J].化工学报,2003,54(5):601-605.

[24]高习群.气液界面传质机理与强化[D].天津:天津大学,2007.

[25]丁邀文.湍流条件下气液界面传质机理研究[D].湘潭:湘潭大学,2015.

[26]王要令.化工原理课程设计[M].北京:化学工业出版社,2016.

[27]申迎华,郝晓刚.化工原理课程设计[M].北京:化学工业出版社,2009.

[28]夏清,贾绍义.化工原理(下册)[M].2 版.天津:天津大学出版社,2012.

[29]夏清,陈常贵.化工原理(下册)[M].天津:天津大学出版社,2005.

[30]张瑞华.液膜分离技术[M].南昌:江西人民出版社,1984.
[31]赵德明.分离工程[M].杭州:浙江大学出版社,2011.
[32]刘家祺.传质分离过程[M].北京:高等教育出版社,2005.
[33]汪家鼎,陈家镛.溶剂萃取手册[M].北京:化学工业出版社,2001.
[34]李融,王纬武.化工原理(下册)[M].2版.上海:上海交通大学出版社,2009.
[35]余立新,戴猷元.化工原理习题解析(下册)[M].北京:清华大学出版社,2004.
[36]谭天恩,窦梅,周明华.化工原理(下册)[M].4版.北京:化学工业出版社,2013.
[37]陈洪钫,刘家祺.化工分离过程[M].2版.北京:化学工业出版社,2014.
[38]丁明玉.现代分离方法与技术[M].2版.北京:化学工业出版社,2012.
[39]任建新.膜分离技术及应用[M].北京:化学工业出版社,2003.
[40]蒋维钧,余立新.新型传质分离技术[M].2版.北京:化学工业出版社,2006.
[41]杨村,于宏奇,冯武文.分子蒸馏技术[M].北京:化学工业出版社,2003.
[42]涂晋林,吴志泉.化学工业中的吸收操作[M].上海:华东理工大学出版社,1994.

# 附　录

1.部分物质的 Antoine[①] 常数

| 物质名称 | 沸点/K(常压) | Antoine 常数 | | |
|---|---|---|---|---|
| | | $A$ | $B$ | $C$ |
| 水 | 373.2 | 18.303 6 | 3 816.40 | −46.13 |
| 氨 | 239.7 | 16.948 1 | 2 132.50 | −32.98 |
| 甲醇 | 337.8 | 18.587 5 | 3 626.55 | −34.29 |
| 乙烯 | 169.4 | 15.536 8 | 1 347.01 | −18.15 |
| 乙烷 | 184.5 | 15.663 7 | 1 511.42 | −17.16 |
| 乙醇 | 351.5 | 18.911 9 | 3 803.98 | −41.68 |
| 丙烯 | 225.4 | 15.702 7 | 1 807.53 | −26.15 |
| 丙醇 | 329.4 | 16.651 3 | 2 940.46 | −35.93 |
| 丙烷 | 231.1 | 15.726 0 | 1 872.46 | −25.16 |
| 正丁烷 | 272.7 | 15.678 2 | 2 154.90 | −34.42 |
| 正丁醇 | 390.9 | 17.216 0 | 3 137.02 | −94.43 |
| 正戊烷 | 309.2 | 15.833 3 | 2 477.07 | −39.94 |
| 苯 | 353.3 | 15.900 8 | 2 788.51 | −52.36 |
| 甲苯 | 383.8 | 16.013 7 | 3 096.52 | −53.67 |
| 邻二甲苯 | 417.6 | 16.115 6 | 3 395.57 | −59.46 |
| 间二甲苯 | 412.3 | 16.139 0 | 3 366.99 | −58.04 |
| 对二甲苯 | 411.5 | 16.096 3 | 3 346.65 | −57.84 |
| 苯乙烯 | 418.3 | 16.019 3 | 3 320.57 | −63.72 |
| 乙苯 | 409.3 | 16.019 5 | 3 279.47 | −59.95 |
| 正乙烷 | 341.9 | 15.836 6 | 2 697.55 | −48.78 |
| 正庚烷 | 371.6 | 15.873 7 | 2 911.32 | −56.51 |
| 正辛烷 | 398.8 | 15.942 6 | 3 120.29 | −63.63 |
| 丙酮 | 329.4 | 16.651 3 | 2 940.46 | −35.93 |
| 苯酚 | 455.0 | 16.427 9 | 3 490.89 | −98.59 |
| 邻甲基苯酚 | | 15.915 0 | 3 305.00 | −108.00 |

① Antoine 公式：$\ln p^{*}=A-\dfrac{B}{T+C}$

式中　$p^{*}$——纯组分的饱和蒸气压，mmHg；

$A,B,C$——Antoine 公式中的常数；

$T$——热力学温度，K。

2.部分二元溶液的 $t$-$x$-$y$ 关系表

(1)乙醇-水溶液(101.3 kPa)

| $t$/℃ | 100 | 95.5 | 89 | 86.7 | 85.3 | 84.1 | 82.7 | 82.3 |
| --- | --- | --- | --- | --- | --- | --- | --- | --- |
| 摩尔分数 $x$ | 0 | 0.019 | 0.072 | 0.097 | 0.124 | 0.166 | 0.234 | 0.261 |
| 摩尔分数 $y$ | 0 | 0.17 | 0.389 | 0.438 | 0.47 | 0.509 | 0.545 | 0.558 |
| $t$/℃ | 81.5 | 80.7 | 79.8 | 79.7 | 79.3 | 78.74 | 78.41 | 78.15 |
| 摩尔分数 $x$ | 0.327 | 0.397 | 0.508 | 0.52 | 0.573 | 0.676 | 0.747 | 0.894 |
| 摩尔分数 $y$ | 0.583 | 0.612 | 0.656 | 0.66 | 0.684 | 0.739 | 0.782 | 0.894 |

(2)甲醇-水溶液(101.3 kPa)

| $t$/℃ | 100 | 96.4 | 93.5 | 91.2 | 89.3 | 87.7 | 84.4 | 81.7 |
| --- | --- | --- | --- | --- | --- | --- | --- | --- |
| 摩尔分数 $x$ | 0 | 0.02 | 0.04 | 0.06 | 0.08 | 0.10 | 0.15 | 0.20 |
| 摩尔分数 $y$ | 0 | 0.134 | 0.23 | 0.304 | 0.365 | 0.418 | 0.517 | 0.579 |
| $t$/℃ | 78 | 75.3 | 73.1 | 71.2 | 69.3 | 67.6 | 66 | 64.5 |
| 摩尔分数 $x$ | 0.30 | 0.40 | 0.50 | 0.60 | 0.70 | 0.80 | 0.90 | 1.00 |
| 摩尔分数 $y$ | 0.665 | 0.729 | 0.779 | 0.825 | 0.87 | 0.915 | 0.958 | 1.00 |

(3)丙醇-水溶液(101.3 kPa)

| $t$/℃ | 100 | 92 | 84.2 | 75.6 | 66.9 | 62.4 | 61.1 | 60.3 |
| --- | --- | --- | --- | --- | --- | --- | --- | --- |
| 摩尔分数 $x$ | 0 | 0.01 | 0.025 | 0.05 | 0.10 | 0.20 | 0.30 | 0.40 |
| 摩尔分数 $y$ | 0 | 0.027 9 | 0.47 | 0.63 | 0.754 | 0.813 | 0.832 | 0.842 |
| $t$/℃ | 59.8 | 59.2 | 58.8 | 58.2 | 57.4 | 56.9 | 56.1 | 55.5 |
| 摩尔分数 $x$ | 0.50 | 0.60 | 0.70 | 0.80 | 0.90 | 0.95 | 0.975 | 1.00 |
| 摩尔分数 $y$ | 0.854 | 0.863 | 0.875 | 0.897 | 0.935 | 0.962 | 0.979 | 1.00 |

(4)氯仿-苯(101.3 kPa)

| 氯仿质量分数 | | $t$/℃ | 氯仿质量分数 | | $t$/℃ |
| --- | --- | --- | --- | --- | --- |
| 液相 | 气相 | | 液相 | 气相 | |
| 0.10 | 0.136 | 79.9 | 0.60 | 0.750 | 74.6 |
| 0.20 | 0.272 | 79.0 | 0.70 | 0.830 | 72.8 |
| 0.30 | 0.406 | 78.1 | 0.80 | 0.900 | 70.5 |
| 0.40 | 0.530 | 77.2 | 0.90 | 0.961 | 67.0 |
| 0.50 | 0.650 | 76.0 | | | |

(5)水-乙酸(101.3 kPa)

| 水摩尔分数 | | $t$/℃ | 水摩尔分数 | | $t$/℃ |
|---|---|---|---|---|---|
| 液相 | 气相 | | 液相 | 气相 | |
| 0.0 | 0.0 | 118.2 | 0.833 | 0.886 | 101.3 |
| 0.270 | 0.394 | 108.2 | 0.886 | 0.919 | 100.9 |
| 0.455 | 0.565 | 105.3 | 0.930 | 0.950 | 100.5 |
| 0.588 | 0.707 | 103.8 | 0.968 | 0.977 | 100.2 |
| 0.690 | 0.790 | 102.8 | 1.00 | 1.00 | 100.0 |
| 0.769 | 0.845 | 101.9 | | | |

3.气体的扩散系数

(1)此物质在氢气、二氧化碳、空气中的扩散系数 $D$(0 ℃,101.3 kPa)[$\times 10^4$/(m·s$^{-1}$)]

| 物质名称 | $H_2$ | $CO_2$ | 空气 |
|---|---|---|---|
| $H_2$ | | 0.550 | 0.611 |
| $O_2$ | 0.697 | 0.139 | 0.178 |
| $N_2$ | 0.674 | | 0.202 |
| CO | 0.651 | 0.137 | 0.202 |
| $CO_2$ | 0.550 | 0.138 | |
| $SO_2$ | 0.479 | | 0.103 |
| $CS_2$ | 0.368 9 | 0.063 | 0.089 2 |
| $H_2O$ | 0.751 6 | 0.138 7 | 0.220 |
| 空气 | 0.611 | 0.138 | |
| HCl | | | 0.156 |
| $SO_3$ | | | 0.102 |
| $Cl_2$ | | | 0.108 |
| $NH_3$ | | | 0.198 |
| $Br_2$ | 0.563 | 0.036 3 | 0.086 |
| $I_2$ | | | 0.097 |
| HCN | | | 0.133 |
| $H_2S$ | | | 0.151 |
| $CH_4$ | 0.625 | 0.153 | 0.223 |
| $C_2H_4$ | 0.505 | 0.096 | 0.152 |
| $C_6H_6$ | 0.294 | 0.052 7 | 0.075 1 |
| 甲醇 | 0.500 1 | 0.088 0 | 0.132 5 |
| 乙醇 | 0.378 | 0.068 5 | 0.101 6 |
| 乙醚 | 0.296 | 0.055 2 | 0.077 5 |

(2)一些物质在水溶液中的扩散系数

| 溶质 | 浓度 $c$ /(mol·L$^{-1}$) | 温度 $t$/℃ | 扩散系数 $D\times10^9$ /(m$^2$·s$^{-1}$) |
|---|---|---|---|
| HCl | 9 | 0 | 2.7 |
| | 7 | 0 | 2.4 |
| | 4 | 0 | 2.1 |
| | 3 | 0 | 2.0 |
| | 2 | 0 | 1.8 |
| | 0.4 | 0 | 1.6 |
| | 0.6 | 5 | 2.4 |
| | 1.3 | 5 | 1.9 |
| | 0.4 | 5 | 1.8 |
| | 9 | 10 | 3.3 |
| | 6.5 | 10 | 3.0 |
| | 2.5 | 10 | 2.5 |
| | 0.8 | 10 | 2.2 |
| | 0.5 | 10 | 2.1 |
| | 2.5 | 15 | 2.9 |
| | 3.2 | 19 | 4.5 |
| | 1.0 | 19 | 3.0 |
| | 0.3 | 19 | 2.7 |
| | 0.1 | 19 | 2.5 |
| | 0 | 20 | 2.8 |
| $CO_2$ | 0 | 10 | 1.46 |
| | 0 | 15 | 1.60 |
| | 0 | 18 | 1.71±0.03 |
| | 0 | 20 | 1.77 |
| $NH_3$ | 0.686 | 4 | 1.22 |
| | 3.5 | 5 | 1.24 |

| 溶质 | 浓度 $c$ /(mol·L$^{-1}$) | 温度 $t$/℃ | 扩散系数 $D\times10^9$ /(m$^2$·s$^{-1}$) |
|---|---|---|---|
| $NH_3$ | 0.7 | 5 | 1.24 |
| | 1.0 | 8 | 1.36 |
| | 饱和 | 8 | 1.08 |
| | 饱和 | 10 | 1.14 |
| | 1.0 | 15 | 1.77 |
| | 饱和 | 15 | 1.26 |
| | 20 | 2.04 | |
| $C_2H_4$ | 0 | 20 | 1.80 |
| $Br_2$ | 0 | 20 | 1.29 |
| CO | 0 | 20 | 1.90 |
| $C_2H_4$ | 0 | 20 | 1.59 |
| $H_2$ | 0 | 20 | 5.94 |
| HCN | 0 | 20 | 1.66 |
| $H_2S$ | 0 | 20 | 1.63 |
| $CH_4$ | 0 | 20 | 2.06 |
| $N_2$ | 0 | 20 | 1.90 |
| $O_2$ | 0 | 20 | 2.08 |
| $SO_2$ | 0 | 20 | 1.47 |
| $Cl_2$ | 0.138 | 10 | 0.91 |
| | 0.128 | 13 | 0.98 |
| | 0.11 | 18.3 | 1.21 |
| | 0.104 | 20 | 1.22 |
| | 0.099 | 22.4 | 1.32 |
| | 0.092 | 25 | 1.42 |
| | 0.083 | 30 | 1.62 |
| | 0.07 | 35 | 1.8 |

4.部分气体稀水溶液的亨利系数

| 气体 | t/℃ | | | | | | | | | | | | | | | |
|---|---|---|---|---|---|---|---|---|---|---|---|---|---|---|---|---|
| | 0 | 5 | 10 | 15 | 20 | 25 | 30 | 35 | 40 | 45 | 50 | 60 | 70 | 80 | 90 | 100 |
| | $E\times10^{6}$ kPa | | | | | | | | | | | | | | | |
| $H_2$ | 5.87 | 6.16 | 6.45 | 6.70 | 6.93 | 7.16 | 7.39 | 7.52 | 7.61 | 7.70 | 7.75 | 7.75 | 7.71 | 7.65 | 7.61 | 7.55 |
| $N_2$ | 5.36 | 6.05 | 6.77 | 7.48 | 8.15 | 8.76 | 9.36 | 9.98 | 10.6 | 11.1 | 11.5 | 12.1 | 12.6 | 12.8 | 12.8 | 12.7 |
| 空气 | 4.24 | 4.95 | 5.56 | 6.15 | 6.72 | 7.30 | 7.82 | 8.34 | 8.81 | 9.23 | 8.59 | 10.2 | 10.6 | 10.9 | 11.0 | 10.9 |
| CO | 3.56 | 4.00 | 4.48 | 4.96 | 4.43 | 5.87 | 6.28 | 6.68 | 7.05 | 7.39 | 7.70 | 8.34 | 8.56 | 8.56 | 8.57 | 8.57 |
| $O_2$ | 2.58 | 2.95 | 3.31 | 3.68 | 4.06 | 4.44 | 4.81 | 5.13 | 5.42 | 5.70 | 5.95 | 6.37 | 6.71 | 6.96 | 7.08 | 7.10 |
| $CH_4$ | 2.27 | 2.62 | 3.01 | 3.41 | 3.81 | 4.18 | 4.55 | 4.92 | 5.27 | 5.58 | 5.84 | 6.34 | 6.74 | 6.91 | 7.01 | 7.10 |
| NO | 1.71 | 1.94 | 2.21 | 2.45 | 2.67 | 2.91 | 3.14 | 3.35 | 3.56 | 3.77 | 3.95 | 4.23 | 4.44 | 4.54 | 4.58 | 4.60 |
| $C_2H_6$ | 1.28 | 1.57 | 91 | 2.29 | 2.66 | 3.06 | 3.46 | 3.88 | 4.28 | 4.69 | 5.06 | 5.72 | 6.31 | 6.69 | 6.96 | 7.01 |
| | $E\times10^{-5}$ kPa | | | | | | | | | | | | | | | |
| $C_2H_4$ | 5.59 | 6.61 | 7.78 | 9.06 | 10.03 | 11.5 | 12.9 | — | — | — | — | — | — | — | — | — |
| $N_2O$ | — | 1.19 | 1.43 | 1.68 | 1.01 | 2.28 | 2.62 | 3.06 | — | — | — | — | — | — | — | — |
| $CO_2$ | 0.737 | 0.887 | 1.05 | 1.24 | 1.44 | 1.65 | 1.88 | 2.12 | 2.36 | 2.60 | 2.8 | 3.45 | — | — | — | — |
| $C_2H_2$ | 0.729 | 0.851 | 0.972 | 1.09 | 1.23 | 1.35 | 1.48 | — | — | — | — | — | — | — | — | — |
| $Cl_2$ | 0.271 | 0.334 | 0.399 | 0.461 | 0.537 | 0.604 | 0.668 | 0.739 | 0.800 | 0.861 | 0.901 | 0.972 | 0.992 | 0.972 | 0.962 | |
| $H_2S$ | 0.271 | 0.319 | 0.372 | 0.418 | 0.489 | 0.552 | 0.617 | 0.685 | 0.754 | 0.824 | 0.895 | 1.04 | 1.21 | 1.37 | 1.46 | 1.50 |
| | $E\times10^{-4}$ kPa | | | | | | | | | | | | | | | |
| $Br_2$ | 0.216 | 0.278 | 0.371 | 0.472 | 0.601 | 0.746 | 0.916 | 1.10 | 1.35 | 1.60 | 1.93 | 2.54 | 3.25 | 4.09 | 4.09 | — |
| $SO_2$ | 0.167 | 0.203 | 0.245 | 0.294 | 0.354 | 0.413 | 0.485 | 0.567 | 0.660 | 0.763 | 0.871 | 1.12 | 1.39 | 1.70 | 2.01 | |

5.部分气体在水中的溶解度

(1)氨在水中的平衡溶解度

| $kgNH_3/100\ kgH_2O$ | $NH_3$ 的平衡分压/kPa | | | | | | | |
|---|---|---|---|---|---|---|---|---|
| | 0 ℃ | 10 ℃ | 20 ℃ | 25 ℃ | 30 ℃ | 40 ℃ | 50 ℃ | 60 ℃ |
| 100 | 122.2 | | | | | | | |
| 90 | 104.6 | | | | | | | |
| 80 | 84.8 | 131.6 | 193.3 | — | — | 439.9 | | |
| 70 | 66.6 | 104.0 | 156.0 | — | — | 367.9 | | |
| 60 | 50.6 | 80.0 | 126.0 | — | — | 283.9 | | |
| 50 | 36.6 | 58.5 | 91.4 | — | — | 202.6 | | |

续表

| $kgNH_3/100\ kgH_2O$ | $NH_3$ 的平衡分压/kPa | | | | | | | |
|---|---|---|---|---|---|---|---|---|
| | 0 ℃ | 10 ℃ | 20 ℃ | 25 ℃ | 30 ℃ | 40 ℃ | 50 ℃ | 60 ℃ |
| 40 | 25.3 | 40.1 | 62.6 | — | 95.8 | 142.0 | | |
| 30 | 15.9 | 25.3 | 39.7 | — | 60.5 | 92.2 | | |
| 25 | 11.9 | 19.2 | 30.2 | — | 46.9 | 71.2 | 110.0 | |
| 20 | 8.5 | 13.8 | 22.1 | — | 34.6 | 52.6 | 79.4 | 111.2 |
| 15 | 5.7 | 9.3 | 15.2 | — | 23.9 | 36.4 | 54.0 | 77.7 |
| 10 | 3.3 | 5.6 | 9.3 | — | 14.7 | 22.3 | 32.9 | 48.1 |
| 7.5 | 2.3 | 4.0 | 6.7 | — | 10.6 | 16.0 | 23.8 | 34.8 |
| 5 | 1.5 | 2.5 | 4.2 | — | 6.8 | 10.2 | 15.3 | 22.0 |
| 4 | — | 2.1 | 3.3 | — | 5.3 | 8.1 | 12.1 | 17.2 |
| 3 | — | 1.5 | 2.4 | 3.1 | 3.9 | 6.0 | 8.9 | 12.2 |
| 2.5 | — | — | 2.0 | 2.6 | 3.2 | 5.0 | 7.4 | 10.3 |
| 2 | — | — | 1.6 | 2.0 | 2.6 | 4.0 | 5.9 | 8.1 |
| 1.6 | — | — | — | 2.0 | 3.2 | 4.7 | 6.4 | 1.2 |
| 1.2 | — | — | — | 1.5 | 2.4 | 3.6 | 4.0 | |
| 1.0 | — | — | — | 0.9 | — | 2.0 | 3.0 | 4.0 |
| 0.5 | — | — | — | 0.4 | | | | |

(2)二氧化硫在水中的平衡溶解度

| $kgSO_2/100\ kgH_2O$ | $SO_2$ 的平衡分压/kPa | | | | | | | |
|---|---|---|---|---|---|---|---|---|
| | 0 ℃ | 7 ℃ | 10 ℃ | 15 ℃ | 20 ℃ | 30 ℃ | 40 ℃ | 50 ℃ |
| 20 | 86.1 | 87.6 | | | | | | |
| 15 | 63.2 | 84.9 | 76.8 | | | | | |
| 10 | 41.0 | 55.6 | 63.2 | 75.6 | 93.0 | | | |
| 7.5 | 30.4 | 40.9 | 46.5 | 55.8 | 68.9 | 91.7 | | |
| 5.0 | 19.7 | 26.4 | 30.1 | 36.0 | 44.8 | 60.2 | 88.6 | |
| 2.5 | 9.2 | 12.3 | 14.0 | 16.9 | 21.5 | 28.8 | 49.6 | 61.0 |
| 1.5 | 5.1 | 6.8 | 7.8 | 9.5 | 12.3 | 16.7 | 24.7 | 35.4 |
| 1.0 | 3.1 | 4.1 | 4.9 | 5.9 | 7.9 | 10.5 | 16.1 | 22.9 |
| 0.7 | 2.0 | 2.7 | 3.1 | 3.7 | 5.2 | 6.9 | 11.6 | 15.5 |
| 0.5 | 1.3 | 1.8 | 2.1 | 2.6 | 3.5 | 4.8 | 7.6 | 10.9 |

续表

| $kgSO_2/100\ kgH_2O$ | $SO_2$ 的平衡分压/kPa | | | | | | | |
|---|---|---|---|---|---|---|---|---|
| | 0 ℃ | 7 ℃ | 10 ℃ | 15 ℃ | 20 ℃ | 30 ℃ | 40 ℃ | 50 ℃ |
| 0.3 | 0.68 | 0.92 | 1.0 | 1.3 | 1.9 | 2.6 | | |
| 0.2 | 0.37 | 0.49 | 0.61 | 0.76 | 1.1 | 1.6 | — | 4.1 |
| 0.15 | 0.25 | 0.35 | 0.41 | 0.51 | 0.77 | 1.1 | 1.7 | 2.7 |
| 0.10 | 0.16 | 0.20 | 0.23 | 0.29 | 0.43 | 0.63 | 1.0 | 1.6 |
| 0.05 | 0.08 | 0.09 | 0.10 | 0.11 | 0.16 | 0.23 | 0.37 | 0.63 |
| 0.02 | 0.03 | 0.04 | 0.04 | 0.04 | 0.07 | 0.08 | 0.11 | 0.17 |

(3)二氧化碳在水中的平衡溶解度

| 总压/MPa | $kgCO_2/100\ kgH_2O$ | | | | | | | | |
|---|---|---|---|---|---|---|---|---|---|
| | 12 ℃ | 18 ℃ | 25 ℃ | 31.04 ℃ | 35 ℃ | 40 ℃ | 50 ℃ | 75 ℃ | 100 ℃ |
| 2.53 | — | 3.85 | — | 2.80 | 2.56 | 2.30 | 1.92 | 1.35 | 1.06 |
| 5.06 | 7.03 | 6.33 | 5.38 | 4.77 | 4.39 | 4.02 | 3.41 | 2.49 | 2.01 |
| 7.60 | 7.18 | 6.69 | 6.17 | 5.80 | 5.51 | 5.10 | 4.45 | 3.37 | 2.82 |
| 10.1 | 7.27 | 6.72 | 6.28 | 5.97 | 5.76 | 5.50 | 5.07 | 4.07 | 3.49 |
| 15.2 | 7.59 | 7.07 | — | 6.25 | 6.03 | 5.81 | 5.47 | 4.85 | 4.49 |
| 20.3 | — | — | — | 6.48 | 6.29 | 6.28 | 5.76 | 5.27 | 5.08 |
| 30.4 | 7.85 | 7.35 | — | — | — | — | 6.20 | 5.83 | 5.84 |
| 40.5 | 8.12 | 7.77 | 7.54 | 7.27 | 7.06 | 6.89 | 6.58 | 6.30 | 6.40 |
| 50.6 | — | — | — | 7.65 | 7.51 | 7.26 | — | — | — |
| 70.9 | — | — | — | — | — | — | 7.58 | 7.43 | 7.61 |

6.部分填料的特性参数表

| | 名义尺寸/mm | 每立方米个数 | 堆积密度/($kg \cdot m^{-3}$) | 空隙率/% | 比表面积/($m^2 \cdot m^{-3}$) | 填料因子(干)/$m^{-1}$ |
|---|---|---|---|---|---|---|
| 瓷拉西环 | 25 | 49 000 | 505 | 0.78 | 190 | 400 |
| | 40 | 12 700 | 577 | 0.75 | 126 | 305 |
| | 50 | 6000 | 457 | 0.81 | 93 | 177 |
| | 80 | 1910 | 714 | 0.68 | 76 | 243 |

续表

| | 名义尺寸/mm | 每立方米个数 | 堆积密度/(kg·$m^{-3}$) | 空隙率/% | 比表面积/($m^2$·$m^{-3}$) | 填料因子(干)/$m^{-1}$ |
|---|---|---|---|---|---|---|
| 钢拉西环 | 25 | 55 000 | 640 | 0.92 | 220 | 290 |
| | 35 | 19 000 | 570 | 0.93 | 150 | 190 |
| | 50 | 7000 | 430 | 0.95 | 110 | 130 |
| | 76 | 1870 | 400 | 0.95 | 68 | 80 |
| 塑料鲍尔环 | 25 | 42 900 | 150 | 0.901 | 175 | 239 |
| | 38 | 15 800 | 98 | 0.89 | 155 | 220 |
| | 50(井) | 6500 | 74.8 | 0.901 | 112 | 154 |
| | 50(米) | 6100 | 73.7 | 0.9 | 92.7 | 127 |
| | 76 | 1930 | 70.9 | 0.92 | 72.2 | 94 |
| 钢鲍尔环 | 16 | 143 000 | 216 | 0.928 | 239 | 299 |
| | 25 | 55 900 | 427 | 0.934 | 219 | 269 |
| | 38 | 13 000 | 365 | 0.945 | 129 | 153 |
| | 50 | 6500 | 395 | 0.949 | 112.3 | 131 |
| 瓷质阶梯环 | 50(米) | 9091 | 516 | 0.787 | 108.8 | 223 |
| | 50(井) | 9300 | 483 | 0.744 | 105.6 | 278 |
| | 76 | 2517 | 420 | 0.795 | 63.4 | 126 |
| 钢质阶梯环 | 25 | 97 160 | 439 | 0.93 | 220 | 273.5 |
| | 38 | 31 890 | 475.5 | 0.94 | 154.3 | 185.5 |
| | 50 | 11 600 | 400 | 0.95 | 109.2 | 127.4 |
| 塑料阶梯环 | 25 | 81 500 | 97.8 | 0.9 | 228 | 312.8 |
| | 38 | 27 200 | 57.5 | 0.91 | 132.5 | 175.8 |
| | 50 | 10 740 | 54.3 | 0.927 | 114.2 | 143.1 |
| | 76 | 3420 | 68.4 | 0.929 | 90 | 112.3 |

7.部分三元物系的液-液平衡数据表

(1)丙酮(A)-氯仿(B)-水(S)(25 ℃,均为质量分数)

| 氯仿相 | | | 水相 | | |
|---|---|---|---|---|---|
| A | B | S | A | B | S |
| 0.090 | 0.900 | 0.010 | 0.030 | 0.010 | 0.960 |
| 0.237 | 0.750 | 0.013 | 0.083 | 0.012 | 0.905 |

续表

| 氯仿相 | | | 水相 | | |
|---|---|---|---|---|---|
| A | B | S | A | B | S |
| 0.320 | 0.664 | 0.016 | 0.135 | 0.015 | 0.850 |
| 0.380 | 0.600 | 0.020 | 0.174 | 0.016 | 0.810 |
| 0.425 | 0.550 | 0.025 | 0.221 | 0.018 | 0.761 |
| 0.505 | 0.450 | 0.045 | 0.319 | 0.021 | 0.660 |
| 0.570 | 0.350 | 0.080 | 0.445 | 0.045 | 0.510 |

(2)丙酮(A)-苯(B)-水(S)(30 ℃,均为质量分数)

| 苯相 | | | 水相 | | |
|---|---|---|---|---|---|
| A | B | S | A | B | S |
| 0.058 | 0.940 | 0.002 | 0.050 | 0.001 | 0.949 |
| 0.131 | 0.867 | 0.002 | 0.100 | 0.002 | 0.898 |
| 0.304 | 0.687 | 0.009 | 0.200 | 0.004 | 0.796 |
| 0.472 | 0.498 | 0.030 | 0.300 | 0.009 | 0.691 |
| 0.589 | 0.345 | 0.066 | 0.400 | 0.018 | 0.582 |
| 0.641 | 0.239 | 0.120 | 0.500 | 0.041 | 0.459 |

8.某些超临界流体萃取剂的临界特性

| 流体名称 | 临界温度/℃ | 临界压力/×101.33 kPa | 临界密度/(g·cm$^{-3}$) | 流体名称 | 临界温度/℃ | 临界压力/×101.33 kPa | 临界密度/(g·cm$^{-3}$) |
|---|---|---|---|---|---|---|---|
| 乙烷($C_2H_4$) | −88.7 | 48.8 | 0.203 | 二氧化碳($CO_2$) | 31.1 | 73.8 | 0.460 |
| 丙烷($C_3H_8$) | −42.1 | 42.6 | 0.220 | 二氧化硫($SO_2$) | 157.6 | 78.8 | 0.525 |
| 丁烷($C_4H_{10}$) | 10.0 | 38.0 | 0.228 | 水($H_2O$) | 374.3 | 221.1 | 0.326 |
| 戊烷($C_5H_{12}$) | 36.7 | 33.8 | 0.232 | 笑气($N_2O$) | 36.5 | 71.7 | 0.451 |
| 乙烯($C_2H_4$) | 9.9 | 51.2 | 0.227 | 氟利昂-13($CClF_3$) | 28.8 | 39.0 | 0.578 |
| 氨($NH_3$) | 132.4 | 112.8 | 0.236 | | | | |